U0151097

"十三五"国家重点出版物出版规划项目

火炸药理论与技术丛书

火炸药成型加工工艺学

黄振亚　罗运军　赵省向　编著

国防工业出版社

·北京·

内 容 简 介

本书为"十三五"国家重点出版物出版规划项目、国家出版基金项目"火炸药理论与技术丛书"分册，涉及发射药、固体推进剂、混合炸药的成型加工工艺方面的相关内容，主要包括火炸药成型加工工艺理论基础、工艺方法、工艺流程、工艺设备、工艺条件控制等，对国内外火炸药成型加工工艺技术的发展方向也进行了必要的叙述。

本书可作为高等院校火炸药、弹药工程、特种能源等相关专业的教材或参考书，也可作为火炸药及相关领域科研人员的参考读物。

图书在版编目(CIP)数据

火炸药成型加工工艺学 / 黄振亚，罗运军，赵省向编著. —北京：国防工业出版社，2020.9
（火炸药理论与技术丛书）
ISBN 978 - 7 - 118 - 12203 - 9

Ⅰ.①火…　Ⅱ.①黄…②罗…③赵…　Ⅲ.①火药-成型加工②炸药-成型加工　Ⅳ.①TQ56

中国版本图书馆 CIP 数据核字(2020)第 192966 号

※

国防工业出版社出版发行
（北京市海淀区紫竹院南路 23 号　邮政编码 100048）
北京龙世杰印刷有限公司印刷
新华书店经售
*

开本 710×1000　1/16　　印张 28½　　　字数 540 千字
2020 年 9 月第 1 版第 1 次印刷　印数 1—2 000 册　定价 148.00 元

(本书如有印装错误，我社负责调换)

国防书店：(010)88540777　　　书店传真：(010)88540776
发行业务：(010)88540717　　　发行传真：(010)88540762

火炸药理论与技术丛书
学术指导委员会

主　任　王泽山

副主任　杨　宾

委　员（按姓氏笔画排序）
　　　　王晓峰　刘大斌　肖忠良　罗运军
　　　　赵凤起　赵其林　胡双启　谭惠民

火炸药理论与技术丛书
编委会

主　任　肖忠良

副主任　罗运军　　王连军

编　委（按姓氏笔画排序）

代淑兰　　何卫东　　沈瑞琪　　陈树森

周　霖　　胡双启　　黄振亚　　葛　震

总　序

　　国防与安全为国家生存之基。国防现代化是国家发展与强大的保障。火炸药始于中国，它催生了世界热兵器时代的到来。火炸药作为武器发射、推进、毁伤等的动力和能源，是各类武器装备共同需求的技术和产品，在现在和可预见的未来，仍然不可替代。火炸药科学技术已成为我国国防建设的基础学科和武器装备发展的关键技术之一。同时，火炸药又是军民通用产品（工业炸药及民用爆破器材等），直接服务于国民经济建设和发展。

　　经过几十年的不懈努力，我国已形成火炸药研发、工业生产、人才培养等方面较完备的体系。当前，世界新军事变革的发展及我国国防和军队建设的全面推进，都对我国火炸药行业提出了更高的要求。近年来，国家对火炸药行业予以高度关注和大力支持，许多科研成果成功应用，产生了许多新技术和新知识，大大促进了火炸药行业的创新与发展。

　　国防工业出版社组织国内火炸药领域有关专家编写"火炸药理论与技术丛书"，就是在总结和梳理科研成果形成的新知识、新方法，对原有的知识体系进行更新和加强，这很有必要也很及时。

　　本丛书按照火炸药能源材料的本质属性与共性特点，从能量状态、能量释放过程与控制方法、制备加工工艺、性能表征与评价、安全技术、环境治理等方面，对知识体系进行了新的构建，使其更具有知识新颖性、技术先进性、体系完整性和发展可持续性。丛书的出版对火炸药领域新一代人才培养很有意义，对火炸药领域的专业技术人员具有重要的参考价值。

张维民，原国防科学技术工业委员会副主任。

火炸药作为武器装备实现发射、推进和毁伤的能源，对武器装备的战斗威力具有决定性的影响，是关系到国防建设和国家安全的战略性基础材料。火炸药成型加工工艺技术不仅对火炸药性能具有重要影响，也关系到火炸药生产装备能力。另外，火炸药易燃易爆，其化学组成的特殊性导致生产过程对环境的污染严重。因此，火炸药成型加工工艺技术的发展，对国家的安全生产和环境保护也具有十分重要的意义。

火炸药是火药和炸药的统称，其中应用于发射身管武器弹丸的火药称为发射药，应用于推进火箭弹和导弹的火药称为推进剂，应用于武器战斗部实现毁伤功能的称为炸药。在成型加工工艺范畴，本书涉及的火药为固体火药，涉及的炸药为混合炸药。

火炸药在本质上易燃易爆，并且燃爆的毁伤力极大，因此，在成型加工工艺方面，受安全技术风险和安全责任风险的限制很大，新原理、新设备和新工艺的应用相对困难，工艺技术水平的发展速度相对较为缓慢，技术突破性的进展明显不足。随着火炸药组分新材料、火炸药新产品的发展，火炸药成型加工工艺技术需要不断地向前发展；另外，相关工艺装备技术的发展也推动了火炸药成型加工工艺技术的发展。作为丛书之一，本书参考和归纳了国内外有关文献资料，在叙述火炸药成型加工工艺基础理论、基本原理和基本方法的同时，尽可能将国内外近数十年来的相关技术进展纳入其中，为相关高等院校的专业教学和科研生产单位的专业人员提供必要的技术参考。

发射药、固体推进剂和混合炸药三类产品的配方组成及成型加工的要求不同，在成型工艺原理和工艺方法上也有明显的不同之处，但也有一些产品在配方主要组分、成型工艺原理和工艺方法上基本接近，在工艺基础理论上也有共性部分，特别是同属于火药的发射药和固体推进剂，双基配方体系的挤出成型工艺在原理和方法上是相同的。因此，本书在结构上将工艺理论基础作为一章单独叙述，在成型工艺原理和工艺方法上将发射药和固体推进剂作为火药成型加工工艺叙述，混合炸药除了高聚物黏结炸药的固化反应浇铸成型工艺与复合固体推进剂类似外，其他部分具有相对独立性，在炸药成型加工工艺一章叙述。另外，火炸药成型加工工艺技术条件与其配方组成密切相关，书中列举的一些工艺参数并不具有普适性。

本书发射药成型工艺相关内容由南京理工大学黄振亚研究员编写，兵器工业 255 厂赵其林研究员提供了部分球形药成型工艺技术资料；固体推进剂成型工艺相关内容由北京理工大学罗运军教授编写；混合炸药成型工艺相关内容由兵器工业 204 研究所赵省向研究员编写。

火炸药成型加工工艺的实践性很强，涉及很多经验性的内容难以采用统一的理论进行叙述，需要读者在实践中去体会，同时也有一些涉及技术秘密的内容难以采集，因此，在编写工作上存在一定的困难，书中不妥和错误之处在所难免，敬请读者批评指正。

编者

2020 年 2 月

目录

X 火炸药成型加工工艺学

1.1 火炸药成型加工工艺概述

近代火药（固体发射药和固体推进剂）的制备开始于 19 世纪 80 年代。1884 年法国化学家维也里（P. Vieille）用乙醇和乙醚的混合溶剂将硝化纤维素（俗称硝化棉，NC）溶塑成密实的药料，然后通过模具压制成具有一定形状的药粒，这是世界上最早的单基药。1888 年瑞典化学家诺贝尔（A. B. Nobel）用 40% 的硝化甘油（NG）和 60% 的 NC 混合，并采用加热的滚筒压延机对药料进行碾压，在压力和温度的作用下，药料被驱水和塑化，制成了世界上最早的双基药。100 多年来，火药的制备技术有了很大的发展，但基本的工艺原理与维也里、诺贝尔时代并无大的差异。

维也里制造单基药的工艺方法称为溶剂法挤出成型工艺；诺贝尔制造双基药的工艺方法称为无溶剂法挤出成型工艺。两种工艺方法的共同点，是火药的成型都利用了塑化后药料的流变特性，通过模具挤出成型，火药的形状主要靠挤出模具决定。因此，溶剂法和无溶剂法两种工艺又统称为挤出成型工艺。挤出成型工艺制备的药柱直径受到一定的限制，其中无溶剂法挤出工艺主要受挤出设备和模具结构的限制，通常制备的药柱直径不超过 300mm，据资料报道目前已经可以加工制备直径达 700mm 的药柱；溶剂法挤出工艺除了受设备和模具结构的限制外，更重要的是受加工成型后驱除工艺溶剂的限制，加工制品的燃烧层厚度最大只能是几毫米（一般不超过 3mm）。

第二次世界大战中，野战火箭在战场上发挥了巨大威力，制备大尺寸药柱成为当时武器发展的迫切要求。1944 年美国发明了双基充隙法浇铸工艺，解决了大尺寸和复杂药型药柱的加工生产问题，是双基药制备工艺的突破性进展。浇铸工艺成型方法是将具有流动性的料浆浇铸填充在模具或发动机壳体中，然后通过固化过程赋予火药一定的药型和力学性能。双基浇铸工艺可以制备直径

1m 以上的药柱，而且可以在配方中加入大量的高能固体组分，为高能改性双基推进剂的发展打下了基础。随着固体推进剂品种的增多、药柱尺寸和重量的不断增大，推进剂的浇铸制造工艺也不断完善，例如，为适应复合推进剂和交联改性双基推进剂的成型加工，发展了固化反应浇铸工艺和配浆浇铸工艺，其最大优点是使配方调节具有更大的灵活多变性，可赋予固体推进剂更高的能量和更好的性能。

火药的制备除了挤出成型和浇铸成型这两大类成型工艺外，还有一种球形药制备工艺。球形药制备工艺又为分内溶法与外溶法两种工艺方法。内溶法工艺是将 NC 或含有 NC 和 NG 等组分的吸收药悬浮于大量水介质中，在搅拌下加入溶剂（多为乙酸乙酯），将物料溶解并在强力搅拌下粉碎成滴状，之后在表面张力作用下形成球状，最后加热蒸掉溶剂，制成球形药。外溶法工艺是将 NC 或含有 NC 和 NG 等组分的吸收药先在溶剂（乙酸乙酯）中形成胶液，再在水介质中成球，或是将火药物料用溶剂（乙酸乙酯）溶成胶团，用挤压机挤出并切成圆柱状，落入水介质中，加入附加溶剂，在强力搅拌和加热下成为球状，然后驱除溶剂制成球形药。

混合炸药的制造工艺与炸药的装药工艺密切相关，其加工成型是将炸药各组分均匀混合后装填到战斗部壳体或成型模具的工艺过程，不同的混合炸药类型有不同的制造工艺。根据制造工艺原理，混合炸药的成型加工工艺主要可以分为熔铸工艺、浇铸工艺、压制工艺三大类型，也有一些特殊炸药采用其他成型工艺加工。其中，熔铸成型工艺与金属件的浇铸成型工艺原理相同，先将其物料加热熔化（目前主要是将熔铸载体加热熔化，再加入高能固体组分颗粒或粉末均匀混合形成固体悬浮态混合物），浇铸到战斗部壳体或模具后冷却凝固成型；浇铸成型工艺是 20 世纪六七十年代借鉴复合推进剂成型工艺技术发展起来的，成型工艺与复合固体推进剂的固化反应浇铸工艺基本相同；压制成型工艺（也称压装工艺）与粉末冶金和陶瓷行业的压制成型工艺原理类似，只是物料状态和特性有所不同，首先将混合炸药各组分制成粒状或粉末状的"造型粉"，再将造型粉放入模具中在压机上压制成型，或将造型粉直接压入弹药壳体中形成战斗部装药。

1.1.1　挤出成型加工工艺

挤出成型加工工艺是高分子材料加工中出现较早的成型工艺技术，目前已成为聚合物加工领域中生产品种最多、变化最大、生产效率高、适应性强、用途广泛、产量所占比例最大的成型加工方法。挤出成型又称挤压成型或挤塑成型，是借助螺杆或柱塞的挤压作用，使受热熔化或溶剂塑化的高分子材料或复合材料在压力的推动下，强行通过机头模具而成型为具有恒定截面的连续型材的一种成型方法。

火药是一类以高分子材料为基体的复合材料，也可以采用挤出成型工艺方法制造。19 世纪末发明的溶剂法工艺和无溶剂法工艺，目前仍然是火药生产制造的主要手段。挤出法制造的火药致密性好、重现性好，广泛应用于制造固体发射药及固体推进剂。

挤出成型加工工艺只适用于制备药型结构简单、横截面完全相同的药柱，成型药柱的直径也有限制。

1. 挤出成型工艺方法

根据成型工艺过程的不同，火药挤出成型工艺有溶剂法工艺和无溶剂法工艺两种方法。根据挤出成型工艺设备的不同，火药挤出成型工艺有柱塞式挤出工艺和螺杆挤出工艺两种方法。

1）溶剂法工艺和无溶剂法工艺

（1）溶剂法工艺。

溶剂法工艺在国外亦称为柯达工艺，该工艺早期主要用于单基发射药的加工制造。随着火药配方组成的变化，一些 NC 含氮量较高或 NG 含量较少的双基发射药，配方组成中含有较多硝基胍（NQ）、黑索今（RDX）等高能固体炸药的三基发射药，也采用溶剂法工艺加工制造；对于高固含量的改性双基推进剂，也有一些自由装填的小尺寸药柱采用溶剂法工艺加工制造。在双基发射药、三基发射药、改性双基推进剂的溶剂法工艺中，由于火药配方组分中含有较多的增塑剂（也称为溶剂），加工制造过程添加的挥发性工艺溶剂含量相对较少，工艺过程与单基发射药的溶剂法工艺有较大的差别，前期需要增加吸收工序，将火药配方组分中的增塑剂吸收到 NC 中，后期的驱溶工艺过程相对简单一些。因此，目前通常将该类火药的加工工艺称为半溶剂法工艺，故通常火药挤出成型工艺可分为溶剂法工艺、半溶剂法工艺和无溶剂法工艺三种方法。溶剂法工艺和半溶剂法工艺的优点是工艺适应性较好，工艺过程安全性好；缺点是工序较多，生产周期较长，对环境的污染较大，并且由于溶剂驱除过程的限制，只能制造尺寸较小的药柱，使它的应用受到一定限制。

（2）无溶剂法工艺。

无溶剂法工艺在国外亦称为巴利斯太工艺，主要适用于含有 NG 等含能增塑剂的双基发射药和双基推进剂、固体组分含量不高的改性双基推进剂等的加工制造。无溶剂法工艺的优点是没有漫长的驱溶过程，工艺周期短，可以制备尺寸相对较大的药柱；缺点是制备过程的安全性不如溶剂法工艺好。

2)柱塞式挤出工艺和螺杆挤出工艺

(1)柱塞式挤出工艺。

柱塞式挤出工艺的挤出设备采用水压机或油压机，适用于溶剂法成型工艺和无溶剂法成型工艺，主要用于制备尺寸较小的发射药，也可用于尺寸较小、物料感度较大的双基推进剂或改性双基推进剂的挤出成型。加工过程中火药组分的物料需要先经过专用设备进行混合和塑化，然后将塑化药料装入与压机柱塞配套的药缸中，柱塞下压使约料通过模具挤出成型。柱塞式挤出工艺对火药挤压成型的工艺适应性较好，但该工艺方法属于间断法工艺，生产效率较低，并且只适用于加工制造小尺寸药柱，目前挤出成型药柱的最大外径不超过50mm，另外，产品质量的一致性也难以控制，需要进行混同组批来满足产品一致性的要求。

(2)螺杆挤出工艺。

螺杆挤出工艺的挤出设备采用螺杆挤出机。用于火药加工的单螺杆挤出工艺始于 20 世纪 40 年代，比柱塞式挤出工艺晚了约半个世纪。单螺杆挤出工艺主要用于无溶剂法成型工艺制备双基推进剂和固体组分含量不太高的改性双基推进剂，可制备尺寸相对较大的药柱，目前挤出成型药柱的最大直径可达到700mm 左右。另外，目前也有部分单基发射药溶剂法工艺和混合硝酸酯太根发射药半溶剂法工艺采用单螺杆挤出加工成型。单螺杆挤出工艺的加工过程相对紧凑，可同时完成物料的塑化与挤出成型，并且可以实现加工过程的连续化，产品质量的一致性好，但该工艺方法对火药挤出成型的工艺适应性相对差一些，针对明显不同的火药物料需要采用不同的螺杆结构。20 世纪末研究应用的双螺杆挤出工艺，其适用范围更宽，被誉为可加工制造各种火炸药的"柔性"加工制造工艺。

2. 挤出成型工艺原理

火药挤出成型工艺的基本原理是火药物料在柱塞或螺杆的挤压力作用下通过模具挤出，火药的形状和尺寸由模具决定。在药料挤出过程中，塑化药料中的 NC 大分子沿塑性流动方向伸展取向排列，大分子间的距离缩小，次价键力增大，空隙减小，药料的均匀性和密实性提高。当药条(药柱)离开模具后，随着外力的消失，已定向排列的大分子会产生"松弛"现象，其形变规律符合高分子物料的一般规律，即同时存在塑性形变和弹性形变，药柱尺寸也会发生一定程度的变化。

火药挤出成型工艺过程主要包括：物料混合、物料塑化、挤出成型、凉药与切药、驱溶烘干(溶剂法工艺)、后处理等工序。

1)物料混合

将火药组分物料尽可能地混合均匀。单基药的物料混合在物料塑化工序中同时进行。双基药的物料混合在吸收锅(类似化工反应釜)水相介质中进行，在一定温度和搅拌作用下，一些小分子组分均匀地吸附到 NC 中，再经过离心驱水和碾压驱水得到吸收药料。三基药中的固体组分既可以在吸收工序中加入(水溶性组分除外)，确保各组分的混合均匀性，也可以在物料塑化工序中加入，避免碾压驱水工艺过程的危险性。

2)物料塑化

通过对物料的碾压或(和)捏合将 NC 溶塑，使物料在一定温度和压力下呈现黏流态。对于单基药、NC 含氮量高或 NG 含量较少的双基药、固体组分含量较高的三基药，必须采用溶剂法或半溶剂法挤出成型工艺，借助挥发性工艺溶剂(单基药采用乙醇和乙醚的混合溶剂，双基药和三基药采用乙醇和丙酮的混合溶剂)，在卧式捏合机内搅拌翅的剪切作用下实现物料的塑化;对于 NC 含氮量不太高和 NG 含量较多的双基药，可采用无溶剂法挤出成型工艺，不需要加入挥发性工艺溶剂，而是利用压延机滚筒的温度和压力将药料塑化。对于无溶剂法螺杆挤出成型工艺，物料在压延机上进行碾压造粒过程中获得部分塑化，再在螺杆挤出机挤出成型过程中完全塑化。

3)挤出成型

该工序是将塑化药料通过模具压制成所需横截面形状和尺寸的药条(药柱)。溶剂法工艺的塑化药料基本采用柱塞式挤出工艺挤出成型，也有少量产品(如部分单基发射药和混合硝酸酯太根发射药)采用单螺杆挤出工艺挤出成型;无溶剂法工艺的塑化药料既可以采用柱塞式挤出工艺挤出成型，也可以采用螺杆挤出工艺挤出成型。药柱直径较大的双基推进剂和改性双基推进剂基本采用螺杆挤出工艺挤出成型。在柱塞式挤出成型工艺中，将塑化药料装入与压机柱塞配套的药缸中，药缸外围可带有热水(或蒸气)加热夹层，药料在柱塞下压过程中通过药缸底部的模具挤出成型;在螺杆挤出成型工艺中，挤出机料筒外部有加热和冷却装置，一端有径向加料口，另一端轴向与机头相连，物料在挤出机料筒和螺杆之间的作用下受热塑化，并在螺杆的推送下连续通过机头模具挤出成型。

4)凉药与切药

挤出成型药条(药柱)在自然环境条件下晾药，采用溶剂法和半溶剂法工艺挤出的成型药条(药柱)挥发掉一部分工艺溶剂,无溶剂法工艺挤出的药条(药柱)自然冷却降温。凉药至切药不变形时,用刀具或专业设备将药条(药柱)切割至所需要的长度。

5)驱溶烘干

采用溶剂法工艺制备的火药中残留的工艺溶剂既影响火药的能量和燃烧,又使火药容易变形,需要在一定的温度和湿度条件下进行驱除,使火药固化和定型。采用无溶剂法工艺制备的火药无需驱溶烘干,温度回到常温时呈玻璃态而定型。

6)后处理

根据火药使用要求,对火药进行表面处理(光泽、钝感、包覆等)和混同等操作。

1.1.2 浇铸成型加工工艺

浇铸成型加工工艺,是将火炸药组分先均匀混合配制成具有流动性质的物料,再注入专门设计的模具中,或注入火箭发动机燃烧室(推进剂),或注入战斗部弹药室(炸药),最后固化成型的过程。浇铸在模具中的药柱还需要进行脱模和整形。

有些文献资料中也称为"浇注工艺"。在词语的属性上,"浇铸"属于名词,"浇注"属于动词;在火药术语、炸药术语、弹药术语等国军标中都采用"浇铸"而没有用"浇注"一词。因此,本书采用"浇铸"表述。

浇铸成型加工工艺的特点:

(1)可制备大尺寸、形状复杂的药柱。浇铸成型工艺可制备横截面形状尺寸不同的复杂药柱,在药柱尺寸上也不受限制,并且可制备壳体黏结式装药。目前浇铸工艺制造的航天飞机助推器用复合推进剂药柱的最大直径已超过3m。

(2)配方适应性广,组分变化范围大。浇铸成型工艺可以方便地加入各种配方组分,适用于高固含量火炸药的制备成型。另外,在挤出成型工艺中不易加入的一些高能敏感组分,可以在浇铸成型工艺中加入使用,从而获得更高的能量和更宽的燃烧性能调节范围等。

1. 浇铸成型加工工艺方法

浇铸成型加工工艺通常可分为以下四种方法:

1)粒铸工艺

粒铸工艺是造粒浇铸工艺的简称,也称为充隙浇铸工艺,主要适用于加工制造双基推进剂和部分改性双基推进剂。制造过程包括三个主要步骤：造粒、浇铸和固化。先将 NC 或含有 NC、NG 及其他固体组分的吸收药塑化，然后挤压成直径为 1mm 左右的粒状药；之后将药粒装入发动机（或模具）中，再将以 NG 为主的混合溶剂在一定真空度下注入发动机（或模具）中，使混合溶剂流过并充满颗粒缝隙；最后在一定的温度下溶塑固化，在模具中浇铸成型后还需要脱模和整形。

粒铸工艺的主要特点：

（1）大批量浇铸药粒的混同可保证推进剂产品性能的一致性，也可通过不同药粒的混同准确调整配方的组分和燃速。

（2）一般来说，粒铸工艺推进剂的燃烧性能和力学性能优于配浆浇铸工艺。因为机械造粒工艺可以使催化剂得到均匀的分散，NC 的塑化效果更好。

（3）浇铸药粒质量均匀，不存在部分固体组分的沉降问题。另外，液体流动相是小分子增塑剂，其黏度小，易于流动，不易于吸附气泡，成型药柱中不易出现工艺气泡。

（4）配方研制周期相对较长。一是配方组分的调整需要从浇铸药粒的制备开始，二是配方的变化涉及浇铸工艺的反复试验研究。

2）配浆浇铸工艺

配浆浇铸工艺也称为淤浆浇铸工艺，主要适用于加工制造交联改性双基（XLDB）推进剂和复合改性双基（CMDB）推进剂等高能固体推进剂。

改性双基推进剂配浆浇铸工艺的加工制造包括四个主要工艺过程：制球、混合配浆、浇铸和固化。一是先将 NC 或含有 NC、NG 及其他固体组分的吸收药在水相介质中采用工艺溶剂（主要是乙酸乙酯）溶解，搅拌制备出直径为 10~100μm 的球形药；二是将球形药、铝（Al）粉、高氯酸铵（AP）、RDX、奥克托今（HMX）及催化剂等（具体组分根据配方设计选择）固体物料均匀混合，再与混合溶剂一起在立式机械搅拌混合设备中混合配制成浇铸药浆；三是将药浆在一定真空度下注入发动机（或模具）内；四是在一定温度下使药浆溶塑固化和发生交联反应固化，药浆在模具中浇铸和固化成型后还需要脱模和整形。

配浆浇铸工艺的特点：

（1）推进剂组分灵活多变，配方研制周期短。可以在配浆过程中方便地改变配方组分及其含量，最适合于配方的筛选。近年来，为改善推进剂的综合性能，常将许多组分加入球形药中，配方组分的变化涉及球形药的改变，研制周期也相应加长，但由于成球工艺过程比机械造粒工艺过程简单快速，其优点仍然是明显的。

（2）配方性能调节范围广。由于在配浆过程中可以方便地加入各种组分，使推进剂性能的调节范围更大。如可加入敏感的高能组分，获得更高的能量；将液体高分子预聚体作为黏结剂组分加入改性双基推进剂中可形成交联改性双基（XLDB）推进剂，改善力学性能。液体高分子预聚物代替一部分固体球形药有利于在配方中加入更多的 HMX、Al 粉等高能固体组分，使改性双基推进剂获得更高的能量。

（3）在配浆浇铸工艺中，水介质搅拌制球工艺取代了机械造粒工艺，工艺简单快捷、安全性更好。

（4）固体组分密度差异较大时容易产生沉降，导致浇铸药柱质量不均匀。液体流动相有较多的大分子黏结剂，黏度大，成型药柱中容易出现工艺气泡。

3）固化反应浇铸工艺

固化反应浇铸工艺与配浆浇铸工艺较为相似，主要区别是没有预先制球工序，固化工艺也没有溶塑固化过程，完全是液体高分子预聚物和固化剂的化学反应固化。为了区别于配浆浇铸工艺，称其为固化反应浇铸工艺。固化反应浇铸工艺适用于加工制造复合固体推进剂、高能硝酸酯增塑聚醚固体推进剂（NEPE）、高聚物黏结炸药（PBX）等。

以液体高分子预聚物为黏结剂的复合固体推进剂和高聚物黏结炸药等浇铸成型工艺，是将液体高分子预聚物、高能固体氧化剂、高能燃料、固化剂和其他组分经混合（捏合）均匀后浇铸到模具、发动机壳体或战斗部弹体中，在一定温度下预聚物和固化剂进行化学反应形成网状结构，使其具有一定模量的弹性体的过程。

复合固体推进剂的固化反应浇铸工艺，制造过程不需要预先制球，所有固体组分与液体组分混合配制成浇铸药浆，浇铸到发动机或模具中固化成型。高聚物黏结炸药的固化反应浇铸工艺与复合固体推进剂的工艺基本相同。

4）熔铸工艺

熔铸工艺是以熔融方式进行浇铸成型的工艺方法。主要将熔点相对较低的炸药组分作为流动载体的一类混合炸药（如梯黑炸药）的加工制备。工艺过程主要包括四个阶段：一是可熔化固体组分熔化为流动载体；二是 RDX、HMX 等固体炸药和 Al 粉等金属燃料在载体中混合分散形成熔体；三是将熔体浇铸到弹药壳体或模具中；四是冷却凝固成型。

熔铸工艺的主要特点：

（1）工艺过程简单，只需通过加热熔化、搅拌混合后即可注入弹体或模具中，再冷却凝固成型。

(2)在工艺上有一定的局限性。熔体中 RDX 等固相含量低于 30% 时，熔铸过程中常出现沉降现象，造成药柱密度不均匀；熔体中固相含量较高(如 RDX 含量高于 75%)时，熔融态混合物的黏度很大，熔体不易搅匀，注入弹体或模具后易产生气泡、缩孔等疵病。

(3)传统熔融载体梯恩梯(TNT)加热熔化后挥发出有毒气体，对操作人员有害。

2. 浇铸成型工艺原理

浇铸成型工艺的基本原理是利用火炸药固体组分和液体组分(或熔化流动载体)的固-液混合流体的流动性装填，再通过溶塑固化、反应固化或冷却凝固等过程固化成型。产品的形状和尺寸由发动机壳体、战斗部弹药壳体或模具壳体的内部形状和尺寸决定。

1)粒铸工艺和配浆浇铸工艺原理

粒铸工艺和配浆浇铸工艺主要应用于固体推进剂的加工制备，虽然两种工艺在方法上差别较大，但基本原理相差不大，都包括造粒(或制球)、混合、浇铸和固化等主要过程。主要区别在于：①粒铸工艺采用机械造粒，配浆浇铸工艺采用溶解搅拌制球；②配浆浇铸工艺比粒铸工艺增加了混合配浆工序；③粒铸工艺的固化全部是溶塑固化，配浆浇铸工艺的固化则既有溶塑固化，又有化学反应固化。

(1)造粒。

含 NC 组分的推进剂在浇铸成型过程中都需要预先造粒。NC 是疏松的纤维状材料，直接与 NG 或其他液态增塑剂混合时溶解的速度很快，接触部分立即形成黏度很大的溶胶，黏稠的溶胶层将阻止溶剂对内部 NC 的溶解，导致溶解不均匀，物料也无法加工。为了使 NC 能够与 NG 及其他液态增塑剂均匀混合，需要控制其溶解速度。方法是将疏松的纤维状 NC 制成致密的颗粒，这些颗粒与增塑剂接触后能够缓慢而均匀地溶解，使混合物在加工期间有合适的黏度，容易得到均匀塑化的推进剂产品。另外，纯 NC 颗粒难以被增塑剂塑化溶解，浇铸药粒和球形药粒多数含有一定量的溶剂(增塑剂)，即造粒后的 NC 是"预塑化"的。

造粒工艺方法有两种：一是机械造粒工艺，采用类似加工单基发射药、双基发射药的挤出工艺方法制备直径和长度都为 1mm 左右的小圆柱，通常称为浇铸药粒，主要用于粒铸工艺；二是球形药造粒工艺，在水介质中用乙酸乙酯溶解 NC 或含 NC、NG 的吸收药，并借助强烈的搅拌作用，在水介质中使物料分散成细小的液滴，在表面张力作用下液滴呈球形，脱除溶剂后成为球形药。球形药的粒度根据用途不同从几微米到几百微米，主要用于配浆浇铸工艺。在粒铸工艺方法中，配方中所有固相组分都只能在浇铸药粒加工过程中加入；在配浆浇铸工艺方法中，为了获得良好的产品性能，也常常将 NC、NG 以外的若干组分加入球形药之中。

（2）混合和浇铸。

粒铸工艺和配浆浇铸工艺都需要将推进剂各组分均匀混合并浇铸于发动机壳体（或模具）中。混合包括固体组分的混合、混合溶剂的配制、固-液组分的混合。固体组分的混合和液相混合溶剂的配制是为了使各组分（特别是低含量组分）在产品中均匀分布，并提高批次间产品的质量一致性。固-液组分的混合是浇铸成型的基础，也影响到产品质量的均匀性。粒铸工艺的混合与浇铸是同时进行的，先将浇铸药粒装填入发动机壳体（或模具）中，再将混合溶剂充满药粒的空隙。配浆浇铸工艺的混合与浇铸是两个工艺过程，混合是在配浆过程中完成的，将球形药和其他固体组分与混合溶剂在配浆机中混合成均匀的浆状物，然后再将浆状物浇铸到发动机壳体（或模具）中。浇铸过程中通常需要采取抽真空等措施排除物料内部的空气，消除成型产品内部的气泡。

（3）固化成型。

固化过程是赋予推进剂一定药型尺寸和力学性能的工艺过程。浇铸于发动机壳体（或模具）中的推进剂组分（固-液混合物），在加热条件下形成具有一定形状和一定物理力学性能的推进剂药柱。

粒铸工艺是基于溶塑固化原理，其固化过程是 NC 被 NG 及其他增塑剂溶塑，形成高分子浓溶液的过程。在固化过程中，NC 与 NG 等增塑剂（溶剂）的溶塑过程是靠分子的热运动完成的。溶塑过程是指小分子增塑剂向 NC 大分子之间扩散，使 NC 的分子间距离变大、体积增大，发生溶胀的现象。在溶剂量足够的条件下，上述过程可一直继续下去，NC 分子间的溶剂分子不断增多，大分子间作用力不断减弱，溶剂化的 NC 分子转移到液相中，即发生 NC 的完全溶解，形成高分子溶液。但在推进剂制备工艺中，加入的溶剂量是非常有限的，溶解过程只能进行到一定程度，即 NC 大分子只能达到一定的溶胀程度，形成高分子浓溶液。这种浓溶液黏度很大，体系不再具有流动特性，即由固-液混合物变成固体药柱。固化后的 NC 溶胀体具有很好的形状稳定性，其模量随着 NC 与溶剂比例的增加而增加。在溶塑固化过程中不存在副反应对固化质量的影响，可以保证固化质量的重现性。

配浆浇铸工艺的固化过程相对复杂一些，其中交联改性双基推进剂和复合改性双基推进剂除溶塑固化外，还包含化学交联反应固化，固化过程从单纯的溶塑过程变成了既包括溶塑又包括化学反应的复杂过程，使 NC 交联形成网状结构，从而改善推进剂的力学性能。

（4）后处理。

后处理主要包括脱模、整形、包覆和探伤等。对于直接浇铸在发动机壳体内的黏结式装药，脱模的主要任务是拔掉模芯；对于自由装填式药柱，不仅要拔掉模芯，而且要将推进剂药柱从模具中脱出来。脱模后的推进剂无论是壳体黏结式还是自由装填式都要用手工或机械的方法进行整形，使装药（药柱）的尺寸满足图纸的要求。对于自由装填式推进剂药柱，根据装药设计应用要求，一些产品还需要对药柱端面和（或）外侧面进行阻燃包覆处理。最后，固体推进剂装药（药柱）通常需要进行探伤检查。

2）固化反应浇铸工艺原理

复合推进剂的固化反应浇铸工艺不需要预先造粒或制球，而是将所有液体组分和固体组分混合均匀后直接浇铸到模具或发动机中，再在高温下引发预聚物与固化剂的固化反应形成网状结构大分子，使其成为具有一定模量的弹性体。其中固化反应是高分子预聚物与固化剂在一定温度下进行化学交联反应的过程，属于化学反应固化。高聚物黏结炸药的固化也属于化学反应固化。

3）熔铸工艺原理

熔铸成型工艺的基本原理是相变原理，是采用可加热熔化、凝固成型的单质炸药、低共熔物混合物、蜡类物质、可熔性高分子材料等作为流动性载体，将 RDX、HMX 等高能固体炸药和 Al 粉等固体组分加入流动载体中形成固体悬浮态混合物，并将悬浮态混合物浇入一定形状的模具或战斗部壳体中，最后冷却凝固，得到需要形状的炸药铸件或战斗部装药。

在基于相变原理的熔铸工艺中，可流动性熔铸载体是熔铸成型工艺的核心材料，熔铸载体的熔点、热熔、液相黏度和结晶特性等对熔铸工艺性能起决定性作用。熔铸载体的熔点一般在 $80 \sim 110$℃的范围内，可以方便利用蒸气熔化，其中典型代表为 TNT，目前仍在大量使用。在 TNT 中加入 RDX 形成的黑梯炸药是熔铸炸药的典型代表。某些含能材料或添加剂的混合物可以形成具有低熔点的低共熔物，这些低共熔物同样可以用作熔铸载体，它们扩大了熔铸载体的品种和数量。

在熔体液相冷凝结晶过程中，同时伴随着热量变化和体积收缩。液态炸药注入模具或战斗部壳体后，随着温度的逐渐降低，炸药发生相变，由液相结晶成固相，如果控制不好会产生粗结晶、缩孔、气孔、裂纹等疵病。当弹丸发射时，在惯性力的作用下这些疵病可能引起炸膛现象。因此，需要控制炸药的相变、热量变化和体积变化，避免出现上述各种疵病。

为提高熔铸成型产品的密度和结构均匀性，可采用真空振动、压力铸装等浇铸成型方式，以减少成型疵病，提高装药产品质量。真空振动成型有利于排除熔体中的气体，形成密实装药，同时振动可使熔体凝固时产生细结晶；对熔融炸药加压，不仅可缩短凝固时间，也可实现各部位同时结晶凝固，抑制气泡的生成与集聚，使结晶细而均匀，药柱致密，空隙率小。

1.1.3　溶解成球加工工艺

溶解成球加工工艺是在水介质中用溶剂使 NC 溶解，在搅拌作用下 NC 溶液形成液滴，再驱溶成球和硬化。该工艺方法最早是由美国化学家奥尔森（Olsen）于 1929 年在研究 NC 的安定处理过程中发明的，目前国内外使用的球形发射药的制造工艺，仍是根据奥尔森的工艺方法发展起来的。为改善球形药的燃烧性能，在球形药工艺基础上又研究发展了球扁形药的加工成型工艺。

1. 溶解成球加工工艺方法

溶解成球加工工艺制造球形发射药主要有两种工艺方法：一是内溶法工艺；二是外溶法工艺。由于球形药燃烧过程中减面性很大，对武器内弹道性能不利，实际使用中通常都采用球扁形药。

1）内溶法成球加工工艺方法

内溶法成球加工工艺是将 NC 或含 NC、NG 等的吸收药料悬浮在水介质中，加入溶剂（通常采用乙酸乙酯），在机械搅拌和加热条件下，通过溶解、搅拌分散、加入保护胶成球、加盐脱水、升温驱溶硬化成型。内溶法工艺只适合于制备粒度较小（粒径≤1mm）的球形药，主要适用于制造轻武器和小口径枪弹、榴弹发射器弹药用小粒球（扁）形发射药，也可用于制造固体推进剂浇铸工艺所需的小粒球形药等。

内溶法成球加工工艺的特点是安全性好、适应性强、设备简单、生产周期短、便于机械化、连续化和自动化等；缺点是水和溶剂的用量较大，一般为发射药物料质量的 5～20 倍，并且不能制造大弧厚的球（扁）形发射药。

2）外溶法成球加工工艺方法

外溶法成球加工工艺有两种方法：一是先将 NC 或含 NC、NG 等的吸收药料用溶剂溶解，并加入其他组分混合均匀，形成高分子溶胶，然后将高分子溶

胶分散并悬浮在非溶剂性的分散介质中进行成球；二是将 NC 或含 NC、NG 等
的吸收药料及其他组分经溶剂溶解，在机械捏合作用下形成塑化药团，通过挤
压机的圆孔模挤出后经旋刀切断成均匀药柱，再加入非溶剂性的分散介质中，
通过溶剂、保护胶、水三者配制的强化乳液溶胀成球。我国采用的是第二种方
法，属于预制毛坯外溶法工艺，又称为挤压法成球工艺，本书后面提到的外溶
法成球工艺均属于该方法。

外溶法成球加工工艺是将 NC 或含 NC、NG 等的吸收药料用乙酸乙酯溶剂
溶解成黏稠的胶液，或在塑化机中制成药团，经挤压机造粒形成一定尺寸的毛
坯，然后用水力输送到成球锅内，搅拌并加入含有乙酸乙酯、保护剂的强化液
膨润整形，加盐脱水、升温驱溶硬化成型的过程。外溶法工艺可以制备粒度较
大(粒径＞3mm)的球形药，不仅可制造轻武器和小口径枪弹、榴弹发射器弹药
用小粒球(扁)形发射药，还可用于大口径枪弹、小口径火炮、大口径迫击炮用
大弧厚球(扁)形发射药的加工制造。

外溶法工艺是在内溶法工艺的基础上发展起来的，通过预成型造粒(经塑化
和挤压切粒，预制成一定尺寸的毛坯药粒)取代内溶法搅拌分散成球造粒，解决
了大弧厚球(扁)形发射药的制造问题，并提高了药粒尺寸的一致性，毛坯药粒
尺寸可以通过挤压模具孔径和切药长度进行调整。

外溶法工艺的优点是溶剂和水的消耗大幅减少，药粒尺寸范围大、一致性
好等；缺点是工艺设备和工艺过程相对复杂一些，需要预先进行物料塑化和挤
压造粒。

3) 球扁药工艺方法

球扁药工艺是球形药工艺技术的发展，目前，球扁药工艺有球形药碾压成
型(压扁工艺)和一次成型两种工艺方法。

球形药压扁工艺是将经过粒度筛选后的球形药，采用压延机等设备压扁得
到饼状颗粒。球扁药一次成型工艺方法与球形药成型工艺方法没有太大的区别，
只是在脱水前预蒸溶阶段的工艺参数不同。

2. 溶解成球加工工艺原理

1) 内溶法工艺原理

内溶法工艺主要包括成球、脱水和蒸溶等过程。

(1) 成球。

将 NC 或含 NC、NG 等的吸收药料悬浮在非溶剂介质(水)中，然后加入溶
剂(乙酸乙酯)，在加热和搅拌条件下，物料被溶解成具有一定黏度的高分子溶

液，在高速搅拌作用下分散成细小的液滴，液滴与非溶剂介质不相容，在界面作用力下表面积缩小以减小表面能，收缩成为近球形。在适当的搅拌速度下，液滴在介质中可以保持球形而不变形。具有极大比表面的大量球粒悬浮在非溶剂介质中相互碰撞时会自动聚结，有自发聚集形成大颗粒的趋势，使总表面能减小，体系能量降低。为此，在介质中加入分散剂（如骨胶、明胶等保护胶），使球粒表面形成一层保护膜，阻止球粒相互碰撞时黏结在一起。成球后，通过升温驱除一部分溶剂，使球粒的表观黏度增大，以防变形。

（2）脱水。

由于溶剂（乙酸乙酯）与非溶剂介质（水）有一定的溶解度，因此球粒中含有一些水分。含有水分的球粒在驱除溶剂后松质多孔，在驱溶前或驱溶过程中可加入可溶性盐类（如硫酸钠）产生渗透压作用，球粒内的水分通过保护膜层（可看作半透膜）不断向外渗透到水介质中。控制球粒的渗出水分，可得到不同密度的药粒。

（3）蒸溶。

开始先以低于溶剂沸点的温度驱溶，此时球粒中的溶剂在浓度差的推动下，向水中扩散，经水面蒸发出来；再在较高温度下（等于或高于溶剂沸点，低于水的沸点）驱溶，溶剂蒸气直接从球粒表面蒸出，穿过水介质排出，球粒内层的溶剂在浓度梯度的扩散动力下向球粒表面扩散。在驱溶的同时，球粒逐渐硬化定型。

2）外溶法工艺原理

外溶法工艺与内溶法工艺的区别在于成球的工艺原理不同。外溶法成球工艺过程是：将 NC 或含 NC、NG 等的吸收药料在胶化机内用溶剂（乙酸乙酯）搅拌形成塑化胶团，然后通过螺旋挤出机的花板模具挤出成圆柱形药条，并被紧贴在模具出药面上的旋转刀具切割成一定长度（通常长径比为 1：1）的药粒。为防止药粒粘连和变形，切割下的药粒随水流进入蒸溶锅中，内含有保护胶（如明胶）、乙酸乙酯溶剂和脱水剂（如 Na_2SO_4）的水溶液，在强力搅拌和乙酸乙酯溶剂（此处也称为强化剂）的作用下，圆柱形药粒逐渐成为球形或近球形颗粒。成球后的工艺过程与内溶法工艺基本相同。

3）球扁药工艺原理

（1）球形药压扁工艺。

球形药压扁工艺原理比较简单，就是将球形药粒通过间距小于球粒直径的两个向内旋转圆辊的碾压，使球形药粒成为球扁药粒。但碾压过程中工艺参数的控制非常重要，主要有碾压辊的表面温度和辊间距。如果碾压辊的温度偏高，药粒自身发生分解的风险加大，球形药颗粒的机械感度也比较高，容易发生燃烧甚至爆炸事故；如果碾压辊的温度偏低，尤其是低于药粒的热变形温度时颗粒内部容易产生裂纹或破碎，失去正常的燃烧规律。碾压辊的辊间距决定球扁药产品的燃烧层厚度，由武器的装药设计确定，但需要将压扁率控制在一定的范围，压扁率过大时容易产生裂纹或破碎；压扁率过小则达不到改善燃烧性能的目的。球形药压扁工艺产品的燃烧层厚度一致性好，其偏差主要取决于碾压设备的精度。

（2）一次成型工艺。

球扁药一次成型工艺原理与球形药的成型原理没有太大的区别，只是在脱水前预蒸溶阶段的工艺参数不同。球形药在预蒸溶阶段的驱溶量约为药粒中溶剂量的25%，在脱水时药粒表面还未形成硬壳，径向可以均匀收缩而保持球形。如果在预蒸溶阶段蒸出的溶剂量达到药粒中溶剂量的75%左右，使球表面形成一定程度的硬壳，在脱水时，随着药粒中水分向外渗出，药粒需要收缩，而药粒表面因结壳不能缩小，从而迫使球体在短径方向进行收缩而成为球扁药。

1.1.4 压制成型加工工艺

压制成型工艺（也称为压装成型工艺）是通过外加压力将炸药粉末或颗粒压制成所需几何形状、且使其具有一定密度和强度的混合炸药成型加工工艺。压制成型工艺应用较广泛，其特点是适用于多种类型的炸药品种，对于 TNT、三氨基三硝基苯（TATB）、硝酸铵（AN）等具有一定塑性的单质炸药，可以直接压制成型。由于其压制成型过程不需要使炸药熔化，对 RDX、HMX 等一些高熔点、脆性单质炸药晶体则较难压制成型，需要经过一定的钝感处理，制备成造型粉，才能采用压制工艺成型。由于压制过程不会产生气泡、缩松等成型缺陷，加工制造产品的质量较高，药柱密度均匀性好，爆速稳定，精密度高。另外，还可以采用胶接、拼合方法，精密加工复杂形状的炸药装药。

压制成型工艺的主要特点：

（1）可用于制备高主体炸药含量的药柱，混合炸药能量高。例如，可以将 RDX 含量99.5%、高分子黏结剂含量0.5%的混合炸药压制成型，最大限度地提高 RDX 等主体高能炸药的能量利用率。

（2）成型药柱无气泡、缩孔等疵病，装药质量高。压制成型通过静压力缓慢排除药粉中的气体，使炸药颗粒相互挤压、黏结，形成一体，宏观疵病少。

（3）在压制过程中，受压力作用 RDX 等主体炸药颗粒存在破碎现象及钝感剂脱黏现象，导致压制成型药柱或装药的感度(尤其是冲击波感度)较相同主体炸药含量的浇铸炸药高，从而使这种成型工艺制备的炸药起爆感度高、爆轰完全，但制备不敏感炸药的难度相对较大。

(4)与熔铸炸药和浇铸炸药不同，压装炸药必须先在炸药厂制备造型粉，然后到弹药厂进行压制成型或压装装药，而熔铸、浇铸炸药混合后需要立即完成成型装药，因此其混合制备和成型装药密不可分，一般均在弹药厂进行。

1.2 火炸药类型及其工艺特性

火炸药的类型与分类方式有关，采用不同的分类方式可以有不同的类型。此处主要根据火炸药的组成、结构及其工艺特性进行大类分类，暂不涉及一些处于研制阶段、尚未形成产品的新型火炸药类型，也不涉及民用工业炸药和液体火炸药。

1.2.1 发射药类型及其工艺特性

根据发射药的组成和结构，现有发射药主要可以分为单基发射药、双基发射药和三基发射药三大类型。

1. 单基发射药

单基发射药由 NC 和化学安定剂组成，其中 NC 的含量一般在 85% 以上，化学安定剂主要是二苯胺(DPA)，有的还加入二硝基甲苯(DNT)、邻苯二甲酸二丁酯(DBP)等附加成分。单基发射药为均质结构，能量较低，但性能稳定，特别是力学性能好、对武器的烧蚀性小。

单基发射药中的 NC 为刚性大分子结构，在其安全温度范围内不具备成型加工所需要的黏流态条件，必须借助工艺溶剂改变 NC 的物理状态获得可塑性后才能加工成型。现有单基发射药的制造工艺有两种方法：一是溶剂法挤出成型工艺，借助乙醇和乙醚的混合溶剂将 NC 溶塑后通过模具挤出成型，主要采用柱塞式挤出工艺挤出成型，也有部分单基发射药采用单螺杆挤出工艺挤出成型，挤出药型主要有单孔粒状、单孔管状和多孔粒状；二是溶解成球工艺，借助乙酸乙酯溶剂在水介质中溶解成型(球形药或球扁药)。

由于单基药在制造过程中加入了大量的工艺溶剂，在加工成型后需要驱除出来，使之达到规定的含量(内挥含量)。

单基发射药的组成简单，结构均匀，成型工艺成熟、稳定。工艺关键技术主要是驱溶和内外挥控制，对高氮量单基发射药，NC 的塑化也是工艺关键技术之一。

2. 双基发射药

双基发射药主要由 NC、NG、化学安定剂和附加组分组成，其中 NC 为含能黏结剂、NG 为含能增塑剂。双基发射药为均质结构，能量比单基发射药高，可以在一定范围内调整 NC 和 NG 的比例，满足多种武器弹药的使用要求。但双基发射药的爆温相对较高，对武器的烧蚀性大一些，低温力学性能也比单基发射药差一些。

在双基发射药配方基础上，采用硝化三乙二醇（TEGDN）、硝化二乙二醇（DEGDN）或 1,5 -二叠氮基- 3 -硝基- 3 -氮杂戊烷（DIANP）部分取代 NG 组成混合含能增塑剂，不仅可以在保证高能量的前提下降低爆温，缓解发射药能量和烧蚀性的矛盾，而且由于 TEGDN、DEGDN 或 DIANP 对 NC 的塑化能力好于 NG，可以改善双基发射药的加工成型工艺性能。该类发射药国内现有产品主要是含有 NG 和 TEGDN 或含有 NG 和 DEGDN 的混合硝酸酯发射药、含有 NG 和 DIANP 的叠氮硝胺发射药。

双基发射药的组成相对比较简单，结构均匀、致密，加入 NG 等含能增塑剂不仅提高了发射药的能量，而且 NG 等含能增塑剂对 NC 有一定的塑化能力，有利于加工成型，提高了成型工艺的适应性，工艺性能比单基发射药好一些。现有双基发射药的挤出成型有半溶剂法工艺和无溶剂法工艺两种方法，半溶剂法工艺基本采用柱塞式挤出工艺挤出成型，无溶剂法工艺既可以采用单螺杆挤出成型，也可以采用柱塞式挤出工艺挤出成型。另外，双基发射药也可以采用溶解成球工艺制造球形药或球扁药。含有两种或两种以上含能增塑剂的发射药在结构上和加工工艺上与双基发射药相类似，该类发射药目前都采用半溶剂法工艺挤出成型，其中混合硝酸酯发射药采用单螺杆挤出工艺挤出成型，叠氮硝胺发射药采用柱塞式挤出工艺挤出成型。

双基发射药的加工成型工艺成熟、稳定，半溶剂法工艺的驱溶过程比单基发射药的溶剂法工艺简单。但双基发射药加工成型工艺过程需要增加吸收工序，在一定温度的水介质中在机械搅拌作用下将 NG 等组分均匀地吸附到 NC 中，再经过离心、碾压和烘干等程序驱除水分。双基发射药的工艺关键技术主要是塑化质量的控制，避免塑化不足或塑化过度导致发射药的低温力学性能下降。

3. 三基发射药

三基发射药是在双基发射药组分的基础上，加入了 NQ、RDX 等高能固体炸药形成的发射药。其中含能增塑剂也可以采用两种或两种以上混合含能增塑剂，以改善发射药的应用性能和工艺性能。三基发射药为非均质结构，能量设计范围更宽，并可以在保证高能量的前提下控制适当的爆温，满足高威力身管武器的应用需求。但由于加入了大量的固体炸药组分，发射药的力学性能有明显的降低。

三基发射药配方中含有高能固体炸药组分，难以采用无溶剂法工艺挤出成型，特别是固体高能炸药组分的机械感度较高或含量较高时，目前都采用半溶剂法柱塞式挤出工艺挤出成型。三基发射药的成型工艺过程与双基发射药的半溶剂法工艺基本相同，其中固体组分既可以在吸收工序中加入（水溶性组分除外），也可以在捏合塑化工序中加入，前者的组分分散性和均匀性好，后者避免了高能固体炸药在压延工序的危险性，工艺安全性好。

三基发射药的组成相对复杂一些，特别是含有固体颗粒的非均相结构增加了工艺稳定性控制的难度，但非均质结构有利于工艺溶剂的驱除。工艺关键技术主要是固体颗粒组分的分散均匀性控制。

1.2.2 推进剂类型及其工艺特性

根据推进剂的组成和结构，现有固体推进剂主要可以分为双基推进剂、改性双基推进剂和复合推进剂三大类型。不同类型的固体推进剂采用不同的工艺制造成型，推进剂的性能也与成型工艺密切相关。

1. 双基推进剂

双基推进剂是以 NC 和 NG 为主要成分，附加一些功能添加剂（如安定剂、燃烧催化剂等）组成的均质结构推进剂。其中 NC 为含能黏结剂，在双基推进剂中作为主要能源并起着保证机械强度的作用。NG 为含能增塑剂，是双基推进剂中的主要能源，这是因为 NG 在燃烧时可生成大量气体和热量，生成的气体中含有自由氧，这部分自由氧可供给缺氧的 NC 使之燃烧程度提高，因此也将 NG 称为有机氧化剂。另外，NG 还可以作为 NC 的溶剂。因此双基推进剂是均相体系，属于均质固体推进剂。将 NG 和 NC 混合可形成固态溶液，使 NG 填充在 NC 大分子间，从而削弱大分子间的作用力，使 NC 的柔顺性和可塑性增大，有利于双基推进剂的加工成型并提高推进剂的力学性能。双基推进剂具有质量和药柱均匀、常温下稳定和机械强度良好、重现性好、燃烧压力指数小且呈现平台效应、低特征信号良好等优点，适合作为自由装填的发动机装药，并在要求燃气纯净的燃气发生器中得到广泛应用。但也存在能量低、低温力学性能差等缺点。

双基推进剂目前最常用的加工制造有挤出成型工艺和浇铸成型工艺两种方法。挤出成型工艺加工制造的推进剂药型比较简单，只能制造形状不太复杂的等截面药柱，最大尺寸也受到限制，药柱直径一般在 300mm 以下（目前最大可达到 700mm），适于自由装填装药。浇铸成型工艺可制造药型比较复杂的大型发动机药柱，特别是可以制造发动机壳体黏结式装药。

双基推进剂的挤出成型既可以采用半溶剂法工艺，也可以采用无溶剂法工艺，由于火箭发动机装药用推进剂的燃烧层厚度较大，主要采用无溶剂法工艺加工制造。该工艺成熟、稳定，工艺关键技术主要是塑化工序的安全性控制，在压延塑化和螺杆剪切塑化过程中都容易发生燃烧甚至爆炸事故。

双基推进剂的浇铸成型工艺属于粒铸工艺，也称为充隙浇铸工艺。主要工艺过程是先制造三维尺寸 1mm 左右的浇铸药粒，将浇铸药粒装入模具或发动机壳体，倒入混合溶剂（增塑剂）使之均匀充满药粒的空隙，液相溶剂向固相药粒内部扩散使药粒膨润而固化成型。该工艺方法是为制造大型发动机装药及复杂药型装药发展起来的，工艺适应性和安全性较好。工艺关键技术主要是产品质量的均匀一致性控制，针对不同的配方组分比例（NC 与 NG 等增塑剂的比例），需要合理分配增塑剂在浇铸药粒和混合溶剂中的比例，确保浇铸过程中混合溶剂刚好完全充满浇铸药粒的空隙，过多或过少都容易导致产品质量的不均匀。

2. 改性双基推进剂

改性双基推进剂主要包括复合改性双基（CMDB）推进剂和交联改性双基（XLDB）推进剂两大类型。复合改性双基推进剂在双基推进剂的基础上加入了高能炸药（如 RDX、HMX 等）、无机氧化剂（如 AP 等）和金属燃料（如 Al 粉）等组分，它突破了双基推进剂能量不高的局限，具有能量可调范围大的优点。交联改性双基推进剂在复合改性双基推进剂组分的基础上加入了带有活性基团的高分子黏结剂或多官能度的交联剂（与 NC 中的剩余羟基发生交联反应），可使黏结剂大分子主链间生成网络结构，在保持高能量的前提下改善推进剂的力学性能。

改性双基推进剂的配方灵活多变，组分变化范围较大，其制造工艺也比较灵活多变。目前，大多数改性双基推进剂采用浇铸工艺加工制造，也有采用挤出成型工艺加工制造的。但即使采用相同浇铸工艺制造的不同品种，工艺上的差别也较大。

改性双基推进剂的浇铸工艺与双基推进剂的浇铸工艺在原理上基本相同，但具体工艺方法和工艺过程存在较大差别，既包含粒铸工艺的工艺单元（如浇铸药粒制造、溶塑固化过程），也包含配浆浇铸工艺的工艺单元（固-液组分的混合配浆、交联反应固化过程）。高能炸药和无机氧化剂等固体组分可以与 NC、NG 等一起先加工成复合改性浇铸药粒，也可以与双基浇铸药粒混合均匀后浇铸成型。复合改性双基推进剂与双基推进剂的固化都属于物理过程，原理上都属于溶塑固化原理；交联改性双基推进剂的固化既包含溶塑固化的物理过程，也包含发生交联反应的化学过程。

3. 复合推进剂

复合推进剂是由高分子黏结剂、固体氧化剂（如 AP、RDX、HMX 等）、金属燃料（如 Al 粉等）和其他附加组分（如燃烧催化剂、防老剂等）组成的具有特定性能的含能复合材料。其中，高分子黏结剂占推进剂总重量的 10%～20%，它是由预聚物与固化剂反应形成的三维网络结构。它将固体氧化剂和金属燃料紧紧黏结在一起，并且其本身具有一定的力学性能，起到弹性基体（连续相）的作用，同时又可作为产生气体和热量的燃烧还原剂。通常可根据黏结剂的种类，将复合推进剂分为端羧基聚丁二烯（CTPB）推进剂、端羟基聚丁二烯（HTPB）推进剂等。复合推进剂具有能量较高、密度大、燃烧临界压力低和原材料来源广等优点。

复合推进剂主要采用固化反应浇铸工艺进行制造，即将各组分混合后加入发动机壳体或模具中，使预聚物与固化剂在高温下发生化学反应而固化成型。复合推进剂固化反应浇铸工艺不需要预先造粒，工艺过程简单、安全。该工艺的关键技术主要是防沉降（比例大的组分容易沉降）和防气孔（浆料带入的空气和固化反应产生的气体）。

1.2.3 混合炸药类型及其工艺特性

军用混合炸药的分类体系较为复杂，除了炸药特性的分类体系外，还有炸药在战斗部中的功能或效应的分类体系。根据其制造成型工艺特点，用作战斗部主装药的混合炸药可分为熔铸炸药、浇铸固化炸药和压装炸药三大类型。另外，还有一些用于特殊爆破、传爆、金属切割、焊接、成型等军用或民用应用场合的混合炸药，如挠性炸药、塑性炸药、低密度泡沫炸药等，常将这类炸药称作特种炸药，其也属于混合炸药的一类。

1. 熔铸炸药

熔铸炸药主要由熔铸载体和高能固体炸药组成，其中熔铸载体的熔点、热熔、液相黏度以及结晶特性等理化性能对熔铸工艺性能起决定作用。根据炸药铸装和成型工艺的要求，作为熔铸载体的单质炸药连续相的熔点一般不超过

110℃，80～90℃为最佳，这样既可以满足最终成型装药的环境适应性要求，也可以在混药过程中方便地利用蒸气熔化炸药。为了提高工艺安全性，熔铸载体炸药应具有较好的热安定性，其热分解温度应高于熔点数十摄氏度。熔铸载体的蒸气及粉尘应无毒或毒性尽可能小。

TNT 及 TNT 基混合炸药是熔铸炸药的典型代表。20 世纪初以 TNT 为基的熔铸炸药开始取代以苦味酸（PA）为基的混合炸药，广泛装填榴弹、反坦克破甲弹、地雷、火箭弹、导弹等各类弹药，在历史上，以 TNT 为载体的熔铸炸药在军用混合炸药的比例曾高达 90%以上。由于熔铸炸药成本低、成型简便、便于实现自动化连续化，TNT 目前仍然大量用于弹药装药。

除了 TNT 之外，目前在应用或研究探索的熔铸载体还有 2,4 -二硝基苯甲醚（DNAN）、3,4 -二硝基呋咱基氧化呋咱（DNTF）、三硝基氮杂环丁烷（TNAZ）、二硝酰胺铵（ADN）、3,4 -二硝基吡唑（DNP）、1 -甲基 -2,4,5 -三硝基咪唑（MTNI）等一系列性能优良的新型易熔高能或钝感含能化合物。DNAN、DNTF、TNAZ 等单质炸药连续相，本身熔点高、铸装困难，将其与某些含能材料或添加剂混合使用则可形成共熔物，可有效降低熔点，并提高铸装的可行性。通过形成低共熔物，极大地扩大了熔铸载体的品种和数量，典型的如乙二胺二硝酸盐-硝酸铵共熔物（EA）、乙二胺二硝酸盐-硝酸铵-硝酸钾低共熔物（EAK）、硝基胍-乙二胺二硝酸盐-硝酸铵-硝酸钾低共熔物（NEAK）等分子间炸药，环三次甲基三亚硝铵与菲、二苯胺形成的共熔物体系作载体的熔铸炸药 RH - 75F - 1。蜡类材料具有适中的熔点和熔体黏度，与常用炸药 TNT、RDX、HMX 相容性好，是常用的钝感剂，也被用作熔铸载体制备不敏感炸药。另外，可熔性高分子材料，如热塑性弹性体（TPE）、乙烯-醋酸乙烯共聚物（EVA）、聚乙烯蜡等，也可以用作熔铸载体制备熔铸 PBX 炸药。

熔铸工艺原理是采用可加热熔化、凝固成型的单质炸药、低共熔物混合物、蜡类物质、可熔性高分子材料等作为流动性载体，将固体高能炸药和（或）铝粉，如 RDX、HMX、六硝基六氮杂异兹烷（CL - 20）等，加入流动载体中形成固体悬浮态混合物，将悬浮态混合物浇入一定形状的模具或壳体中，在一定温度下冷却或经过一定的程序冷却，得到需要的形状的炸药铸件或战斗部装药。

2. 浇铸固化炸药

浇铸固化炸药由固体主炸药（如 RDX、HMX、CL - 20 等）、液体聚合物、增塑剂及其他添加剂（如硝酸盐、高氯酸盐、金属粉等）组成，是 20 世纪六七十年代借鉴复合推进剂成型工艺技术发展起来的，也称作浇铸型高聚物黏结炸药（浇铸 PBX）。典型浇铸 PBX 炸药的成型工艺与复合推进剂基本相同。浇铸固化炸药克服了熔铸炸药脆性大、强度低，易产生缩孔、结晶、裂纹及高温渗油等缺点，具有药柱强度高、与弹体黏结力强、形状稳定、便于加工等优点。

浇铸固化炸药质地均匀，成型性好，可制造复杂构型；与金属材料黏结性能好，不脱粘；具有优良的爆轰性能，很宽的爆速可调范围（4000～8800m/s）；更为突出的是对火焰、破片撞击以及冲击波等刺激表现出较好的不敏感性，是目前发展不敏感炸药的主要途径之一。这些特点也使其成为目前军用混合炸药研究和发展的一种趋势。

浇铸固化炸药的加工工艺过程：将作为流动载体的高分子预聚物与固体高能炸药以及铝粉等先在捏合机中混合均匀，然后浇铸到模具或弹药战斗部壳体中，最后在烘箱中加热固化成型。典型产品如美军的 PBXN‐106、PBXN‐109、PBXN‐110、AFX‐757 等。最常用的高分子预聚物是 HTPB。

为了提高固相含量，保证高固含量的黏稠炸药物料的流动性，基于浇铸固化工艺发展了挤注工艺方法。该工艺在浇铸过程中一般对浇铸物料加压，增加物料的流动性，可以通过压缩空气、液压或螺杆加压等方式加压。

3. 压装炸药

随着在 TNT 基熔铸炸药中的大量应用，RDX 达到了规模化生产程度，发展了利用大比例 RDX 含量装药提升弹药能量的弹药技术。但由于 RDX 不能像 TNT 那样能够在适宜的温度下熔化和凝固，所以出现了压装炸药和压装装药工艺。该工艺与粉末冶金和陶瓷行业的压制成型工艺原理类似，只是物料状态和特性有所不同。压装工艺首先将混合炸药各组分在水或有机溶剂介质中混合均匀，制成粒状或粉末状产品，一般称作"造型粉"，将造型粉干燥后放入模具中在压机上压制成型，成型后的药柱再装入弹药壳体中形成战斗部装药，也可以将造型粉直接压入弹药壳体中形成战斗部装药。

炸药造型粉一般采用钢制模具在液压机上压制成型，也可以采用柔软的模套在等静压压机上成型。前一种方法是最早发展起来的，也是目前仍在大量使用的工艺方法；后一种方法出现得较晚，而且目前仍然未大量使用。

基于压装工艺，苏联发展了捣装工艺（也称分步压装工艺），该工艺模仿捣米的动作，在混合炸药中黏性组分的黏结作用下，在捣压过程中，依模具或弹药壳体形状形成相应形状的药柱或装药，该装药工艺可实现连续化。

通过上述工艺方法无法获得某些异形或超薄形状结构的装药时，还需要通过对上述工艺得到的药柱进行车削再加工。

4. 特种炸药

特种炸药包括塑性炸药、挠性炸药、低密度泡沫炸药等。

塑性炸药是指在常温下一定温度范围内具有塑性和黏性的特种混合炸药。它具有可以用手任意揉捏成型的特点(类似于橡皮泥),也可以压制成一定规格的药柱、药块。塑性炸药由单质炸药、高聚物黏结剂、增塑剂组成,选用不同的黏结剂或增塑剂,或改变其含量,可导致其黏性增加,故这类炸药也称作黏性炸药。塑性炸药可以通过水悬浮造型工艺、捏合混合等工艺制备。

挠性炸药也称为自持性炸药、橡皮炸药,它在一定温度范围内保持曲挠性、自持性和弹性,有一定的延展性,可制成薄片、带状、棒状、索状、管状和块状以及其他各种所需形状,其制品可以自由弯曲、折叠。挠性炸药主要由单质炸药(如 RDX、太安(PETN))、高聚物黏结剂及其他助剂组成,其制备工艺通常是先将炸药与黏结剂溶液及添加剂在捏合机中捏合混合均匀,然后用压伸、压延和模压等类似于火药成型方法制成所需形状。

低密度泡沫炸药是将炸药颗粒分散在泡沫状热固性树脂中的一种混合炸药。这种结构的炸药密度小(最小为 $0.08 \sim 0.20 \text{g/cm}^3$),如同泡沫塑料,故称低密度泡沫炸药。制备泡沫炸药最常用的工艺方法是发泡法和浸溶法等,其中发泡法是先将可发泡的高分子微球,或热固性树脂及发泡剂和炸药混匀,然后装入模具中进行加热固化;微球膨胀或热固性树脂发泡固化将模具充满,同时将炸药粘住得到泡沫炸药。

02 / 第 2 章
火炸药成型加工工艺理论基础

2.1 高聚物的溶解

发射药和固体推进剂都是以高聚物为主体结构的复合材料，其挤出成型加工工艺在原理上与普通高分子复合材料相似，涉及高聚物与增塑剂（或溶剂）之间的溶塑作用；在溶解成球工艺中，也涉及高聚物与溶剂之间的溶解作用。高聚物溶解的相关基础理论对发射药和固体推进剂挤出成型工艺、溶解成球工艺设计选择增塑剂（或溶剂）具有重要的指导意义，也是相关工艺技术条件控制的理论依据。

2.1.1 高聚物的溶解过程

由于高聚物结构的复杂性——分子量大而且具有多分散性，分子形状有线型、支化和交联的不同，聚集态又有非晶态与结晶态之分，因此高聚物的溶解过程比小分子物质的溶解过程要复杂得多。

高聚物与溶剂分子的尺寸相差悬殊，两者的分子运动速度差别也很大，溶剂分子能比较快地渗透进入聚合物内部，而高分子向溶剂中的扩散却非常慢。因此，聚合物的溶解过程主要经过两个阶段，先是溶剂分子渗入聚合物内部，使聚合物体积膨胀，称为溶胀，然后才是高分子均匀分散在溶剂中，形成完全溶解的分子分散的均相体系。对于具有交联结构的聚合物，在与溶剂接触时也会发生溶胀，但由于交联化学键的束缚，不能再进一步将交联的分子拆散，只能停留在溶胀阶段而不会溶解，并且溶胀到一定程度后就不再继续胀大，达到溶胀平衡。

高聚物与小分子溶剂混合时，两者分子量相差较大，其中高分子链较长，内聚力大且互相缠结，分子链本身不易移动。在高聚物与溶剂接触的初期，高聚物不会向溶剂中扩散。但高分子链具有柔性，因其链段的热运动而产生空穴，这些空穴易被溶剂小分子占据,从而使高聚物产生体积增大的膨胀现象。但此时,整个高分子链还不能摆脱分子链间的相互作用而扩散到溶剂分子中,整个体系还是两相,一相是含有溶剂的高分子相,另一相是纯溶剂相。

随着溶胀的不断发生,促使高分子链间的距离不断拉长,链间作用力不断减小,当整个大分子链中的所有链段都已摆脱了相邻分子链的作用而缓慢向溶剂中扩散时,整个分子链和溶剂混合。溶解度与聚合物的分子量有关,分子量大的溶解度小,分子量小的溶解度大。对交联聚合物来说,溶胀度随交联度的增加而减小。

非晶态高聚物的分子堆砌比较松散,分子间的相互作用较弱,因此溶剂分子比较容易渗入非晶态聚合物内部使之溶胀和溶解。结晶态高聚物由于分子排列规整,堆砌紧密,分子间相互作用力很强,溶剂分子渗入结晶态聚合物内部非常困难,因此,结晶态高聚物的溶解比非晶态聚合物困难得多,需要先吸热熔融后才能溶解。对于非极性的结晶高聚物,必须加热升温至熔点附近,待结晶熔融后小分子溶剂才能渗入高聚物内部而逐渐溶解;对于极性的结晶高聚物,除了加热升温使它们熔融后再溶解之外,还可以选择一些极性很强的溶剂在室温下溶解。这是因为结晶态高聚物中无定形部分与溶剂混合时,两者强烈地相互作用(如生成氢键)放出大量的热,此热量足以破坏晶格能,使结晶部分熔融。

2.1.2　高聚物的溶解规律

1. 极性相近相溶规律

极性相近相溶规律是指极性分子组成的溶质易溶于极性分子组成的溶剂,难溶于非极性分子组成的溶剂;非极性分子组成的溶质易溶于非极性分子组成的溶剂,难溶于极性分子组成的溶剂。溶质和溶剂的极性越相近,溶解能力越强。如果两种物质的化学结构和力场相似,就能够互相溶解,也就是 A 分子和 B 分子之间的作用力与 A 分子内、B 分子内分子间作用力相近,即可相互溶解。

含有相同官能团,且分子大小相近,则它们的极性相近,例如:CH_3OH、C_3H_7OH 的偶极矩分别为 1.69D 和 1.70D。结构相似有时也反映极性相似,但极性相似却不一定在结构上相似。例如,硝基苯 $C_6H_5NO_2$、苯酚 C_6H_5OH 的偶极矩分别为 1.51D 和 1.70D,极性算是相近,但两者的 20℃ 水溶度分别为 0.19%、8.2%;又如,C_3H_7Br(1.8D)、C_3H_7I(1.6D)、C_3H_7OH(1.7D),极性相近,但 20℃ 水溶度分别为 0.24%、0.11%,完全互溶。可见,结构相似对溶解度的影响强于极性相似。

因此,极性相似相溶规律还有一种表述:"结构相似者可能互溶。"HOH、

CH_3OH、C_2H_5OH 分子中都含—OH，且—OH 所占份额较大，均可与水互溶；n—C_4H_9OH 中虽含—OH，因其份额小而水溶性有限。随着碳原子数增多，一元醇的水溶度将进一步下降。丙三醇中含有—OH 且份额较大，与水互溶；葡萄糖（$C_6H_{12}O_6$）中含 5 个—OH，因分子比 H_2O 大了许多，只是易溶于水；高分子淀粉（$C_6H_{10}O_5$）n 的分子更大，只能部分溶解于水；而纤维素的分子则更是大得多，干脆难溶于水了。

尽管这一规律可以较好地解释一些溶解问题，对选择溶剂也有一定的指导意见，但它只是定性的，同时还有少数例外情况。

2. 溶度参数相近相溶规律

高分子溶液是热力学的平衡体系，遵循热力学的基本规律。溶解过程是溶质分子和溶剂分子互相混合的过程，在恒温恒压下，这种过程能自发进行的必要条件是 Gibbs 混合自由能的变化 $\Delta G_M < 0$，即

$$\Delta G_M = \Delta H_M - T \times \Delta S_M < 0 \qquad (2-1-1)$$

式中：T 为溶解时的温度；ΔH_M 为混合热（熔）；ΔS_M 为混合熵。

在溶解过程中，分子排列趋于混乱，熵是增加的，即 $\Delta S_M > 0$。因此，ΔG_M 的正负取决于混合热 ΔH_M 的正负及大小。如果溶解时放热则 $\Delta H_M < 0$，有利于溶解的进行。高聚物溶解过程中存在三种分子间作用能，即高聚物大分子间的作用能、溶剂分子间的作用能、高聚物与溶剂分子间的作用能。前两者都阻止溶解过程的进行，只有高聚物与溶剂分子间的作用能大于前者时，其混合热才会出现负值。

极性聚合物在极性溶剂中，由于高分子与溶剂分子之间存在强烈的相互作用，溶解时放热（$\Delta H_M < 0$），使体系的自由能降低（$\Delta G_M < 0$），溶解过程能自发进行。

对非极性聚合物，溶解过程一般是吸热的（$\Delta H_M > 0$），只有升高温度 T 或减小混合热 ΔH_M 才能使体系自发溶解。其混合热 ΔH_M 可以借用小分子的溶度参数公式计算。根据 Hildebrand 理论，溶质与溶剂的混合热与其溶度参数差的平方成正比，即

$$\Delta H_M = V_M \times \varphi_1 \times \varphi_2 (\delta_1 - \delta_2)^2 \qquad (2-1-2)$$

式中：V_M 为溶液的摩尔体积；φ_1、φ_2 分别为聚合物和溶剂的体积分数；δ_1、δ_2 分别为聚合物和溶剂的溶度参数。

溶度参数的表达式为内聚能密度的平方根，即

$$\delta = (\Delta E / V_M)^{0.5} \qquad (2-1-3)$$

式中：ΔE 为摩尔汽化能。

内聚能密度表示单位体积的摩尔汽化能，是分子间作用力大小的标志。由于溶解时必须克服溶质分子间和溶剂分子间的引力，因此可以用内聚能密度预测溶解性。聚合物的混合热 $\Delta H_M > 0$，溶解过程发生的条件是混合热 ΔH_M 尽可能小，即溶剂与溶质的内聚能密度或溶度参数应尽可能相近或相等。通常两者溶度参数的差值小于 $1.5 J^{1/2}/cm^{3/2}$ 时可以互溶，差值小于 $2 J^{1/2}/cm^{3/2}$ 时溶解性良好。

选择聚合物的溶剂时，可使用混合溶剂提高溶解性能。混合溶剂的溶度参数 $\delta_{混合}$ 可通过各组分溶度参数的线性加和求得

$$\delta_{混合} = x_1 \delta_1 + x_2 \delta_2 + \cdots + x_n \delta_n \qquad (2-1-4)$$

式中：δ_1、δ_2、$\cdots$、δ_n 为各组分的溶度参数；x_1、x_2、$\cdots$、x_n 为各组分的体积分数。

Hildebrand 溶度参数公式只适用于非极性的溶质和溶剂的相互混合，是相似相容经验规律的量化。对于稍有极性的聚合物的溶解，溶度参数公式可进行下面的修正：

$$\Delta H_M = V_M \varphi_1 \varphi_2 [(\omega_1 - \omega_2)^2 + (\Omega_1 - \Omega_2)^2] \qquad (2-1-5)$$

式中：$\omega = P^{0.5} \delta$；$\Omega = d^{0.5} \delta$；P、d 分别为分子的极性分数和非极性分数。

因此，溶质与溶剂的极性部分与非极性部分的溶度参数分别对应相等，才能使两者最大程度地互溶。

3. 溶剂化规律

从分子结构出发，有人提出聚合物的溶胀和溶解与溶剂化作用有关。这里所谓的溶剂化作用，即广义的酸碱相互作用或亲电子体（电子接受体）与亲核体（电子给予体）的相互作用，二者相互作用产生溶剂化，从而使聚合物溶解。例如：三醋酸纤维素中含有电子给予性基团，所以可溶于含有电子接受性基团的二氯甲烷和三氯甲烷中。

溶剂化是指溶剂分子对溶质分子产生的相互作用，当作用力大于溶质分子的内聚力时，便使溶质分子彼此分开而溶于溶剂中。如极性分子和聚合物的极性基团相互吸引而产生溶剂化作用，可使聚合物溶解。在溶度参数相近的前提下，亲电的溶剂比较容易溶解亲核溶剂，反之亦然。

高聚物和溶剂有关的常见亲电、亲核性基团及其强弱次序如下：

亲电性基团：$-SO_2OH > -COOH > -CHOH > -C_6H_4OH > =CHCN >$
$=CHNO_2 > =CHONO_2 > -CHCl_2 > =CHCl$

亲核性基团：$-CH_2NH_2 > -C_6H_4NH_2 > -CON(CH_3)_2 > -CONH- >$
$\equiv PO_4 > -CH_2COCH_2- > -CH_2OCOCH_2- > -CH_2OCH_2-$

2.1.3 硝化棉的溶解塑化

硝化棉（NC）作为火药（发射药和固体推进剂）的主要黏结剂，我国是由棉纤维经硝酸与硫酸的混酸进行硝化反应（硝酸酯基取代羟基）制备得到的（国外也采用木纤维经硝化反应制备），是火药配方中的主要含能高聚物组分。

高聚物加工成型过程中常加入小分子溶剂赋予高聚物塑性，加入的小分子溶剂也称为增塑剂。高聚物中加入增塑剂后，首先降低了它的黏流温度，有利于在较低的温度下加工成型，同时也降低了高聚物的玻璃化温度，高聚物的柔软性、力学性能等有所提高。NC溶解塑化的本质和高聚物的溶解塑化是相同的。

由于NC的软化温度高于分解温度，不能仅用升高温度的方法加工成型，必须借助溶剂的增塑赋予其塑性才能挤出成型。如单基药采用乙醇、乙醚等挥发性溶剂作为增塑剂，挤出成型后再将挥发性溶剂驱除；双基药中含有硝化甘油（NG）等难挥发的含能增塑剂，当NC的含氮量相对较低时，含能增塑剂对NC具有一定的增塑作用，在含能增塑剂含量较高时，通过加热和加压即可使其达到黏流态而挤出成型，必要时也可加入一部分乙醇、丙酮等挥发性溶剂作为辅助增塑剂改善其加工工艺性能。

溶塑的NC作为火药的黏结剂，对火药的工艺性能、力学性能等有很大影响。因此，NC与溶剂的溶解性是火药加工工艺涉及的基础理论问题之一。

1. 硝化棉的溶塑机理

人们对NC与溶剂之间作用机理的认识是逐步深化的。过去曾长期采用胶体化学理论解释火药的加工过程，至今工厂中仍习惯将NC的塑化过程称为"胶化"。近代高聚物溶液理论应用于NC溶液的特殊体系，并结合大量实验证明，NC与溶剂形成的稀溶液不是胶体，而是大分子真溶液，从而形成了NC溶塑机理的现代概念。

NC的溶解过程不同于小分子物质的溶解过程，其溶解过程主要分为三个阶段。

1）溶剂化

NC与溶剂混合时，由于两者分子量悬殊，扩散速度相差很大，先是溶剂分子进入 NC 中，溶剂分子与 NC 大分子链节上的基团相互作用，在大分子周围形成溶剂化层，这个过程称为溶剂化。溶剂化过程伴随有热效应，通常是放热反应。放热量的大小取决于溶剂与 NC 大分子之间的作用能及溶剂分子、NC 大分子各自的结合能。

2）溶胀

随着溶剂不断扩散到 NC 大分子周围，其大分子链节被逐渐隔开，大分子间距离增大，NC 的体积变大，但仍保持原来的外形。这一阶段称为溶胀。在发射药和固体推进剂挤出成型加工过程中，使 NC 达到溶胀阶段即可满足成型加工工艺的要求，因此，物料体系中增塑剂（或溶剂）的含量相对较少；在发射药溶解成球工艺过程中，则需要使 NC 达到溶解阶段才能满足成型加工工艺的要求。

3）溶解

随着溶胀的充分进行，NC 大分子间距离不断增大，使其大分子间的作用力减弱，少量氢键被破坏，最后大分子之间完全分离，借热运动扩散到溶液中去，这时达到了溶解阶段。通常情况下，NC 吸收某种溶剂到一定程度后就不再吸收溶剂，这时存在两相，一相为被溶剂膨润的 NC 相，另一相为溶有少量 NC 的溶液相，两相保持溶胀平衡，这种现象称为"有限溶胀"。NC 在大多数溶剂中的溶解度是有限的，只有少数强极性溶剂才能够使其完全溶解。

在火药挤出成型加工过程中，NC-溶剂体系并不是稀溶液，而是增塑体系。使 NC 的软化点降低，可塑性和流动性增大的过程称为对 NC 增塑。增塑也是一种溶解过程，即增塑剂部分或全部溶于 NC 中，形成一种高分子浓溶液。增塑剂削弱了大分子极性基团之间的作用力，增大了大分子链节间的距离，降低了大分子链活动的内摩擦力，从而使 NC 在较低温度下变成可塑性物料。双基药中的 NG 既是含能组分，又具有增塑剂的作用。NG 等对 NC 的溶解能力较小，NC 在 NG 中不可能无限膨润为分子溶液，只能有限溶胀成为增塑体。

单基药的溶塑机理比较复杂。单基药常用 B 级 NC 和 C 级 NC 组成的混合棉，采用乙醚、乙醇、乙酸乙酯、丙酮等强溶剂作为工艺溶剂。醇醚混合溶剂在常温下可溶解 95% 以上的 C 级 NC，但对 B 级 NC 只能溶解 15% 以下，大部分只膨润和溶胀。根据目前工艺条件，C 级 NC 占混合棉重量的 20%～40%，醇醚溶剂加入量为 NC 干量的 60%～75%，在这种情况下，醇醚溶剂可以溶解绝大部分的 C 级 NC 而形成高分子浓溶液，对大部分 B 级 NC 只能达到溶胀阶段。这种增塑包含两种作用：一是醇醚溶剂使 B 级 NC 溶胀，增加大分子的柔性；二是 C 级 NC 的浓溶液包覆在 B 级 NC 的纤维之外，部分渗入 B 级 NC 的未溶解部分，成为 B 级 NC 纤维之间的填充物。C 级 NC 溶液减小了 B 级 NC 纤维之间的摩擦力，降低了混合棉的表观黏度，使混合棉的可塑性增大。

塑化的反过程称为反塑化。如果将刚挤出成型的单基药条立即浸入水中，药条表面会出现一层灰白色多孔性的析出物，这种现象就是反塑化。这种反塑化是由于增塑体系中进入了 NC 的非增塑剂（水）后，改变了增塑剂的成分和低分子体系的内聚能密度，NC 大分子与增塑剂重新分离析出。由于反塑化的速度较快，与增塑剂分离的那部分 NC 来不及收缩就变成了不可塑体，形成的 NC 松散多孔，导致密度和机械强度降低，这是火药成型加工工艺所不希望的。

2. 硝化棉塑化工艺溶剂的选择

利用"极性相近相溶"规律和"溶度参数相近相溶"规律，有助于合理地设计火药配方和选择适用的工艺溶剂。实践证明，对大多数聚合物和溶剂，如果 δ_1 与 δ_2 的差值小于 $2J^{1/2}/cm^{3/2}$，体系的溶解性良好。但溶度参数相近只是互溶的必要条件，并不是充分条件，如太安（PETN）的溶度参数与 NC 很接近，但 PEGN 的熔点为 $141\sim142℃$，在此温度下 NC 已开始热分解。另外，NC 分子中的基团具有不同的极性，例如—OH 的极性大于—ONO_2，由于两者的比例随 NC 含氮量的变化而变化，导致其极性也会发生变化，必须使溶剂的极性基团和非极性基团的比例与 NC 的极性基团和非极性基团的比例相适应。因此，针对不同含氮量的 NC，需要结合溶度参数相近和极性相近的原则选择溶剂。

除了含氮量因素外，NC 的结构也影响溶解度的大小。例如：聚合度（或黏度）小的 NC 具有较大溶解度；NC 分子结构中的酯基分布越均匀，溶解性越好。

表 2-1-1 和表 2-1-2 分别列出部分含能组分和溶剂的溶度参数。由表中可看出乙醇的溶度参数值较高，但乙醇与乙醚以一定比例混合，其混合溶剂的溶度参数与 NC 接近，相互之间的互溶性大大增强。三醋精、苯二甲酸二丁酯、丙酮、乙酸乙酯等溶度参数均与 NC 接近，在火药挤出成型工艺中也经常使用。在含能增塑剂方面，由于 NG 和 NC 均含强极性基团的硝基，大多数小分子的硝酸酯都可以用作 NC 的增塑剂，并且 TEGDN 等硝酸酯的溶度参数与 NC 更接近，在火药配方设计中采用 NG＋TEGDN 作为混合含能增塑剂，对 NC 的增塑效果比单纯 NG 更好。

另外，根据火药成型加工的工艺性要求，选择工艺溶剂时，还需要考虑其挥发性，以便在火药加工成型后将其驱除出去。目前单基发射药加工成型过程中都选择乙醇和乙醚的混合溶剂作为工艺溶剂，双基发射药和三基发射药加工成型过程中基本选择乙醇和丙酮的混合溶剂作为工艺溶剂，在水介质中溶解成球加工过程中基本采用乙酸乙酯作为工艺溶剂。

溶剂用量与 NC 干量之质量比，称为溶棉比或溶剂比。溶剂比对 NC 的溶塑性有很大影响，溶剂比越大，药料的可塑性越大；溶剂比越小，药料的可塑性越小。另外，温度对 NC 的溶解性也有显著的影响。在热力学上，溶剂对 NC 的溶解过程为放热过程，在相对较低一些的温度下有利于 NC 的溶解；但在动力学上，升高温度有利于分子的扩散运动，可加快溶剂对 NC 的溶解过程。因此，在火药成型加工过程中需要综合考虑上述两个因素的影响。

表 2-1-1   某些含能组分的溶度参数 $\delta(J^{1/2}/cm^{3/2})$

名称	δ	名称	δ	名称	δ
B 级 NC	18.7	C 级 NC	19.6	D 级 NC	20.6
NG	23.1	TEGDN	21.3	DEGDN	21.5
DIANP	24.7	BTTN	23.4	EGDN	22.7
NQ	30.7	RDX	31.7	DINA	27.2
DNT	22.5	TNT	31.3	PETN	20.6

注：EGDN 为硝化乙二醇；DINA 为吉纳；BTTN 为 1,2,4-丁三醇三硝酸酯

表 2-1-2   某些溶剂的溶度参数 $\delta(J^{1/2}/cm^{3/2})$

名称	δ	名称	δ	名称	δ
乙醇	26.4	苯二甲酸二丁酯	19.2	四氢呋喃	18.8
乙醚	15.1	三醋精	20.3	四氯化碳	17.6
丙酮	20.3	环己酮	20.3	二氯甲烷	19.8
乙酸乙酯	18.6	苯	18.7	吡啶	22.3
乙酸甲酯	19.6	甲苯	18.2	水	47.9

2.1.4   硝化棉溶液在非溶剂介质中的特性

球形高聚物加工成型的内在机制是界面化学的作用，无论采用什么工艺方法，都离不开界面化学理论。球形药成型加工工艺中采用强溶剂溶解 NC，并利用界面张力直接成球，大大简化了发射药的加工成型工艺过程。

经溶剂溶解的 NC 高分子溶液在非溶剂介质（水）中基本保持相分离状态，在加热和搅拌条件下可分散成细小的液滴，液滴与非溶剂水介质不相溶，液滴在界面作用力下，表面积有尽量缩小的趋势，以减小表面能。由于体积相同时球形的表面积最小，因此液滴自动收缩成近球形。当界面张力和搅拌速度控制适当时，球形液滴在介质中受力平衡或受力较小，可以保持球形而不变形。

具有极大比表面的大量球形液滴悬浮在非溶剂水介质中是热力学不稳定体

系，相互碰撞时会自动聚集，使总表面能减小，体系能量降低，有自发聚集形成大液滴的趋势。为了避免该现象发生，需在介质中加入分散剂（保护胶），一是降低水介质的表面张力，使 NC 高分子溶液更易于分散成小液滴；二是分散剂吸附在液滴表面形成一层保护膜阻止其相互碰撞时相互黏结。

1. 表面能

在溶液内部的分子与周围其他分子的作用力是对称的，分子在溶液内部移动无须做功，但在溶液表面上的分子与周围分子间的作用力是不对称的，溶液表面的分子受到向内的拉力而相对不稳定，它有向溶液内部迁移、表面积自动缩小的趋势。从能量上说，要将溶液内部的分子移到表面，需要对它做功，即要使体系的表面积增加需要增加其能量，在恒温恒压下增大 $1m^2$ 表面积所需要做的功称为表面自由能，简称表面能。为了使体系处于稳定状态，其表面积总是要尽可能取最小值，对一定体积的液滴来说，在不受外力作用的条件下，它的形状总是以球形最稳定。

2. 表面张力

由于体系的能量越低越稳定，故溶液表面具有自动收缩的趋势。这种趋势可看作表面分子相互吸引的结果，好像表面是一层受到张力作用的胶膜，此张力与平面平行，其大小反映了表面自动收缩趋势的大小，称其为表面张力。表面张力作用在溶液表面的边界线上，垂直于边界线，且指向表面的内部；或者是作用在溶液表面上任一条线的两侧，且垂直于该线，沿着液面的平面，指向该线的两侧。

对于液体，表面自由能与表面张力的量纲相同、数值相等，但它们的物理意义不同。表面自由能表示形成一个单位新表面体系自由能的增加，或表示物质本体相内的分子迁移到表面区，形成一个单位表面所需消耗的可逆功；而表面张力则表示纯粹物质的表面层分子间实际存在的张力，好像表面区是一层被拉紧了的弹性膜，它是通过液体表面上任一单位长度与液面相切的收缩表面的力。

2.2 火炸药物料的流变特性

流变学是研究流体在外力作用下与时间因素有关的流动和形变规律的科学，也是火炸药成型加工的理论基础。研究火炸药物料的流变特性，对其成型加工设备及其模具设计、工艺条件选择和产品质量控制都具有重要意义。

物料在黏流态下的流动特性是火炸药成型工艺的必要条件，火炸药成型加工过程中物料的流动性质主要表现为黏度的变化，物料的流变行为也是通过黏流态来表现的。因此，物料的黏度及其变化是火炸药成型加工的重要参数。

2.2.1　流变学的基本概念

在经典力学理论中，将固、液两类物体在承受外力条件下的变化总结为两类规律：一是牛顿流动定律；二是胡克弹性定律。其中胡克定律主要用来描述具有弹性性质的固体材料，因为在受到外力施压时，固体会发生形变，但形变会与外力一同撤销，即固体恢复形态；而牛顿定律主要是描述具有黏性性质的液体，当液体受到外力发生形变导致流动时，其形变是不可恢复的，即为永久形变，标准条件下的水是非常典型和普通的牛顿流体。

牛顿流体力学理论说明，在剪切流动的过程中，剪切应力 τ 与剪切速率 $\dot{\gamma}$ 成正比关系，其比例系数称为黏度系数，表达式为

$$\tau = \eta\dot{\gamma} = \eta\,\frac{\mathrm{d}u}{\mathrm{d}y} \qquad (2-2-1)$$

式中：η 为黏度，与温度和压力等参数相互关联。结合经典的流变学理论以及进一步的深入研究得出了著名的黏性牛顿流体的运动方程，即 Navier - Stokes 方程。

但后来的研究发现经典的力学理论规律（牛顿流动定律与胡克弹性定律）并不能完全适用于生产过程中实际应用的各种材料对象，像血液、油漆、高分子材料，它们在不同环境和不同施力状态下经常表现出游离于液体和固体形变之间的性质，这种复杂多变的形变行为以及兼顾固、液状态的流变特性根本无法简单地利用两个经典定律进行表征。依据研究对象在受力情况下是否屈服以及形变现象，结合流变学的理论分析，发现针对较为简单的系统主要有三种形式的流变特性，如表 2-2-1 所示。

工程实际中需要面对种类繁多的差异性材料，不同材料在剪切应力的作用下表现出来的应变响应也是不同的，主要有以下几种类型，如表 2-2-2 所示。

表 2-2-1　简单流变体的流变行为

序号	流变性	是否屈服	形变现象
1	牛顿黏性	屈服应力	永久形变，形变与时间成正比
2	宾汉塑性	有屈服	形变随时间增大，发生永久形变
3	胡克弹性	无屈服	无时间依赖性，能够恢复

表 2-2-2　材料的应变响应

序号	名称	应力-应变响应
1	牛顿流体(线性黏性流体)	$\tau = \eta \dot{\gamma} \ (\eta = 常数)$
2	非牛顿流体(非线性黏性流体)	$\tau = \eta(\dot{\gamma})\dot{\gamma}$
3	非线性弹性固体	$\tau = G(\gamma)\gamma$
4	线性弹性固体	$\tau = G\gamma \ (G = 常数)$
5	欧几里得体(刚性)	$\gamma = 0$
6	黏弹体	$\tau = f(\eta, \ \gamma, \ t)$
7	帕斯卡流休(无黏性流休)	$\tau = 0$

注：η 为黏度；$\dot{\gamma}$ 为剪切速率；γ 为剪切应变；τ 为剪切应力

2.2.2　典型火药物料的流变特性

1. 螺压挤出推进剂的流变特性

1)基本流变特性

在螺杆挤压加工工艺中，物料是不断向前推进流动的，其主要动力来自不断旋转的螺杆与静止不动的机筒之间形成的剪切力，物料产生的流动为剪切流动。流道中物料受到的剪切力以及剪切流动速率如图 2-2-1 和图 2-2-2 所示。

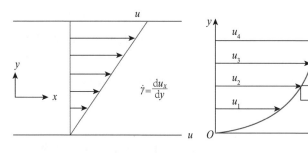

图 2-2-1　剪切流动示意图　　图 2-2-2　流体流速分布示意图

从图 2-2-1 可以直观地看出，流道中物料的速度 u 在 x 方向上呈阶梯状变化，速度的变化来自物料内部的阻力，只有克服了内部阻力，物料才能够平稳顺畅地向前推进，该方式的流动称为黏性流动，即物料的黏性与流动性成反比，其流动的剪切作用也更加强烈。反之亦然。

图 2-2-2 中的 $\mathrm{d}u/\mathrm{d}y$ 表示剪切速率，体现为物料的速度在 y 方向上的变化率，产生速度梯度的原因有多个方面，主要是物料自身的黏度。黏度与速度梯度成正相关，即截距越大，物料的速度梯度也越大，其产生的剪切应力也越

大。剪切强度则与剪切速率密切相关，即剪切速率的增加将带来剪切强度的增强。剪切的结果是对流场做功，针对推进剂的物料特性将有两个方面的作用：有利的是做功导致温升，使物料黏度降低，便于塑化和加工成型；有害的是温升对于热敏感度高的推进剂来说是个安全隐患。

2）物料在流道内的受力分析

在采用单螺杆挤压工艺加工成型时，流道中的推进剂物料并非简单地沿螺杆轴向平行于螺槽向前流动，而是顺着螺杆转动的方向旋转着以螺旋的形态向前推进。其特点是运动主要来自物料在螺槽流道中所承受的螺杆与机筒等部件的协同作用，如图 2-2-3 所示。

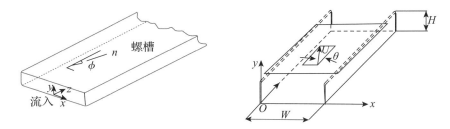

图 2-2-3　螺槽的几何结构及展开示意图

为了更好地研究物料在推进过程中的受力情况，进而从基础上研究工艺的流程及安全性，可选取物料的微分体积元来研究分析。从螺槽剖面的垂直方向截取宽 W（螺槽宽度）、高 H（螺槽深度）以及厚 $\mathrm{d}z$ 的体积微元。其在螺槽内的受力情况和简化后的各个力的施加情况分别由图 2-2-4(a)和(b)所示。

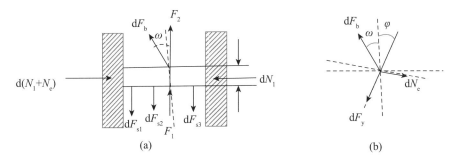

(a)　　　　　　　　　　　　(b)

图 2-2-4　物料微元的受力情况

由图 2-2-4(a)可见，物料主要受到五方面的力：拖曳力（$\mathrm{d}F_\mathrm{b}$）、反压力（$\mathrm{d}F_\mathrm{p} = F_2 - F_1$）、法向压力（$\mathrm{d}N_\mathrm{e} = \mathrm{d}(N_\mathrm{e} + N_1) - \mathrm{d}N_1$）、外摩擦力（$\mathrm{d}F_\mathrm{s1}$、$\mathrm{d}F_\mathrm{s2}$、$\mathrm{d}F_\mathrm{s3}$）以及内摩擦力。

在正常工况下，物料与螺槽之间无滑移，即没有相对移动，而且内摩擦力为物料内部因黏性存在的力，可以忽略。当物料受力平衡时，综合考虑各方面的协同作用，可将各方面的力简化为如图 2-2-4(b)所示的情况。因物料在单位时刻内受力均衡，所以存在：

$$dF_b + dN_e + dF_y = 0 \qquad (2-2-2)$$

式中：$dF_y = dF_{s1} + dF_{s2} + dF_{s3} + dF_p$，$dF_b \cos(\omega + \varphi) = dF_{s1} + dF_{s2} + dF_{s3}$，$dF_b \sin(\omega + \varphi) = dN_e$。

在各个施力中，拖曳力 dF_b 是驱动物料向前推进的主动力，只有当拖曳力克服 dN_e 和 dF_y 时，物料才能在驱动下向前移动，当其值为 0 或过小时，即 $dF_b < dN_e + dF_{s1} + dF_{s2} + dF_{s3} + dF_p$ 时，物料会出现打滑，酿成安全事故。

3) 双基推进剂的流变特性

双基推进剂的流变特性对螺杆挤出成型设备的设计、工艺条件的选择和产品质量控制等都是非常重要的。双基推进剂的流变特性是下列因子的函数：

$$\eta = f(\gamma, T, t, P, C, \cdots) \qquad (2-2-3)$$

式中：η 为表观黏度；γ 为剪切速率；T 为温度；t 为时间；P 为压力；C 为 NC 溶液的浓度。

其他因子还包括：分子参数(如相对分子质量、相对分子质量分布)、结构变量(如结晶度)、各种附加物成分(增塑剂、润滑剂、安定剂、弹道改良剂)和与加工历程有关的因素(如取向、残余应力)等。

双基推进剂药料在其黏流态范围内仍具有很高的黏度，通常大于 10^4 Pa·s，这种药料具有一定的屈服值，而且药料的黏度与剪切速率有关，具有与假塑性流体相似的性质。因此，可以认为是一种具有屈服值的塑性体，可用下面的本构方程来描述：

$$\tau - \tau_y = \eta \dot{\gamma} \qquad (2-2-4)$$

式中：τ 为剪切应力；τ_y 为药料的屈服应力；η 为黏度系数；$\dot{\gamma}$ 为剪切速率。

以一种双基推进剂为例，由实验得出不同温度下剪切应力 τ 与剪切速率 $\dot{\gamma}$ 之间的关系，如图 2-2-5 所示。图中 τ-$\dot{\gamma}$ 曲线呈指数关系，在双对数坐标中呈较好的线性关系，并且曲线指数 $n < 1$，表明双基推进剂与一般高分子材料有相似之处，呈假塑性流体。其表观黏度随剪切速率和剪切应力的增高而降低，如图 2-2-6 所示。

该双基推进剂在不同温度下的流动曲线幂律模型是

$$80℃ \quad \tau = 1.14 \times 10^5 \dot{\gamma}^{0.223}$$

$$90℃ \quad \tau = 6.99 \times 10^4 \, \dot{\gamma}^{0.238}$$

$$95℃ \quad \tau = 5.56 \times 10^4 \, \dot{\gamma}^{0.246}$$

$$100℃ \quad \tau = 4.39 \times 10^4 \, \dot{\gamma}^{0.248}$$

该双基推进剂在不同温度下的黏度 $\eta\alpha$ 函数幂律模型是

$$80℃ \quad \eta_a = 1.14 \times 10^5 \, \dot{\gamma}^{-0.777} \qquad \eta_a = 4.51 \times 10^{22} \, \tau^{-3.48}$$

$$90℃ \quad \eta_a = 6.99 \times 10^4 \, \dot{\gamma}^{-0.762} \qquad \eta_a = 2.22 \times 10^{20} \, \tau^{-3.20}$$

$$95℃ \quad \eta_a = 5.56 \times 10^4 \, \dot{\gamma}^{-0.754} \qquad \eta_a = 2.05 \times 10^{19} \, \tau^{-3.07}$$

$$100℃ \quad \eta_a = 4.39 \times 10^4 \, \dot{\gamma}^{-0.752} \qquad \eta_a = 5.12 \times 10^{18} \, \tau^{-3.03}$$

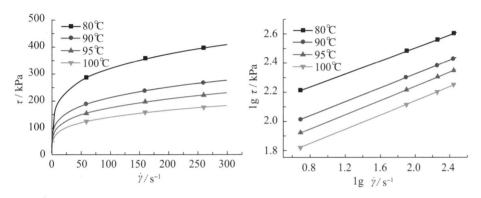

图 2 - 2 - 5　不同温度下双基药的流动曲线

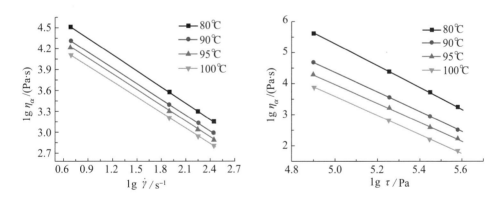

图 2 - 2 - 6　不同温度下双基药表观黏度随剪切速率和剪切应力的变化规律

双基推进剂的表观黏度随温度的变化服从阿累尼乌斯公式，可以有两种形式：

$$\eta_a = A \cdot \exp(E_\gamma / RT) \qquad (2 - 2 - 5)$$

$$\eta_a = A \cdot \exp(E_\tau / RT) \qquad (2 - 2 - 6)$$

式中：E_γ 和 E_τ 分别为定剪切速率和定剪切应力下的黏流活化能。

不同剪切速率和不同剪切应力下的黏流活化能如表 2-2-3 和表 2-2-4 所示。

表 2-2-3　定剪切速率下的黏流活化能

$\dot{\gamma}/s^{-1}$	1	2	4	8	16	32	64	128
$E_\gamma/(kJ \cdot mol^{-1})$	52.0	50.9	49.9	49.1	47.6	47.3	46.6	46.4

表 2-2-4　定剪切应力下的黏流活化能

$\tau/10^4\,Pa$	5	10	15	20
$E_\tau/(kJ \cdot mol^{-1})$	231	213	202	195

从图 2-2-5、图 2-2-6、表 2-2-3 和表 2-2-4 可以看出：

(1)双基推进剂属于假塑性流体，但在加工状态下表观黏度很高。

(2)表观黏度随剪切速率的升高而降低，即所谓"剪切变稀"，在较高的剪切速率下有利于流动变形。

(3)表观黏度随剪切应力的升高而降低，在较高的压力下有利于流动变形。这说明在低应力状态下双基药具有较高的表观黏度，只有在较高的应力下才能流动变形。

(4)表观黏度与温度的关系符合阿累尼乌斯公式，适当提高温度有利于流动变形。

2. 浇铸推进剂的流变特性

在浇铸推进剂的加工制造过程中，混合、浇铸和固化等过程与推进剂药浆的工艺性能密切相关。推进剂的工艺性能差，往往易造成配方组分混合不均匀，药浆黏度和屈服应力偏高或适用期偏短，严重时甚至不能顺利浇铸；或者在浇铸完成后，药柱中容易产生孔洞、裂纹等瑕疵，导致发动机工作时燃面增大、燃烧室压力升高，出现内弹道性能异常现象。

浇铸推进剂的药浆是在牛顿流体介质中加入较高含量的固体填料，分散体系一般呈非牛顿流体行为。药浆中有固化剂时，在浇铸过程中还存在固化反应，药浆具有时-温可变的热固性。此外，推进剂中加入各种功能组分时，会对药浆的界面特性或固化反应动力学产生影响，进一步增加药浆流体的复杂性。因此，推进剂药浆往往呈现黏塑性、触变性、黏弹性及热固性等特征。浇铸推进剂的工艺性能常采用药浆流动性、流平性、适用性和完整性来衡量。流动性是指在规定浇铸设备和一定工艺条件下，药浆能否按所设计的下料速率顺利流入发动机燃烧室(或模具)中；流平性是指药浆浇入发动机燃烧室(或模具)后，在重力作用下药面能否流平而不堆积；适用期是指药浆保持流动性和流平性的时间期限，一般指混合完毕到浇铸结束的时间；完整性是指药浆固化后表面平整，内部无气孔、裂纹等瑕疵。

以真空花板浇铸工艺为例，浇铸过程中药浆在加压或真空压差的驱动下，按设计的下料流动速率流经花板孔注入燃烧室(或模具)，药浆在自身重力作用下向燃烧室(或模具)壁和芯模周围的空隙处流动，整个流动过程属剪切流动范畴。药浆通过花板孔是在较高剪切应力和剪切速率下的流动；在燃烧室(或模具)中的流动过程则为低剪切应力和低剪切速率下的流动。考虑到药浆的实际情况(一般不会出现胀塑流体和牛顿体)和试验的可行性，在表征药浆的流变特性时，采用以下几个参数表征药浆的流变特性。

1) 药浆的屈服应力和适用期

推进剂药浆具有典型的假塑性体特征。在剪切过程中，剪切应力和黏度随着剪切速率的增加而逐渐增加(起始牛顿流动阶段)，药浆黏度达到最大值以后的阶段为假塑性体偏离起始牛顿流动阶段，有类似塑性流动的特征。此后随着剪切速度增加，剪切应力继续增加，药浆黏度逐渐变小，属于剪切变稀。根据库仑屈服准则，当屈服面上的剪切应力 τ 加上作用在该面上的法向应力达到一定临界值时就产生了屈服。由于整个试验过程中法向应力为 0，即药浆到达牛顿流动和塑性流动的转折点时，所受到的剪切应力即为药浆的屈服应力。高分子浓溶液的剪切变稀与系统中大分子链相互缠结，构成三维拟网状立体结构，缠结类型有两种：一是呈无规则团状的柔性分子相互扭曲成结，形成具有几何拓扑结构的几何缠结；二是几条大分子链局部充分地相互接近，形成强烈的物理作用而交联。一般来说，大分子链间的缠结因分子热运动产生，也因分子热运动而破坏。在一定的外部条件下(温度、剪切速率)，缠结点的形成速率与破坏速率大致相等，大致处于运动平衡状态。一旦外部条件发生变化，就会导致缠结点的破坏速率大于生成速率，使体系内的平均缠结点密度下降，出现剪切变稀现象。研究表明，推进剂药浆的屈服应力值随着助剂含量的增加而明显降低。

表 2-2-5 为 HTPB 推进剂的屈服值与流平性的关系。屈服值小于 160Pa 时，药面流平；屈服值在 200Pa 左右时，药面有条痕；屈服值大于 250Pa 时，药面呈条痕堆积。上述结果表明：药浆流平性和屈服值之间有对应性，药浆屈服值小，药面流平性好。

表 2 - 2 - 5　HTPB 推进剂的屈服值与流平性的关系

推进剂	屈服值/Pa	流平性能
HTPB/AP/HMX/Al	76.2	流平
	107.2	流平
	150.5	流平
	203.3	有点粗糙
	262.2	粗糙

　　浇铸推进剂药浆工艺性能的好坏可以用时间作为表征参数，随着时间的推移，药浆开始固化，当其黏度增大到一定值以后药浆就过了适用期。从本质上说，药浆的适用期是一个固化反应速率问题，而推进剂的固化是黏结剂与固化剂之间发生的化学增链和交联反应，或称为凝胶化反应，即药浆在一定的温度和压强条件下，经过一定时间后，推进剂中的黏结剂系统完成化学交联、形成空间网状大分子的过程。因此，推进剂的固化反应完全可以用流变学中的模量 G' 表示。通过试验可以得出：药浆模量 G' 与其对应的适用期成正比。

　　2)药浆流变性能的表征

　　浇铸推进剂药浆是一种多组分、高填充、多相复杂的高分子基复合流体，表征其流变性能的方法主要包括流动曲线、动态频率曲线、动态应变曲线、触变曲线和温度曲线。

　　流动曲线($\dot{\gamma} \rightarrow \tau$、$\eta$)：包括剪切应力-剪切速率曲线和黏度-剪切速率曲线。前者描述在一定剪切速率范围内的流变类型，可以判断流体属于牛顿流体还是非牛顿流体；黏度-剪切速率曲线描述流体黏度大小及其随剪切速率的变化规律。

　　动态频率曲线($\omega \rightarrow G'$、G''、$\tan\delta$、η^*)：在一定的应变幅度和温度下，施加不同频率的正弦形变，反映出流体黏弹性的变化规律。

　　动态应变曲线($\gamma \rightarrow G'$、G''、$\tan\delta$、η'')：在恒定的频率下，应变可以递增或递减，可以是线性或对数的。通过动态应变扫描可以确定流体线性黏弹性的范围。对非线性行为明显的流体(例如推进剂药浆)，由于大量填料的存在会降低临界应变的值。

　　触变曲线($\dot{\gamma} \rightarrow \tau$、$\eta$)：触变性曲线可以考察剪切应力或黏度随时间的变化；或定剪切时间下，剪切速率从小增大到某一值后，以同样的时间回复到起始剪切速率，记录上升和下降的剪切应力或黏度曲线。

温度曲线：分稳态温度曲线（$T \to \tau$、η）和动态温度曲线（$T \to G'$、G''、$\tan\delta$、η''），表征流体流变特性对温度的敏感程度。稳态温度曲线在定剪切速率下描述剪切应力和黏度随温度的变化规律，动态温度曲线描述体系黏弹性随温度的变化规律。

浇铸推进剂药浆的触变性是指药浆在定常剪切场下，作用一定时间后药浆内部结构受到破环又不能及时恢复的一种效应，是剪切速率和剪切时间的函数。可在定剪切速率下，记录剪切应力或黏度随时间的变化；或在定程序时间下，剪切速率从小上升到一定值后以同样时间程序回复到起始剪切速率，记录上升和下降的流动曲线。用上下两条曲线间的包络面积，或用某一剪切速率下两条曲线的剪切应力差或表观黏度差，表征浇铸推进剂药浆触变性的大小。浇铸推进剂药浆通常都有程度不同的触变效应，如图 2 - 2 - 7 所示。

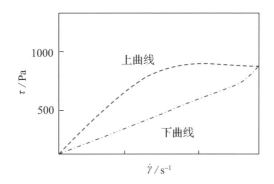

图 2 - 2 - 7　浇铸推进剂药浆的触变性

3）药浆流变性能的时间效应

浇铸推进剂药浆属于热固性材料，流变性能随时间而变化。浇铸推进剂药浆流变性能随时间的变化规律一般以混合完毕或固化剂加入后开始计时。图 2 - 2 - 8 为某浇铸推进剂药浆出料后，药浆的屈服值、流动曲线、黏度曲线和触变包络线随时间的变化规律。

由图 2 - 2 - 8 可见，药浆屈服值随出料时间增加而增大；流动曲线随出料后时间增加呈向上和向左移动，表现为假塑性流动特性的剪切速率范围缩小，出现流动崎变的剪切速率值变小；黏度随料后时间的增加而增大；触变性包络线面积也随出料后时间的增加而增大。这是由于随着出料后时间的增长，固化反应不断进行，使药浆中的连续相分子变大和交联，增加了阻碍药浆流动的结构阻力。

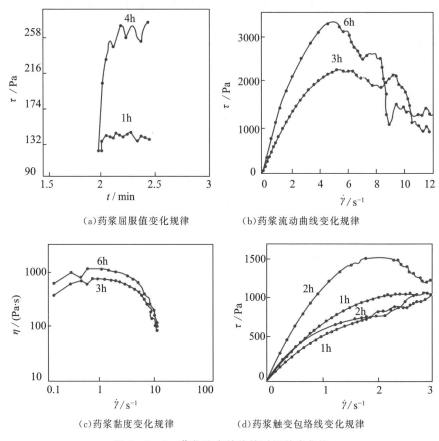

图 2 - 2 - 8　药浆流变性能的时间效应曲线

4）药浆流变性能的温度效应

一方面，温度升高可使药浆连续相的分子运动动能增加而增大流动性；另一方面，温度升高使固化反应速度加快，连续相分子急剧增大，阻碍药浆的流动。因此，药浆在不同温度下的流变性能，主要由上述两种作用的综合平衡结果决定。图 2 - 2 - 9 为某浇铸推进剂药浆在 50℃ 和 60℃ 下屈服值、流动曲线、黏度曲线和触变包络线的变化规律。

从图 2 - 2 - 9 可见，温度对药浆的流变性能有显著影响。屈服值随温度升高而降低；流动曲线随温度升高向下移动，即达相同剪切速率所需剪切应力变小，或施于相同剪切应力可得较大的剪切速率；出现流动畸变点的临界剪切速率随温度升高而变大，表现为假塑性特征的剪切速率范围亦变宽，相应的黏度降低，触变破坏面积变小。

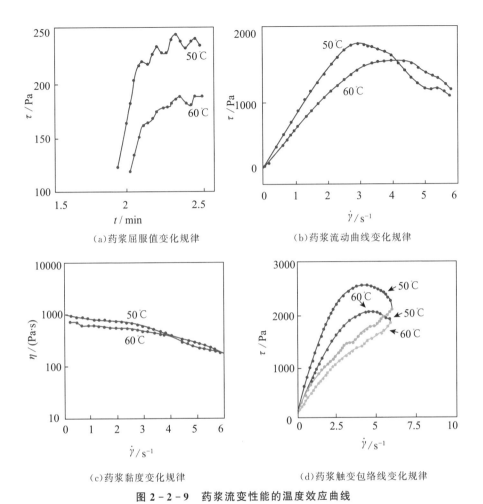

(a)药浆屈服值变化规律

(b)药浆流动曲线变化规律

(c)药浆黏度变化规律

(d)药浆触变包络线变化规律

图 2 - 2 - 9　药浆流变性能的温度效应曲线

2.2.3　典型炸药物料的流变特性

通过浇铸工艺进行成型的熔铸炸药和固化反应浇铸高聚物黏结炸药(PBX),它们在工艺过程中分别形成的可流动熔融体和浇铸 PBX 药浆的流变性,对确定工艺参数及产品质量和性能有显著的影响,对这两类混合物的流变性研究是该类混合炸药配方设计和成型工艺研究的重点之一。

典型的浇铸 PBX 药浆在主要组成上与上述浇铸推进剂的组成相似,因此具有相似的流变特性,可以参考前面的相关内容了解浇铸 PBX 药浆的流变特性。

对于熔铸炸药,TNT 等低熔点单质炸药可以直接采用熔铸工艺加工成型,也可以作为熔铸炸药的流动载体制备高能混合炸药。由于自身能量不高,由单一熔融载体作为熔铸炸药装药的情况越来越少，大多数熔铸炸药一般由液相载体和高熔点固体高能炸药、高热值金属粉组成的悬浮液混合物熔铸成混合炸药。出于实际应用考虑，对单质载体的流变性研究较少，而对悬浮液混合炸药的黏度、流变性研究较多。

1. 熔融态炸药载体的黏度

对于大多数纯液体和小分子化合物溶液，由外力所形成的切应力 τ 完全用于克服液体的内摩擦，则切应力 τ 与切变速率 $\dot{\gamma}$ 成正比，满足式(2-2-1)的关系，即满足牛顿定律，该类流体称为牛顿流体；不满足式(2-2-1)的流体称为非牛顿流体，其黏度是切变速率的函数，称为表观黏度。

徐更光院士研究了熔融 TNT 在 358K 时切应力 τ 与切变速率 $\dot{\gamma}$ 的相互关系，得到下面关系式：

$$\tau = 0.0732 + 0.0133\dot{\gamma} \qquad (2-2-7)$$

结果表明熔融 TNT 近似于牛顿流体。

Parry 和 Billon 的研究显示，熔融 TNT 是牛顿流体，其 $\tau - \dot{\gamma}$ 曲线如图 2-2-10 所示，黏度与温度的关系如下：

$$\eta = A e^{B/T} \qquad (2-2-8)$$

对于纯 TNT，常数 $A = 0.000541$，$B = 3570$；对于商品级 TNT，常数 $A = 0.000346$，$B = 3720$。

从图 2-2-10 可以看出，剪切速率增大时，$\tau - \dot{\gamma}$ 曲线出现转折点，$\tau/\dot{\gamma}$ 值增大，黏度急剧增大，可能的解释是熔态 TNT 在转折点发生了由低剪切力下的层流向高剪切力的湍流转变。湍流及黏度增大，使炸药产生"热点"、发生爆炸的可能性增大。因此，在 TNT 熔化及液态 TNT 的输送过程中，应充分考虑这一因素进行工艺参数的合理设计。

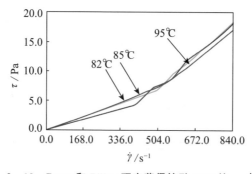

图 2-2-10 Parry 和 Billon 研究获得熔融 TNT 的 $\tau - \dot{\gamma}$ 曲线

表 2-2-6 是常见物质的近似黏度。TNT 在 85℃ 的黏度为 0.014Pa·s，所以熔铸炸药液态载体的黏度一般与润滑油类物质接近。

表 2-2-6 几种物质的黏度

流体	近似黏度/(Pa·s)	流体	近似黏度/(Pa·s)
玻璃	10^{40}	甘油	10^{0}
熔化玻璃	10^{12}	橄榄油	10^{-1}
沥青	10^{8}	润滑油	10^{-2}
熔融聚合物	10^{3}	水	10^{-3}
液态蜂蜜	10^{1}	空气	10^{-5}

对于不同的熔融载体，由于受分子量、分子结构、密度等因素的影响，其黏度值稍有差异，但一般处于同一数量级水平。

2. 稀分散熔融悬浮体混合炸药的流变性

徐更光院士研究了 TNT/RDX 悬浮液的流变性质，结果显示在 RDX 含量小于 50% 时，悬浮液的切应力 τ 与切变速率 $\dot{\gamma}$ 遵循线性方程

$$\tau = a + b\dot{\gamma} \tag{2-2-9}$$

式中：a、b 为常数。结果表明，RDX 含量小于 50% 的 TNT/RDX 悬浮液呈现塑性流体或宾汉流体性质。这是由于均匀分散的 RDX 颗粒因范德华引力作用，聚集成少量团块，当外界施加的剪切应力大于液体的屈服值时，颗粒的聚集和解体迅速地达到平衡，因此表观黏度为常数。

在稀分散体系中，分散相粒子间无相互作用，分散体系无固定结构，这种体系的黏度服从 Einstein 公式

$$\eta_r = \eta / \eta_0 = 1 + \alpha\Phi \tag{2-2-10}$$

式中：η_r、η 分别为分散体系的相对黏度和黏度；η_0 为分散介质的黏度；α 为粒子形状系数，对于球形粒子，$\alpha = 2.5$，对于椭球形（长短比为 4）粒子，$\alpha = 4.8$，对于片状（宽厚比为 12.5）粒子，$\alpha = 53$；Φ 为分散相的体积分数。

对于刚性球形颗粒，分散介质为连续的、不可压缩的、能润湿粒子的液体，粒子间、层流间互不干扰的稀分散体系

$$\eta_r = 1 + 2.5\Phi \tag{2-2-11}$$

对于浓的球形粒子体系

$$\eta_r = 1 + 2.5\Phi + 14.1\Phi^2 \tag{2-2-12}$$

对于分散相为液珠或气泡的体系

$$\eta_r = 1 + 2.5\,\frac{\eta_i + 0.4\,\eta_0}{\eta_i + \eta_0} \tag{2-2-13}$$

利用粒度为 $50\sim400\mu m$ 的不规则外形的 RDX 组成各种配比的熔融梯黑炸药，并在 85℃ 测定其黏度得到

$$\Phi = 0.2\ \text{时}，\ \eta_r = 1 + 4\Phi$$

$$\Phi = 0.3\ \text{时}，\ \eta_r = 1 + 3\Phi + 10\Phi^2$$

$$\Phi = 0.5\ \text{时}，\ \eta_r = \left(1 + \frac{3.36\Phi}{1.5(1 - \Phi/\Phi_m)}\right)^{1.5}$$

式中：Φ_m 为最大堆积体积分数。

当采用平均粒度为 $200\mu m$ 的 RDX 配成熔融梯黑炸药，在 85℃ 下测定其黏度时得到

$$\Phi \leqslant 0.2\ \text{时}，\ \eta_r = 1 + 3\Phi + 10\Phi^2$$

$$0.13 < \Phi \leqslant 0.6\ \text{时}，\ \ln\eta_r = \frac{2.6\Phi}{1 - 2.5\Phi}$$

3. 高固含量熔融体混合炸药的流变性

RDX 含量在 55%～70% 时，TNT/RDX 悬浮液的流变方程满足

$$\tau^{1/2} = a + b\,\dot{\gamma}^{1/2} \tag{2-2-14}$$

TNT 含量 40%、RDX 含量 60% 的悬浮液的流变特性显示，当剪切速率递增时，$\tau-\dot{\gamma}$ 呈曲线关系，悬浮液的表观黏度趋于降低；当剪切速率递减时，$\tau-\dot{\gamma}$ 呈直线关系，悬浮液的表观黏度为常数。TNT/RDX 悬浮液的这种性质表明其属于触变性流体。

RDX 含量为 55%～70% 的 TNT/RDX 为触变性流体。显示触变性的原因是在固-固功函数大于固-液功函数的药浆中，范德华力和颗粒之间的桥式搭接已比较强烈，颗粒易结团。当剪切速率较低时，颗粒团尺寸可能增长，使药料呈现较高的表观黏度和屈服值；随着剪切速率的增加，结团逐渐破碎，表观黏度随之呈下降趋势；当剪切速率递减时，下降的剪切应力不能很快回复，使药料的表观黏度成为常数，从而呈现了 TNT/RDX 悬浮液的触变性。

剪切速率为 $22.41s^{-1}$ 时，TNT/RDX 悬浮液的表观黏度 η 与 RDX 含量 Φ 的关系式为

$$\ln\eta = 0.8820 + 1.7250\Phi \tag{2-2-15}$$

随着 RDX 含量的增加，悬浮液的表观黏度呈指数增长，例如 RDX 含量由 60%增加到 65%时，其表观黏度增大 85%。

对于 TNT/RDX＝40/60 的混合炸药体系，加入少量（小于 2%）添加剂后，悬浮液的流变学性质仍遵循式（2-2-15）的规律。表 2-2-7 为 TNT/RDX＝40/60 的混合炸药体系加入 2%以下的添加剂后对其悬浮液黏度的影响。

表 2-2-7　添加剂对 TNT/RDX＝40/60 混合炸药悬浮液黏度的影响

添加剂	表观黏度/(Pa·s)	黏度降低/%	屈服值/Pa	备注
空白	2.0	0	4.9	
脂肪酸及醇类	0.80～1.03	60～48	1.8～2.7	硬脂酸
含—NH、—OH 基的可溶有机物	1.24～1.49	38～26	1.8～3.6	聚氨酯
可溶的带极性基团的芳香族和稠环化合物	1.04～1.33	48～30	2.5～3.9	三硝基间二甲苯
常用蜡类	1.44～1.75	28～12	3.1～3.4	卤蜡
英国 B 炸药	1.24	38	3.1	

结果表明，少量添加剂的加入不仅可降低表观黏度，而且可降低屈服值。原因是有些添加剂（如脂肪酸和醇类）与 TNT 不互溶，可以认为添加剂在 RDX 和 TNT 之间起到了润滑层的作用，从而使剪切应力降低；或者有些添加剂含有—NH、—OH 基，易与 RDX 的—NO$_2$基形成氢键；或者添加剂化合物分子带有较强的极性基团，能优先与 RDX 分子作用，在 RDX 表面形成了吸附层，减少了 RDX 与 TNT 的吸附，从而相对地增加了流动性，降低了 TNT/RDX 悬浮液的黏度。通常情况下，在一定范围内增加分散剂的含量，浓悬浮体的黏度将持续降低，达到一个最低黏度值。分散剂加入过量时，过剩的分散剂分子相互桥联形成的网络结构极大地限制了粒子的运动，引起浆料絮凝而导致黏度升高。

悬浮体的流动特性符合 Casson 模型。该模型所对应的表达式如下：

$$\tau^{1/2} = \tau_c^{1/2} + (\eta_c \dot{\gamma})^{1/2} \qquad (2-2-16)$$

式中：τ 为剪切应力（Pa）；$\dot{\gamma}$ 为剪切速率（s^{-1}）；τ_c 为 Casson 屈服应力（Pa）；η_c 为 Casson 黏度（Pa·s）。

根据拟合结果可得到悬浮体的 τ_c、η_c。比较式（2-2-14）和式（2-2-16），两者是相似的，因此高固含量熔融体炸药的流变性符合 Casson 模型。

根据 Casson 模型，可以通过拟合结果获得屈服应力 τ_c 和黏度 η_c。当悬浮体中固相体积分数较高以至粒子相互接触时，就会由于粒子间相互吸引力而形成空间网状结构，屈服应力的大小就是此结构强弱的反映。通常粒子间吸引力越大，即体系引力势能越大，悬浮体越不稳定。此时，体系的空间网状结构越紧密，悬浮体要流动即破坏这种网状结构就越困难，在流变性上表现为屈服应力增大。因此，悬浮体的稳定性也可用 Casson 屈服应力来评价。

2.3　火炸药组分的混合与分散

火炸药是由多种组分组成的高分子复合材料，其加工成型物料中通常含有固体组分和液体组分，既有高分子材料，也有小分子材料，其中有些组分含量很少但对火炸药性能影响极大。各组分的分布均匀性是火炸药加工成型过程中需要解决的关键问题之一。

不同体系火炸药的组成和结构有较大的差异，组分的形态和物理特征也不相同，因此，对组分混合与分散的要求也具有显著的差异。例如，均质的双基火药物料混合均匀后各组分几乎处于分子层面的均匀状态，其主成分 NC 和 NG 达到完全互溶的状态，即可以理解为高分子真溶液，除了极少量的助剂成分，通过常规测试手段无法识别出 NC 与 NG 之间的空间距离；对于非均质的三基发射药、改性双基推进剂以及复合推进剂等，高能固体颗粒与黏结剂之间存在明显的相间界面，只能使黏结剂与固体组分之间在空间分布上达到相对混合和分散均匀，通常可以测试物理参数来间接表征其混合均匀程度。

2.3.1　混合与分散的基本概念

混合是一种趋向于减少混合物非均匀性的操作过程。按照 Brodkey 混合理论，混合涉及扩散的三种基本运动形式：分子扩散、涡旋扩散（也叫作湍流运动）和体积扩散（也叫作对流运动）。分子扩散在气体和低黏度液体中占支配地位，但在聚合物加工中分子扩散极慢，无实际意义；涡旋扩散需要有较高的流速，即需要施加高剪切速率，易使聚合物分解；体积扩散在聚合物加工中占支配地位。

混合按混合形式可分为分布混合和分散混合。分布混合是通过外力使材料中不同组分的原料分布均一化，但不改变原料颗粒大小，只是增进空间排列的无规程度，并没有减小其结构单元尺寸；分散混合是通过外力使材料的粒度减小，并且使不同组分的原料分布均一化，既有粒子粒度的减小，也有粒子位置的变化。

火炸药组分中的高分子材料和固体炸药颗粒之间的均匀混合与分散存在很大的阻力，加工成型过程中需要对其施加较高的剪切速率来加速混合与分散过程，使其产品质量尽可能达到均匀一致。其中，液体组分与高分子的均匀分布工艺过程习惯上称为"混合"；固体组分之间的均匀分布工艺过程习惯上称为"分散"。在火炸药加工成型过程中，各组分的混合与分散工艺过程较为复杂，既有局部的混合过程(如吸收药制备、混合液配制等)、局部的分散过程(如多个固体组分的预分散)，也有混合与分散同时进行的过程(如捏合、配浆等)。

火炸药加工成型过程中测试表征各组分混合与分散均匀性的方法主要有：

(1)视觉检测法。依靠视觉检测，用划分等级来表示。是一种定性的方法。

(2)聚团计数法。采用光学显微镜测量试样中聚团所占面积百分比来评定分散程度。是一种定量测量方法。

(3)显微镜观测法。采用光学显微镜或电子显微镜直接观察混合物的形态结构，需对样品进行专门处理，应用范围有限。是一种定性的方法。

(4)图像分析法。加工样品经显微镜放大，将图像转变为电信号输入图像分析系统。样品中不同组分反射光的强弱不同，通过反射光的不同灰度值来区分不同区域，由图像分析系统自动计算所确定灰度区域的各种参数。

2.3.2　混合与分散的工艺方法

火炸药加工成型工艺过程中，物料的混合与分散工艺方法主要有：

1. 搅拌

针对两种及以上液体、两种及以上固体或固体分散到液体中的混合与分散，大都可以采用搅拌方式来完成。例如：在火药生产过程中混合液的配制、NG和 TEGDN 两种液体混合酯的配制、NG 和 DBP 等混合液的配制、中定剂粉碎后溶于混合液等，都可以采用搅拌方式进行。

2. 射流

除了机械搅拌外，也可以采用压缩空气或利用流体的流动能，使物料在流动过程中进行混合。工作流体从圆形管口或渐缩喷嘴高速喷出形成射流，利用射流与周围流体交界处的湍流脉动使两种流体混合。射流混合主要用于低黏度液体的互相混合，如利用喷射器将 NC 浆与混合液分散混合均匀。

3. 剪切

高黏度物料的混合与分散，剪切是很重要的一环。剪切可以是切割剪切，也可以是磨碎剪切。高黏度的分散相粒子通过切割或磨碎分散于介质中，使其混合均匀与分散。在后面述及的捏合、压延、双螺杆挤出过程中，对物料的剪切作用均十分突出。

4. 挤压和拉伸

物料在挤压过程中内部要产生流动，各层之间也会产生剪切混合；拉伸可以使物料产生变形，减少料层厚度，增加界面，也有利于混合。挤压和拉伸的混合作用，在捏合机、油压机、水压机挤出或螺旋挤出工序较为明显。

在火炸药加工制造过程中，就是通过上述多种形式使各个组分分散与混合均匀。如图 2-3-1 所示，图中 A 和 B 两种物料各自搅拌混合，在外力作用下挤压发生剪切和拉伸变形，经置换后，又发生新的压缩剪切，如此反复。在这一过程中物料由颗粒状被拉伸成条状，断裂后成小颗粒，再重复这一过程。通过上述反复多次的复杂过程使物料分散混合均匀。

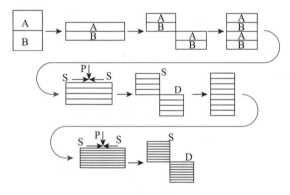

图 2-3-1　物料混合过程示意图

P—压缩；S—剪切；D—置换。

2.3.3　混合与分散工艺过程

在火炸药加工成型过程中，实现组分混合与分散都可以采用机械混合方法来完成，为了达到理想的混合状态，通过大量的实践获得了不少专用的混合分散工艺和相应的混合分散设备。

1. 预混合和预分散

作为火药黏结剂的 NC 是具有多分散性的高分子材料，聚合度常在 250～1000，分子运动速度很慢，分子间作用力大，它不可能像低分子那样可以很快扩散到溶剂中去，溶剂分子扩散到 NC 分子间也较困难，因而溶塑速度很慢。因此，需要通过吸收工艺使 NG 等含能增塑剂与 NC 进行预混合。

对于含有多个固体组分或多个液体组分的火炸药加工成型，为确保各组分混合与分散的均匀性，通常也需要分别对固体组分和液体组分进行预混合和预分散，对一些直接混合存在危险性的氧化剂和金属粉，则需要将除氧化剂以外的所有固体物料在液态预聚物和增塑剂中预混合，经预混后金属粉外表面涂上了一层液体燃料，起润滑作用，消除与氧化剂混合时的危险性。

2. 成型过程的混合与分散

针对不同的火炸药配方体系和不同的加工成型工艺方法，成型过程中的混合与分散工艺过程有很大差异。例如，对于柱塞式挤出成型工艺，通常是经过压延、捏合、压伸等机械混合工艺过程，完成各组分的均匀混合与分散；对于浇铸成型工艺，通常是经过机械搅拌混合工艺过程，完成各组分的均匀混合与分散。

对于螺杆挤出成型工艺方法，物料的混合与分散过程较为复杂。大致可分为压缩、剪切和置换分配三个方面。

压缩作用：在螺杆不断转动的过程中，螺棱有轴向向前推进的整体趋势，相对于螺棱的前后空间，机筒内壁与螺杆之间的空隙较大，为药料提供了充实的搁置空间；当螺杆旋转时，其螺棱所在位置与机筒之间的间隔大大减小，即为药料提供的空间减小，螺杆与套筒的相对运动和协同作用对药料产生较大的压缩。

剪切作用：在螺杆挤出工艺中，机筒是静止的，而螺杆是不断转动的，且螺杆上分布有螺棱，处于流道（介于机筒与螺杆之间的空间）的药料会随着不断旋转的螺杆受到螺棱反复的剪切作用。

置换作用：在机筒的内表面及螺纹流道与螺棱相对时，其熔融状态的药料会产生回流，前进的药料在螺杆、机筒的协同作用下折返、再前进，使药料得到反复的剪切、回流与分流，大大提高了药料的混合效果。

2.4 螺杆挤出工艺理论

螺杆挤出成型分为单螺杆挤出工艺和双螺杆挤出工艺，两者的工艺流程基本相同。

以单螺杆挤出成型工艺为例，根据螺杆的几何尺寸、形状及螺杆中流道不同位置物料所处的物性状态，单螺杆挤出成型工艺过程大致可分为三个部分：第一部分为固体输送阶段（又称喂料段）；第二部分为相迁移阶段（又称物料过渡段）；第三部分为塑化成型挤出段。物料通过螺杆的不断转动搅拌、混合、塑化，经历固体状态到熔融态再到流体的转变。

喂料段主要是挤压药料。单螺杆挤压机中的螺杆存在一定的压缩比，药料随着螺杆的转动不断前进，且每往前行进一个螺槽，其所受到的压力也会相应增大，使药料之间的空隙变窄，但药料之间还存在空隙。

物料过渡段主要是物料逐渐塑化，使物料由固态过渡转变为熔融状态。在此阶段，随着螺杆的转动、螺棱的搅拌与混合促使药料间的缝隙进一步减小而逐步粘连在一块，其痕迹和界面也逐渐消失并构成塑化固体床。物料也由固态逐渐转变为熔融状态。

塑化成型挤出段是通过螺杆挤压使药料进一步塑化，药料不断地相互流动混合，最终形成质量稳定、质地均衡的流体，并继续以螺杆的转动为推动力向成型模具推进，最后通过模具挤出成型。

在螺杆挤出成型过程中，沿螺槽方向任一截面上的质量流率必须保持恒定，并且熔体的输送速率应等于物料的熔化速率。因此，从理论上阐明螺压机中的固体输送、熔化和熔体输送与操作条件、药料性能和螺杆结构之间的关系，都具有十分重要的意义。

2.4.1　物料输送理论

固体输送理论是建立在固体对固体摩擦力静平衡基础上的。物料在料筒与螺杆间由于热而将固体颗粒黏结在一起形成固体塞，如图 2 - 4 - 1 所示。图中 F_b 和 F_s、A_b 和 A_s、f_b 和 f_s 分别为固体塞与料筒及螺杆间的摩擦力、接触面积和摩擦系数，P 为螺槽中体系的压力。

固体塞在螺槽中的移动可看成在矩形通道中的运动，如图 2 - 4 - 2 所示。其移动速度如图 2 - 4 - 3 所示。螺杆转动时螺翅对固体塞产生推力 P，固体塞沿垂直于螺翅的方向运动速度为 v_x，固体塞沿轴向移动速度为 v_a，螺杆对机筒的运动速

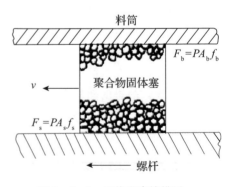

图 2 - 4 - 1　固体塞摩擦模型

度为 v_b，v_z 是 v_b 与 v_x 的速度差。

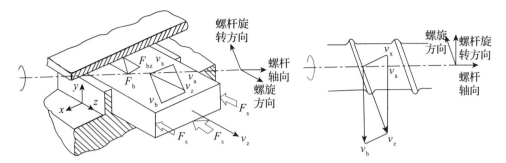

图 2-4-2 螺槽中固体输送理想模型   图 2-4-3 固体塞移动速度矢量图

假设如下：

(1)物料与螺槽和料筒内壁紧密接触形成固体塞，并以恒定的速率移动；

(2)略去螺翅与料筒的间隙、物料重力和密度变化等影响；

(3)螺槽深度是恒定的；

(4)压力只是螺槽长度的函数，摩擦系数与压力无关；

(5)螺槽中固体塞无滑动，物料与螺杆之间的摩擦力小于物料与料筒之间的摩擦力。

螺压机加料段固体输送速率为螺杆一个螺槽容积与送料速度的乘积：

$$Q_s = Vv_a = \frac{\pi}{4}\left[D^2 - (D - 2H)^2\right]v_a \qquad (2-4-1)$$

式中：Q_s 为固体输送速率；V 为一个螺槽的容积；v_a 为固体塞沿轴向移动速度；D 为螺杆外径；H 为螺槽深度。

图 2-4-4 为螺杆展开图，螺杆转动一周时，物料在螺翅推力面作用下沿着与螺翅推进面相垂直的方向由 A 移到 B，AB 在螺杆轴上的投影距离为 l，若螺杆转速为 N，则

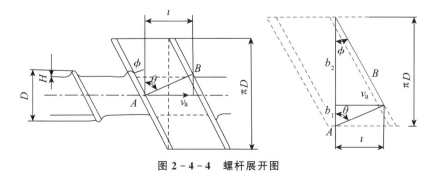

图 2-4-4 螺杆展开图

$$v_a = lN \qquad (2-4-2)$$

由图 2-4-4 可知，螺杆的几何关系为

$$\pi D = b_1 + b_2 = l\cot\varphi + l\cot\theta \qquad (2-4-3)$$

$$l = \frac{\pi D}{\cot\varphi + \cot\theta} \qquad (2-4-4)$$

式中：φ 为移动角，即固体塞移动距离与螺杆轴向垂直面的夹角；θ 为螺杆外径处螺旋角。

式(2-4-4)代入式(2-4-2)可得

$$v_a = \frac{\pi DN}{\cot\varphi + \mathrm{ctg}\theta} \qquad (2-4-5)$$

式(2-4-5)代入式(2-4-1)可得

$$Q_s = (D - H_1)\frac{\pi^2 DHN}{\cot\varphi + \cot\theta} \qquad (2-4-6)$$

由式(2-4-6)可知，固体输送速率 Q_s 与螺杆外径 D、螺槽深度 H、螺杆转速 N 成正比，也与螺杆和料筒的几何参数等相关。提高螺压机加料段固体输送速率的措施应从以下两个方面考虑：

(1)在螺压机结构方面，增加螺槽深度；降低物料与螺杆的摩擦系数，即降低螺杆的表面粗糙度；增大物料与料筒的摩擦系数，通常开设纵向沟槽或采用锥形开槽的料筒；优化设计螺杆的螺旋角，一般为 $17°\sim20°$。

(2)在螺压工艺方面，提高螺杆的转速；当螺杆的几何结构参数确定以后，移动角与摩擦系数有关，因此控制和调节料筒和螺杆的温度，增大物料与料筒的摩擦系数，降低物料与螺杆的摩擦系数，即料筒的温度低于螺杆的温度。

2.4.2 熔化理论

物料在螺压机的外加热和螺杆运动剪切产生的内热作用下温度升高，使固体物料发生相变化，最后成为熔体。熔化过程与物料的性质、螺杆几何尺寸和操作条件等有关，基于熔化理论的研究分析，有助于螺杆结构和工艺条件的优化设计，对保证产品质量和提高螺压机的加工制造效率有理论指导作用。

1. 药料在过渡段的切片现象

为了掌握双基推进剂在过渡段塑化过程中的基本规律，曾对几种品号的双基推进剂进行了相关的试验研究。在正常加工工艺的条件下，中间停止加料，退出缠在螺杆上的药料，在垂直螺杆方向上对退出的药料进行切片，观察药料

的塑化规律和流动规律。结果如图 2-4-5 所示。

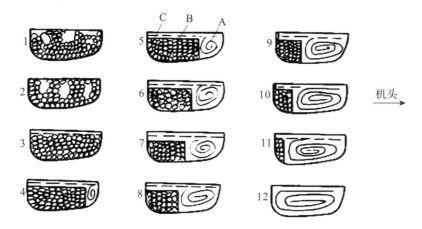

图 2-4-5　垂直螺槽方向、不同轴向距离的切片断面示意图
A—药料塑化区；B—固体颗粒区；C—塑化薄膜。

通过切片，观察到如下现象：

(1)药料加入螺压机后，在开始几个螺槽里呈松散颗粒状态(见图中 1、2)。

(2)随着药料不断向前推进，药料在相邻料筒的内表面处首先塑化，并形成一层很薄的塑化膜，同时形成较坚固的固体颗粒块(见图中 3)。

(3)塑化薄膜达到一定厚度后，塑化药料向螺槽一端积聚，形成塑化区，同时将固体颗粒挤向螺槽的另一端，形成固体颗粒区(见图中 4)。

(4)在轴向不同螺槽段的截面上，塑化区和固体颗粒区有规律地变化。越靠近机头，塑化区域越大，固体颗粒区域越小，当达到某螺槽断面时，固体颗粒全部消失，整个药料全部塑化(见图中 5～12)。

(5)在不同螺槽断面上的药料，无论塑化区和固体颗粒区的宽度如何变化，固体颗粒区的高度基本不变，即塑化薄膜的厚度基本一致。

(6)不同品号的物料，从开始塑化到塑化完全，物料在螺杆上的分布情况不同，所需要的螺杆长度不同。

2. 熔化理论的物理模型

熔化理论的物理模型如图 2-4-6 所示。由固体输送段送入的物料进入熔化区后，首先与已加热的料筒表面接触，并使接触的物料开始熔化，形成熔体膜。随着物料的向前移动，在螺杆与料筒对熔体膜的剪切作用下温度升高，料筒表面留下的熔体膜逐渐增加。当熔体膜的厚度超过螺翅与料筒的间隙时，就会被旋转的螺翅刮落下来，并将其强制积存在螺翅的前侧，形成熔体池，而在螺翅的后侧则为固体床。在物料沿螺槽向前移动的过程中，固体床的宽度逐渐减小，熔体池的宽度逐渐增大，最后使固体床消失，即完全熔化。从熔化开始到固体床宽度下降到零的总长度，称为熔化区的长度。

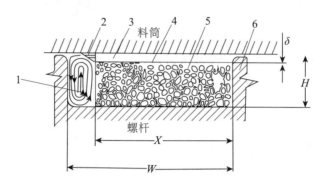

图 2 - 4 - 6　熔化理论物理模型

1—熔体池(塑化区)；2—料筒壁；3—熔体膜(塑化膜)；4—固体与熔体界面；

5—固体床；6—螺翅；X—固体床宽度；W—螺槽宽度；H—螺槽深度；δ—熔体膜厚度。

3. 熔化理论数学模型

1) 模型假设

(1) 熔化过程是稳定的，熔体为牛顿流体，并且所有物理性能参数均为常数；

(2) 熔体与固体有明显的界面，固体颗粒的熔化在熔体-固体的界面处进行；

(3) 固体床是连续均匀的，并在螺槽横截面上为矩形；

(4) 外加热量由料筒内表面导入，并按传导方式通过熔体膜和固体-熔体的界面，不计熔体池对固体床的传热，也不考虑沿螺槽 x 和 z 两个方向的传热，在热传导计算中设定固体床的厚度是无限的；

(5) 熔化物料在料筒表面的拖曳作用下聚集在螺翅的前侧，固体床则以恒定的速度(v_{sy})进入界面，并保持稳定。

2) 固体的熔化速率

由于固体的熔化发生在熔体-固体的界面上，因此以界面为准进行热量平衡和物料平衡，找出熔化速率与操作条件、物理性能和固体床宽度之间的关系。

为进行热量平衡计算，即进入界面的热量减去离开界面的热量等于物料熔化所消耗的热量，需要知道熔体膜和固体床内的温度分布。温度分布模型如图 2-4-7 所示。

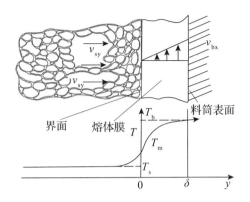

图 2 - 4 - 7 熔体膜和固体床内的温度分布模型

在边界条件 $Y = 0$、$T = T_m$，$Y = \delta$、$T = T_b$ 时，熔体膜内温度分布函数为

$$\frac{T - T_m}{T_b - T_m} = \frac{\mu \cdot v_j^2}{2K_m(T_b - T_m)} \times \frac{Y}{\delta}\left(1 - \frac{Y}{\delta}\right) + \frac{Y}{\delta} \qquad (2-4-7)$$

式中：T 为熔体膜内温度；Y 为与界面的距离；δ 为熔体膜厚度；T_m 为物料的熔点；T_b 为料筒温度；K_m 为导热系数；μ 为熔体的黏度；v_j 为物料在料筒内表面速度（v_b）矢量与固体床移动速度（v_{sy}）矢量的差值（合成速度）。

式（2-4-7）中 $\mu \cdot v_j^2 / K_m(T_b - T_m)$ 为勃林克曼准数，物理意义是剪切生成的热量与温度差为（$T_b - T_m$）时由料筒导入的热量之比率。如果该数值大于 2，则料筒与界面之间某一位置的温度会比料筒温度（T_b）更高，其原因在于剪切生成的热量较大。

在边界条件 $Y = 0$、$T = T_m$，$Y \to \infty$、$T \to T_s$ 时，固体床内温度分布函数为

$$\begin{cases} \dfrac{T - T_s}{T_m - T_s} = \exp\left(\dfrac{v_{sy} \cdot Y}{a}\right) \\ \quad a = K_s C_s / \rho_s \end{cases} \qquad (2-4-8)$$

式中：T_s 为固体床温度；a 为扩散系数；K_s 为固体床的导热系数；ρ_s 为固体床的密度；C_s 为固体床的比热。

式（2-4-8）表明，固体床的温度按指数规律从熔点 T_m 下降到其初始温度 T_s。

从熔体膜进入单位界面的热量为

$$-(q_y)_{y=0} = K_m\left(\frac{\mathrm{d}T}{\mathrm{d}y}\right)_{y=0} = \frac{K_m}{\delta}(T_b - T_m) + \frac{\mu \cdot v_j^2}{2\delta} \qquad (2-4-9)$$

在单位界面上从熔体膜进入固体床的热量为

$$- (q_y)_{y=0} = K_s \left(\frac{\mathrm{d}T}{\mathrm{d}y}\right)_{y=0} = \rho_s \cdot C_s \cdot v_{sy}(T_m - T_s) \qquad (2-4-10)$$

熔化物料所消耗的热量为

$$\left[\frac{K_m}{\delta}(T_b - T_m) + \frac{\mu \cdot v_j^2}{2\delta}\right] - \rho_s \cdot C_s \cdot v_{sy}(T_m - T_s) = v_{sy} \cdot \rho_s \cdot \lambda$$
$$(2-4-11)$$

式中：λ 为固体物料的熔化热。

根据物料平衡原理，从界面处进入熔体膜内的固体量等于流出的熔体量：

$$\omega = v_{sy}\rho_s X = \frac{v_{bx}}{2}\rho_m \cdot \delta \qquad (2-4-12)$$

式中：ω 为单位螺杆长的熔化速率；v_{bx} 为料筒相对于螺杆速度在 x 方向上的分量。

按式(2-4-11)解出固体床的移动速度 v_{sy}，代入式(2-4-12)得到熔体膜的厚度 δ 和熔化速率 ω 随固体床宽度 X 的变化关系

$$\delta = \left\{\frac{2K_m(T_b - T_m) + \mu \cdot v_j^2}{v_{bx} \cdot \rho_m [C_s(T_m - T_s) + \lambda]}X\right\}^{1/2} \qquad (2-4-13)$$

$$\omega = \left\{\frac{v_{bx} \cdot \rho_m [K_m(T_b - T_m) + \mu \cdot v_j^2/2]}{2[C_s(T_m - T_s) + \lambda]}X\right\}^{1/2} = \phi \cdot X^{1/2} \quad (2-4-14)$$

$$\phi = \left\{\frac{v_{bx} \cdot \rho_m [K_m(T_b - T_m) + \mu \cdot v_j^2/2]}{2[C_s(T_m - T_s) + \lambda]}\right\}^{1/2} \qquad (2-4-15)$$

式中：ϕ 为熔化速率参数，其值愈大则熔化速率愈快。

2.4.3　熔体输送理论

熔体输送理论主要研究固体床经熔化后变成熔体在均化段的流动状态、结构和螺压机的生产率。

1. 药料在均化段的黏性流动

熔体在均化段的流动行为除了受压力的影响外，还要受到螺杆结构运动部分的影响。这种影响表现为黏滞性很大的熔体随着螺杆运动部分移动，使熔体在均化段的流动成为拖曳流动。其流动情况如图 2-4-8 所示。

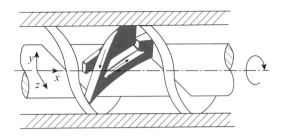

图 2 - 4 - 8　熔体在均化段螺槽中流动情况示意图

由图可以看出，螺槽中熔体同时在 z 轴和 x 轴方向流动，在螺槽中熔体流动的轨迹为螺旋形。为了研究方便，将其流动分解为四种：正流、逆流、横流和漏流。

1）正流

正流是由螺杆与料筒相对运动产生的向机头方向的流动，也称为顺流或拖曳流动。在螺槽深度方向的速度分布为一直线，如图 2 - 4 - 9 所示。双基火药药料的挤出就是由这种流动产生的，其体积流率（体积/单位时间）用 Q_D 表示。

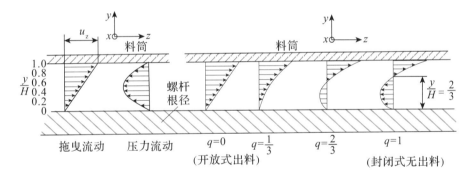

图 2 - 4 - 9　药料在螺槽中的正流、逆流及流动叠加后的速度分布

2）逆流

逆流的方向与正流相反，是由机头、模具等对药料反压所引起的反压力流动，所以又称压力流动。在螺槽深度方向上的速度分布为抛物线，如图 2 - 4 - 9 所示。熔体体积流率用 Q_P 表示。

3）横流

横流是垂直于螺纹方向的流动，即沿 x 轴方向的流动。螺杆转动时在螺纹的垂直方向产生一个分速度，驱使其流动。药料达到螺纹侧壁时便向 y 轴方向流动，随后被螺杆或料筒挡住又折向与 x 轴相反的方向，然后药料又被料筒或螺杆挡住而折向与 x 轴相同的方向流动，由此便形成环流，流动状态如

图2-4-10所示。环流对于药料的混合、热交换和熔化影响很大，但对螺压机生产率影响较小，一般不予考虑。

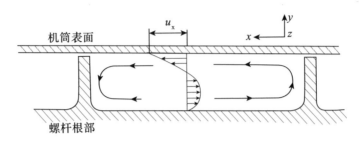

图 2 - 4 - 10　　药料在螺槽中的横流

4）漏流

漏流是由机头、模具等反向压力在螺翅与料筒内表面间隙形成的回流，如图 2 - 4 - 11 所示。由于间隙较小，药料表观黏度很大，漏流比正流和逆流要小得多，在实际计算时也可忽略不计。

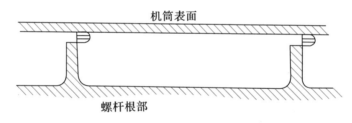

图 2 - 4 - 11　　药料在螺槽中的漏流

上述四种流动可以用来分析螺压机中黏性药料的流动情况，实际流动是这四种流动的组合流动。在实际的螺压挤出过程中，药料既不会有真正的倒退，也不会有封闭型的环流，而是以螺旋形的轨迹向前流动。

2. 螺压机的生产率

为使计算简化，作如下假设：

（1）物料在均化段的黏度不随时间变化，且各点都相同；

（2）流体是不可压缩的；

（3）忽略出口和进口对流动的影响及螺槽边对速度分布的影响。

根据熔体在螺槽中的速度分布，由螺杆的几何尺寸就可以计算出均化段的正流流率 Q_D、逆流流率 Q_P 和漏流流率 Q_L，从而计算出螺压机的生产率。

$$Q_D = \frac{1}{2}\pi^2 D^2 HN\sin\theta\cos\theta \qquad (2 - 4 - 16)$$

$$Q_P = \frac{\Delta P}{12\eta L}\pi DH^3 N\sin^2\theta \qquad (2-4-17)$$

螺压机的生产率为

$$Q = Q_D - Q_P = \frac{1}{2}\pi^2 D^2 HN\sin\theta\cos\theta - \frac{\Delta P}{12\eta L}\pi DH^3 N\sin^2\theta \quad (2-4-18)$$

式中：D 为螺杆直径；H 为螺槽深度；N 为螺杆转速；θ 为螺旋角；ΔP 为均化段料流压力降；η 为药料熔体黏度；L 为均化段长度。

令

$$A = \frac{1}{2}\pi^2 D^2 H\sin\theta\cos\theta$$

$$B = \frac{1}{12L}\pi DH^3\sin^2\theta$$

A、B 只与螺杆的结构参数有关，当螺杆确定后，A、B 便是常数。因此得到螺压机的生产率公式为

$$Q = AN - B\frac{\Delta P}{\eta} \qquad (2-4-19)$$

由此可见，提高螺压机生产率的途径主要是螺杆的结构参数、物料的性质和工艺操作三个方面。螺杆直径、螺槽深度和螺旋角增大，其生产率增加。在螺杆结构参数一定的情况下，物料的流变特性不同其生产率也不同，工艺温度对流变特性有影响，因此操作温度不同，其生产率也不同。另外，螺压机的生产率与螺杆转速成正比，转速增加，生产率增加。但转速增加时，在料筒内表面将产生较大的剪切速率而生成大量的热，增加危险性；同时，由于剪切变稀而减小物料与料筒的摩擦系数，不利于物料运动，生产率提高受到限制。因此，需要根据螺杆结构参数、药料性质和操作条件综合考虑。

2.4.4 螺杆与模具的特性曲线

在均化段熔体输送方程式(2-4-19)中，A 和 B 都只与螺杆的结构尺寸有关，在螺杆结构尺寸一定的情况下，式(2-4-19)是一个带负斜率($-\Delta P/\eta$)的直线方程。采用不同螺杆转速 N，将式(2-4-19)绘制在 $Q-\Delta P$ 坐标图上得到一系列负斜率的直线(N_i)，称为螺杆特性曲线，如图 2-4-12 所示。

药料通过螺压机的模具时，在模具内流动的体积流率 Q 为

$$Q = K\frac{\Delta P}{\eta} \qquad (2-4-20)$$

式中：K 为模具的阻力系数（仅与模具的形状尺寸有关）；ΔP 为物料通过模具的压力降；η 为模具中物料的黏度。

式(2-4-20)中的 Q 与式(2-4-19)中的 Q 在数值上相等。而式(2-4-20)是以 K/η 为斜率的直线方程，采用不同斜率将式(2-4-20)绘制在 Q-ΔP 坐标图上得到一系列通过原点的直线（D_i），称为模具特性曲线，如图 2-4-12 所示。

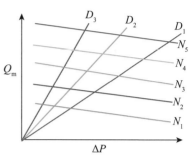

图 2-4-12   牛顿流体的螺杆和模具特性曲线

图 2-4-12 中两组直线的交点就是操作点。利用该图可以计算出螺压机配合不同模具的生产率。

式(2-4-19)和式(2-4-20)联立，消去 ΔP 后得到

$$Q = \frac{AK}{K+B}N \qquad (2-4-21)$$

由式(2-4-21)可知，螺压机的生产率 Q 仅与螺杆转速以及螺杆、模具的结构尺寸有关，与药料的黏度无关。这是由于当 K 值一定时，黏度大的物料，螺杆对它的压力高；黏度小的物料，则压力较低。压力随黏度增大而上升的关系，可通过式(2-4-21)和式(2-4-20)联立消去 Q 得到

$$\Delta P = \frac{AN\eta}{K+B} \qquad (2-4-22)$$

对于假塑性流体，其螺杆和模具的特性曲线如图 2-4-13 所示。与图 2-4-12 相比，假塑性流体的螺杆特性曲线和模具特性曲线的形状都不是直线，而是抛物线。

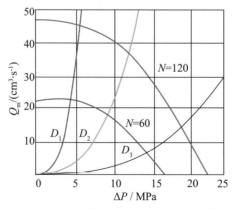

图 2-4-13   假塑性流体的螺杆和模具特性曲线

通过双基药螺杆特性曲线和模具特性曲线的实测表明,由于双基推进剂的黏度很大,在正常加工制造工艺条件下的逆流很小,故螺杆特性曲线的斜率很小,几乎与压力降横坐标平行;模具特性曲线也不完全通过坐标原点,而是与压力降横坐标有交点。

了解螺杆和模具的特性曲线,对螺杆设计、模具设计及选择工艺条件有指导意义。

2.5 固化成型工艺理论

固化是浇铸后的固-液混合物(药浆)在加热的条件下凝固或发生化学反应形成固体药柱的过程。固化过程中包括物理固化和化学固化。物理固化是指 NG 等小分子增塑剂扩散进入浇铸药粒内部,使 NC、端羟基聚醚等高分子黏结剂逐渐溶胀、相互渗透,直至浇铸药粒黏结为宏观上均一整体的过程,是 NC 等高分子黏结剂被小分子增塑剂溶胀、溶解,形成高分子浓溶液的过程。物理固化是靠分子热运动扩散来完成的,物理固化速度与 NC 和端羟基聚醚等在小分子增塑剂中的溶解性能、固化温度等多种因素有关。化学固化是多元异氰酸酯等固化剂与端羟基聚醚和 NC 分子链上的羟基发生聚氨酯反应,形成交联网络的过程,影响化学固化速度和完成程度的因素很多,主要有固化剂的反应活性、固化催化剂对聚氨酯反应的催化活性、固化温度等。

常用的固化方式有三种:

(1)对于大中型发动机燃烧室装药,药浆浇铸完毕后,可在浇铸罐内就地固化。此时为缩小药柱内外温差,给固化罐夹套通热水,并需对芯模中心孔送热风。送风速度不宜过大,以防止气流产生静电,热水和热风的温度根据配方工艺要求而定。

(2)对于小型发动机(如直径 500mm 以下)的装药,药浆浇铸完毕后,需运往固化工房内的保温装置中固化,保温装置夹套内通循环热水,或对整个工房保温。

(3)对于方坯试样或小型标准发动机装药,药浆浇铸完毕后,可置于水浴烘箱或油浴烘箱内固化。

2.5.1 塑溶固化工艺原理

1. 基本原理

双基推进剂和改性双基推进剂的固化过程是高聚物 NC 被 NG 等增塑剂(也

称为溶剂）溶塑，形成高分子浓溶液的过程。在固化过程中，NC 与 NG 的溶塑过程是靠分子的热运动——扩散完成的。因为高聚物 NC 的扩散速度很慢，溶塑过程只能是低分子溶剂向聚集态的 NC 大分子间扩散，使 NC 的分子间距离变大、体积增大，发生溶胀现象。在溶剂量足够的条件下，上述过程可一直继续下去，NC 分子间的溶剂分子不断增多，大分子间力不断减弱，溶剂化的 NC 大分子转移到液相中，形成高分子溶液。

在推进剂加工成型过程中的溶剂量较少，溶解过程只能进行到一定程度，即 NC 大分子只能达到一定的溶胀程度，形成高分子浓溶液。这种浓溶液黏度很大，体系不再具有流动性，即由固-液混合物变成固体推进剂。固化后的 NC 溶胀体具有很好的形状稳定性，其模量随着 NC 与溶剂比例的增加而增加，外观上看可以是柔软的弹性体，也可以是坚硬的塑料。

溶塑过程是双基推进剂和改性双基推进剂的典型固化过程。在溶塑固化过程中不存在副反应对固化质量的影响，可以保证固化质量的重现性。

2. 主要影响因素

1）固化温度和固化时间

分子扩散是溶塑固化的唯一推动力，由于 NC 分子间作用力很大，且其外表面的溶胀物对溶剂的进一步渗透阻力很大，故这种溶塑过程是很慢的。为了加快固化过程，常采用加热固化的方法。但固化温度的提高也是有限度的，不能引起硝酸酯的明显分解，一般固化温度控制在 50～75℃。对于大尺寸壳体黏结发动机中推进剂的固化，为了尽量减少热应力，应尽可能选择较低的固化温度。

从理论上讲，固化终点应该意味着溶剂在 NC 大分子间已呈均匀分布，但需要很长的时间，实际上是不可能的。一般规定推进剂药柱的力学性能已达到较好的水平，不再发生明显的变化时即为固化终点。过长的固化时间不仅浪费时间，还会因硝酸酯的热分解而损害推进剂的性能。

固化时间因固化温度和混合溶剂中增塑剂品种的不同而有很大差别。采用较低温度下固化时其固化时间可达 1～2 周；采用较高温度固化时可在 2～3 天内完成固化。

实际上，在固化的推进剂内部，浇铸药粒边缘与中心的溶剂浓度并没有达到完全均匀。由于增塑剂的分布不均匀，使固化后的推进剂还有一个相当缓慢的后固化过程。

2）混合溶液与 NC 的溶度参数

用三醋精（TA）等与 NG 组成混合溶剂可调节溶度参数更接近于 NC，从而有利于固化。含有适量 NG 的双基浇铸药粒比单基浇铸药粒更容易固化。

2.5.2 交联反应固化工艺原理

1. 基本原理

交联反应固化是在配方中加入固化剂、交联剂，在药浆浇铸到发动机或模具中后，在一定温度下，使预聚体与固化剂反应或聚合物分子自身的反应基团与交联剂反应形成网状结构，完成固化成型。

固化成型前，线型聚合物（预聚体）与低分子化合物（交联剂）均处于良好的流动状态，经逐渐交联后流动性随之减小，体系的物理化学性能均发生变化。达到一定交联度时形成聚合物体型结构而完全失去流动性，并逐渐失去可熔性和可溶性，不能再软化而改变其形状。

在推进剂配方中加入交联剂使 NC 交联起来形成网状结构，可改善力学性能。由于加入了交联剂，在固化过程中除溶塑固化外，又加入了交联反应固化的因素，故固化过程从单纯的溶解过程变成了既包括溶解又包括化学反应的复杂过程。

目前发展很快的交联改性双基推进剂、NEPE 推进剂及复合双基推进剂都是采用异氰酸酯基与羟基反应的方法。由于异氰酸酯基与羟基的反应容易进行，并且只生成氨基甲酸酯，无副产物，因此是一种较理想的交联方式。二异氰酸酯的加入量一般在 1% 左右，在加热固化时与 NC 发生轻度交联反应。过度交联将降低推进剂的低温延伸率。对于含有高分子预聚体的推进剂配方，异氰酸酯的加入量比较多一些，可达 5%~10%，高分子预聚体既是交联剂又是黏结剂的高分子主体，以液态的预聚体代替部分 NC，对改善药浆的流动性和降低药浆的感度也是非常有利的。

固化过程的工艺条件视所加工的发动机和推进剂的具体情况而定。对于较小的自由装填式药柱，通常采用较高的固化温度（60~75℃），在较短的时间内（2~4 天）完成固化。对于大尺寸的壳体黏结式发动机装药，为了减小热应力，要降低固化温度，通常固化温度低于 50℃，并用较长的时间（1~2 周）完成固化。

2. 聚氨酯的固化过程

在 HTPB 与异氰酸酯的固化体系中，基本反应是 HTPB 的端羟基与异氰酸基反应生成氨基甲酸酯（—NHCOO—），最终生成聚氨酯的反应。

$$\sim\!\!\!\sim\!\!O\!\!-\!\!H + OCN\!\!\sim\!\!\!\sim \longrightarrow \sim\!\!\!\sim\!\!\underset{H}{N}\!\!-\!\!\underset{O}{C}\!\!-\!\!O\!\!\sim\!\!\!\sim$$

异氰酸酯基团的电荷分布是电子共振结构，如：

$$R\!-\!\overset{\ominus}{\underset{..}{N}}\!-\!C\!=\!\overset{\oplus}{\underset{..}{O}} \longleftrightarrow R\!-\!\overset{..}{N}\!=\!C\!=\!\overset{..}{O} \longleftrightarrow R\!-\!\overset{..}{N}\!=\!C\!-\!\overset{\ominus}{\underset{..}{C}}$$

由于氧原子和氮原子是亲核中心，电子云密度较大，容易吸引氢原子而成羟基，但因为不饱和碳原子上的羟基很不稳定，极易重排成氨基甲酸酯。碳原子为亲电中心，电子云密度低，易受到亲核试剂的进攻。异氰酸酯基团与活泼氢化合物的反应就是由于活泼氢化合物分子中的亲核中心进攻异氰酸酯基团中的碳原子引起的。反应机理如下：

$$\underset{H^+\!-\!R_1^-}{R\!-\!N\!=\!\overset{\alpha^-\ \alpha^+\ \alpha^-}{C}\!=\!O} \longrightarrow \left[\underset{R_1}{R\!-\!N\!=\!\overset{\alpha^-}{C}\!-\!OH}\right] \longrightarrow R\!-\!\underset{H}{N}\!-\!\underset{O}{C}\!-\!R_1$$

—NCO 基是以亲电中心——正碳离子与活泼氢化合物的亲核中心配位而产生极化，导致反应进行的。若 R 为吸电子基（如芳环），由于—NCO 基中 C 原子的电子云密度降低，可提高—NCO 基的反应活性；若 R 基为供电子基（如烷基），则降低—NCO 基的反应活性。—NCO 基的反应活性按下列顺序递减：

$$O_2N\!-\!\langle\bigcirc\rangle\!-\!\rangle > \langle\bigcirc\rangle\!-\!\rangle > H_3C\!-\!\langle\bigcirc\rangle\!-\!\rangle > OCH_3\!-\!\langle\bigcirc\rangle\!-\!$$

$$> H_2C\!-\!\langle\bigcirc\rangle\!-\!\rangle > \langle\bigcirc\rangle\!-\!\rangle \quad 烷基$$

目前常用的几种固化剂的结构式与简称如下：

IPDI   IDI（2,4 -和 2,6 -异构体的混合物）

$$OCN\!-\!\langle\bigcirc\rangle\!-\!CH_2\!-\!\langle\bigcirc\rangle\!-\!NCO$$

MDI

$$OCN\!-\!\langle\bigcirc\rangle\!-\!CH_2\!-\!\langle\bigcirc\rangle\!-\!NCO$$

HMDI

由对称性二异氰酸酯固化而成的聚氨酯具有规整有序的相区结构和较好的聚合物链段结晶，与不对称性二异氰酸酯相比，明显具有更高的模量和撕裂强度。芳香族和脂肪族类异氰酸酯固化而成的聚氨酯在抗氧化性和力学性能等方面均有差异。

固化催化剂是 HTPB 推进剂的重要组成部分，常见的催化剂包括乙酰丙酮铁($Fe(AA)_3$)、三苯基铋(TPB)和二月桂酸二丁基锡(T-12)等。不同催化剂在不同固化体系中的催化活性存在明显差异，使其具有不同的固化速度，这对 HTPB 推进剂的工艺性能等产生不同的影响。固化催化剂对 HTPB 固化的催化机理为

$$OCN{-}R{-}NCO + BH: \xrightarrow{\text{催化剂}} OCN{-}R{-}N{=}\overset{\overset{\displaystyle O}{|}}{C}{-}BH^{+}$$

$$OCN{-}R{-}N{=}\overset{\overset{\displaystyle O\cdot}{|}}{C}{-}BH^{+} + HO{-}R{-}OH \longrightarrow OCN{-}R{-}\overset{\overset{\displaystyle H}{|}}{N}{-}\overset{\overset{\displaystyle O}{\parallel}}{C}{-}OROH + BH:$$

一般情况下，T-12、TPB、$Fe(AA)_3$ 三种催化剂对黏结剂体系均可起到固化催化作用，缩短固化时间。但加入 $Fe(AA)_3$ 的物料适用期较短，不符合工艺要求；T-12 的加入会导致产物力学性能下降，不适合单独使用；TPB 是该黏结剂体系比较理想的催化剂，其适用期较长，固化产物力学性能提高，固化时间也大幅缩短。

2.5.3　固化反应动力学和热力学

对固化过程的研究，传统上采用波谱分析和量热分析手段来确定反应官能团的转化率，得到固化反应动力学的表观活化能以及固化反应级数，从而了解其固化过程。对于固体推进剂固化过程的研究一般是选择某一个与固化程度相关的可测物理量作为测量依据，通过观测该物理量数值的变化以及变化速率，获得体系的固化程度、固化反应速率以及固化的重要工艺参数——凝胶化时间和完全固化时间等。

根据测量参数理化性质不同，可将测量方法分为物理方法和化学方法两大类。不同的测量方法得到的结果具有不同的物理意义。有的方法适合实验室进行产品质量分析，有的方法更适合用于生产线上的在线监测。常用的固化过程研究方法如表 2-5-1 所示。

表 2 - 5 - 1　推进剂固化过程研究方法

方法分类	代表性测量方法	被测物理量
基于化学反应的方法	化学滴定	化学基团浓度
	红外(IR)、拉曼(Raman)等波谱方法	化学键的光谱信号强度
基于热学性能的方法	差热分析(DSC、DTA)	固化过程中的热熔变化
基于电学性能的方法	介电分析(DEA)	介电损耗及离子电导率
基于力学性能的方法	动态扭辮法、动态弹簧法、动态热机械分析、动态扭振法	相关力学模量及力学损耗
基于光纤测量的方法	光纤监测	折射率的变化或对测量信号波的吸收情况
基于超声测量的方法	超声监测	纵向超声速率及超声衰减
其他方法	黏度法、硬度法、溶胀法	相应的物理性能

目前最常用的是傅里叶变换红外光谱(FT－IR)法和差示扫描量热分析(DSC)法，并且对不同的黏结剂固化体系已经有很多相关的研究工作。

1. 基于波谱分析的方法

常用的是 FT－IR 法，通过实时跟踪固化反应过程中某一组分基团变化情况来反映固化反应程度，从而精确检测反应物从开始反应到完全转化为生成物的反应过程，在研究化学反应动力学方面得到普遍应用。直接测量被测体系中的分子结构信息，主要表现为吸收峰的位置和强度，并根据其变化可分析推断出固化反应过程的反应机理以及固化产物的微观结构，同时可以定量计算出相关的固化动力学参数，如完全固化时间、固化速率等。适用于比较简单的固化体系，不适用于复杂体系(尤其是含有金属填料的固化体系)的固化反应。优点是样品用量少、扫描速率快。

2. 基于热学性能的方法

黏结剂的固化过程通常都伴随有一定的热效应，采用 DSC 法测量固化过程中的热熔数据，操作方便，便于定量分析，是目前研究固化动力学最常用的方法之一。将 DSC 法用于检测黏结剂体系热效应时主要基于以下几点基本假设：

(1)检测到的热量全部来自对固化有贡献的化学反应；

(2)体系中热量产生的速率正比于黏结剂体系的固化速率；

(3)固化体系在混合过程中的反应程度忽略不计。

另外，DSC 法测试中假设了放热曲线下的面积正比于固化程度，可以计算出不同时刻或温度下的固化程度及固化速率，然后可以根据一些经验模型对固化动力学进行分析。利用 Kissinger 方程以及 Crane 方程计算固化反应的动力学参数，量化描述固化反应过程。该方法具有样品用量小、测量精度高、能综合反映多个固化反应动力学参数等优点。但一般不适用于研究固化反应缓慢体系的动力学，原因是反应缓慢的固化反应峰值温度不明显，建立的固化动力学方程可靠性差。近年来，温度调控 DSC 法被越来越多地用于热固性树脂固化过程的实验室研究。借助该方法可以得到化学转化率以及转化速率的定量信息，并且可以从比热信号以及可逆、不可逆热流数据得到固化过程中扩散效应、相分离等微观过程对固化反应影响的规律。

上述两种较为传统的方法可以确定反应官能团的转化率，从而了解固化过程。但在固化反应后期，官能团几乎消耗完全，其变化已经非常微小，以致不能被检测。但在固体推进剂加工制造过程中，正是在后期的微小变化，会对固化产物的最佳性能产生较大影响。由于固化过程的复杂性和实际固化体系的繁杂多样，很难给出一个绝对的测量标准，目前也没有统一的标准测量方法。从最终的使用角度来看，需要固体推进剂具有一定的力学性能，而固化过程也是体系模量逐渐增加的过程，固化后期官能团的改变十分微弱，但却可以在宏观力学强度上有所反映。不同的固化程度可以通过它们的力学性能，如扭矩、黏度、硬度、模量等的变化反映出来。

3. 动态扭振法

从高分子化学观点来看，推进剂黏结剂体系的固化和橡胶的硫化是一样的，两者都是线性高分子链的交联反应。固化过程是模量逐渐增加的过程，因此固化程度可以通过它们模量的变化反映出来。黏结剂体系在未固化前是液态，固化后呈橡胶态，其模量增加，反映在扭矩上就是随着固化程度的增加而增加。固化反应完成，扭矩不再变化。

采用动态扭振法对固化样品的扭矩进行测定，可以反映样品在固化过程中任一时刻固化程度的变化，通过分析扭矩随时间的变化可以进行相应的固化历程分析。采用动态扭振法对不添加任何填料的 HTPB 黏结剂体系的固化过程进行测试，得到不同温度下（80℃、90℃、100℃、110℃）扭矩随时间的变化曲线，结果如图 2-5-1 所示。

可以看出 HTPB 黏结剂体系的扭矩随固化时间的变化规律：一开始扭矩基本不变，随后迅速增大，达到一个转折点后曲线上升速率变缓直至趋于平稳。以 80℃ 的扭矩随固化时间的变化曲线（曲线 1）为例进行分析，O 点为固化的起始时间，A 点为扭矩开始上升点，即固化反应的凝胶点，A 点对应的时间是体系固化的凝胶化时间 t_g，OA 段是固化反应的第一阶段。A 点后随固化时间增

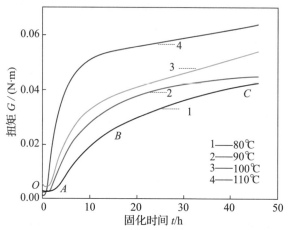

图 2-5-1　HTPB 固化体系扭矩-时间曲线

加，扭矩值急剧增加，即固化程度增大，逐渐形成三维交联网络，达到硬化点（B 点），B 点对应的时间为硬化时间 t_b，AB 段是固化反应的第二阶段。之后体系进入固化反应的第三阶段，此时已经是固化的后期，体系内部反应基团浓度大大降低，由于反应速率 K 与 $c[-OH]$ 和 $c[-NCO]$ 有关，所以反应速率会减慢，扭矩增加速率随之减小，扭矩增长速率小于 $0.2N \cdot m/s$ 时，认为达到动态扭振测试的终点 C，对应时间 t_c 为固化终点时间。

对比图 2-5-1 中其他曲线可知，在不同固化温度下，用动态扭振固化仪测得的 HTPB 黏结剂体系的扭矩-时间曲线的变化趋势都与曲线 1 相似。但随着固化温度的升高，化学反应速率增加，固化进程加快，固化时间缩短。表 2-5-2 为 HTPB 黏结剂体系在不同固化温度下的 t_g、t_b、t_c 具体数值。

为了定量研究 HTPB 黏结剂体系在具体温度下某一时刻的反应程度，需要对固化反应进行动力学研究，得到 HTPB 黏结剂体系的固化反应机理函数及表观活化能，这对固化过程的研究具有重要的理论指导意义。

表 2-5-2　HTPB 固化体系 t_g、t_b、t_c 值

温度/℃	80	90	100	110
t_g/h	2.0	1.4	1.0	0.5
t_b/h	22.5	15.0	12.5	5.0
t_c/h	38.1	25.0	20.0	13.7

不同时刻扭矩值 G_t 与 t_c 时刻对应的扭矩值 G_c 的比称为固化过程的扭矩转化率 α，绘制转化率随时间变化的曲线，如图 2-5-2(a) 所示。

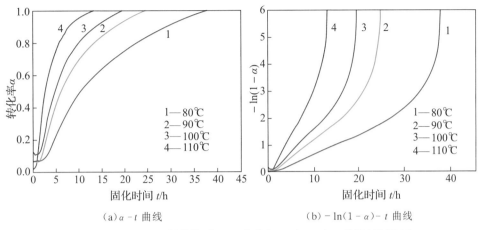

（a）$\alpha - t$ 曲线   （b）$-\ln(1-\alpha) - t$ 曲线

图 2 - 5 - 2   HTPB 固化体系 $\alpha - t$ 曲线和 $-\ln(1-\alpha) - t$ 曲线（扭矩法）

从图中可以看出，在同一温度下随着反应时间的增加，反应转化率不断增加，开始阶段由于反应基团—NCO 浓度较高，反应速率大，转化率迅速增大，随着反应的进行，反应基浓度降低，转化率的增加速率也逐渐降低。此外，反应温度不同时，反应达到某一转化率所用时间也不同，温度越高，达到同一转化率的时间越短。因为温度越高，分子活性越大、活化分子数目增多，有效碰撞频次增加，达到同一转化率的时间就越短。

将时间 t 与对应的转化率 α 按照表 2 - 5 - 3 中的动力学机理函数进行拟合，找到与反应情况最相符合的机理函数，依据拟合得到的机理函数 $g(\alpha) = kt$，可以明确 HTPB 黏结剂体系的固化反应类型并探究其固化机理。

表 2 - 5 - 3   积分和微分形式的固化反应动力学机理函数

名称	机理	微分形式 $f(\alpha)$	积分形式 $g(\alpha)$
抛物线法则	一维扩散，1D 减速形 $\alpha - t$ 曲线	$1/2\alpha$	α^2
Valensi 方程	二维扩散，2D	$[-\ln(1-\alpha)]^{-1}$	$\alpha + (1-\alpha)\ln(1-\alpha)$
Ginstling Brounshtein 方程	三维扩散，3D（圆柱形对称）	$[(1-\alpha)^{-1/3} - 1]^{-1}$	$(1-\alpha) - (1-\alpha)^{2/3}$
Jander 方程	三维扩散，3D（球对称）	$\dfrac{3}{2}(1-\alpha)^{2/3}[1-(1-\alpha)^{1/3}]^{-1}$	$[1-(1-\alpha)^{1/3}]^2$
Anti - Jander 方程	三维扩散，3D	$\dfrac{3}{2}(1+\alpha)^{2/3}[(1+\alpha)^{1/3}-1]^{-1}$	$[(1+\alpha)^{1/3}-1]^2$
Zhuralev，Lesokin 和 TemPelman 方程	三维扩散，3D	$\dfrac{3}{2}(1-\alpha)^{4/3}[1/(1-\alpha)^{1/3}-1]^{-1}$	$[1/(1-\alpha)^{1/3}-1]^2$
0.5 级	化学反应	$(1-\alpha)^{1/2}$	$2[1-(1-\alpha)^{1/2}]$

（续）

名称	机理	微分形式 $f(\alpha)$	积分形式 $g(\alpha)$
Avrami‑Erofeyev 方程（或 1 级化学反应）	成核和生长（$n=1$）	$1-\alpha$	$-\ln(1-\alpha)$
Avrami‑Erofeyev 方程	成核和生长（$n=1.5$）	$\frac{3}{2}(1-\alpha)\left[-\ln(1-\alpha)\right]^{1/3}$	$\left[-\ln(1-\alpha)\right]^{1/1.5}$
Avrami‑Erofeyev 方程	成核和生长（$n=2$）	$2(1-\alpha)\left[-\ln(1-\alpha)\right]^{1/2}$	$\left[-\ln(1-\alpha)\right]^{1/2}$
Avrami‑Erofeyev 方程	成核和生长（$n=3$）	$3(1-\alpha)\left[-\ln(1-\alpha)\right]^{2/3}$	$\left[-\ln(1-\alpha)\right]^{1/3}$
Avrami‑Erofeyev 方程	成核和生长（$n=4$）	$4(1-\alpha)\left[-\ln(1-\alpha)\right]^{3/4}$	$\left[-\ln(1-\alpha)\right]^{1/4}$
收缩圆柱体（面积）	收缩的几何形状（圆柱形对称）	$2(1-\alpha)^{1/2}$	$1-(1-\alpha)^{1/2}$
收缩球状（体积）	收缩的几何形状（球对称）	$3(1-\alpha)^{2/3}$	$1-(1-\alpha)^{1/3}$
Mampel power 法则	相边界反应（一维），$n=1$	1	α
Mampel power 法则	$n=\frac{3}{2}$	$2\alpha^{1/2}$	$\alpha^{1/2}$

　　根据表 2‑5‑3 中的机理模型，对转化率随时间变化的规律进行处理，发现用一级动力学函数的拟合效果最佳，所以绘制 $-\ln(1-\alpha)-t$ 曲线图，如图 2‑5‑2(b) 所示，可以看出，四条拟合曲线在 0～0.5h、0～1.0h、0～1.4h、0～2.0h 之间的转化率 α 为 0，这是固化第一阶段，没有扭矩的增加，表现为转化率 $\alpha=0$；而 $-\ln(1-\alpha)$ 与 t 分别在 0.5～5h、1.0～12.5h、1.4～15h 和 2.0～22.5h 范围内是线性关系的，且线性相关系数大于 0.99，表明这一阶段的固化反应符合一级反应动力学规律，即其反应机理为一级反应，符合 Avrami‑Erofeyev 方程，机理函数为 $g(\alpha)=-\ln(1-\alpha)=kt$，将数据进行线性拟合，得到不同温度下 $-\ln(1-\alpha)$ 与 t 的回归方程、相关系数 r 以及直线斜率 k 值，如表 2‑5‑4 所示。这个区间称为固化第二阶段。

　　从表 2‑5‑4 可以看出，随着温度升高，拟合直线的斜率 k 值增大，表明反应速率增大。主要是由于温度升高，分子热运动加快，单位时间内反应基团间碰撞次数增加，导致固化反应速率常数变大。

表 2 - 5 - 4   HTPB 体系反应机理函数的回归方程和相关系数(扭矩法)

温度 T/℃	回归方程	r	k/h⁻¹
80	$-\ln(1-\alpha) = 0.075t$	0.999	0.075
90	$-\ln(1-\alpha) = 0.130t$	0.999	0.130
100	$-\ln(1-\alpha) = 0.174t$	0.999	0.174
110	$-\ln(1-\alpha) = 0.330t$	0.999	0.330

在此之后由于反应官能团浓度降低,反应速率减慢,体系黏度较大,反应受扩散控制,故固化机理函数发生变化,$-\ln(1-\alpha)-t$ 不再线性相关,这是固化第三阶段,属于固化的后期,机理十分复杂,未能找到符合的机理函数对其进行拟合。

对于第二阶段,根据 Flory 凝胶化理论,结合 HTPB 黏结剂体系在 80℃、90℃、100℃、110℃ 时的 t_g 值,由公式 $\ln t_g = \ln C + \Delta E_a / RT$,可以求得 HTPB 黏结剂体系在第二阶段的的固化反应活化能 ΔE_a。绘制 $\ln t_g$ 随 $1/T$ 变化的曲线图,如图 2 - 5 - 3 所示。

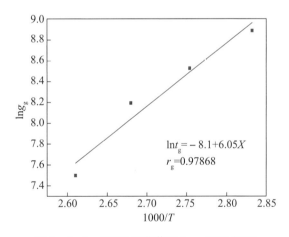

图 2 - 5 - 3   HTPB 固化体系 $\ln t_g$ - $1000/T$ 图

求得该直线斜率为 6.05,截距为 -8.10,拟合方程为:$Y = -8.10 + 6.05X$,由此可求得 HTPB 黏结剂体系在第二个固化阶段固化反应的表观活化能为 50.30kJ/mol。

4. 流变法

化学流变法的特点是固化参数能直接以黏度或屈服应力的形式给出,可直接研究高能固体推进剂药浆固化过程中流变性能的变化规律,并建立相关模型。

表征固体推进剂药浆流变性能的方法主要包括流动曲线、动态频率曲线、动态应变曲线、触变曲线和温度曲线等。根据储能模量随时间的变化程度可知反应进行程度，结合阿累尼乌斯方程可以得到固化动力学参数，由动态频率曲线、动态应变曲线还可以得到固化过程中体系各参量的变化，从而分析固化过程，推测固化机理，是目前具有实用价值的表征手段。缺点主要是样品用量较大，测试过程会破坏药浆内部结构且测试时间较长，尤其对于固化缓慢的药浆体系表现更为明显。

5. 硬度法

基于不饱和树脂固化程度与硬度的相关性，以布氏硬度的测定为主要手段，辅以热分析及其他力学性能的测试，评价在室温下引发剂、促进剂添加量对树脂固化程度的影响，并对其中有关规律作初步探讨。为了证实硬度表征固化程度的可信性，还将各有关性能进行了综合比较。硬度法与评价树脂固化程度的其他方法相比，具有操作简单的突出优点，尤其在评价不饱和树脂由黏流态经凝胶态到硬化态的转变过程中相应的固化程度的渐变，有可靠的表征性。

6. 介电分析法

黏结剂体系的电学性质在一定程度上可以反映出材料内部的微观变化，可以对热固性树脂的固化过程进行监测。其主要缺点是测得的离子电导性与树脂的其他性能如力学性能表征之间的相关性较差，而且介电传感器在固化过程中会成为固化物本体结构的一部分，既会干扰固化的进行，也不能回收再用。

7. 超声波法

超声状态下的弹性波在物质中的传播情况与被测物的动态力学性质有关，因此可以反映材料内部的结构以及凝聚态的变化。

2.5.4　熔体的结晶与凝固

凝固是指物质由液态变为固态的相变过程。在此过程中，热量通过一定的方式从熔融体中排出，当温度降低到熔点以下时，固体自液态内析出，直至液态完全变为固态。对于化合物而言，其固体状态大多情况下呈晶体结构，故其由液态变为固体的凝固过程也称作结晶过程，但当快速冷却时，化合物分子运动受到限制，来不及按照晶体的结构排列，有时会出现玻璃态。凝固过程是纯物理过程，其中伴随着散热、相变、分子运动等宏观或微观的物理现象。凝固过程中结晶的形成，以及凝固后结晶的晶体结构、凝固速率及其相互关系和影响因素等关系到炸药装药质量，是熔铸炸药装药进行工艺研究、工艺参数制定等必须考虑的内容。为了深入了解炸药的结晶特性，本节介绍一般熔态炸药遵从的凝固与结晶的一些共性理论。

1. 形核理论

1) 结晶的热力学条件

结晶过程首先是从液相中形成晶核，然后晶核长大，直到液相消失，完全形成晶体组织。在液相中产生晶核与液相结构和液固两相的热力学平衡有关。

与熔态炸药类似的液态物质中存在着局部规则排列的分子集团，这种集团及其之间的距离不断变化，会形成一种结构不稳定现象，这种结构不稳定现象称为液态物质的结构起伏，如图 2-5-4(a) 所示。与液态物质的局部不稳定现象相对应的是体系中微小体积的能量偏离体系的平衡能量，这种能量上的微小变化称为能量起伏，如图 2-5-4(b) 所示。

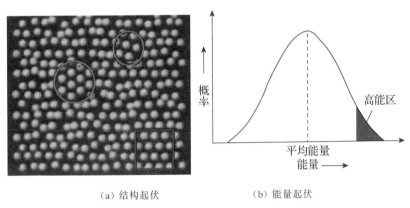

(a) 结构起伏　　　　　(b) 能量起伏

图 2-5-4　液态物质的结构起伏与能量起伏

结构起伏和能量起伏是相对应的，造成结构起伏的原因是能量起伏。在能量低的区域才能形成有序分子集团，遇到能量高峰又散开成无序状态。结晶需要结构起伏和能量起伏作为其核心。温度越低，结构起伏的尺寸越小，越容易成为结晶的核心。在结晶凝固点的液相中，这种能量起伏和结构起伏产生的晶胚最终形成晶核。

根据热力学第二定律的最小自由能原理，在等温等压条件下，相变自动进行的方向是体系自由能 G 降低的方向。图 2-5-5 为液-固两相的自由能曲线。自由能 G 随着温度 T 的升高而降低，曲线的斜率为熵 S。由于液相分子结构更紊乱，分子排列的秩序比固相差，因此液相具有更高的熵值，其自由能随温度变化较陡。

　　在两条曲线交点处，液-固两相的自由能相等，此时液-固两相共存，处于热力学平衡状态，交点的温度称为平衡结晶温度或理论结晶温度 T_m。只有当温度 $T < T_m$ 时，固相的自由能小于液相的自由能，$G_s < G_l$，结晶才能自发进行。结晶的驱动力是液-固两相的自由能差 ΔG，其值越大转变驱动力越大。

　　结晶温度 T 总是低于平衡结晶温度 T_m 的现象称为过冷。平衡温度 T_m 与实际结晶温度之差称为过冷度 $\Delta T = T_m - T$。结晶的热力学条件是必须过冷，过冷是结晶的必要条件。过冷度取决于材料性质，也与冷却速度有关。图 2-5-6 为冷却速度对过冷度的影响。快速冷却时，由于分子来不及充分扩散，结晶被推迟到较低的温度下进行，过冷度增大。

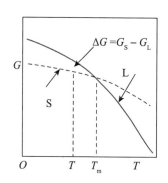

图 2-5-5　液-固两相自由能曲线　　　图 2-5-6　冷却速度对过冷度的影响

2) 均匀形核

　　均匀形核，是指主要依靠过冷条件下液态的结构起伏和能量起伏在均匀的母相中的任意形核过程。过冷液态中形成晶胚时，一方面使体系的自由能降低，是相变的驱动力；另一方面又增加了表面能，是相变的阻力。晶胚能否继续存在和长大，取决于自身体积自由能（负值）和表面自由能（正值）的相对大小。晶胚形成时体系总自由能的变化为

$$\Delta G = V\Delta G_v + A\sigma \qquad (2-5-1)$$

式中：ΔG_v 为体系中液、固两相体积自由能之差；σ 为单位面积自由能，即比表面能；V 为晶胚的体积；A 为晶胚的表面积。

　　设晶胚为球形，半径为 r，则总自由能变为

$$\Delta G = \frac{4\pi}{3}r^3\Delta G_v + 4\pi r^2 \sigma \qquad (2-5-2)$$

　　ΔG 随 r 的变化关系如图 2-5-7 所示。当晶体尺寸增大到一个临界值时，表面自由能相对大小也达到一个转折点，ΔG 在晶胚半径为 r_c 处达到最大值。

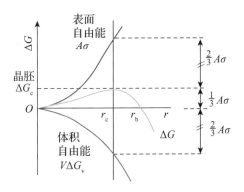

图 2-5-7 ΔG 随 r 的变化关系

当 $r < r_c$ 时，即晶胚较小时，其进一步长大将引起体系总自由能的增加，因此这种小晶胚会重新熔化，不能成为晶核。

当 $r_c < r < r_b$ 时，晶胚进一步长大将引起体系总自由能 ΔG 降低，即体积自由能的降低占优势，可以补偿表面能的增加，整个晶胚的自由能将随着晶胚的长大而降低，晶胚长大概率大于消失概率，但此时 $\Delta G > 0$，晶胚不稳定。

当 $r > r_b$ 时，$\Delta G < 0$，晶胚能长大成晶核，r_b 称为稳定半径。

半径为 r_c 的晶胚为临界晶核，r_c 称为临界晶核半径，是能成为晶核的最小晶胚半径，只有大于临界尺寸的晶胚才有继续长大的可能，才能发展成稳定的晶核。

对式(2-5-2)求导，并令 $d(\Delta G)/dr = 0$，即可得到临界晶核半径

$$\begin{cases} d(\Delta G)/dr = 4\pi r^2 \Delta G_v + 8\pi r\sigma = 0 \\ r_c = \dfrac{2\sigma}{-\Delta G_v} = \dfrac{2\sigma T_m}{\Delta H_m \Delta T} \end{cases} \quad (2-5-3)$$

式中：σ 为比表面能；T_m 为平衡结晶温度；ΔH_m 为熔化热；ΔT 为过冷度。

将式(2-5-3)代入式(2-5-2)可得到临界形核功为

$$\Delta G_c = \frac{4\pi}{3} r_c^3 \Delta G_v + 4\pi r_c^2 \sigma = \frac{16\pi \sigma^2 T_m^2}{3(\Delta H_m \Delta T)^2} \quad (2-5-4)$$

球形临界晶核的表面积为

$$A_c = 4\pi r_c^2 = \frac{16\pi \sigma^2 T_m^2}{L_m^2 \Delta T^2} \quad (2-5-5)$$

比较式(2-5-4)与式(2-5-5)可知：

$$\Delta G_c = \frac{1}{3} A_c \sigma \quad (2-5-6)$$

即临界形核功等于表面能的 1/3。

均匀形核的三个必要条件：

(1) 能量起伏：形成临界晶核时，液–固两相自由能差只能是表面能的 2/3，另外 1/3 靠系统中的能量起伏来补偿。即在液相中高能量的微区形核，可以全部补偿表面能，晶胚尺寸长大到 r_b 后，$\Delta G < 0$，晶核自发长大。

(2) 结构起伏：如图 2 - 5 - 8 所示，过冷液相中的结构起伏尺寸 r_a 随过冷度的增加而增加，即随温度降低，能稳定存在的有序分子集团尺寸增大；同时，随着过冷度增加，临界晶核半径 r_c 减小。当 $r_a \geqslant r_c$ 时，获得大于等于 ΔG_c 的能量起伏，便可作为稳定晶核存在并不断长大。ΔT_c 为形核所需的最小过冷度，称为临界过冷度。

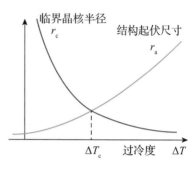

图 2 - 5 - 8　均匀形核的结构起伏

(3) 足够的过冷度：当过冷度大于临界过冷度，即 $\Delta T > \Delta T_c$ 时，晶核才能稳定存在并不断长大。

均匀形核完全依靠液相的结构起伏和能量起伏，主要阻力来源于自由表面能的增加。减小表面自由能有两种途径：一是增大过冷度；二是减小比表面能。

形核率是指单位时间、单位母体中形成的晶核数量，形核率受热力学和动力学两个相互矛盾的因素控制。

在热力学上，过冷度越大，晶核的临界半径 (r_c) 和临界形核功 (ΔG_c) 越小，需要的能量起伏越小，满足 $r_a > r_c$ 的晶胚越多，稳定晶核越容易形成，形核率就越高。形核率控制项为

$$N_1 \propto \exp\left(-\frac{\Delta G_c}{kT}\right) \qquad (2 - 5 - 7)$$

在动力学上，晶核形成需要分子从液相扩散到临界晶核上，过冷度越大，分子活动能力越小，原子扩散到临界晶核的概率越小，形核率越低。形核率控制项为

$$N_2 \propto \exp\left(-\frac{Q}{kT}\right) \qquad (2 - 5 - 8)$$

式中：Q 为分子从液相扩散到固相的扩散激活能；k 为玻耳兹曼常数。

总的形核率

$$N = N_1 \times N_2 \qquad (2 - 5 - 9)$$

图 2-5-9 是形核率与温度的关系，过冷度较小时，总形核率随过冷度增大而增大，主要受热力学条件 N_1 项控制；过冷度很大时，分子扩散能力减小，形核率受动力学条件 N_2 项控制，随过冷度增大迅速降低。

3）非均匀形核

非均匀形核，是指液相中有自有的细微固态颗粒，或依靠外来核心（容器壁、杂质）作为基底，择优形核的过程。一般熔融态液相中，往往含有杂质，凝固总是在容器或模具中进行，在实际生产中，有时也加入细化晶粒。因此，非均匀形核是实际生产中的主要形核方式。

如图 2-5-10 所示，如果晶核在容器壁表面形成，晶核形状是半径为 r 的球冠，和基底间的接触角为 θ，晶核形成时总能量变化为

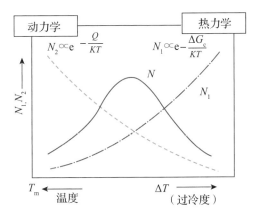

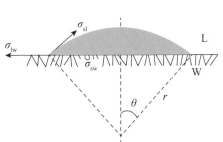

图 2-5-9　形核率与温度的关系　　　图 2-5-10　由容器壁表面形成的晶核

$$\Delta G = V\Delta G_v + \Delta G_s \qquad (2-5-10)$$

$$V = \frac{2-3\cos\theta+\cos^3\theta}{3}\pi r^3 \qquad (2-5-11)$$

$$\Delta G_s = A_{sl}\sigma_{sl} + A_{sw}\sigma_{sw} + A_{lw}\sigma_{lw} \qquad (2-5-12)$$

式中：V 为球冠体积；ΔG_s 为体系增加的表面能；A 为界面积；σ 为界面能；下标 s、l、w 分别表示固体、液体、器壁。

根据界面张力平衡，由 $\mathrm{d}^1(\Delta G)/\mathrm{d}r = 0$，得

$$r^* = \frac{2\sigma}{-\Delta G_v} \qquad (2-5-13)$$

$$\Delta G^*/\Delta G = \frac{2-3\cos\theta+\cos^3\theta}{4}\pi \cdot r^3 \qquad (2-5-14)$$

令 $f(\theta) = \dfrac{2 - 3\cos\theta + \cos^3\theta^3}{4} = \dfrac{(2 + \cos\theta)(1 - \cos\theta)^2}{4}$，则 $0 \leqslant f(\theta) \leqslant 1$。

非均匀形核的条件和特点：

(1)非均匀形核时，临界球冠的曲率半径与均匀形核时球形晶粒的半径是相等的。

(2)相同临界半径下，非均匀形核功小于均匀形核功。

(3)不同润湿接触角的晶核形貌如图 2-5-11 所示。

$\theta = 0°$：$f(\theta) = 0$，$\Delta G_{\text{非}}^* = 0$，基底和晶核结构相同，直接长大，外延和籽晶生长。

$\theta = 180°$：$f(\theta) = 1$，$\Delta G_{\text{非}}^* = \Delta G_{\text{均匀}}^*$，晶核与基底完全不润湿，相当于均匀形核，基底不促进形核，可防止形核。

$0 \leqslant \theta \leqslant 180°$：$\Delta G_{\text{非}}^* < \Delta G_{\text{均匀}}^*$，这是非均匀形核的特点，$\theta$ 角越小，晶核的体积和表面积越小，ΔG^* 越小，形核所需过冷度越小，非均匀形核越容易。

非均匀形核的形核率与均匀形核相似，如图 2-5-12 所示。

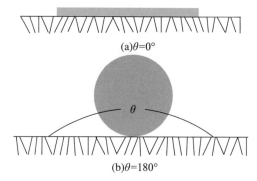

(a)$\theta = 0°$

(b)$\theta = 180°$

图 2-5-11　不同润湿接触角的晶核形貌

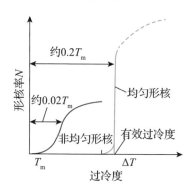

图 2-5-12　非均匀形核的形核率

所不同的是：

(1)过冷度小。非均匀形核功小，达到最大形核率所需的过冷度小，约 $0.02T_m$。

(2)最大形核率小。非均匀形核的最大形核率小于均匀形核，原因是非均匀形核时需要合适的基底，而基底数量有限，当新相晶核覆盖基底时，使适合新相形核的基底大为减少。

(3)基底性质对非均匀形核有较大影响。不是任何固体杂质都能作为基底促进非均匀形核，需要满足点阵匹配原理：与晶核结构相似、点阵常数接近的固体杂质才能促进非均匀形核，以减小杂质与晶核间的表面张力，减小 θ 角，减小形核功。

非均匀形核要克服的能垒比均匀形核小得多，所以通常都是非均匀形核优先进行。核心总是倾向于使其总表面能和应变能最小的方式形成，因而析出物的形状是总应变能和表面能综合影响的结果。

对于固态转变，除在某些特殊情况下是均匀形核，大多是非均匀形核。在固态转变中，非均匀形核地点主要是各类晶体缺陷处，首先是母相的晶界，其次是位错、堆垛层错等晶体缺陷。在这些地方形核可以抵消部分缺陷，消失的那一部分缺陷的自由能可提供克服形核位垒，从而降低形核功。晶体生长所用籽晶是通过自发成核方式获得的。

2. 晶体长大

一旦晶核形成，就会继续长大而形成晶粒。晶体进一步长大需要一定的驱动力和动力学及环境条件，不同的结晶环境会导致不同的晶体宏观形貌，影响结晶速度。

1）液-固界面结构的影响

晶体长大是液-固界面分子的迁移过程，界面的微观结构会影响晶体生长的方式。界面的平衡结构是界面能最低的结构。液-固界面按其微观结构可分为光滑界面和粗糙界面两种。光滑界面也称为小平面，粗糙界面也称为非小平面。有机炸药分子化合物的结晶凝固界面结构基本都是光滑的小平面；大多金属，少数无机或有机化合物等凝固界面结构是粗糙的非小平面。

对于光滑界面，其高指数晶面所固有的粗糙特性更容易接纳分子，因而生长得较快，结果使高指数晶面消失，而生长较慢的低指数晶面形成了晶体的外形。光滑表面产生了晶体的高度各向异性。

对于粗糙界面，分子可以很容易地有序堆积到晶体表面上的任何位置，晶体的外形主要由毛细作用以及热量和质量的扩散所决定，但仍然存在的微弱的各向异性（如界面张力）致使晶体在特定的晶体学方向上形成枝晶臂。

2）晶体长大机制

晶体的生长过程受界面分子附着动力学、毛细作用、热扩散和质量扩散等因素控制。何种因素起决定性作用与物质种类及其凝固条件有关。

晶体生长速率取决于界面上分子附着速率和脱附速率的差值。前者与液相中原子的扩散有关，后者取决于将分子束缚在界面上最近邻位置的数目。最近邻配位数取决于所在晶面分子尺度的表面粗糙度（不饱和配位数）。

当晶体以非小平面方式生长时（以金属为代表），分子尺度上的粗糙界面总是向液相来的分子显露大量合适的位置，从而趋于保持粗糙并形成微观上的非小平面光滑晶体，使分子从液相向固相的扩散非常快，以至于可以将附着动力学忽略。由于粗糙界面上有大量的空位，可以随机接纳液相分子添加在界面的空位上，界面连续地沿着法线方向推进，称为垂直式长大机制。由于液相分子的附着不需要附加能量，界面的推进是连续的，晶体的长大速度比较快，界面处生长所需的动态过冷度很小，只有 10^{-4}℃。

当晶体以小平面方式生长时(以分子及离子化合物为代表)，离子或分子尺度上的光滑界面总是使晶体中的分子与界面上分子的相互作用力达到最大值，这样的界面很少将空位显露给通过扩散到达界面的分子，晶体趋向于填平其液-固界面上存在的任何分子尺度的间隙，附着动力学起主要作用。液固界面总是保持比较完整的平面，界面通过台阶式机制长大。

(1)层生长理论。

德国克赛尔(Walther Kossel)1927 年首先提出，后经保加利亚斯特兰斯基(Iwan Stranski)发展，也称为克赛尔-斯特兰斯基(Kossel - Stranski)层生长理论。该理论认为：在理想情况下，光滑表面上分子进入晶体的最佳位置是三面凹角的位置(图 2-5-13(a)中位置1)，因为此位置上与晶核结合配位数最多，释放能量最大；其次是具有二面凹角阶梯面的位置2；最不利的生长位置是自由表面4。因此，晶体生长时先生成一行，然后生长相邻的行列，直至生长一层，在长满一层后再开始第二层生长，晶面是平行向外推移生长的，如图 2-5-13(b)、(c)、(d)所示。

晶体的层生长理论可以解释一些生长现象，如晶体常生长为面平、棱直的多面体形状、带状结构及锥状体构造等。

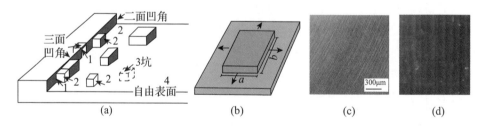

图 2-5-13   晶体的层生长理论示意图

(2)螺位错长大机制。

弗兰克(Frank)1949年首次提出，后由 Buston 和 Cabresa 等进一步发展，又称为 BCF 模型。该理论认为：晶体依靠晶体缺陷生长。

原子附着到熔化熵很高的物质表面是很困难的，此时，表面缺陷就具有特殊的重要性。显然，如果附着的分子消除了表面缺陷，则这种缺陷将不能有效地促进晶体生长。因此，只有那些不会被晶体生长所消除的缺陷才能对生长有效。这些缺陷包括暴露在生长表面的螺旋位错(screw)、孪晶界(twin)、旋转晶界(rotation boundary)。缺陷可以提供分子不断附着的凸角和台阶，从而在局部区域增加附着分子和晶体间的配位数，降低动力学过冷度，导致更为明显的各向异性生长。其结果是：晶体将呈现薄片状形态，如由图 2-5-14(b)和(c)的面缺陷引起，或由图 2-5-14(a)的线缺陷引起。

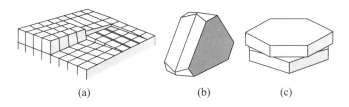

图 2-5-14　小平面晶体的可重复性生长缺陷

(3)立方晶体的生长。

一般来说，固、液两相的结构和配位情况差别越大，调节这些差别的过渡区域就越窄，即原子或分子尺度上平坦、微观上呈小平面，很难接纳新来的分子进入晶体，因而生长比较困难，需要额外的动力学过冷度。高指数晶面本质上趋于粗糙并含有许多台阶，而低指数晶面在分子尺度上是平滑的，因此生长速率有明显的各向异性，导致生长较快的高指数晶面消失，晶体的特征外形就由生长最慢的晶面所组成，如图 2-5-15 所示。杂质往往会改变特定面的生长特性，使同一种晶体结构呈现出不同的生长形态。

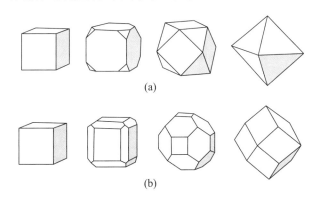

图 2-5-15　小平面晶体生长形态的演变过程

3)晶体生长速率

固相凝固的一维热传导方程为

$$\frac{\partial T_1}{\partial t} = a_1\left(\frac{\partial^2 T_1}{\partial^2 r} + \frac{n}{r}\frac{\partial T_1}{\partial r}\right) \quad \frac{\partial T_s}{\partial t} = a_s\left(\frac{\partial^2 T_s}{\partial^2 r} + \frac{n}{r}\frac{\partial T_s}{\partial r}\right)$$

式中：a 为导温系数；n 为形状系数（$n=0$、1、2 分别表示无限平板、圆柱体和球体）；下标 l、s 分别表示液相、固相。

通过引入边界条件，经过适当近似后可得到凝固层厚度与凝固时间的关系。对于无限平板：

$$\delta = \sqrt{\frac{2\lambda_1(T_f - T_w)t}{\Delta H_f}} \tag{2-5-15}$$

对于圆柱体或球体：

$$\delta = R - \left[R^2 - \frac{2\sqrt{\lambda_1\rho_s c_1 t}(T_f - T_0)R}{\sqrt{\pi}\rho_s\Delta H_f} - \frac{\lambda_1(T_f - T_0)}{\rho_s\Delta H_f}t\right]^{1/2} \tag{2-5-16}$$

上述公式显示，冷却形成的凝固层厚度 δ 与过冷度（$T_f - T_0$）、熔化热 ΔH、热导系数 λ、热容 c、密度 ρ 以及装药尺寸 R 等有关。

Rastogi 研究了间二硝基苯、2,4 -二硝基苯酚及其与乙酰苯胺等低共熔物的凝固速率，得到凝固速率 v 与过冷度的指数成线性关系，即

$$v = K \cdot \Delta T^n \tag{2-5-17}$$

式中：K、n 是常数。对于其所研究的纯物质，除了个别外，大部分 $n \approx 2$。

3. 晶体形貌

1）柱晶与等轴晶

铸件中一般存在三种凝固区域，如图 2-5-16 所示。

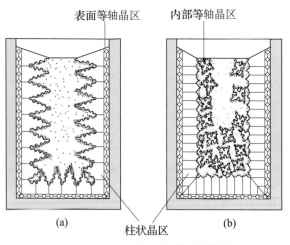

图 2-5-16　铸件内的三种凝固区域

在界面处，由于开始时温度低，冷却速度最高，表面上形成了由许多随机取向的小晶体组成的表面等轴晶区。这些晶体很快沿其晶体学择优方向长成树枝状。由于那些择优取向与热流反方向平行的晶体生长得更快，从而支配着液-固界面形态，这种竞争生长致使具有择优取向的晶体淘汰其他晶体而形成柱状晶区。铸件中心的另一个等轴晶区，是由于柱状晶生长到某个阶段后，从枝晶上脱落的分支可以独立生长，并由于其凝固热要通过过冷液体径向导出而趋于以等轴方式生长。

柱晶和等轴晶分别对应两种界面前沿的温度梯度分布，即正温度梯度和负温度梯度，如图 2-5-17 所示。

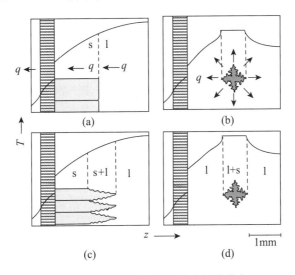

图 2-5-17　固液界面形态和温度分布

在正温度梯度下，即界面前沿液相温度高于结晶固相（图 2-5-17(a)、(c)），靠近铸模壁且冷却散热能力好的情况下，由于前方温度高，粗糙界面和光滑界面都不能伸入前方温度高于 T_m 的液体中，晶体以平直平面方式生长，晶体的生长方向与散热方向相反，生成的晶体称为柱晶，生长速度取决于固相的散热速度。

在负温度梯度下，界面前沿液相的温度低于结晶固相（图 2-5-17(b)、(d)），凝固释放的热量散失到过冷的熔体中。如在铸模内部靠近中心区域内，且铸模冷却散热能力低、液相浇铸温度低等情况下，熔体具有较大的过冷度，或在有杂质存在下，在熔体中形成许多伸向液体的结晶轴，晶体的这种生长方式称为树枝状生长。当伸展的晶轴有一定的晶体取向时，可以降低界面能。晶轴的位向和晶体结构类型有关。同一晶核发展的各次晶轴上的原子排列位向基本一致，各次晶轴互相接触形成一个充实晶粒。

图 2-5-17 中，(a)、(b)是纯物质的单相结晶生长过程，(c)、(d)是低共熔物的结晶生长过程。低共熔物中的等轴晶与纯物质中的等轴晶尽管尺寸可能有所差异，但它们的形态几乎没有区别。纯物质的凝固是受热流控制的，而低共熔物的凝固主要受溶质扩散控制。柱状晶生长时，液相的温度最高，而等轴晶生长时，晶体的温度最高。因此，要得到等轴晶，就必须先将熔体温度降到熔点以下(即过冷)。

2）树枝晶

树枝晶是一种远离平界面稳定性极限条件下生长的晶体形态，其取向会尽可能与热流方向一致或相反，即在定向或非定向条件下，在正温度梯度和负温度梯度条件下均可生成树枝晶，而且沿由晶体学确定的择优取向生长。

单个树枝晶在初始平滑的针状晶表面出现与平界面破开时一样的扰动，扰动生长后沿与主干垂直的四个方向形成分支。如果一次枝晶间距足够大，就会发展成树枝状分支。当然，如果针状晶尖端表面未受到扰动而破开，最终将生成完整的针状晶。当分支的尖端与相邻枝晶分支的扩散场相遇时，就会停止生长并开始熟化、变粗。

3）球晶

球晶是由非等轴晶体堆积而成的多晶复合体，初始形成的单晶在经历非晶体学枝化或破裂开后，转变为新的一组晶体或晶片脱离于原晶体结构而独立生长。球晶是由非晶体学枝化造成的，晶体位错和取向误差是造成这种枝化的主要原因。非晶体学枝化使球晶区别于树枝晶体，树枝晶的枝化具有相同的晶体学取向并由同一晶核生长而成。

球晶可以自熔体、固体以及溶液和凝胶体中生长而成。包括高聚物、小分子有机化合物、矿物质盐、无机物、石墨、硫和硒以及少数合金等都可以自熔体中生成球晶。

球晶的形成有两种方式，如图 2-5-18 所示。一种是自中心放射状生长，另一种是由初始针状晶的两端枝化，形成晶体"束"并逐渐伸展开，形成大致圆球形晶粒形状。后一种球晶的形成过程中，在球晶中心晶核的两边会形成两个非晶体物质构成的"眼"。

球晶是高聚物从熔体或溶液中结晶的一般形态，对于低分子量物质，除了特殊环境条件，一般不以这种方式结晶。形成球晶的特殊条件包括：①结晶相的高过饱和度；②结晶介质的高黏度。超过冷会显著提高液体的过饱和度。

(a)方式一 (b)方式二

图 2 - 5 - 18 球晶的两种形成方式

球晶的形成需要很高的结晶驱动力,自熔体中凝固的结晶驱动力主要来自高过冷度。杂质也能够促进球晶的形成。

球晶只在高过冷度条件下生成,预加热模具可降低形核数量,增加表面层的球形晶粒尺寸。当熔体接触冷的铸模时,通过激冷层熔体热量急速排出,形成了高度过冷状态;如果铸模温度较高,就不会造成足够的激冷,可在整个浇铸过程中形成正常的柱晶。

4. 结晶动力学

等温结晶理论是结晶动力学的基础,非等温和剪切条件下诱导结晶理论都是在等温结晶理论上发展起来的。

Avrami 方程被认为是描述结晶过程的最佳方程,其表达式为

$$1 - \alpha = \exp(- Zt^n) \tag{2-5-18}$$

式中:n 为 Avrami 指数;Z 为结晶速率常数;α 为相对结晶度;t 为时间,min。

取两次对数得到

$$\ln(-\ln(1-\alpha)) = \ln Z + n\ln t \tag{2-5-19}$$

结晶动力学方程还可以表示为

$$g(\alpha) = k(T) - t \tag{2-5-20}$$

式中:$g(\alpha)$ 为机理函数;$k(T)$ 为结晶速率常数。

式(2-5-18)和式(2-5-20)可以用下面两式关联

$$g(\alpha) = [- \ln(1 - \alpha)]^{1/n} \tag{2-5-21}$$

$$Z = k(T)^n \tag{2-5-22}$$

由反应动力学中机理函数的积分与微分关系式:

$$g(\alpha) = \int \frac{d\alpha}{f(\alpha)} \tag{2-5-23}$$

结合式(2-5-21)得到结晶动力学表达式为

$$f(\alpha) = n(1-\alpha)\left[-\ln(1-\alpha)\right]^{(1-1/n)} \tag{2-5-24}$$

Avrami 方程是结晶动力学的基础方程，后续的等温或非等温方程大多数是在该方程的基础上进行改进的。Avrami 方程适用于静态下等温结晶的高聚物及有机小分子，但绝大多数晶核的生成和生长都是动态的，故计算结果只有参考意义。

含能材料的结晶过程与其他金属、普通无机材料表现出结晶共性，但含能材料结晶速度快而且大多存在过冷和自加热现象。晶核的生成和成长除了其自身的内部结构因素外，还有外部环境刺激。因此，采用非等温条件下的理论方法更合适。在用于非等温结晶过程时，需要与其他非等温动力学方程联用以获得对结晶过程的描述。Ozawa 方程是非等温结晶动力学方程的代表。

Ozawa 方程从成核和晶体生长两个角度出发，以 Avrami 理论为基础，推导出了适用于等速升温或等速降温的结晶动力学方程：

$$1-\alpha = \exp\left[-F(T)/\beta^m\right] \tag{2-5-25}$$

式中：α 为温度 T 时的相对结晶度；β 为升温或降温速率；$F(T)$ 为与成核方式、成核速率、生长速率有关的函数，采用等速降温时，$F(T)$ 为冷却函数，其表达式为

$$\begin{cases} F(T) = g\int_{T_0}^{T} N_c(\theta)\left[R_c(T) - R_c(\theta)\right]^{m-2} V(\theta) d\theta \\ N_c(\theta) = \int_{T_0}^{\theta} U(T) dT \\ R_c(\theta) = \int_{T_0}^{\theta} V(T) dT \end{cases} \tag{2-5-26}$$

式中：$U(T)$ 为成核速率；$V(T)$ 为晶体生长的线速度；T_0 为结晶起始温度；g 为形状因子。

5. 熔铸梯黑炸药的结晶机理

TNT 与 RDX 熔混后的铸装过程中伴随三个变化过程：

(1)物态变化：熔态炸药在弹体内(或模具内)凝固。

(2)热量变化：冷凝时要放出冷却热或结晶热。炸药是热的不良导体，放热时间较长。

(3)体积变化：液相变成固相时，体积要收缩，如 TNT 要缩小 7%。

熔融混合炸药的结晶过程是首先析出结晶核心，即液相内形成微小的晶种再聚合成晶核，然后在晶核各方向排列起来长成晶体。生成后的核心体相互接触，结晶间不再有液态时，结晶过程就结束。晶核来源有两种：一种是从液体物质本身析出，称"自发晶核"；另一种是由液相中的外来固体质点生成，称"非自发晶核"。新相形成后的成长则服从同一法则，而与晶核的形成方式无关。

1) 自发晶核的形式

按照热力学观点，系统在任何温度下的某一状态(气态、液态、固态)时，均具有一定的自由能，温度改变时，系统的自由能也随之改变。同一物质液、固态自由能随温度变化的情况如图 2-5-5 所示。当温度为结晶温度(又称熔点)时，二者自由能相等，表示液、固两相可以并存。温度高于熔点时，液相具有较小自由能，晶体熔化；温度低于熔点时，固相自由能较低，熔体结晶。因此，从熔体物质产生结晶时，熔体温度必须降到熔点以下，即过冷。

熔体物质的冷却过程，可用图 2-5-19 表示。熔态物质由 A 点逐渐冷却时，到熔点以下仍然是液态，到 B 点才开始出现微小晶粒。以后结晶过程逐渐进行，并在结晶过程中放出结晶潜热，使熔态温度又回升，并在熔点处保持较长时间，直到熔体全部结晶完毕，然后温度沿 DE 线降至常温。C 点与 B 点的温差为过冷度。

在过冷条件下新相生成，使系统的相数由一相变成两相。由于相的变化，一方面部分分子由高的自由能状态向低的自由能状态转变，使系统内部自由能降低；另一方面，由于相界表面的形成需要能量，使系统的自由能增加。形成新相时，系统内自由能的变化可用下式表示：

$$\Delta G = V \Delta G_v + A \sigma \qquad (2-5-27)$$

式中：ΔG 为系统自由能的总变化；V 为新相体积；ΔG_v 为单位体积中新相和旧相间自由能之差；A 为新相的表面积；σ 为固、液两相单位相界表面能。

假设生成的新相(微晶粒)为球形，数目为 n，半径为 r，则上式可写为

$$\Delta G = \frac{4\pi}{3} r^3 n \Delta G_v + 4\pi r^2 n \sigma \qquad (2-5-28)$$

由式(2-5-28)可知，系统自由能的变化与新相质点半径的变化有关。图 2-5-20 为系统自由能随晶粒半径的变化关系。质点半径小于 r_k 时，式(2-5-28)右边第二项超过第一项，说明新相质点的成长必然引起系统自由能的增加，该质点不可能稳定成长，极易熔化消失；新相质点半径等于 r_k 时，其自由

能增至最大，它可以成长也可能熔解，二者趋向的或然率相等；新相质点半径大于 r_k 时可以稳定成长，因为它的成长将伴随系统自由能的减少。

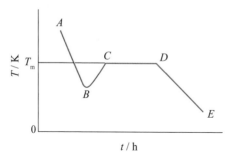

图 2 - 5 - 19   熔态物质冷却曲线

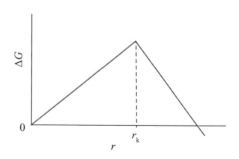

图 2 - 5 - 20   系统自由能随晶粒半径的变化关系

由此可见，并非所有的新相质点都是晶核，只有当它的体积增大，并能引起系统自由能减少的那些新相质点，才是晶核。

从实验得知，过冷度增大时，晶核的临界半径就小，晶核容易生成，熔体凝固易得细结晶。但熔体的过冷度盲目增大，会使熔体的黏度猛增，分子运动过慢，晶核生成的或然率就会过小，甚至使熔体形成无定型物质。

综上所述，熔体的冷却程度对自发晶核的形成有重要影响。当然，自发晶核的形成也与物质的化学结构有关，对称性差的分子形成晶核就较困难。

2）非自发晶核的形成

在熔体中，如果存在其他固体杂质，结晶作用往往是利用这些外来杂质的颗粒作为基底。如果基底成分与结晶物质相同，则外来杂质的颗粒就可直接作为晶核；如果基底成分与结晶物质不同，外来杂质的颗粒能否作为基底，完全取决于能量关系上是否有利。

非自发晶核的形成方法很多，如搅拌、机械振动、超声波作用等。

要制造优质装药，还必须考虑晶核的长大速度。制造细结晶装药就必须使晶核的形成速度大于晶核的长大速度。在自发结晶时，为了获得细结晶装药，主要调整过冷度，但考虑装药质量的综合指标，很难用单一自发结晶达到要求，还应考虑其他工艺措施。

2.6 高聚物黏结炸药成型工艺理论

2.6.1 黏结机理

黏结机理有三种理论，即吸附理论、双电层理论和扩散理论。三种理论都能解释某些现象,互为补充。例如,金属、玻璃等材料的黏结主要是双电层和吸附作用,极性高聚物间的黏结主要是双电层、扩散和吸附作用,非极性高聚物间的黏结则主要是扩散和吸附作用。这些理论对于探讨黏结炸药的黏结作用及选择黏结剂具有较大的参考价值。

1. 黏结理论

1)吸附理论

两种物质相互黏结必须使黏结剂与被黏结物达到紧密接触,并形成足够的强度。首先要求两物质能相互浸润,并结合成能量最低的稳定状态。由表面化学可知,要使液体很好地浸润固体,液体必须在固体表面展开,即液相与固相之间的接触角 θ 越小越好。当液体浸润固体表面以后就发生黏结作用,黏结力的大小决定于黏附功。黏附功和各个表面张力之间的关系为

$$W_a = \sigma_固 + \sigma_液 - \sigma_{固-液} = \sigma_液(1 + \cos\theta) \qquad (2-6-1)$$

由上式可知,液滴在固体表面的浸润角越小时浸润性越好,黏附功也越大,当 $\theta = 0°$ 时,$W_a = 2\sigma_液$,如果黏结仅决定于黏附,这时黏结力最大。θ 增大时,液-固之间的浸润性减少,当 $\theta = 180°$ 时,$W_a = 0$,这时液-固之间毫无黏结作用。

浸润作用与黏结剂及被黏结物之间的相互作用力(相互间的分子间力)直接有关。因此,吸附理论的主要观点是分子间力理论。在黏结过程中,黏结剂必须呈黏流态(或者至少呈高弹态),黏结剂与被黏结物之间必须有一定的亲合力。黏结剂与被黏结物之间的亲合力主要取决于分子间力(包括色散力、偶极力、诱导力和氢键等),这些都是一些近距离的吸引力。当黏结剂与被黏结物之间的距离小到一定程度(约 0.5nm)时,这种分子间力就发生作用,并且足以使两者之间具有一定的黏结力。

实验证明,高聚物之间的黏结不仅决定于分子间力,在某些场合还与化学键有关。因为很多黏结剂分子具有不同的活性基团,例如,环氧树脂中的环氧基和羟基。在黏结过程中,它们相互之间或与被黏结物之间可以结合成化学键,这些化学键使黏结剂与被黏结物之间形成很强的结合力。

2)双电层理论

当黏结剂与金属表面接触时,金属中的自由电子进入高聚物黏结层,交界面上的金属带正电荷,黏结层带负电荷,形成双电层从而产生了静电引力。双电层理论认为黏结作用不仅存在着分子间的引力,还存在着由于双电层而产生的静电引力。

3）扩散理论

双电层理论不能解释非极性高聚物材料间的黏结现象。例如，非极性的天然橡胶对于非极性高聚物表面有很强的黏结能力。但这些高聚物都是绝缘性很好的非电解质，没有电子转移，不能形成双电层。

扩散理论认为：高聚物材料（如塑料、橡胶等）用黏结剂黏结，或相同高聚物之间黏结（称为自黏作用）时，由于大分子或链段在交界层的相互扩散运动而形成黏结体。扩散作用的实质就是黏结剂与高聚物材料表面的相互溶解或溶胀，使相界面消失而黏结到一起。依据"相似相溶"理论，黏结作用一般表现为极性黏结剂只能黏结极性高聚物，非极性黏结剂只能黏结非极性高聚物。另外，为了提高扩散作用的效果，黏结剂在使用时常制成溶液或呈熔融状态。

2. 影响黏结作用的主要因素

黏结炸药中主要是高聚物与有机物晶体（炸药）或高聚物自身之间的黏结作用。从黏结机理分析，黏结剂本身的分子结构是影响黏结强度的主要因素，外界条件对黏结也有一定的影响。

1）分子量的影响

实验证明，黏结强度一般随着黏结剂的分子量增加而增大，逐渐达到极限值。黏结剂分子量较低时，分子运动能力较强，扩散作用较好，因此黏结力较大，但黏结强度不高；黏结剂分子量较大时，其自身的内聚力增大，有利于黏结强度的提高，但影响扩散作用，降低了分子间的黏结力，结果黏结强度也不大；中等分子量黏结剂的黏结性最好。为了兼顾黏结力及黏结强度，通常采用的黏结剂是品种相同而分子量不同的混合物。

2）分子结构的影响

实验证明，高聚物的黏结力与分子形状或者侧链基团的大小有关。例如，含有—CH_3、—C_2H_5、—C_6H_5的高聚物，它们的黏结力依次递降，这是由于侧链增大时，高聚物扩散能力降低的缘故。但侧链为长链烃基时，侧链可以独立扩散，黏结力反而可以增大。

3）极性基团的影响

环氧树脂对很多物质具有很大的黏结强度，这是由于环氧树脂分子链上含有强极性基团。根据吸附理论和双电层理论，这些基团不仅可提高黏结剂与被黏结物表面间的引力，还可以提高黏结剂本身的内聚力。实验证明，凡是含有—OH基（如环氧树脂、酚醛树脂、聚乙烯醇等）、—$CONH_2$基（如聚酰胺）、

—COO—基(如不饱和聚酯、聚醋酸乙烯酯等)、—SH 基(如聚硫橡胶等)、—Cl基(如聚氯乙烯、聚过氯乙烯等)极性基团的高聚物,其黏结性能都比较好。

4)结晶度的影响

结晶度的大小对黏结性能有很大影响。结晶高聚物由于分子间排列规整、紧密,分子间引力很大,对分子的扩散十分不利,影响其黏结性。例如,结晶聚酰胺具有极性基团,应有较好的黏结性,但由于结晶度高,黏结性并不很好。

5)添加剂对黏结性能的影响

高聚物的扩散与链段的运动能力有关,处于玻璃态的高聚物毫无黏结能力,但如果在其中加入增塑剂改变其流动状态,即可增加其黏结能力。由于黏结强度在很大程度上取决于黏结剂的内聚力及与被黏结表面分子间力的大小,交联是提高内聚力的有效方法之一,对于能进行交联反应的高聚物黏结剂(如环氧树脂、酚醛树脂、不饱和聚酯、聚氨酯等),在黏结工艺中加入固化剂进行固化,可以提高黏结强度。因此,研究某些黏结促进剂的作用具有十分重要的意义。

6)黏结温度及时间的影响

由于链段扩散能力随温度升高而增大,扩散进入被黏结物的链段数量随扩散时间的增长而增大,因此,升高温度和增加扩散时间,高聚物的黏结能力增大。通常情况下,高聚物的黏结力随温度升高呈指数关系增加,适当提高温度是非常有效的措施;增加黏结时间虽然也能增大黏结力,但不如提高温度的效果好。

2.6.2　增塑机理

单独用黏结剂制备的黏结炸药往往不易成型。但在其中加入某些增塑剂后,不仅能够成型,而且药柱具有一定的韧性。例如,RDX 和聚醋酸乙烯酯黏结,不加增塑剂时,聚醋酸乙烯酯是塑料类,常温下是玻璃态,其造型粉不仅机械感度很高,而且成型压力也很高。但加入一定量增塑剂后,机械感度可降低到40%左右,而且 200MPa 比压下,药柱密度可达 $1.69g/cm^3$ 左右。另外,增塑也是高聚物改性的重要方法。例如,用常温下高弹态的聚异丁烯黏结 RDX,黏结炸药的塑性差,加入一定量的增塑剂后,聚异丁烯是塑性黏流态,在稍许拉力作用下便可成丝,可成为塑性黏结炸药。为正确选择增塑剂并掌握增塑剂对高聚物性能的影响,需要了解增塑的机理。

1. 增塑作用的机理及规律

增塑剂多属于高沸点液体或低熔点固体的低分子化合物，将它们加入高聚物中可以降低其玻璃化温度，起到增塑的作用。它像溶剂分子扩散到高分子链间的效果一样，降低了高聚物分子间的作用力。因此，可将增塑剂视为高聚物的溶剂，并可用高聚物和溶剂互溶的基本规律来处理增塑问题。

在黏结炸药中，增塑剂的作用除对高聚物黏结剂起塑化作用外，还包括增加成型过程中的可塑性、改善成型性能、提高药柱密度等作用。

增塑剂对不同高聚物的增塑情况是不同的。柔性链高聚物中加入增塑剂后，大分子间的作用力减弱，链段内旋转势垒减少，活动性增加，从而导致玻璃化温度和软化温度降低。图 2-6-1 为增塑高聚物的热机械曲线（增塑高聚物-2中增塑剂量比增塑高聚物-1中多），随着增塑剂含量的增加，高弹态温度范围逐步缩小，并且向较低温度方向移动。如果增塑剂含量继续增大，则高弹态范围消失，成为高聚物溶液。刚性链高聚物的分子柔顺性小，分子间力较大，一般不具有高弹态，加入增塑剂后，由于减少了分子间力，可使刚性分子变为柔性分子，使高聚物出现高弹态或扩大高弹态的温度范围，降低玻璃化温度和软化温度，这对于刚性高聚物的加工成型有特别重要的意义，但增塑剂用量过大也会使高弹态消失成为高聚物溶液。

高聚物的增塑过程是高聚物和增塑剂相互溶解的过程，其互溶性可根据增塑剂和高聚物的互溶曲线来判断，如图 2-6-2 所示。在一定温度下，高聚物溶解的增塑剂含量有一极限值，超过此值后，高聚物与增塑剂形成不均匀相，增塑剂有析出的趋向（称为汗析），影响增塑后高聚物的性能。因此，在实际应用中一方面要控制增塑剂的含量，另一方面应将使用温度控制在不使增塑剂与高聚物分层的临界温度以上。

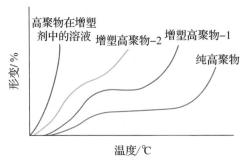
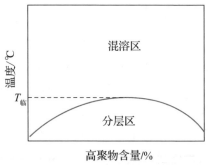

图 2-6-1　柔性链高聚物形变-温度曲线　　图 2-6-2　高聚物和增塑剂的互溶曲线

实验证明，非极性增塑剂使非极性高聚物玻璃化温度降低的数值与增塑剂的体积分数成正比。非极性增塑剂的主要作用是插在高聚物分子链之间，将高分子链推开，增加分子间距，削弱分子间力，故体积分数越大，隔离作用也越大。因此，不论哪种小分子，只要占有一定的体积，它所引起的增塑效果使高聚物黏度的降低总是相同的。同时，由于增塑剂一般是小分子，活动比较容易，当大分子链或链节在它们中间作热运动时，黏流活化能降低，故高聚物的黏度大大降低。

极性增塑剂使极性高聚物玻璃化温度降低的数值与增塑剂的摩尔数成正比。根据这一点，有人提出极性增塑剂的增塑作用主要不是填充隔离作用，而是增塑剂的极性基与高聚物极性基互相作用代替了高聚物间极性基的相互作用，从而削弱了高分子间的作用力。因此，增塑的效能与增塑剂的摩尔浓度成比例。按此解释，增塑作用与增塑剂的分子形状大小无关。但实验证明，极性增塑剂分子中碳链的长短对高聚物增塑作用有相当大的影响，即碳链越长的增塑剂的增塑作用越大。根据这些事实，极性增塑剂分子中的极性基团部分和非极性的碳链部分对高聚物均起增塑作用，即极性基团的存在使增塑剂与高聚物能很好地互溶，而非极性基团部分则把高分子极性基屏蔽起来，增大了分子间的距离，减小了分子间的作用力。

在高分子物理及化学中，将在高分子链间引入低分子物质（即增塑剂）使刚性分子链变软并易于活动的过程，称为外增塑；而用化学的方法在分子链上引入其他取代基团或在分子链上或分子链中引入短的链段，使刚性分子链变软并易于活动的过程，称为内增塑。如纤维素的酯化，某些高聚物的嵌段、接枝等，以及某些无规则共聚物等都可看作分子链的内增塑。

2. 增塑剂对高聚物性质的影响

1）对玻璃化温度 T_g 及软化温度 T_f 的影响

无论是柔性高聚物还是刚性高聚物，加入增塑剂后其 T_g 和 T_f 都降低。由于玻璃化温度是某些高聚物使用温度的下限，因此，找出增塑高聚物的玻璃化温度与增塑剂含量的关系有重要的实际意义。表 2-6-1 为部分增塑高聚物的玻璃化温度。

表 2-6-1　部分增塑高聚物的玻璃化温度

有机玻璃-苯二甲酸二丁酯		聚氯乙烯-苯二甲酸二辛酯		NC-苯二甲酸二丁酯	
增塑剂含量/%	T_g/℃	增塑剂含量/%	T_g/℃	增塑剂含量/%	T_g/℃
0	110	0	81	0	—
5	97	9.1	55	10	120

（续）

有机玻璃-苯二甲酸二丁酯		聚氯乙烯-苯二甲酸二辛酯		NC-苯二甲酸二丁酯	
增塑剂含量/%	T_g/℃	增塑剂含量/%	T_g/℃	增塑剂含量/%	T_g/℃
10	82	16.6	35	20	98
15	76	28	22	25	86
20	64	33.4	−8	30	76
30	51	50	−45	40	55

2）对强度及密度的影响

高聚物增塑以后，大分子及其链段的活动能力均较大，抗拉强度、弹性模量均下降。用增塑高聚物作黏结剂的混合炸药在成型过程中具有良好的可塑性，在一定范围内有利于成型密度的提高。

在熔点较高和硬度较大的主体炸药中均匀加入一定量的软性物质，如低熔点的炸药、蜡类物质、硬脂酸等，也能改善其成型性能，增加成型过程中的可塑性和黏结性。这种增加塑性的作用仅是对混合炸药的成型而言，与通常所说的增塑作用是有区别的。

有些活性增塑剂同时兼有上述两种形式的增塑作用，可使黏结炸药在成型时具有良好的可塑性，可达到较高的装药密度，但增塑剂的用量不能太多，否则会导致装药密度和药柱强度降低。表2-6-2为增塑剂用量对药柱密度及抗压强度的影响。

表2-6-2　增塑剂用量对药柱密度及抗压强度的影响

组成/%				200MPa 压制药柱			300MPa 压制药柱	
RDX	增塑剂	黏结剂	钝感剂	密度/(g·cm⁻³)	常温抗压强度/MPa	高温抗压强度/MPa	密度/(g·cm⁻³)	高温抗压强度/MPa
98.0	0	1.5	0.5	1.667	253	231	1.701	264
97.0	1.0	1.5	0.5	1.697	232	111	1.719	132
96.5	1.5	1.5	0.5	1.698	247	110	1.713	112
96.0	2.0	1.5	0.5	1.696	227	90	1.711	99
95.5	2.5	1.5	0.5	1.689	241	87	1.714	123
95.0	3.0	1.5	0.5	1.685	235	39	1.709	64

3）对高聚物其他性能的影响

增塑剂对高聚物其他性能也有影响。增塑剂不仅可以改变高聚物的能量和力学性能，对高聚物的电学性质、安定性等都有不同程度的影响。例如，增塑高聚物的硬度通常随着增塑剂含量的增加而降低。

2.6.3 钝感机理

1. 热点理论

根据鲍登（Bowden）的热点理论，引起炸药的爆炸要经历一个热点的形成与热点的传播过程，若能阻止这个过程的一个环节或全部环节的进行，爆炸就不会发生，即炸药被钝感了。目前对炸药进行钝感处理的研究，大多是基于这种理论展开的。

2. 吸热-填充钝感理论

鲍埃司（Bowers）等人通过对 RDX 钝感处理的系统研究，提出了吸热-填充钝感理论。他们认为，钝感剂降低炸药感度的实质在于从热点吸收足够的热量，从而阻止自加速反应，同时液态的钝感剂可以填充于固体炸药的空隙之间，减少作为热点主要热源的气泡数目。因此，钝感剂的物理状态及其他性质必将显著影响钝感效果。

实验人员对 RDX 中加入 10% 不同性质的固体钝感剂后进行撞击感度测试，以撞击感度的变化来评价钝感剂的钝感效果。实验数据表明，钝感剂的钝感作用与其比热容有相同的变化趋势，即比热容大的钝感效果好。例如，石墨可以减小 RDX 颗粒之间的摩擦，但并不能降低 RDX 的感度，原因可能是其比热容（$0.17\text{cal} \cdot \text{g}^{-1} \cdot {}^{\circ}\text{C}^{-1}$）小于 RDX（$0.3\text{cal} \cdot \text{g}^{-1} \cdot {}^{\circ}\text{C}^{-1}$）。实验结果还表明，钝感剂的钝感作用还受其他性能的制约。如碳氢蜡类、聚乙烯类钝感剂，在比热容相同情况下，钝感作用随着熔点的降低而提高，这是由于熔化时吸热，熔化热越大越有利于提高钝感作用。硬度也是一个重要因素，如 PAM50 和聚乙烯（Dylan）虽有较高的吸热容量，但它们很硬，钝感作用也不好，这是由于硬度大于 RDX 的物质会像砂粒一样，在受到外界作用时易形成热点而提高感度；硬度小的软材料则倾向于使撞击得到缓冲，也容易变形流动，增加与发展中的热点接触而吸热，有利于阻止热点的发展和传播。钝感剂粒度的影响在于粒度大者难以吸收热点的热量，钝感作用比细粒的要差些。

另外，将含有 10% 正十六烷的 RDX 经过从 10cm 高度落下的落锤预冲后，再测其感度，特性落高从未经预冲的 130cm 提高到约 300cm。这些都证明了钝感剂通过吸热效应和填充于固体炸药间隙，减少了气泡的作用几率。

根据钝感剂的吸热-填充理论，高效的钝感剂应是由低原子量原子组成的物质，如氢碳比高的大分子量蜡。最好还具有附加的吸热特性，如高的熔化热、水合热、汽化热；能发生吸热的化学反应以及其他吸热效应。

3. 绝热钝感理论

林德(Linder)提出的绝热钝感理论认为钝感是一个复杂的过程，作用机理不能仅仅将钝感剂视为吸热剂来解释，而应该将它看作一种暂时的绝热体，阻止热量从炸药的一个晶粒向另一个晶粒传导。并引入了起爆率和传播率的概念作为衡量感度的标准。其中，

$$起爆率 = \frac{成功起爆次数}{实验次数} \times 100\%$$

$$传播率 = \frac{完全传播的爆炸次数}{成功起爆次数} \times 100\%$$

实验发现，适量的钝感剂对 HMX 或 PETN 的起爆无明显影响，但钝感剂可以有效地阻止爆炸的传播，使引发的爆炸即刻被抑制而衰减至熄灭。例如 PETN，未加钝感剂时完全爆炸，加有石蜡油的样品有些只发生局部爆炸，这表明它们的起爆率与传播率不同。石蜡油含量对 PETN 撞击起爆的影响规律如表 2-6-3 所示。PETN 中含 2%的石蜡油并不影响起爆率，但可以明显降低传播率，进一步增加石蜡油含量时，传播率迅速下降至零，而起爆率只缓慢下降。

表 2-6-3   石蜡油对 PETN 撞击起爆的影响(落高 61cm)

石蜡油含量/%	实验次数	起爆率/%	传播率/%
0	10	90	100
2	12	92	36
4	16	75	17
6	23	30	0
8	9	11	0

钝感剂还可以抑制 PETN 的低速爆轰。表 2-6-4 为可以将 PETN 的爆轰率(即爆轰次数/实验次数×100%)降低到 50%的钝感剂含量与 PETN 的粒度及钝感剂种类的关系。

表 2-6-4   钝感剂对 PETN 爆轰率的抑制情况

钝感剂	爆轰率降低至 50%的钝感剂含量/%		钝感剂比热容 /(cal·g⁻¹·℃⁻¹)	钝感剂汽化热 /(cal·g⁻¹)
	粗粒 PETN[①]	细粒 PETN[②]	$/(\text{cal}\cdot\text{g}^{-1}\cdot\text{℃}^{-1})$	$/(\text{cal}\cdot\text{g}^{-1})$
石蜡油	4	18	0.5	57
全氟十二烷油	15	–	0.3	21

（续）

钝感剂	爆轰率降低至 50% 的钝感剂含量/%		钝感剂比热容 /(cal·g^{-1}·℃$^{-1}$)	钝感剂汽化热 /(cal·g^{-1})
	粗粒 PETN[①]	细粒 PETN[②]		
水	8～20	22	1.0	540
固体十八烷		15	0.4	90[③]
液体十八烷		15	0.5	50

注：①比表面积约为 400cm^2·g^{-1}；②比表面积约为 1100cm^2·g^{-1}；③为熔化热与汽化热的总和

　　实验结果表明，钝感剂不单是起吸热剂的作用，否则水应是最有效的钝感剂，液体十八烷也应比固体十八烷更好。如果将钝感剂视为暂时的绝热体，就可以较好地解释以上实验结果。因为炸药颗粒被钝感剂包覆后，必须通过钝感剂层传热才能使炸药升至开始反应所需要的温度。在所试验的钝感剂中，水具有较大的导热率，抑制 PETN 爆轰所需要的含量高于其他物质。

　　根据绝热钝感理论，选择钝感剂时应着重于钝感剂的绝热性质。导热率小的材料可能有较好的钝感作用。

　　此外，卡普辛（Карпухин）等通过比较纯炸药和钝感处理炸药的力学性能变化，认为钝感剂的润滑作用也是使炸药钝感的原因。他们认为，当炸药晶体表面包覆一层具有低剪切应力的钝感剂时，在外力作用下炸药晶体表面的剪切区域将向钝感剂层转移。由于钝感剂层迅速发生塑性变形而导致应力均匀分布，减少了形成热点的可能性。

　　渡道定五等研究了蒸馏水、60% 的乙二醇和 75% 的乙醇等液体钝感剂对 RDX、特屈儿（CE）、苦味酸（PA）及 PETN 等撞击感度的影响。发现在 RDX 中加入 2.5% 左右的水或乙醇及在苦味酸（PA）中加入 5% 左右的水时感度反而增高。认为这是由于试样受到落锤撞击时，其中的气泡被钝感剂保存住了，气泡被绝热压缩所产生的热量超过了钝感剂汽化所吸收的热量。乙二醇也有保存气泡的作用，但它黏性较大而呈现较好的润滑作用，因而不会使感度升高。在 CE 中加入 15%～30% 的水或 10% 左右乙二醇时也有使感度升高的现象，这可能是由于 CE 的晶型为针状或棒状，而其他炸药为块状，在制造 CE 试样时晶粒间空隙较大，当钝感剂超过某个含量时容易把气泡保存住所致。

　　综上所述，炸药的感度及其变化是非常复杂的。针对不同的炸药、不同的钝感剂，甚至在不同的条件下可能有不同的钝感机理。以上各种理论是相互补充的，应结合实验来应用这些理论。

03 / 第 3 章
火药成型加工工艺

火药的成型加工主要有挤出成型工艺、浇铸成型工艺、溶解成球工艺三种工艺方法，少量片状药型也采用碾压工艺方法加工成型。

火药挤出成型工艺有溶剂法工艺、半溶剂法工艺和无溶剂法工艺三种方法，可制备各种单孔管状、星孔管状、多孔粒状等横截面相同的发射药和固体推进剂。其中，溶剂法工艺主要用于制备单基发射药；半溶剂法工艺主要用于制备三基发射药、含有两种及以上含能增塑剂的混合酯发射药和叠氮硝胺发射药等，双基发射药、燃烧层厚度较小的双基推进剂和改性双基推进剂也可以采用半溶剂法工艺挤出成型；无溶剂法工艺主要用于制备部分双基发射药、双基推进剂和部分改性双基推进剂。挤出设备主要有柱塞式挤出的油压机和水压机、螺旋挤出的螺压机。

火药浇铸成型工艺有粒铸工艺、配浆浇铸工艺和固化反应浇铸工艺三种方法，可制备各种大尺寸和形状复杂的固体推进剂。其中，粒铸工艺主要用于加工制备双基推进剂和部分改性双基推进剂；配浆浇铸工艺主要用于加工制备改性双基推进剂；固化反应浇铸工艺主要用于加工制备复合推进剂，在工艺方法上与配浆浇铸工艺较为相似，主要区别是没有预先制球工序，固化工艺原理也不同，为了区别于配浆浇铸工艺，称其为固化反应浇铸工艺。

火药溶解成球工艺有内溶法工艺和外溶法工艺两种方法，可制备各种球形药和球扁形药。其中内溶法工艺适合于制备轻武器和小口径枪弹、榴弹发射器弹药用粒度较小(粒径≤1mm)的球(扁)形发射药，也用于制造固体推进剂浇铸工艺所需的小粒球形药；外溶法工艺可以制备粒度较大(粒径>3mm)的球(扁)形发射药。

3.1 挤出成型加工工艺

挤出成型加工工艺方法中，溶剂法工艺和半溶剂法工艺基本上都采用水压机或油压机柱塞式挤出成型，目前仅有部分单基发射药和混合硝酸酯太根发射药采用单螺杆螺压机螺旋挤出成型。其中，溶剂法工艺制备单基药的挥发性工艺溶剂加入量多、驱溶工艺复杂；半溶剂法工艺制备双基药和三基药等产品的工艺过程基本相同，工艺溶剂加入量少，驱溶工艺相对简单一些。无溶剂法工艺目前主要是采用单螺杆螺压机螺旋挤出成型，也有少量双基发射药采用水压机或油压机柱塞式挤出成型。

硝化棉（NC）驱水和吸收药料制备是挤出成型加工工艺的主要原材料加工过程，是各种挤出成型加工工艺方法的基础工序。因此，火药挤出成型工艺将按照硝化棉驱水与吸收药制备工艺、溶剂法挤出成型工艺、半溶剂法挤出成型工艺、无溶剂法挤出成型工艺分别叙述。

3.1.1 硝化棉驱水与吸收药制备工艺

1. 硝化棉驱水工艺

NC 是火药的主要含能黏结剂组分，我国采用棉纤维经过硝-硫混酸的硝化工艺制备。为了运输贮存的安全，作为火药原材料的 NC 中含有 30% 左右的水分。水分阻碍溶剂溶塑 NC，需要在火药加工成型前将其驱除出来。完全驱除 NC 中的水分很困难，也没有必要。根据加工制造单基发射药的实践经验总结，在醇醚溶剂中含有 2% 左右的水分时可使 NC 更好地膨润，原因是少量水分可以调节醇醚溶剂的内聚能密度。另外，水分有利于溶剂对 NC 的浸润和扩散。但水分含量过大时，阻碍溶塑的作用就转化为主要方面，生产实践表明，水分含量超过 5% 时，单基药的塑化质量明显下降。

早期曾用烘干法驱除 NC 中的水分，由于干燥的 NC 对摩擦、冲击和静电等非常敏感，使得烘干操作过程十分危险，烘干后的 NC 粉尘也很难彻底清除，长期附着在工房墙壁和设备上，容易发生热分解而引起烘干室内的 NC 爆炸，这在火药生产史上曾有过惨痛的教训。目前广泛采用的是乙醇（工业上习惯称之为酒精）置换法驱水。主要优点是：①乙醇与水可以任意比例混合，混合时放出热量小；②乙醇对军用 NC 基本不溶解，膨润程度也很小，使 NC 在驱水过程中保持原来的物理结构，驱水效果好；③乙醇不改变 NC 的性质，两者没有化学作用；④乙醇本身是醇醚混合溶剂的组成部分，驱水后的 NC 即可转入下一塑化工序（俗称胶化工序）。另外，乙醇可以溶解一部分低氮量的 NC 和不安定的杂质，从而改善 NC 的安全性并提高其含氮量 0.02%～0.04%。

NC 驱水质量要求：平均水分含量不超过 4%；水与乙醇的总含量（习惯上称之为水酒含量）不超过 32%。具体指标根据塑化要求确定。例如，根据塑化工序的溶剂比和醇醚比要求控制乙醇含量，以塑化时不需另加乙醇为准，水与乙醇的总含量控制在26%～32%范围内。当水与乙醇的总含量小于32%、驱水过程中最后置换出来的乙醇浓度大于75%时，水分含量即可控制在4%以下。

1）硝化棉酒精驱水工艺原理

酒精驱水是在外力作用下，使酒精向NC内部扩散和渗透，与其中的水分互溶，稀释之后的酒精在外力作用下离开NC。该过程是一个浸取洗涤过程，推动力主要是外力，施加外力可强化酒精运动，增大酒精向纤维内部的扩散速度。推动酒精驱水的外力分为减压法、加压法和离心法三类。减压法是将NC压实置于底部多孔结构的容器中，注入酒精后用真空泵抽吸，此法外力最小，生产率低，酒精消耗量大。加压法是采用水压机或螺旋挤压机将酒精加压挤过棉层，此法产量高，但驱水棉饼需粉碎，不够安全。我国广泛采用离心法驱水，以离心力为驱水的外力。酒精驱水的另一种推动力是浓度梯度，酒精首先与NC表面的水分相结合，在NC腔道内外建立起浓度梯度，在浓度差作用下，酒精向浓度小的方向扩散，使腔内水分降低。酒精驱水的全过程，是在上述各种力的共同作用下完成的。

为了提高驱水效率，需要增大外力和提高酒精浓度。例如，提高水压机驱水的压力或离心驱水机的半径和转速以增加离心力。提高酒精浓度虽然有利于驱水，但随着酒精浓度的增加，低氮量NC在酒精中的溶解度增大，产生的胶状物包覆在NC的表面，阻碍酒精透过棉层，影响水分向外扩散。因此，驱水工艺过程中都采用先加稀酒精预驱、后加浓酒精精驱的方法。第一阶段先用稀酒精（浓度70%左右的酒精）进行预驱，溶去一部分低氮量的NC，此时，低氮量NC的溶解度小，不会形成明显的胶状层，预驱溶解掉一部分NC和杂质，使精驱时不致形成胶状物；第二阶段再用浓酒精（浓度大于95%的酒精）进行精驱。精驱后的废酒精可作为下次预驱用稀酒精，既提高了驱水效果，又节省了酒精。

除了增大外力和浓度差以提高驱水效率外，减少阻力也能起到同样的效果，例如提高物料的温度。温度不同，NC对水的亲合力不同，温度高时分子动能大、吸水性低，有利于驱水。实际生产中，NC物料温度多控制在20℃左右，适当提高酒精温度，将酒精预热至25～30℃，使其黏度下降、分子动能增大，易于向NC腔道内扩散与置换。

除了用酒精驱水外，在外溶法工艺制备球形药工艺中，也可用乙酸乙酯驱水。乙酸乙酯的驱水原理与酒精不同，是利用乙酸乙酯与NC的结合力大于水与NC的结合力，将水置换出来。乙酸乙酯与水的互溶性小，水与溶剂分离成两相。

2）硝化棉酒精驱水工艺方法

（1）间断式工艺。

间断式驱水设备有水压机和离心机两种，国内以离心机驱水为主。最初采用的普通离心机只有一个筛筐，散装的 NC 附着在筛筐壁上分布不匀，酒精易走短路，驱水效果差，酒精消耗量大。后来采用的隔栏式离心机有内、外两层筛筐，两层筛筐均匀分布有许多筛孔，NC 置于内、外两层筛筐形成的环形空间，酒精通过内筐里一个壁上带孔的喷管喷出，穿过内筐筛孔进入物料层。在离心力作用下，酒精克服 NC 物料层的阻力，沿切向线速度方向运动，透过物料层，从外筐的筛孔眼中排出。在隔拦式离心机驱水过程中，物料在两层筛筐之间压实后，酒精不易走短路，驱水效果好，质量均匀且酒精消耗量小，缺点是劳动强度大。

驱水工艺条件需根据 NC 的性质和水分含量、设备条件及地区气候等而变化。我国大多数工厂采用二次精驱工艺，其典型工艺条件如表 3-1-1 所示。

表 3-1-1　硝化棉驱水间断式工艺条件

参数	预驱	第一次精驱	第二次精驱	备注
酒精加入量/L	20～40	15～30	25～40	NC 干量 72kg
酒精浓度/%	≥70%	≥95%	≥95%	20℃体积浓度
酒精温度/℃	18～35			
酒精流量/(L·min^{-1})	10～15			
喷酒精压力/MPa	0.14～0.2			
喷酒精时间/min	3	2～3	4	离心机开启状态下
驱水时间/min	0～4	3～6	≥10	离心机开启状态下

影响 NC 酒精驱水效果的因素很多，主要有以下几个方面：

①硝化棉性质。

NC 的含氮量越高，驱水越容易。因为羟基少的 NC 对水的亲合力小，乙醇溶解度也较小，驱水过程中生成胶状物少，因而驱水效率高。枪用单基药的 NC 含氮量高，驱水时间 20～30min，NC 干量与酒精量之比约为 1：0.58；炮用单基药的 NC 含氮量低，驱水时间 40min 左右，NC 干量与酒精量之比约为1：0.73。

NC 的细断度小一些，纤维腔道短，酒精容易扩散进去，NC 也容易被压实，酒精洗涤的效果好。但细断度过小，棉粉容易流失。细断棉的磨碎比例过大时，棉层的过滤性能差，酒精向纤维腔道渗透的阻力大，不利于驱水。

NC 的含水量大，驱水时间长，酒精消耗量大。对于装料量 54～72kg 的筛筐，NC 水分增加 1%，每筛酒精要多加 2～4L。NC 含水量也不能过低，含水量过低时部分纤维腔道收缩，酒精不易与腔内水分置换，运输贮存也不安全。

②温度。

温度升高时，NC 对水分的吸附性减小，容易驱水，单基药生产中一般要求 NC 温度保持在 20℃ 以上。酒精温度高时黏度小，流动性好，扩散系数大，在棉层中穿透能力强，有利于驱水，但温度超过 35℃ 后，酒精黏度降低幅度变小，而蒸气压增大的速度加快导致挥发性增大，对生产安全、工人健康和降低成本不利，酒精温度控制在 18～35℃ 为宜。

③操作条件。

主要是离心机筛筐中 NC 的装填密度和装填均匀度的影响。NC 的装填密度小或分布不均匀时，驱水效率低，驱水质量差；反之亦然。因为 NC 是多孔性物质，虽经压紧，内部仍蓬松多孔，装填密度小或分布不均匀时，酒精容易走短路。增大装填密度可减少棉层中的空隙，增大酒精运动的阻力，使酒精接触 NC 的机会增多、时间延长，有利于提高洗涤效率。随着机械化装筛的实现，棉层装填密度逐步提高，已达 0.31～0.35g/cm^3，不仅提高了产量，而且节省酒精。

棉层密实度的均匀性对驱水质量影响也较大。如果密实度不均匀，即使平均密度很大，酒精仍可能从密度小的地方漏掉，造成驱水棉中水分和酒精含量不均匀，使后工序的塑化质量变差。而且装筛不均匀时，筛筐各点转动惯量不同，高速旋转时离心机会产生剧烈振动，发生机损事故。

每筛驱水棉各部位水分含量、酒精含量有差异。通常棉层上部和下部的水分比中部的高，靠外筛筐处棉层的含水量比靠内筛筐处的高，各袋的头尾部含水分最高。原因是上部棉层接触酒精的机会少，外层的酒精浓度小，下部棉层在离心机作用下比上部的厚度大，接头处的空隙大，酒精易走短路。

(2) 连续式工艺。

连续式的设备有碾压连续驱水设备、立式推料式离心机驱水设备和往复卧式推料离心驱水设备，普遍采用的是往复卧式推料离心驱水设备，其结构和连续驱水过程如图 3-1-1 所示。驱水时，将含水约 25% 的 NC 加入漏斗 4 中，通过螺旋输送器将物料送至筛筐筐底 5 与分料罩 2 之间，在此处 NC 被喷嘴 6 喷出的酒精所浸润，然后流到筛筐上，随着离心机的旋转，预浸过的 NC 在筛筐上得到预驱；随着离心机的往复运动，预驱后的 NC 逐渐被推入筛筐的下一位置，并继续向前移动，由一组喷嘴 8 喷出不同浓度的酒精，将 NC 中的水分洗涤、置换和排出。由于离心机不断旋转和不断往复运动，NC 不断地加入和不断地推出，可以实现连续化驱水。

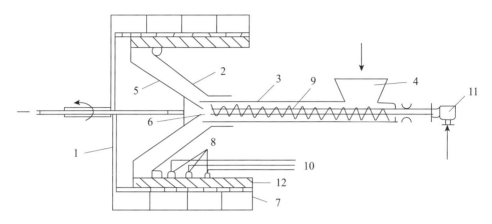

图 3 - 1 - 1 往复卧式推料离心机连续驱水示意图

1—离心机；2—离心机分料罩；3—螺旋压出机；4—进料漏斗；5—离心机筛筐筐底；
6—喷嘴；7—机壳；8—喷嘴；9—螺旋管；10—导管；11—驱水剂引入器；12—NC。

2. 吸收药制备工艺

所谓"吸收"是将 NC 悬浮在一种分散介质(水)中，通过喷射、搅拌等分散方法与硝化甘油(NG)、安定剂(中定剂)等几个组分均匀混合，并彼此吸附而牢固地结合在一起。制得的药料称为"吸收药料"。

1)吸收的物理化学过程

吸收药制造的整个工艺过程，伴随着许多物理、化学过程，归纳起来，基本分为四个阶段：组分的分散与混合、组分的扩散、液体组分对 NC 的粘附和浸润以及溶剂对 NC 的溶解。

(1)组分的分散与混合。

各组分的物料在水介质中充分地分散开，并均匀地混合在一起。物料的充分分散与均匀混合对吸收药料质量的影响很大，特别是 NG 混合液的分散状态的影响更大，NG 混合液与 NC 接触时分散不充分就会形成"胶团"，一旦形成"胶团"就很难再分散，严重影响吸收药的质量，同时也影响其他组分与"胶团"的进一步混合、扩散、溶解。影响分散的因素很多，其中主要有下面两点：

①表面张力。

分散介质的表面张力对液体与固体物料的分散效果有显著的影响。表面张力越大的液体，分散成同样大的液珠所消耗的功越多，分散越困难。在系统中适当加入表面活性剂及提高系统的温度均可降低它们的表面张力。

②物料的密度和黏度。

根据斯托克斯定律，一个球形颗粒在液体介质中的沉降速度可以用下式表示：

$$v = \frac{gd^2(\rho_1 - \rho_2)}{18\eta} \qquad (3-1-1)$$

式中：g 为重力加速度；d 为颗粒直径；ρ_1 为颗粒密度；ρ_2 为介质密度；η 为介质黏度。

可见，被分散物质与介质的密度差越大，液珠或固体沉降速度越大，乳状液或悬浮液的分散就越不稳定；物料的粒度对分散也有很大影响；改善吸收时的喷射和搅拌效果，提高物料的温度，增大吸收系数均有利于分散(吸收系数为物料与水的重量比，通常为 $1:5\sim1:6$)。

(2)组分的扩散。

在吸收过程中，扩散主要是指溶解于水介质中的液体和固体组分的分子扩散。火药中的组分大部分在水中的溶解度很小，在吸收过程中的扩散主要是被NC 浸润或粘附后的组分，在 NC 附近或毛细管内通过水介质发生的分子迁移，使各组分进一步趋于均匀分布。

因为各组分的分子是向 NC 内部扩散，所以 NC 的结构对扩散的影响很大。NC 分子量越低，分子间作用力就越小，有利于小分子向其毛细管内部扩散。而多分散性越大，分子间作用力越不均匀，扩散也越不均匀；含氮量不一样，大分子之间的作用力也不一样，扩散效果也随之变化；NC 大分子的疏松性对扩散的影响也很大，细断度大的 NC 结构疏松，有利于扩散。

为了提高扩散效率，在吸收过程中一般采用喷雾、喷射、乳化等方法来实现。

(3)液体组分对 NC 的粘附和浸润。

火药中各组分在水中通过分散、混合、扩散互相接触，液体组分对 NC 浸润，并粘附于 NC 上，含有固体组分时固体物料也粘附在 NC 上并牢固地结合在一起。如果各组分对 NC 的浸润或粘附能力差，即使各组分分散混合得很好，也会由于这些组分与 NC 不能牢固结合而导致分离。

浸润是在两相或两相以上的分界面上发生的表面现象。根据表面化学理论，液体组分对 NC 的浸润性可用浸润角(接触角)表示，如图 3-1-2 所示。

在相界面处(O 点)平衡时的受力为

$$\sigma_{1-3} - \sigma_{1-2} - \sigma_{2-3}\cos\theta - \varphi = 0 \qquad (3-1-2)$$

式中：σ_{1-3} 为 NC 与水的表面张力；σ_{1-2} 为 NC 与 NG 的表面张力；σ_{2-3} 为 NG 与水的表面张力；θ 为浸润角（接触角）；φ 为水、NG、NC 之间的摩擦力。

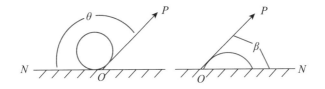

图 3 - 1 - 2　液体对固体的接触角

由于 φ 值很小，可以忽略不计，则式(3-1-2)改为

$$\cos\theta = \frac{\sigma_{1-3} - \sigma_{1-2}}{\sigma_{2-3}} \qquad (3-1-3)$$

$\sigma_{1-3} - \sigma_{1-2} = \sigma_{2-3}$ 时，$\cos\theta = 1$，$\theta = 0°$。此时液体均匀分布在整个固体表面，这种情况称为理想浸润或完全浸润。如水滴在干净玻璃板上属于这种情况。

$\sigma_{2-3} > \sigma_{1-3} - \sigma_{1-2} > 0$ 时，$1 > \cos\theta > 0$，$\theta < 90°$。此时液体对固体的浸润性较好。例如：水在 NC 上($\theta = 70° \sim 81°$)及 NG 在 NC 上($\theta = 35° \sim 36°$)都属于这种情况。

$\sigma_{1-3} < \sigma_{1-2}$ 时，$\cos\theta < 0$，$\theta > 90°$。此时液体对固体浸润性较差。

$\sigma_{1-3} < \sigma_{1-2}$ 而 $|\sigma_{1-3} - \sigma_{1-2}| = \sigma_{2-3}$ 时，$\cos\theta = -1$，$\theta = 180°$。此时为完全不浸润，如水在石蜡上属于这种情况。

浸润角越小，浸润性越好；浸润角越大，浸润性越差。而浸润角的大小又依赖于三相界面上表面张力的大小，因此改变这些表面张力的大小都影响液体对固体的浸润性。

在吸收过程中，影响 NG 对 NC 浸润的因素很多。例如，提高吸收温度，整个系统的表面张力都降低，其中 σ_{1-2}、σ_{2-3} 降低的正影响大于 σ_{1-3} 的负影响而使 $\cos\theta$ 变大，θ 变小，NG 对 NC 的浸润性变好。NG 中加入中定剂、邻苯二甲酸二丁酯(DBP)和二硝基甲苯(DNT)等配制成混合溶剂可使浸润角变小，可改善其对 NC 的浸润性。

另外，在吸收过程中不仅希望 NC 被溶剂浸润，还希望将各组分(包括固体附加物)借助于溶剂的亲合力而粘附在 NC 表面上。

(4)溶解。

NG 等溶剂与 NC 接触、浸润与扩散过程中，溶剂分子向 NC 分子链中间渗透并与大分子链上的官能团发生溶剂化。在溶质和溶剂体系中，有三种不同的分子间力，一为溶质分子间力，二为溶剂分子间力，三为溶质与溶剂分子间力。开始时只发生混合、扩散。因 NC 比溶剂分子大得多，运动速度很慢，溶剂分子很小，能很快进入 NC 中，NC 吸收溶剂后发生体积膨胀（溶胀），削弱 NC 大分子链间的作用力，有利于溶剂分子的继续进入，以致有少部分的大分子分离进入溶剂中溶解，从而降低 NC 的流动温度和玻璃化温度，使它具有热塑性。

2）喷射吸收工艺

喷射吸收工艺是较为先进的吸收工艺，它是利用喷射器使各组分剧烈分散混合，制成浆状物。在固体推进剂的吸收过程中还含有一些固体的弹道改良剂，也需要经表面处理后分散在水中，并粘附于 NC 上。含 DBP 和 DNT 等辅助组分的火药吸收工序的典型工艺流程图如图 3-1-3 所示。

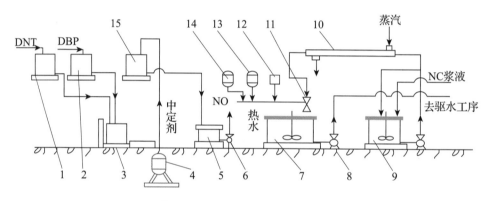

图 3-1-3　喷射吸收工艺流程图

1—DNT 高位槽；2—DBP 高位槽；3—称量槽；4—三成分配制槽；5—混合槽；6—喷射器；
7—混同槽；8—泵；9—NC 浆精调槽；10—套管加热器；11—喷射吸收器；12—凡士林乳化器；
13—憎水槽；14—乳化器；15—三成分高位槽。

上述喷射吸收工艺的简单过程：首先，将中定剂、DBP 和 DNT 在溶解槽内配制成三组分混合液；再在混合槽内与 NG 配制成四组分混合液。用水喷射乳化四组分混合液并输送到吸收工房；将 NC 与水配成 11%～13% 浓度的棉浆。由棉浆泵给棉浆造成 0.2～2MPa 的压力，以高速流入吸收喷射器，依靠喷射器内喉管周围造成的负压将四组分混合液吸入喷射器的混合室充分分散混合，并喷射到混同槽内继续分散混合。一些其他组分，如凡士林（V）和固体物料经过一定处理后直接分散到混同槽内被 NC 湿润、黏附。在混同槽内搅拌一定时间后得到所需的吸收药料。

喷射吸收工艺包括 NC 准备、混合液配制、乳化液配制、吸收与混同等过程。

（1）NC 准备。

主要是配制 NC 浆并调整其浓度。NC 浆大约调至 12% 的浓度时即可进行精调，精调有常温调浓和 45℃ 调浓。45℃ 调浓是在带有热水夹套升温的调浓机中，将 NC 浆温度升至 45℃ 后调整浓度；常温调浓在精调机中常温搅拌 40min 以后采样测试分析 NC 浆浓度。最后计算出每批吸收药所需的体积，计算公式如下：

$$V_{NC} = m_{NC}/C \qquad (3-1-4)$$

式中：m_{NC} 为配制一批吸收药的 NC 干量；C 为 NC 浆浓度。

（2）混合液配制。

NG 与其他助溶剂配制成混合液后，与 NC 的溶度参数更接近，与其互溶性更好。例如，根据这一原理，将 NG 与 DBP 和 DNT 以及粉碎后的中定剂配制成混合液。助溶剂的选择与火药的配方设计有关。

DNT 等高熔点物质需要加热熔化，中定剂等固体组分需要粉碎、过筛。将 DBP 和 DNT、中定剂分别加入带夹套的三成分配制槽，夹套内通热水或蒸气升温，在 55~60℃ 下通压缩空气搅拌均匀，配制成三组分混合液；三组分混合液与 NG 按比例加入混合槽，在 45~60℃ 下配制成四组分混合液。然后用乳化喷射器输送至吸收喷射器，喷射压力一般为 0.2~0.4MPa。

（3）乳化液配制。

乳状液、悬浮液属于高度分散体系。乳状液是一种液体以小液滴的形式分散于另一种与其不相溶的液体中所形成的分散体系；悬浮液是一种固体以微粒形式分散于一种液体之中形成的分散体系。为制备均匀性好的吸收药料，常需要在高度分散体系中进行。

在双基发射药吸收工艺中大都没有加入表面活性物质，溶剂和固体物料主要依靠机械喷射和强烈的搅拌作用使体系成为乳状液。固体推进剂一般含有燃烧催化剂和燃烧稳定剂等固体组分，它们的某些性质影响其在液体介质中均匀分散，或由于其化学性质不稳定而影响吸收药质量，必须对其进行表面处理。

固体组分表面处理的基本原理：固体颗粒在液体介质中的分散状态与它们的表面张力有关。亲水性颗粒悬浮在疏水性的液体中容易发生聚集；亲水性颗粒悬浮在亲水性液体中的分散性好。这是由于亲水性的液体介质对亲水性的固体颗粒有较大的湿润性，即系统的表面能小（表面张力小），系统比较稳定而不易聚集。在固体悬浮液中加入一定的表面活性物质，可以降低固体颗粒与分散液体介质之间的表面张力，从而防止固体颗粒的聚集沉淀。如果固体颗粒在两个不相溶的液体中分散，系统的稳定性与两个不相溶液体界面的表面张力有关。两个不相溶液体界面的表面张力越小，越有利于分散的稳定。

表面处理方法有化学与物理化学两种方法。化学法是使固体颗粒表面进行一定的化学反应，以改变其表面性质；物理化学法是加入某些表面活性物质或其他液体介质，使它们粘附于固体颗粒表面，形成一层保护膜，从而改变颗粒的表面性质。

对于一般的固体组分如氧化铅、碳酸钙等，其表面处理方法是将这些固体组分加入水中，在 65～75℃ 下进行强烈的搅拌，配制成乳化液加入吸收药料中。

对于亲水性很强的固体组分氧化镁，不能直接加入药料中。因氧化镁在水中会水化，生成含两个分子结晶水的水合氢氧化镁 $Mg(OH)_2 \cdot 2H_2O$ 而溶于水中，增大氧化镁在水中的溶解度，没有水化的氧化镁因密度大而容易沉淀，使药料中氧化镁的含量减少并且不稳定。另外，氢氧化镁为一中等强碱，含量多时在吸收过程中可能会使 NG 皂化，降低 NG 含量而影响产品性能。因此氧化镁需要进行表面处理，包括化学的水化处理和物理化学的憎水乳化处理。氧化镁的水化处理是在其表面上首先生成氢氧化镁薄膜，得到一定粒度的水化氧化镁；憎水乳化处理是在高温(95～110℃)下将表面活性物质硬脂酸锌与 DBP、熔化的 DNT 溶解成均相溶液，在此温度下将水化氧化镁加入此混合液中，在强烈搅拌下形成均匀悬浮液，其中硬脂酸锌与氧化镁颗粒表面上的氢氧化镁反应生成硬脂酸镁。

上述处理的原理是在颗粒表面形成一层单分子薄膜，膜的内侧是亲水基团，膜的外侧是亲油基团，从而降低氧化镁颗粒对油相的表面张力，使其呈现亲水性，使氧化镁颗粒能悬浮于混合溶剂而构成均匀的悬浮液。在吸收药制造过程中，已分散的悬浮液与 NC 接触时，由于颗粒表面混合液膜对 NC 的湿润性而牢固地粘附于其表面，此时 DBP、DNT 同时向 NC 内部扩散，使氧化镁表面的保护膜逐渐破坏。因此，一般规定吸收混同时间不得超过 48h。

(4)吸收。

将各种物料通过吸收喷射器喷射并经剧烈搅拌达到混合均匀。喷射吸收的主要设备为喷射吸收器，如图 3-1-4 所示。

NC 浆在一定压力下经过喷嘴高速喷射时产生卷吸作用形成负压，抽吸 NG 等四组分混合液，将流体的能量传递给混合物。由于 NC 浆和混合液的速度不同，造成湍流状态。当 NG 混合液和 NC 浆通过喉部时，在高速湍流下迅速混合，然后进入扩散管。由于扩散管径逐渐增大，速度亦逐渐变小，将物料排入混同槽中。

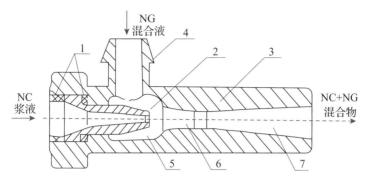

图 3 - 1 - 4　喷射吸收器的构造

1—垫片；2—喷嘴；3—本体；4—吸入管；5—真空室；6—混合室；7—扩散管。

（5）混同与熟化。

由于 NC 的纤维结构不均匀，以及混合物在喷射器中停留时间很短，部分溶剂还只是附着在 NC 表面上，必须在混同槽中继续进行搅拌，使之继续扩散，达到逐渐平衡。

混同过程中也可将几个小批吸收药料放在混同槽中进行一定时间的搅拌，获得大批量混合均匀的物料。同时，溶剂进一步扩散和对 NC 的溶解使其进一步均匀分散，此即所谓熟化作用。混同与熟化通常在 40～45℃ 下进行，时间一般不少于 18h。

3）间断式搅拌吸收工艺

除了喷射吸收工艺外，目前采用的吸收工艺还有间断式的搅拌吸收。在小批量加工制备过程中一般采用间断式搅拌吸收工艺，其工艺流程如图 3 - 1 - 5 所示。

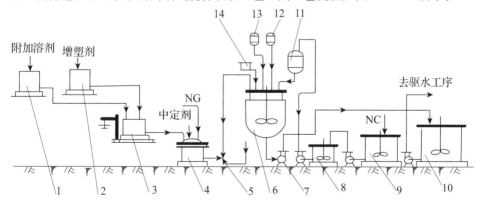

图 3 - 1 - 5　间断搅拌吸收工艺流程图

1、2—附加溶剂增塑剂槽；3—称量槽；4—混合槽；5—输送喷射器；6—吸收器；7—泵；8—NC 浆精调槽；
9—NC 调浓槽；10—吸收药混同槽；11—NC 计量槽；12—憎水器；13—乳化器；14—凡士林乳化器。

搅拌吸收是在吸收器里进行的，NC 浆经计量后加入吸收器中，在搅拌状态下升温，当温度升至要求的温度时，将溶剂由乳化喷射器喷送至带有小孔的喷头里，喷洒在 NC 浆表面上，通过搅拌的作用使之混合、粘附、扩散和渗透。

搅拌吸收是一锅一锅地进行，即先在混合液配制槽中将 DBP、DNT、中定剂配成三成分混合液（不同配方组分不同），然后加入 NG 配成四成分混合液；将 NC 等其他组分加入吸收锅中，升温至 45～50℃，在搅拌过程中加入四成分混合液，搅拌一定时间（约 2h）后夹层内换冷水循环使其冷却，温度降至 25℃ 以下时出料，进行离心脱水。几锅组成一批在混同槽中进行混同熟化达到混合均匀。

4）驱水

吸收药料中含有大量的水分，驱水工序就是要将其中的大部水驱除掉。

（1）连续驱水工艺。

连续驱水工艺由两台螺旋驱水设备组成，分别完成一次驱水和二次驱水，如图 3-1-6 和图 3-1-7 所示。

一次螺旋驱水机由螺杆、筛网和过滤环组成，其中筛网孔径为 1mm 左右。吸收药料进入一次驱水机后，大部分水通过筛网滤掉，滤了水的药料被螺旋翼向前推进，药料在过滤环处受到一定程度的挤压，一部分水从过滤环的间隙中被挤出。药料继续被推向机头，再经切刀破碎后转入二次驱水机。一次驱水机主要是驱除游离水，不需要很高的压力，也不需要加热，只要控制药料温度在 35～50℃ 即可，温度过高会使 NG 等组分溶损增大。从一次驱水机出来的药料中水分含量通常为 25%～40%。

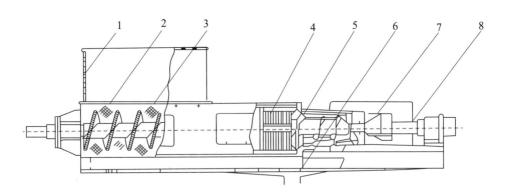

图 3-1-6   一次螺旋驱水机示意图

1—加料斗；2—螺杆；3—过滤筛网；4—过滤环；5—锥体；6—废水盘；7—刀；8—机座。

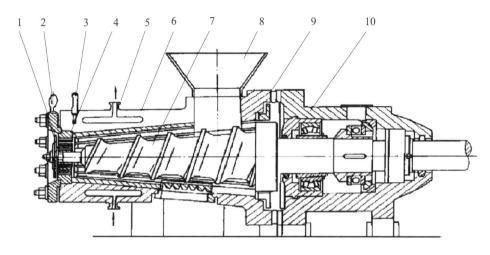

图 3 - 1 - 7　二次螺旋驱水机示意图

1—盘刀；2—压盘；3—温度计；4—花盘；5—热水喙；6—机体；7—螺杆；8—加料斗；
9—排水格板；10—轴承座。

二次驱水机由螺杆、壳体、花盘和盘刀组成。螺杆为单头螺纹的锥形螺杆，壳体下部有排水格板，壳体靠近机头部位有夹套，可通热水调节温度。药料进入二次驱水机后被螺旋翼向前推进，压力逐渐升高，水被挤出后通过排水格板排掉，药料通过机头处带有多个孔的花盘挤出成条，被与螺杆同步旋转的盘刀切成药粒。调节花盘的孔径和孔数可以调节药料的水分。为了降低机头压力，壳体的夹套中需要通 40～60℃ 的热水。二次驱水机使药料中的水分驱除至 5%～10%。

螺旋驱水机可以连续驱水，有利于质量稳定，且减轻劳动强度。驱水工序常遇到的故障是"不出料"，主要原因是药料中的水分过少或机头阻力过大，需要调整药料中的水分或更换阻力小的花盘。遇到这种情况应及时停车，卸掉花盘，将机体内的药料排除干净后，重新装上花盘后再开机。

（2）间断式驱水工艺。

对于间断式搅拌工艺制备的小批量科研试制吸收药料，可以采用离心机进行离心驱水。离心设备与 3.1.1 节"硝化棉酒精驱水工艺"中的离心驱水相同，但吸收药料的驱水不再加入酒精置换，可以采用单层筛框的离心机驱水。

3.1.2　溶剂法挤出成型工艺

近代火药制造史是从溶剂法工艺制造单基药开始的，100 多年来科学技术飞速发展，溶剂法挤出成型工艺技术水平也不断提高，但其基本工艺原理、工艺流程与维也里的发明并无多大差异。

溶剂法挤出成型工艺主要用于制备单基发射药。单基药的主要组分是 NC，其含量通常在 90% 以上，有的甚至达到 98% 以上。因此，单基药制备过程中需要加入较多的工艺溶剂将 NC 溶塑后才能挤出成型，目前基本都采用乙醇和乙醚的混合溶剂作为工艺溶剂，加工成型后再将工艺溶剂驱除出去。

1. 主要工艺流程

虽然单基药包括枪药、炮药等众多品号，不同品号的具体工艺步骤略有区别，但其工艺流程基本相同。以驱水 NC 为原材料，溶剂法挤出成型工艺制备单基发射药的主要工艺流程如下：

塑化：含有乙醇的驱水 NC 及其他组分、溶解二苯胺（DPA）的乙醚溶液在捏合机的机械作用下获得具有一定可塑性的药料。

压伸：将塑化药料装入底部安装成型模具的药缸中，用液压机（油压机或水压机）或螺压机挤压药料，使其进一步塑化密实，并使药料通过模具挤出为致密的药条。

晾药：在一定温度和相对湿度的环境下，让药条挥发掉一部分溶剂，使其软硬适当，保证切断时不变形。

切药：用切药机将药条切成一定长度的药粒或药管。

筛选：粒状药可用筛网（振动筛或辊筒筛）筛除过长和过短药粒，也可以将筛选工序放在预烘之后。单孔管状药主要采用人工方式进行筛选。

驱溶：单基药的驱溶过程较为复杂。一方面是工艺溶剂含量高，另一方面是单基药中没有含能增塑剂，溶剂从 NC 大分子中向外迁移速度慢，驱溶过程需要采用预烘—浸水—烘干三步法工艺。其中预烘是在一定湿度和较低温度下驱除大部分溶剂，使药粒正常收缩；浸水是用温水（或水汽）浸取药粒内部的溶剂，加快驱溶速度，控制内挥含量；烘干是采用热风干燥驱除水分。为保证单基药性能的稳定性，在烘干过程后期通常还需要通入高湿度的空气，使药粒吸附一定水分来控制外挥含量。

混同包装：生产过程中的各种因素使各小批产品的化学组分、尺寸、物理结构等存在差异。为了使总批质量均匀和调整装药的弹道性能，需要将符合质量指标的各小批产品采用人工或机械方式进行反复混合均匀。最后采用符合要求的包装箱包装，并分批运至库房贮存。

由于单基药加工过程中涉及的工艺溶剂量大，从经济、环保、安全和劳动保护诸因素考虑，通常还设置溶剂回收系统回收溶剂重复使用。

2. 主要加工过程

1)塑化工序

(1)塑化工艺原理。

塑化是单基药工艺的关键工序之一,任务是在机械作用下,用醇醚混合溶剂溶塑 NC,使蓬松状的 NC 变为具有可塑性的物料,便于压伸成型,同时使 NC 和安定剂以及其他组分充分混合均匀。长期以来工厂习惯上将塑化工序称为胶化或捏合。

火药加工工艺塑化工序常用的溶剂有乙醇、乙醚、丙酮、乙酸乙酯等。针对具体的加工对象,可根据 2.1 节高聚物的溶解理论作为配制工艺溶剂的基础。我国单基药加工工艺常用乙醇与乙醚混合溶剂(习惯上称之为醇醚混合溶剂),原因是醇醚混合溶剂对 NC 有良好的溶解性能,又是化学安定剂——DPA 的良好溶剂,有利于 DPA 的溶解和均匀分散;其次,醇醚溶剂易于驱除和回收。

单基药中的 NC 通常为 B 级和 C 级的混合棉(其中 C 级一般占 20%～40%)。醇醚溶剂可较好地溶解 C 级 NC 形成高分子浓溶液,但对 B 级 NC 只能达到溶胀阶段。塑化药料的状态是 C 级 NC 的浓溶液包覆在溶胀的 B 级 NC 纤维之外,部分渗入 B 级 NC 的未溶解部分成为 B 级 NC 纤维之间的填充物。因此,制得的塑化药团是非均相体系。C 级 NC 浓溶液减小了 B 级 NC 纤维之间的摩擦力,降低了混合棉的表观黏度,增大了物料的可塑性。生产实践表明,在塑化工序加入一定量的返工品药团时,塑化质量和密度都有所提高,证明混合棉的溶塑体对 B 级 NC 具有增塑作用。

塑化全过程包括:溶剂与 NC 的分散混合;溶剂向 NC 内部扩散;溶剂增塑 B 级 NC 和溶解 C 级 NC;C 级 NC 的浓溶液与溶胀的 B 级 NC 充分混合、相互渗透等阶段。从显微镜观察,溶解过程首先在 NC 表面层开始,接触溶剂的 NC 表面先溶解为高分子溶液。此后溶剂穿过这层溶液向纤维内部扩散;与此同时,内层的 NC 大分子在浓度梯度推动下,逐渐扩散到溶剂中,最后使各处浓度达到平衡。由于 C 级 NC 浓溶液的黏度大,很难均匀分散到 B 级 NC 纤维周围,也难以渗入溶胀的 B 级 NC 纤维中,必须借助强烈的机械外力作用才能较快地完成塑化。这种机械外力由塑化设备(捏合机)提供,无论是间断式还是连续式的捏合机,都具有精心设计的搅拌装置。

温度对塑化过程也有很大影响。从热力学分析,由于 NC 的溶解、溶胀是个放热过程,降低温度可以增大溶解度,有利于溶解过程的进行;从动力学分析,NC 大分子和溶剂分子的扩散系数与温度成正比,与黏度成反比,提高温度有利于加速塑化过程。因此,确定温度的原则是在不显著影响 NC 溶解度的条件下，使温度不致过低，以保证塑化速度和塑化药团的流动性，通常单基药加工工艺的塑化温度控制在 25℃ 以下。

（2）塑化设备。

由于火药塑化物料的黏稠性和危险性，要求塑化设备能赋予药料多种剧烈的相对运动，设备本身要结构坚固，有较大的动力和高效控温手段，满足防火、防爆等诸项要求。国内广泛使用的塑化设备是间断式工艺的缸式捏合机（习惯上称德式捏合机）。

①间断式工艺设备。

缸式捏合机的结构如图 3-1-8 所示，由机体、搅拌翅、机盖、传动装置和翻车装置等部分组成。其中最关键的部件是缸内一对平行横卧的搅拌翅，搅拌翅形状通常有桨叶式、羊角式和 Z 型搅拌式。根据经验，对于火药物料的塑化，桨叶式和羊角式搅拌翅的塑化效果较好。

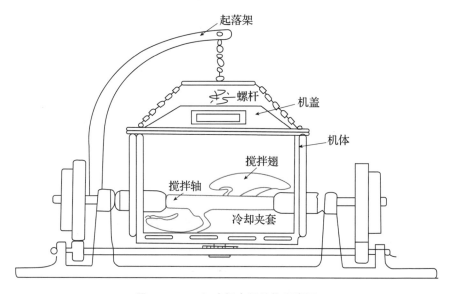

图 3-1-8　缸式捏合机结构示意图

为了对药料施加多种机械作用，缸式捏合机在设计上采取下列措施：

• 两搅拌翅采用异向不等速转动，使药料受到更强烈的撕裂、拉伸作用。

• 每个搅拌翅由大小两个叶片构成，使各点物料运动的线速度和运动阻力不同，形成翻转力矩而产生翻转运动。

• 采用正、反转交变方式。正转时，两搅拌翅在缸的中部同时向下旋转，物料受到折叠、挤压等作用；反转时，物料受到翻松、伸长和刮底等作用。正反转由机械和电气装置自动控制，通常单基药物料的塑化采用正转、反转互相交替进行。

· 采用两个相连的半圆形缸底,减少搅拌死角,缩小搅拌翅与缸底的间隙,使物料在间隙中强化运动。

另外,机体外侧有通循环水的夹套,以控制塑化温度;机盖上开有窥视孔和二苯胺乙醚溶液加入孔;搅拌轴通入机体处有填料匣(俗称盘根)密封,填料匣应定期清理更换,以免物料进入摩擦发热造成安全事故;传动装置由电机和减速装置组成,由于火药物料非常黏稠,搅拌轴的转速不宜过快,通常主动轴转速 25~28r/min、从动轴转速 15~17r/min;翻车机构用来出料,有油压式和丝杠式两种,油压式翻转角度可达 110°,丝杠式翻转角度小于 90°。

火药物料非常黏稠,捏合过程中需要较大的机械动力,因此捏合机的容积不可能设计过大,用于科研小试样加工制备的捏合机通常为 1~2L,用于产品加工制备的捏合机通常为 400~720L,每升容积最多可容纳 0.25kg 的 NC(干量)。

缸式捏合机的优点是塑化能力强、坚固耐用、适应多种品号火药的需求;缺点是间断操作、产量小、劳动强度大。

②连续化工艺设备。

三室连续塑化机的结构如图 3-1-9 所示,主要由机体、传动装置、安全装置等组成。其圆筒形机体内部用隔板分成三室,各室隔板上留有月牙形孔,隔板高度逐室降低,物料由此进入下一室。每一室中有一个菱形搅拌翅,安装在同一主轴上。主轴借连杆、滑块等机构在转动的同时往复运动。搅拌轴的往

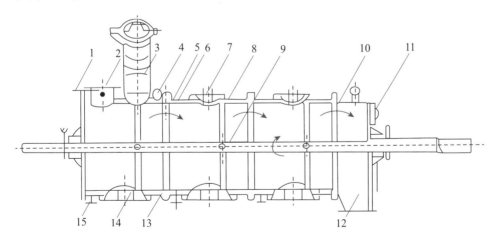

图 3-1-9 三室连续塑化机

1—溶剂进口;2—返工品加入口;3—进料口;4—出水口;5—外壳;6—机体;7—取样检查口;8—搅拌翅;9—主轴;10—活动木板;11—窥视孔;12—出料口;13—隔板;14—停工清扫孔;15—进水口。

复行程接近于每一室的长度，每分钟往复运动两次，搅拌翅转速 28~30r/min。隔板的作用是增加药料的运动阻力，延长药料在室内的停留时间。驱水后的 NC 和溶剂先进入第一室，当第一室中的药料量超过隔板高度时被推入第二室，依次通过第二、三室，由出料格出料。药料在三室连续塑化机中的塑化时间由搅拌翅的往复运动速度、喂料速度和塑化机总容积决定，一般为 60min。国内使用的三室连续塑化机，其机体内径 800mm，有效总容积 1.1m³，最大装料量 270kg(干量)，装填系数约为 0.80。

连续塑化机的优点是连续生产、出入料均在密闭状态下进行、溶剂损失小、劳动强度小；缺点是在制品数量大、药料塑化质量相对较差，还需要在后面的压伸成型工序进一步充分塑化。

(3)塑化工艺。

①二苯胺溶液的配制。

二苯胺(DPA)是单基药的安定剂，在火药组分中比例很小，但关系到火药长期贮存的安定性。为了使少量固体 DPA 均匀分散于药料中，需将 DPA 溶于乙醚制成二苯胺-乙醚溶液，加入捏合机中。

在科研试样的制备过程中，可以在烧杯中采用人工搅拌方式进行配制。在产品加工制备过程中，二苯胺溶液配制流程如图 3-1-10 所示。准确称量二苯胺置于溶解槽的布袋中，加入适量乙醚使其完全溶解并滤掉杂质；将剩余乙醚加入循环槽，开动循环泵循环 1h 以上；取样分析合格后(与计算浓度相差不超过 ±0.1%)用蒸气泵打入高位贮槽备用。由于乙醚的挥发性很大，为保证安全，工房内没有电机，均使用蒸气泵输送和循环乙醚溶液，乙醚贮槽上安装雨淋装置，气温升高时用来降低槽内的乙醚蒸气压力，室外输送乙醚溶液的管道也装有冷却水套管，以降低乙醚溶剂和二苯胺溶液的温度。

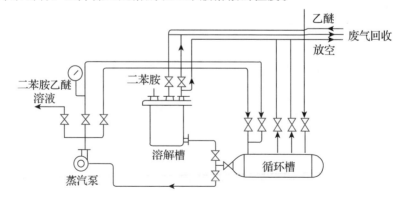

图 3-1-10   二苯胺乙醚溶液配制流程

②返工品的处理。

单基药生产过程中，由于各种原因常产生一些返工品，可以在塑化工序按一定比例加入使用以减少损耗，但原则上只能在相同品号中使用。由于塑化时间较长，返工品和新物料可以充分混合均匀。

返工品按其中的溶剂含量分为硬返工品和软返工品，硬返工品中溶剂含量一般在 2%～10%，软返工品溶剂含量一般在 20%～30%。硬、软返工品都不能直接使用，需要预先制成标准药团，处理方法依品号和溶剂含量来确定。对于软返工品和小尺寸药粒(5/7 以下)，可直接用缸式捏合机制成标准药团，补加醇醚比 1:1.7～1:5.0、溶剂比不小于 80%的醇醚溶剂；对于尺寸大于 5/7 的返工品，需要使用醇醚比 1:4.3、溶剂比 110%～160%的溶剂浸泡一昼夜以上，浸泡过程中需要定期翻动药料，对于大块返工品(压伸药饼、药团和大型药条等)还需要切碎后再浸泡，泡软的返工品再采用捏合机制成标准药团备用。

③工艺条件。

缸式捏合机的工艺条件与火药品号有关，其大致范围如表 3-1-2 所示。

对于科研试样的加工制备，通常不存在加入返工品的现象，但 NC 中需要预先含有足够的乙醇，如果直接将醇醚溶剂加入 NC 干粉中，很容易使 NC 局部溶解而难以获得合适的塑化药料。工艺条件中主要是确定合适的溶剂比。首次试验可选取偏大一些的溶剂比，确保试验的安全性，根据塑化药料的软硬程度及挤出成型压力、挤出成型样品质量等情况，逐步调整溶剂比。

表 3-1-2 缸式捏合机的工艺条件

工艺条件	枪药	炮药	备注
驱水棉加入量/kg	120～180	120～180	干量
返工品加入量/%	5～8	5～8	返工品与驱水棉干量之比
溶剂比/%	60～75	60～70	溶剂与驱水棉干量之比
醇醚比	1:1.2～1:1.5	1:1.2～1:1.5	体积比
二苯胺加入量/%	1.2～1.4	1.4～1.8	二苯胺与驱水棉干量之比
塑化温度/℃	≤25	≤25	
塑化时间/min	≥50	≥50	

操作要点：

• 加料方式：捏合机缸内先加入返工品标准药团，再加驱水棉。含石墨组分时，加驱水棉的同时撒入石墨；含地蜡、消焰剂(如硫酸钾)组分时，驱水棉、粉碎的地蜡、粉碎的硫酸钾各分三次交替加入。

• 开机运行：盖好机盖，通过机盖孔加入二苯胺乙醚溶液的同时开机。经 $10\sim15min$ 后停机开盖刮缸，把粘附在机盖和机壁上的物料刮下，盖好机盖继续开机。出料前 $10\sim15min$ 取样试压，若检验压力合格，至规定时间即可出料；如果检验压力高于规定范围，需补加不含二苯胺的乙醚继续塑化一定时间后再取样试压，合格后出料，通常补加 NC 干量 1%的乙醚，可降低检验压力 $0.2\sim0.4MPa$；如果检验压力低于规定范围，可在到达规定时间时再试压一次，如仍不合格，应查明原因，并作为返工品制成标准药团搭配到下几批中去使用，或取出二分之一后，再加入新的驱水 NC，重新按工艺条件捏合塑化。

• 出料：出料前应刮去缸壁上的干药，以免混入塑化药团中。出料时启动翻车机构，取出药团装入密封胶皮袋中。出料动作要快，以免局部溶剂挥发造成软硬不匀。

(4)塑化工序影响因素。

塑化工序是一个包含有多种矛盾的复杂过程，必须综合多方面的因素分析其对塑化过程的影响。

①溶剂比。

溶剂比对药料塑化及后续的压伸、预烘等工艺的影响有矛盾的两面性。NC 性质一定时，适当增大溶剂比可增大药料的可塑性，缩短塑化时间，提高塑化质量；但增大溶剂比导致溶剂消耗量增大，也增加了驱除溶剂和回收溶剂的负担。

溶剂比对发射药性能的影响也是矛盾的。增大溶剂比，提高塑化质量，有利于各组分分布均匀和理化性能均一；但溶剂比大时，在压伸成型后和驱溶前容易变形或破裂，驱除溶剂后收缩率大、变形严重，另外，加工成型火药的密度也会有所降低。

因此，NC 性质和压伸压力一定时，溶剂比应在保证塑化和压伸质量的条件下，适当取得小些，以节省溶剂。通常溶剂比取 $60\%\sim75\%$。

不同品号产品所用混合 NC 的规格不同，加工制造的药形也不同，应根据具体情况确定溶剂比。炮药用混合棉的醇醚溶解度接近 40%，其 C 级 NC 含量增多时，溶剂比要适当增大一些，才能保证获得一定的塑性。混合棉中 C 级 NC 的黏度和细断度大的，溶剂比要大些。枪药用混合棉的醇醚溶解度小，并且挤出模具尺寸小于炮药，出药阻力大，为保证压伸质量和安全，应增大药团的可塑性，故枪药用混合棉的溶剂比通常大于炮药。

②醇醚比。

不同含氮量的 NC 对应最大溶解度的醇醚比不同，只有采用合适的醇醚比，才能使溶剂对 NC 有最佳的溶解能力，保证塑化质量。对于混合 NC，应选用对 B 级 NC 和 C 级 NC 溶解度都较大的醇醚比。

在工业生产中，通常采用工业酒精（酒精浓度不低于 95%）与乙醚配制混合溶剂，尽可能降低生产成本。由于工业酒精含有少量的水分而改变了溶剂的极性，使其对 NC 的溶解能力减弱，配制混合溶剂时需要适当增加乙醚的比例。另外，在满足塑化质量的前提下，尽可能减少乙醚的用量。在单基药加工成型的塑化工序中，常取醇醚比为 1:1.2～1:1.5。

浸泡返工品的溶剂应降低乙醚的比例，减小溶剂对混合棉的溶解能力，使药表层仅软化而不溶解，保证溶剂能渗入内层。但由于返工品中乙醚比乙醇的挥发损失多，需要适当多补加一些乙醚，使标准药团的醇醚比接近 1:1。

③塑化温度。

温度对溶塑速度的影响也有矛盾的两面性。在热力学方面，由于 NC 的溶解、溶胀是放热过程，降低温度可以增大溶解度，有利于溶解过程的进行；在动力学方面，NC 大分子和溶剂分子的扩散系数与温度成正比，与黏度成反比。C 级 NC 溶解部分的黏度越小，塑化速度越快，升高温度有利于加速塑化过程。此外，温度升高，物料的可塑性增大，表观黏度降低，但溶剂的挥发损失也随温度升高而增大。

确定温度的原则，在不显著影响 NC 溶解度的条件下，使温度不至于过低，以保证塑化速度和塑化药团的流动性。通常控制不高于 25℃，气温过低时需通温水提高温度，反之则通冷水降低温度。

④塑化时间。

使药料充分塑化需要足够的搅拌时间，而要提高生产率、减少溶剂挥发又要求缩短塑化时间。解决矛盾的决定因素是提高设备的机械作用能力。塑化时间还与 NC 性质、塑化药量、溶剂比、温度和操作技术水平有关。单基药加工成型过程中的塑化时间通常在 1h 左右。

（5）塑化药料的质量评价。

对塑化药料的质量要求主要有：

①塑化质量均匀，可塑性符合压伸要求，波动在公差范围之内。

②二苯胺和其他组分的含量符合配方要求，并且分布均匀。药团不同部位的二苯胺含量公差为 ±0.1%。

③药团中不允许有硬粒、白斑、杂质等。

在工厂实际生产中，通常采用试压法检验药团的可塑性。检验压力机是一种小型液压机。测试时从捏合机的取样孔里挖出一盒药团快速装入模子内。检验压力的模子由铜制的冲头和药缸组成,药缸底部凸肩上面放块多孔铜板。试压的药团装于铜板上部,再放上铜胀圈,装好冲头,放到检验压力机上用压杆压紧。操纵四通换向阀门推动活塞运动,使模子内的药团逐渐受压,压力升至一定值时塑化药料从铜板孔中挤出,出药过程的压力值(表压)为药团的检验压力。

根据检验压力值和压出药条的外观,判断药团的可塑性和有无硬粒等杂质。检验压力机和压伸机的型号不完全相同,对同一品号药料控制的检验压力值也各不相同。不同品号要求的可塑性不同,检验压力值也有差别。一种品号塑化药团的检验压力跳动公差通常规定为 $\pm 0.2 MPa$。

药团的检验压力是一种相对比较法,检验压力高,表示药团的相对可塑性小,溶剂含量少;检验压力低,表示药团软,相对可塑性大,溶剂含量多。控制检验压力值就是为了使塑化药团的可塑性满足下一步压伸压力的要求,因此检验压力的规定值需要通过压伸成型试验标定。单基药连续化工艺要求有更快速的连续测试药团可塑性的仪器,以便根据物料可塑性的变动,自动调节溶剂比。

2)压伸(挤出)成型工序

(1)压伸成型工艺原理。

压伸成型也是单基药工艺的关键工序,任务是使药料得到进一步的塑化和混合,并压伸成为具有一定形状、尺寸、密度和机械强度的药条,从而保证发射药能够逐层有规律地燃烧、保持燃烧过程中药形的稳定、具有较大的单位体积能量。根据高分子成型加工原理,火药药料在压伸成型过程中主要发生以下物理化学变化:

①进一步塑化。在较高压力的作用下,溶剂分子进一步向 NC 纤维内部扩散,加速 NC 的溶解、溶胀;同时使已经溶解的 NC 向没有溶解的纤维毛细管内或大分子聚集体间渗透,加速药料的塑化过程,提高药料的均匀性。

②增大密度。随着溶解、塑化的充分进行,进一步消除 NC 纤维大分子之间的空隙,使药料的密实性提高。

③硝化棉大分子取向排列。溶剂的增塑削弱了 NC 大分子间的作用力,大分子的自由活动能力增大,在强迫塑性流动过程中,大分子链沿流动方向伸展取向,大分子间的距离缩小,次价键力增大。而未溶解的纤维在流动中也伸展靠拢,使药条的轴向机械强度提高。强度测试表明,药粒的轴向抗拉强度要比径向抗拉强度大一倍左右。采用溶于水但不溶于醇醚溶剂的染料将 B 级 NC 染成黑色(C 级 NC 不着色),其切片显微观察表明,发射药中 B 级 NC 纤维沿出药方向定向排列。另外,药粒驱除溶剂后,径向收缩率比轴向收缩率大 5 倍左右,也进一步证实在压伸成型过程中 NC 发生了定向排列。

④赋予形状和尺寸。塑化物料通过模具挤出后即具有一定的形状和尺寸。由于 NC 大分子的多分散性,在物料塑性形变时,还产生部分普弹形变和高弹形变。药条离开模具后,普弹形变立即消失,高弹形变需要一定松弛时间才恢复,因而短时间内药条直径稍有膨胀。驱除溶剂后,药条(药粒)直径会有一定程度的收缩。

单基药的塑化药料是一个复杂的体系,它不是单纯的 NC 浓溶液,含有溶胀和未溶解的 B 级 NC,甚至含有大量固体颗粒(如硝酸钾、硫酸钾),既不是单纯的塑性流体,也不是单纯的假塑性流体。从流动性质看更近似于假塑性流体,但又或多或少存在屈服应力。有的研究者干脆用塑性流体和假塑性流体的综合函数式表示单基药料的流动特性,将单基药料看成一种具有屈服应力的假塑性流体,导出了单基药料在圆形管中的流速公式。目前一些计算螺压机流动方程的方法,也都将单基药料作为牛顿流体或假塑性流体,简化计算得到螺杆和模具的特性曲线。理论计算结果虽然与实际情况有一些出入,但理论分析压伸过程中相关影响因素的变化规律,对工艺实践仍有很大的指导作用。

(2)压伸成型设备。

单基药生产中使用的压伸成型设备有间断式液压机和连续式单螺杆挤压机两类。

①间断式液压机。

间断式液压机有柱塞式水压机和油压机两种,一般为 200～500t 规格。图 3-1-11 为国内普遍使用的双缸立式水压机示意图。

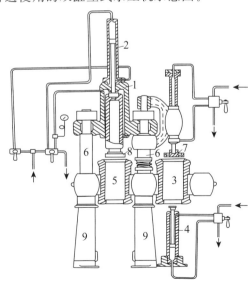

图 3-1-11 双缸立式水压机

1—主缸;2—副缸;3—预压水缸;4—退模水缸;5—药缸;6—钢柱;7—预压冲头;8—主缸冲头;9—脚柱。

双缸立式水压机的各部件安装于两根钢制立柱上，立柱用横梁连同脚柱一起固定在地基上。在一个立柱上装有两个药缸，药缸可绕柱旋转、互换位置。两立柱之间有高压水缸，由主缸和副缸构成，立柱一侧的药缸，上部正对预压水缸，下部正对退模水缸。药缸内底部装有压伸模具，药料装于缸内。装入药料时，将药缸转到立柱一侧，先在退模冲头的配合下装入模具，然后装入塑化药料，再用预压冲头压实；将药缸旋转至两个立柱之间，开启水压机并调控阀门，在预定压力下推动主缸冲头下降，迫使药料通过模具挤出。压完一缸药料后，药缸再旋转至立柱一侧，进行退模、清理模具、装模、装药料、挤出的循环操作。

间断式液压机压伸成型过程中使用的模具有过滤模具和成型模具两种。过滤模具用来进一步塑化 NC 和消除杂质，一般由过滤板、导孔板和孔板组成，如图 3-1-12 所示。成型模具主要用来使药料密实和挤出成型，由过滤板、导孔板、模座和药模单体组成，如图 3-1-13 所示。

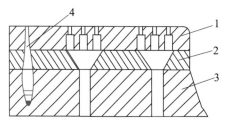

图 3-1-12 过滤模具

1—过滤板；2—导孔板；3—孔板；4—定位销。

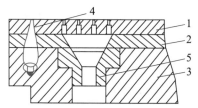

图 3-1-13 三层结构成型模具

1—过滤板；2—导孔板；3—模座；
4—定位销；5—药模单体。

过滤模具和成型模具的过滤板孔眼很小，药料通过时受到很大挤压作用，使 NC 进一步塑化。导孔板的孔是上大下小的圆锥孔，药料在孔内受压逐渐增大，使药料密实。模座用来安装和支撑药模单体。药模单体由模体、针架、模针和针套组成，如图 3-1-14 所示。

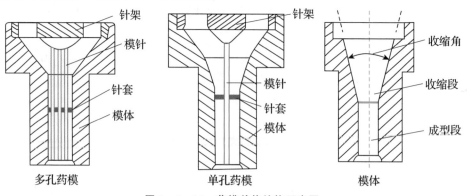

图 3-1-14 药模单体结构示意图

模体中有收缩段和成型段两部分。收缩段使药料逐渐受压密实、界面黏合，保证药料平稳地进入成型段；成型段使药料有足够的松弛时间进行塑性形变，保证药条表面光滑并获得所需要的形状和尺寸。针架用来固定模针的相对位置；模针用来产生药孔及获得所需要的药孔直径。针套在压药开始时用来固定模针的位置，在药料刚进入成型段时，保证模针不移动位置，使出药药条的药孔均匀分布，被药条顶出模体后即完成任务。

药模单体的主要参数：压缩比（进药面积与出药面积之比）、收缩角 α、收缩段长度、成型段长度等。根据经验确定的各参数范围如表 3-1-3 所示（表中 D 为模孔内径）。

表 3-1-3　药模单体经验参数

项目	单孔药模	七孔药模	十四孔药模
压缩比	3.1～13	>3.1	>3.1
收缩角 α /(°)	10～26	70～110	70～110
收缩段长度	(5～25)D	(1～2)D	(1～2)D
成型段长度	(2～6)D	(2.5～5)D	(1～1.5)D
成型段出口倒角/(°)	45	45	45
出口倒角圈的厚度/ mm	0.5～1.0	0.5～1.0	0.5～1.0

针架需保证与模体良好配合，不允许在压药过程中产生位移。此外，还要考虑加工的方便和拆装清理的方便。常用的针架形式如图 3-1-15 所示。

图 3-1-15　各种针架形式

三道架形式的针架进药面积大，模体上部直径可小一些，可在模座上安装更多的药模单体，且便于清理。缺点是固定不好时，模针容易偏斜。圆盘式针架的优点是易固定，但进药面积小，针架受力大，加工较困难。

②连续式单螺杆挤压机。

连续式单螺杆挤压机压伸成型过程中对药料具有较强烈的补充塑化作用，可以改善成型质量。

我国单基发射药生产使用的单螺杆挤压机有两种不同结构形式：一种为"T"字型结构；另一种为"一"字型结构。它们都由螺杆、机筒、机头装置和传动装置等组成。

"T"字型螺压机由主、副两根互相垂直的螺杆组成，图3-1-16为带副螺杆的"T"字型螺压机结构示意图。主螺杆为挤压螺杆，圆柱形，一般是等深等距（即螺槽深度相等，螺距相等）单头螺纹；副螺杆为喂料螺杆，圆柱形，等深等距单头螺纹。塑化药料先从入料口进入副螺杆螺槽内，副螺杆将药料推向主螺杆。螺压机借机头装置产生阻力及主副螺杆的螺槽深度和转速的不同，在两螺杆交接处产生挤压力，使药料进一步塑化和密实，并在主螺杆的推动下将药料挤出成型。

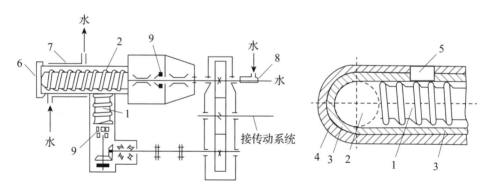

图3-1-16 带副螺杆的"T"字型螺压机结构示意图

1—副螺杆；2—主螺杆；3—衬套；4—机筒；5—入料口；6—机头；7—机筒冷却水夹套；

8—螺杆冷却水；9—螺杆止推轴承。

"T"字型螺压机的代表性设备参数：主螺杆外径180mm、根径140mm、螺距85mm、螺杆有效长度840mm、螺旋角8°30′、螺棱宽5mm、转速8.8～26.8r/min；副螺杆外径180mm、根径120mm、螺杆有效长度380mm、螺旋角10°13′、螺棱宽5mm、转速11.7～35.6r/min。

"一"字型螺压机的喂料和挤压均由一根螺杆完成。螺杆为圆柱形单头螺纹，一般是不等深不等距（即螺槽深度不相等，螺距也不相等）。"一"字型螺压机的代表性设备参数：单头螺纹圆柱形外径220mm，螺杆有效长度1320mm，螺距75～155mm，螺旋角6°11′～12°40′，螺槽深度27～35mm，螺棱宽6mm，转速≤20r/min。

螺压机的机筒一般由生铁或铸钢制成，带有冷却水夹套，以调节挤压温度，内部装有青铜材料制成的套筒（也称为衬套），其外径略有锥度，以便与外套紧密配合；内表面开有纵向沟槽，以增加套筒表面的切向摩擦，防止药料随螺杆旋转。套筒内表面与螺杆外径间隙为 0.07～0.15mm。机头装置包括成型装置、垫圈、保险圈、罩圈和夹持器。保险圈是薄弱环节，当机头压力超过规定限度时，首先将它的环形棱剪切断，整套成型装置随即脱出机头，压力迅速降低，保护机体免遭破坏。

螺压机压伸过程仅使用成型模具而不使用过滤模具。

（3）液压机压伸成型工艺。

采用间断式液压机时，若直接用成型模具一次压伸成型（过滤和成型一次完成），挤出药条通常会有未塑化的 NC 白点，出药速度不均匀，药条密度也较小，影响弹道性能。因此，目前大多采用二次成型工艺，第一次为压过滤，第二次为压成型。

第一次压过滤时，药缸内装入过滤模具，压出的是实心药条。塑化后的药料分 4～5 次装入药缸，每一次装入 1/5～1/4 后用预压冲头压实，称为"预压"。预压的目的是将药料压实，排除药料中的大部分空气，避免在压药过程中残留空气与溶剂蒸气混合，被绝热压缩产生爆燃而造成安全事故。预压时冲头下压要缓慢，避免赶出大量溶剂蒸气；冲头回升时要防止将过滤模具带起。预压完毕，在药料上部放块上次压伸留下来的药饼，药饼沿半径切一个扇形口，用来排除残余空气和溶剂气体。为了防止压药时药料从冲头与缸壁间隙中挤出，在药饼上部放一个黄铜或尼龙材质的胀圈，将药缸转到主冲头下，进行压过滤。

第二次压成型时，药缸内装入成型模具，压出的是成品药条。将第一次压过滤的实心药条分 4～5 次装入药缸内，每次也要预压，操作方法与压过滤相同。对于 2/1 樟等小型枪药，压成型时在成型模具上面还需要放一片圆形铜丝过滤网。因为这种品号的模孔很小，微小杂质也会造成堵孔，必须加强过滤措施。

接药方法根据药条直径确定。3/1 樟以下小型枪药的药条细，出药线速度大，药条数量多，采取人工扯药的方法，即在药条将接触地面时，将药条垂直扯断，均匀抛在传送带上，剪去过长的头尾药，将药条和剪下的头尾药梳直理齐，送去晾药工序。不用传送带的，将药条理直后捆束装车，送往晾药工序。4/7 樟以上的七孔药条，切成 1.5m 左右长的药束，梳直平铺于传送带上，或放在有金属网的木盘内，装车运送。大品号药条，可沿溜槽使其自然圈成一卷，或切成较长药段，平铺于带有金属网的长盘上，推往晾药工序。管状药的药段长度应为制品长度的整数倍，以减少切药后的返工品数量。接药过程中需要及时挑出不良品药条，定时检查药孔直径和位置是否正常。

单基药采用液压机压伸成型的工艺条件主要包括压伸压力（预压压力、压过滤压力、压成型压力）、压成型时间等。

①压伸压力。

压伸压力是决定成型质量的主要工艺条件之一，是压伸成型工序的主要控制指标。出药速度一定时，压伸压力高些，压出药条致密、机械强度大，也标志着药条中的溶剂含量少，对提高产品质量和后工序都有利。但压力过高也会带来负面影响，一是由于药料中溶剂含量过少，影响药料的塑化质量和流动均匀性，小型枪药的出药速度就会不一致；二是增大操作的危险性，对压伸机及其高压管道的强度和密封要求更高，增加设备的成本和机修工作量。另外，压伸压力还取决于压伸模具的阻力和药料的内摩擦应力。药形尺寸小和压伸模具层数多时，出药阻力大，维持一定的出药速度就需要较高的压力。溶剂比和可塑性大的药料流动性大，维持同样的出药速度，压伸压力就低一些。

在同样设备条件下，同品号各批药应控制相近的压伸压力，以保证药条的密度一致性。不同品号药型的压伸模具具有不同的阻力，流动性大小不同，需根据两者的变化情况作适当调节。例如，药料的可塑性大时，可增加过滤板来建立较高的压伸压力。

压过滤时，药料中溶剂含量大，过滤模具的阻力也小，压力相对低一些。压过滤压力不宜过高，以免使溶剂量减少过多，致使压伸成型困难。

为了保持匀速出药，要求稳压阶段的压伸压力尽量保持稳定。为保证各次压伸质量的一致性，要求各次压伸的压力差越小越好，主要取决于各批药料塑性的一致性、设备性能的稳定性和操作水平等。目前一般规定出药阶段的压力差不超过成型压力的10%。减小压力差的主要途径是缩小塑化药料的检验压力差值。

②压成型时间（出药线速度）。

压成型时间是压伸成型工序的另一个主要控制指标。出药速度慢些，可使药料在药模成型段中有足够时间完成塑性形变，使高弹形变松弛较充分，有利于药条尺寸的准确、表面光滑和质量均匀。但出药速度过慢，溶剂挥发得多，影响后半缸的出药质量，而且生产率低。为了保证质量，通常规定各品号药的最大出药速度。炮药的最大出药速度为$8\sim12m/min$，5/7以下多孔药的最大出药速度为$0.5\sim1m/s$，3/1樟以下枪药的最大出药速度可达$1\sim2m/s$。

出药速度与成型压力、药料的流动性密切相关。成型压力越高，药料流动性越大，出药线速度也越大。实际上，药料在成型段内各点的流速是不一样的，靠近模针和成型段壁边界药层的流速最小，处于弧厚中心部位药层的流速最大。

液压机的主要工艺条件如表 3-1-4 所示。

表 3-1-4　液压机的主要工艺条件

装药量/kg	预压次数/次	预压压力/MPa	过滤压力/MPa	过滤时间/min	成型压力/MPa
30～40	4～5	1～1.5	20～30	1～2	32～40

注：压成型时间与装药量、药缸直径、出药根数、药型尺寸有关

(4)螺压机压伸成型工艺。

①工艺过程。

螺压机与液压机的挤出工艺差别很大。塑化药料经进料口进入螺压机后，受到螺杆的挤压作用，被逐渐挤压密实、进一步混合塑化，最后通过成型装置压伸成药条(药柱)。

试验表明，药料从加入到挤出，沿着螺杆长度经历密度、黏度、温度、压力和结构等复杂变化。将松散的塑化药料加入螺压机，不装模具，使挤出端处于不受压状态，从机头出来的药料仍为较松散的粒状。在装上模具正常压伸情况下，中间停车卸去模具，这时首先挤出的是塑化均匀密实的螺旋型药带，药带形状与螺杆的螺槽形状相同，外径处布有机筒沟槽形成的轴向棱，药带的温度较高，大约排出 3 圈螺旋型药带后，接着排出的是一些未完全均化和黏合的药料圈，并越来越松散，温度也逐渐降低，最后排出较松散的粒状。

根据药料性质的变化，通常把螺杆划分为三段：加料段、压缩段和挤出段。

a)加料段：由螺杆将初步塑化的松散药粒输送到压缩段，螺杆对药料的挤压压力很小，主要起药料输送作用。该段螺槽没有被药料填满，药料中有不少空隙，其充填程度与药料的形状、溶棉比和加料方式有关。药料在加料段的运动既有旋转运动也有轴向运动，旋转运动是螺杆转动时药料与螺槽表面的摩擦力带动的，轴向移动是螺杆转动时药料与机筒衬套的切向摩擦分力带动的。为提高输送效率，缩短加料段长度，要求药料的轴向移动尽量快些，旋转移动慢些。还应避免药料粘在螺杆上与螺杆一起转动(俗称"抱杆")，需要增大物料与机筒的切向摩擦力，减小药料与螺槽的摩擦力、药料与机筒的轴向摩擦力，方法是在衬套纵向开设沟槽，提高螺杆和衬套的光洁度等。

b)压缩段：药料被压实和进一步塑化，药料中的空气向加料段排出。压缩段螺槽的容积比加料段螺槽的容积小，药料受到的压力增大。螺槽容积的变化可以渐变或突变，例如，"T"字型螺压机主螺杆的螺槽采用突变形式，"一"字

型螺压机螺杆的螺槽采用渐变形式。该段的药料状态较复杂，由于药料与螺杆及机筒的摩擦、药料之间的内摩擦产生热量，使药料温度升高、可塑性增大，使药料发生物态的转化和塑化程度的变化，并由不连续向连续过渡。工艺条件变化时，该段的长度也相应发生变化。

c）挤出段：药料充分塑化成为密实、均一、连续的可塑性药料（药带），从成型装置（模具）均匀地挤出。由于螺槽容积逐渐缩小，反压力逐渐增大，药料所受的压力最高，温度也升至最高。药带长度是挤压与反挤压作用的结果，当反挤压作用增强时，药带的长度也会加长，正常情况下，挤出段药带的长度一般为 2.5～3.5 圈。

②工艺参数控制。

螺压工艺参数主要包括药料性质、工作压力、工作温度、螺杆转速、加料速度和出药速度、药饼厚度、最大电流强度等。

a）药料性质：螺压机对药料的适应性比液压机差，一定的螺杆结构只能压伸一定特性的药料。为了使一种螺杆压伸多种品号的产品，需要调整药料的性质来适应螺杆的特性，采取的措施主要是使用混合 NC 并调整其配比、控制工艺溶剂用量（即控制溶棉比）。以溶棉比为例，溶棉比过小时药料黏度过大，机头模具对药料的阻力增大；溶棉比过大时药料太软，药料容易抱杆旋转。对于“T”字型螺压机，适合的药料性质是平均含氮量为 12.75%～12.95%、C 级 NC 含量为 33%～37% 的混合 NC、溶棉比为 68%～73% 的药料，加工制备含氮量较高（13%～13.1%）的单基发射药时，需要改变混合 NC 的比例和溶棉比，提高药料的可塑性和抗剪强度。

b）工作压力：螺压机的工作压力主要是模具前的机头压力，由螺杆的挤压力和模具的阻力产生。机头压力过低时不利于药料的密实和塑化，药料容易抱杆打滑和倒料；机头压力过高时药料受到的剪切力增大而易被剪断，挤出效率降低，也影响工艺的安全性。因此，螺压机的工作压力应控制在一定范围。例如：生产炮用单基发射药的机头压力通常为 7～9MPa，生产 4/7、5/7 等枪用单基发射药的机头压力通常为 10～12MPa。当螺杆和转速一定时，工作压力主要通过模具阻力和药料的可塑性来调节；药料的可塑性则主要通过控制塑化药料的溶棉比和温度来调整。

c）工作温度：药料在螺压机内受到强烈的摩擦剪切作用，药料与螺杆和衬套的摩擦、药料各层的内摩擦等都会产生热量，药料的溶塑过程也会放出热量，上述热量使药料温度升高，导致抗剪强度下降、可塑性增大、流动极限减小，容易抱杆打滑。特别是药料温度过高时会造成反塑化，使挤出药条表面出现白点，且溶剂挥发快，生产不安全。但药料温度过低时，药料的可塑性差、黏度过大，出药阻力也增大，导致工作压力过高。因此，要控制适当的药料温度。通常是通过调节机筒和主螺杆的冷却水温度和流量来控制药料温度，控制螺杆冷却水出口的温度比机筒冷却水出口温度低 $10 \sim 15$℃。枪用单基发射药的抗剪强度小，药料温度比炮用单基发射药要低一些。

d) 螺杆转速：在一定螺杆转速范围内，生产率与螺杆转速成正比，转速加快时生产率提高。但是剪切应力也与螺杆转速成正比，转速过快时药料易被剪断，使生产率反而下降。另外，转速加快会加速摩擦升温，生产也不安全。因此，对于一定的螺压机和一定的药料，存在一个极限转速，它由螺杆结构、药料的抗剪强度和摩擦感度决定。

e) 加料速度和出药速度：加料速度和出药速度应保持平衡。当加料速度大于出药速度时，挤出段药带增长，容易倒料或剪断打滑；当加料速度小于出药速度时，会造成断料和出药不齐，易发生安全事故。另外，喂料口应始终不能断料，否则两段药料之间的空气在挤压过程中被绝热压缩，容易局部过热。实际生产中应控制适当的出药速度。当机头压力较低、出药速度过快时，药条不密实，驱溶后收缩率大；出药速度过慢时，则生产率降低。炮用单基发射药的出药线速度 $2 \sim 3$m/min，枪用单基发射药比炮用单基发射药速度快一些。在螺杆挤出工艺中，机头装置上各个模具的出药速度是不同的，边缘处药饼的摩擦阻力大，出药速度小于中心部分。在螺杆旋转过程中，头部最后一个螺纹对药料的挤压力呈周期性的变化，也使边缘模具的出药速度呈周期性的变化。

f) 药饼厚度：药饼厚度是指药带从螺杆头部到模具进药面的距离。药饼厚度大些，药料可以充分黏合混匀，有利于使出药速度均匀、提高药条质量；但药饼厚度过大，也使出药阻力显著增大，药饼厚度增加几毫米，工作压力会升高较多。药饼厚度可以根据出药质量和工作压力加以调整，炮用单基发射药的药饼厚度一般控制为 $4 \sim 8$mm。

g) 最大电流强度：螺压机电机消耗功率的大小和变化反映了螺杆对药料的拖拽力大小和平稳程度，也反映了螺压机内物料性质的变化。机头轴向的反压力越大，螺杆转动时克服阻力所做的功越大，电机负荷就越大。在实际生产中，针对一定规格的螺压机有最大电流强度控制参数。

(5) 成型尺寸的收缩率。

药模成型段的尺寸不等于发射药成品的尺寸。一是高弹形变和普弹形变的逆变，均使药条回胀而径向变大、轴向收缩；二是溶剂驱除后，药条（药粒）的径向和轴向尺寸缩小。通常情况下，药粒的轴向收缩率为 $4\% \sim 6\%$，外径和孔径的收缩率为 28%～34%。

虽然药粒的收缩是在压伸成型后的一系列加工过程中完成的，但压伸工序对发射药尺寸起决定性作用。因而压伸前必须正确预计收缩率，设计适当的药模尺寸。

影响发射药收缩率的因素很多，如 NC 的性质（黏度、细断度和溶解度），溶剂比大小，压伸压力和压伸时间，驱溶速度，以及生产方式、气候等。其中溶剂比的影响较大，它与径向收缩率的经验关系为

$$C_D = \left(1 - \frac{K}{\sqrt{E}}\right) \times 100 \tag{3-1-5}$$

式中：C_D 为径向收缩率；K 为收缩常数，炮药一般为 5～7；E 为溶剂比百分数。

（6）压伸成型质量影响因素。

压伸成型质量主要是指几何形状和尺寸是否符合要求，表面是否光滑，结构是否致密均匀等。压伸成型的不良品大致有以下几类：

①表面疵病。主要为表面粗糙、毛纹、人字形纹、鱼鳞形纹、裂缝等。产生这类疵病的主要原因是药料边界层在模体成型段中流动不稳定，这种不稳定性与药料的流变性质关系极大。NC 质量不好，混合棉中 B 级 NC 含氮量过高（大于 13.4%），C 级 NC 含氮量过低（小于 12.1%），或两者的黏度差过大，都会使药料中各部分的溶塑性能和内摩擦应力的差别增大，使各层间的内摩擦力及与模壁的外摩擦力增大。当外摩擦力超过一定值时，力偶使刚出药模的药面发生翻转，药条表面就不光滑，会出现各种形状的粗糙条纹。药料各部分的黏度不一致，使边界层各处的摩擦应力不一致，导致药料各点的旋转不一致，也会出现表面粗糙现象。总之，凡使药料塑性不均匀的因素，都会造成表面疵病。

药模成型段光洁度差，成型段过长或出药速度过快，也都会增大外摩擦应力，使表面粗糙。压伸压力不稳，使出药速度不均匀，也是造成表面条纹的原因。

②药条结构不均匀。主要是指药条中含有白点、白道、白花、有色斑点、硬豆和气泡等现象。白点、白道、白花通常是塑化不良的 NC 纤维颗粒，产生的原因是塑化质量不均匀，例如酒精驱水不均匀，驱水棉含水量过高；塑化工序溶剂比过小，或醇醚比不合适，压伸装置过热；或混合棉质量不好，如 B 级 NC 细断度过大，C 级 NC 含氮量过高或过低，C 级 NC 含量过少等都会使塑化质量下降和局部塑化不良。有色斑点是药料中混进杂物造成的，例如药料沾了机油而产生黑道，混进了红、蓝色杂物而产生红点、蓝点等。硬豆是药料中混进了干药颗粒，加强过滤措施可防止干药进入成型段。气泡是药团中的空气或

溶剂蒸气在成型过程中没有来得及排出而造成的，预压冲头下降过快，或压成型时压伸压力上升过快，都会使气体驱除不尽。

③药条变形。主要是指压伸药条直径变大（粗药）、直径变小（细药）、药条扭曲（弹簧药），截面不圆（变形药）和毛刺等现象。产生这类疵病的原因是药模成型段出口处不光滑或有干药，使出药阻力增大或出药速度不均匀。药条在出口处暂时受阻的瞬间，由于体积流量没有变导致药条直径胀大而形成粗药；出口处有干药时，使出口断面减小或呈不规则而产生细药和变形药；如果药条在出口处各点摩擦力不一样，而金属面摩擦力小于干药对药条的摩擦力，药条就会发生扭转，产生弹簧药。凡出口处不光滑或有干药时，药条表面必然不光滑、有毛刺等。

④药孔不规则。主要是指内孔位置不正确（偏孔、内聚、外张）、内孔尺寸不正确（扩孔、窄孔）、内孔数量有误（少孔、多孔、无孔等）。主要是药模和模针本身的缺陷造成的，另外也与药料的流动性质有关。孔位不正的原因是模针位置不正，或压伸时没有使用针套；多孔药的模体收缩角过大时，边针受力矩作用大导致药孔易内聚；收缩角过小时药孔易外张；药料中有硬豆、气泡时，模针受力不平衡也会产生偏孔。孔径增大的原因是模针有锈或光洁度差，针座没有突出部，出药速度过快，后两种情况使药料的径向压力减小、药料对针的紧贴力过小而使孔径增大，位于中心的孔更易扩大；孔径缩小的原因是模针磨损严重；溶剂过多，药条过软，内孔容易被压扁。孔数有误主要是针的问题，使用过久或装针不牢产生断针或掉针时会产生少孔或无孔；药料中混入棉线或金属网丝等挂在针架上也会产生多孔。

3）晾药、切药和筛选工序

（1）晾药。

压伸成型药条还需要经过切断才能得到所要求的长度。由于刚压伸出来的单基药药条通常含有 50%～60% 的溶剂，药条比较软，如果马上切断易压扁或堵孔，破坏药粒的几何形状。因此在切药之前需要先晾药，目的是驱除药条中的一部分溶剂，使药条变"硬"一些，保证切药时不变形。

晾药方式和时间依火药品号不同而异，燃烧层厚度较薄的小品号药溶剂挥发较快，一般在传送带上或晾药架（或晾药台）上晾几分钟即可；燃烧层厚度较大的药条，需要在专门的晾药室中晾药，让溶剂自然挥发。通常晾药室温度控制在 25～35℃、相对湿度 65% 以上，如果晾药温度过高、湿度过低，或晾药时间过长，造成溶剂挥发过快、过多，导致药条表面过硬，将影响切药的质量和安全。当残留溶剂含量降至 30%～40% 时即可进行切药，从安全角度考虑，切药前药条中的溶剂含量不能低于 20%。

（2）切药。

国内广泛使用的切药机有槽式切药机和旋刀式切药机。

槽式切药机常用来切断直径较小的药条（如枪药），也可以切断直径较大的药条。主要部件是一对送药辊和垂直上下移动的切药刀。送药辊上、下两辊的转向相反，药条压在两辊之间，靠两辊旋转向前推送，被上下运动的切刀切断。切药机刀速 200～280 次/min，切刀刀刃角度 12°～18°。药条与压辊之间没有相对运动，通过调整机器下部偏心轮的偏心距大小，可调节滑钩的位移，再通过齿轮传动机构，使送药辊每次转动一定的角度，切药长度完全由送药辊每次转过的角度来控制。在切药过程中，将药条整齐平铺在槽内，接头相互错开，药条前端压在两个送药辊中间，靠两个辊旋转（转向相反）将药条向前推送。槽式切药机的优点是适应范围广、药粒长度调节范围大，改装后也可以切断管状药。缺点是必须经过晾药至适当的硬度，否则送药辊会将药条压扁，操作不当时容易产生斜面药等不良品。

旋刀式切药机常用来切断直径较大的药条（多孔炮药），将药条直接喂入花板孔，并被上下两个送药辊推送到旋转刀盘处，旋转刀盘上装有 4 把刀片，以每分钟近千转的转速旋转，不断将送入的药条切断。每次喂入的药条数目由送药辊数目和花板孔数决定。送药辊通过蜗轮蜗杆和齿轮等传动机构与刀盘协调动作，切药长度通过调节齿轮变速机构、改变送药辊与刀盘的相对运动速度来控制。旋刀式切药机的优点是生产能力大，可以切未经晾过的药条，切出药粒的几何形状规整，长度的准确性较好。缺点是不适用于小型枪药等。旋刀式切药机的刀盘转速很快，切药过程中如有剩余药头停留在送药辊与切药刀之间，就可能摩擦发火，因此必须及时顶出药头，用压缩空气将刀刃上的药粉吹走，或定时用水喷湿切刀，以保证切药安全。

（3）筛选。

粒状药的筛选采用筛网进行机械分级，筛去过长、过短等不规则的药粒及药粉，提高药粒尺寸的均匀性。通常情况下，筛选后的过长过短药粒含量不超过 1%，不规则药粒不超过 4%。过长药是指长度超过指标规定上限 1.5 倍的药粒，过短药是指长度短于指标长度下限 1/2 的药粒。筛选一般放在切药之后或预烘之后，也有在切药后、组批和包装前都设置筛选设备，依需要而定。目前使用的筛选设备主要有平板式和转筒式两类，前者如往复斜面筛，由多层不同尺寸的带孔平筛板构成，药粒在筛板上经往复振动逐层通过筛孔达到分级目的。斜面筛构造简单，生产能力大，但筛选效果较差，对于均匀性要求高的品种需要与转筒筛配合使用。使用转筒筛时，由多个转筒筛（筛孔尺寸不同）串联起来，转筒筛旋转过程中分别筛去长药、短药和药粉。转筒筛可连续化筛药，效率较高，但设备构造较复杂，更换筛网不方便。

机械筛选不可能将含有白花、气泡、杂质等组分不均匀的药粒和压扁、斜面、堵孔等不规整药粒筛分开来，这类不良品需要人工挑选。管状药的过长、过短、白花、毛刺、扁孔等不良品也需要人工挑选。

4）驱溶工序

单基药在切药工序后尚含有 30%～40% 的醇醚工艺溶剂，需要采用专门的设备和工艺将其驱除。为了保证发射药有稳定合格的物理及化学安定性、机械强度和弹道性能，单基药成品对残留挥发分的含量有严格要求，挥发分要控制在合理范围内，通常是经驱溶后内挥（挥发性溶剂）为 0.2%～1.5%，外挥（水分）为 1%～2%。另外，由于驱除出来的溶剂量很大，需要尽可能回收利用，以减少溶剂消耗，降低产品成本，也减小对环境的污染。因此，单基药的驱溶和挥发分控制是非常重要的工艺过程。

（1）驱溶工艺原理。

干燥是一个典型的化工单位操作，它的基本理论及其一般规律也适用于火药的驱溶工艺。但发射药是一个较复杂的人分子体系，它不完全相同于一般晶体物质的干燥。随着药粒中溶剂的驱除，NC 大分子之间相互作用，分子之间距离会随之减小，药粒发生收缩，药粒中的毛细孔也随之越来越小，表面甚至会结成硬壳，使火药内部的溶剂向表面扩散的阻力越来越大。如何调整好溶剂在药粒内部向外的扩散速度与药粒表面溶剂的汽化速度之间的关系，是单基药驱溶过程中的特殊矛盾。通过长期实践经验的总结，较好的方法是通过预烘、浸水、烘干三个步骤来完成单基药驱溶的全过程。

①预烘。在较低的温度和较高的湿度条件下，驱除药粒中的大部分溶剂，控制药粒结构，既不使药粒表层过早硬化，又不使药粒结构过松。预烘一般使药粒中的溶剂驱除至含 10%～15%。预烘阶段的关键问题是避免驱溶前期溶剂挥发速度过快，导致药粒表面过早收缩结成硬壳，阻碍后期药粒中剩余溶剂的进一步驱除。因此，预烘前期要适当降低温度，提高湿度，并保持药粒周围空气中的溶剂含量，以减小前期溶剂挥发速度，改善火药的组织结构，有利于内部溶剂向外扩散。

②浸水。预烘结束时，防止药粒表层结成硬壳的矛盾已经解决，采用浸水的工艺方法可加快驱溶速度，有效缩短整个驱溶周期。浸水是将火药浸入水中，以水为溶剂溶解火药中的挥发性溶剂，其实质是固-液萃取过程。乙醇在水-药

两相中因浓度不同而扩散，从药中不断进入水中，一定浓度的乙醇水溶液又是乙醚的溶剂，可将药中的乙醚浸出来，但必须使水中的乙醇浓度小于平衡分配浓度。浸水过程中，NC 的收缩速度赶不上水和溶剂的扩散速度，水很快占据了一部分溶剂的位置，阻碍纤维和大分子的收缩靠拢，从而减小内扩散阻力，这是干燥空气无法实现的。浸水阶段的主要矛盾是要防止药质疏松，需要控制浸水置换溶剂的速率不宜过快，避免药体来不及收缩就硬化定型，造成发射药的松质结构。浸水之后，火药中残留溶剂含量降至 2% 左右。

③烘干。主要任务是驱除火药中的水分(也称为外挥)。火药中的水分有结合水和非结合水两种，非结合水比较容易除去，结合水则以氢键和溶剂化作用与 NC 大分子相结合，或存在于纤维毛细管中，渗透到药体内部孔隙，封闭于药体结构之中，因而结合水不易完全除尽。浸水后火药中含有 9%～25% 的水分，其中大部分是非结合状态的表面湿润水，少部分是结合水分。通过烘干过程，使火药的内挥(工艺溶剂)达到成品要求，外挥(水分)稍低于成品要求，再经吸湿处理，达到成品外挥要求。在烘干阶段，火药的结构已无多大变化，但随着水分减少，火药的各项感度越来越高，需要加强安全技术控制。

(2)预烘设备和工艺。

早期的预烘设备主要是预烘柜，能耗大，产品质量不均匀，劳动强度大，现已很少使用。目前使用的有移动式预烘箱、预烘塔(驱溶塔)和转筒预烘机等。

①移动式预烘箱工艺。移动式预烘箱的结构如图 3-1-17 所示。一般由12～16 个安装在轨道上可移动的金属箱组成，火药置于箱内铜网上。箱体的上、下与抽送风管出入口的罩子紧贴。风管固定不动，单、双数格的抽送风方向相反。每隔一定时间，将箱列向前推送一格，使各箱风向变化一次。各格热风的温度、湿度可以相同，也可以逐格升高。各箱从第一格移至最后一格时，即完成了预烘过程。

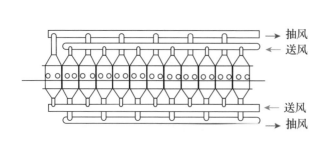

图 3-1-17　移动式预烘箱结构示意图

②预烘塔(驱溶塔)工艺。预烘塔(驱溶塔)的结构如图3-1-18所示。一般由四节组成,上两节为预烘段,下两节为汽浸段,塔的两侧有抽风管和送风管,每节塔内有5~6根排风管,每排平列6根,风管的剖断面呈菱形,以便于药粒流动。排风管交叉排列,一排送风,一排抽风。风从送风管下部进入药层,从附近的抽风管下部抽出。药粒在塔内的移动速度由预烘后挥发分要求确定。

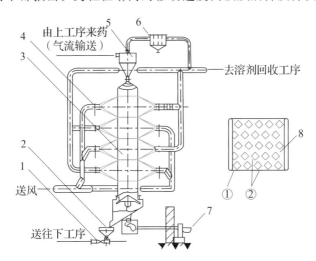

图 3-1-18 预烘塔结构示意图

1—送药喷射泵;2—接药漏斗;3—预烘塔体;4—风管插板;5—旋风分离器;
6—过滤沉降器;7—电动机;8—塔节纵断面;(①塔壁,②塔内风管)。

③转筒预烘机工艺。转筒预烘机结构如图3-1-19所示。转筒直径0.7~1.2m,长12~30m,转筒与水平倾角0.3°~2°,转速1~6r/min。一般由2~4个转筒组成,各转筒之间利用位差或气流输送药粒。位差输送较安全,但转筒

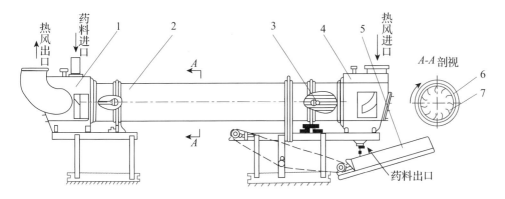

图 3-1-19 转筒预烘机结构示意图

1—进料箱;2—转筒;3—雨淋喷头;4—卸料箱;5—输送螺旋器;6—石棉保温层;7—叶片。

数目多时厂房高度增加，占地面积较大；气流输送占地面积少，设备集中，但动力消耗大，安全性差。转筒预烘机内安装许多抄药板，转动时抄药板将药料带到一定高度撒落下来，构成不断的落药流，送入的热风与药粒逆向流动。

预烘工艺条件随产品种类、季节气候和设备而变化。各种预烘设备的工艺条件如表 3-1-5 所示。

表 3-1-5　预烘工艺条件

设备		风温/℃	相对湿度/%	抽风量/(m³·t⁻¹·h⁻¹)	送风量/(m³·t⁻¹·h⁻¹)	药流量/(kg·min⁻¹)	预烘周期/h	备注
移动式预烘箱		25~34	65~80	≥1000	抽风量85%	—	4~10	12箱系列
预烘塔		28~32	65~80	1200~1600	1000~1200	≈5	5~10	指前两节
转筒预烘机	第一节	28~40	80~95	1400	1000~1200	<25	2~6	枪药条件
	第二节	30~48	75~90					
	第三节	35~55	70~85					

(3)浸水设备和工艺。

浸水设备包括水浸和汽浸两种，常用的有浸水池、桌式烘干机(兼作汽浸机使用)和驱溶塔(汽浸段)。

①浸水池工艺。浸水池是最传统的一种浸水设备，实际上就是由钢筋水泥砌成的池子。浸水池侧壁有不锈钢密封闸门，池底有 10~20cm 高的支架，下面装有铝制多孔加热管调节池内的水温，池壁有移液管，可从不同高度抽出上层乙醇含量较大的水，打到另外一个池内循环使用，直到水中乙醇浓度超过 4% 时，送去回收溶剂，废水则从池底排走。火药可以袋装或散置于池内，管状药需要先扎成六角形药捆，防止浸水过程中药条收缩变形。

浸水池结构简单，操作容易，适应性强，溶剂回收率高。但浸水操作是间断式作业，劳动强度大，产品质量不够均匀。炮药的浸水工艺条件如表 3-1-6 所示。

表 3-1-6　浸水池炮药浸水工艺条件

药∶水比(重量比)	水温/℃	加水的溶剂浓度/%	换水时溶剂浓度/%	含溶剂水用途	换水次数/次	换水时间/h
1∶1.5~1∶2	20~25	2~3	5~6	送去分馏	1	24
1∶1.5~1∶2	30~35	清水	2~3	第一次浸水用	2	12
1∶1.5~1∶2	40~45	清水	2~3	放去	3	视内挥含量定
1∶1.5~1∶2	常温	清水	2~3	放去	4	视内挥含量定

②桌式烘干机工艺。桌式烘干机可兼作汽浸设备,只不过是送入热风相对湿度接近100%,风温45~50℃。汽浸和烘干在同一台设备中完成,减少了设备和药料的转运,减轻了劳动强度。汽浸与水浸相比,周期短,质量比较均匀。但汽浸工艺的缺点是回收气体湿度大,影响活性炭吸附溶剂气体,溶剂回收率低于水浸工艺。

③驱溶塔(汽浸段)工艺。驱溶塔(汽浸段)设备已在前面"预烘设备"中介绍,其第三、四段为汽浸段。送风的相对湿度为75%~90%,风温45~60℃,抽风量略大于送风量。塔式汽浸工艺的驱溶效率高,周期短,内挥较均匀,它使汽浸与预烘实现了连续化。存在的问题是小粒药有粘壁现象,影响内挥的均匀性,也不适用于管状药,用于大粒药驱溶时需要多个塔节,增加工房高度。

(4)烘干设备和工艺。

根据物料的流动状态,烘干设备有静置烘干和流动烘干两类。桌式烘干机为静置烘干设备,转筒烘干机为流动烘干设备。

①桌式烘干机工艺。桌式烘干机的构造如图3-1-20所示。用角钢制成支架,烘干槽内衬铝板,槽底有木质假底,假底上铺设金属多孔板或竹帘。热风管在槽底分成4个支管,热风从支管进入槽底,均匀分散穿过药层,散布到烘房中,废气从烘干槽上方抽出室外。由于烘干过程比较危险,在烘干过程中严禁进入工房翻药,烘干工艺参数均为远距离控制。

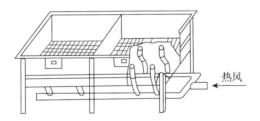

图 3-1-20　桌式烘干机结构示意图

②转筒烘干机工艺。转筒烘干机的结构与转筒预烘机相似(见图3-1-19),由于药料流动过程中易产生静电,故药粒需经石墨预光泽后才能进入转筒烘干机烘干。转筒之间不用气流输送,而是依靠高位差流动。转筒转速可以调节,一般控制在1.5~4r/min。转筒烘干机具有连续生产、效率高、外挥均匀、存药量小、劳动强度小等优点。缺点是药粒之间、药粒与热风之间摩擦与碰撞剧烈,静电较大,药粉和碎药容易聚积,若清理不及时或不彻底,给安全带来威胁。另外,转筒烘干机只能烘干粒状药,不能烘干管状药。

烘干和吸湿的工艺条件随设备、火药种类而异,表3-1-7为代表性工艺条件。

表 3 - 1 - 7　烘干、吸湿工艺条件

工艺条件		桌式烘干机		转筒烘干机		
		烘干	吸湿	第一节	第二节	吸湿节
送风温度/℃	枪药	50～65	35～45	45～62	40～50	30
	炮药	50～55	25～50			
送风相对湿度/%	枪药		＞78			70～85
	炮药		＞95			
送风量/(m³·t⁻¹·h⁻¹)	枪药	1500～1800	1500～1800	≥3000	≥2400	≥1700
	炮药	1000～1500	1500～1800			
时间/h	枪药	18～25	2～3	～9	～9	～6
	炮药	20～100	4～6			

注：抽风量比送风量大 15%

　　预烘—浸水—烘干吸湿是相互联系的过程，制定工艺条件时要综合考虑。对于不同品号的发射药，三个阶段的任务轻重是有区别的。例如，弧厚小的药粒，预烘速度应大些，使表层较为致密，浸水条件则要缓和些，烘干的速度可以快些；大弧厚药粒的驱溶任务重，预烘条件要缓和，以防止表面结皮，浸水条件要强化，以缩短周期。

　　(5) 多功能罐驱溶设备与工艺

　　为提高单基发射药的驱溶效率，21 世纪初有工厂从国外引进了小尺寸单基发射药多功能罐驱溶设备与工艺，驱溶过程全部在多功能罐中完成。

　　①多功能罐驱溶设备。多功能罐为封闭式设备，每罐单次处理能力约400kg。图 3 - 1 - 21 为多功能罐驱溶设备系统示意图。多功能罐驱溶工艺风采用

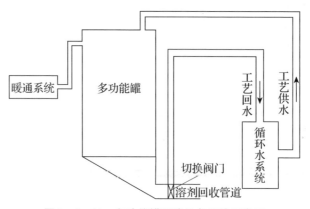

图 3 - 1 - 21　多功能罐驱溶设备系统示意图

上进下出的方式穿过发射药制品，以保证发射药与工艺风能够充分、均匀地接触；工艺水通过设备上方输入，经 U 形管完成回流并控制罐内水量。在整个驱溶过程中，发射药颗粒静止不动，热水或热风进行循环运动。由于实现了全程水循环，水浸过程由传统工艺的静态变为动态，大幅提高了驱溶效率。另外，在工艺风、工艺水的供应方面，每一套多功能罐均设置独立的暖通系统，使驱溶工艺所需温度、湿度的保障更加精确可靠，也可以实现总体生产能力的动态调配。

②多功能罐驱溶工艺。针对不同品号的产品，多功能罐的驱溶工艺过程和工艺条件有所不同。一些小品号发射药粒不需要浸水，只需要进行驱溶和烘干两个工艺步骤，发射药装入罐内后开启热风循环系统，驱溶阶段温度控制在40～50℃，时间4～12h；烘干阶段温度控制在50～60℃，时间4～12h。大品号发射药粒或需要驱除药粒中预添加的盐来制备多气孔药时，需要进行预烘、浸水和烘干三个工艺步骤，预烘阶段开启热风循环系统，温度控制在40～50℃，时间4～12h；浸水阶段关闭热风循环系统，将水加入罐中使发射药粒全部浸在水里，并进行水循环，温度控制在30～40℃，时间8～16h；烘干阶段关闭水循环系统，将罐内的水全部排放掉，切换到热风循环系统，温度控制在50～60℃，时间4～8h。

5）混同包装工序

发射药产品制造过程中，为弥补工艺条件波动以及原材料差异造成的产品不均匀性，需要将一定数量的小批经过混同工艺组成一个大批，以保证同一批产品的质量均匀性。另外，经过混同还可以改善小批产品的某些不足，如有的小批弧厚可能偏下限，与弧厚偏上限的小批混同可使总批弧厚平均在中限。

适用于粒状发射药的混同设备有圆斗式混同器、重力式混同器、第三联动混同器及带式混同器等。

（1）圆斗式混同器。

圆斗式混同器适用于多种类型的粒状发射药，主要由混同漏斗和14个接药斗构成。圆斗式混同器的结构如图3-1-22所示。在混同过程中，发射药粒从漏斗经调节环被锥形分散器分散成14路，沿溜槽流入接料斗中。

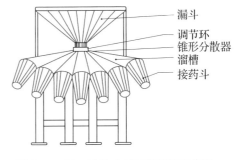

图 3 - 1 - 22　圆斗式混同器结构示意图

在混同过程中，先把参加混同的药粒分成许多小袋，每袋12～20kg。将全批药袋分成相等的甲、乙两组，分放在混同器的两侧。第1次混同时，甲、乙两组各取7袋交叉倒入混同器，每袋被混同器分成14份，流入14只口袋中，这样每倒完14袋就分装成新的14袋，按一定的顺序重新分放，直至所有药袋混完第1遍。第2次混同时，须按一定的顺序取袋，进行交叉混同，直至全部药袋混完第2遍。第3遍混同的方法与第2遍相同。

混同均匀性与混同次数的关系如下：

$$m = \frac{W}{14^n} \quad (3-1-6)$$

式中：m 为混同 n 次后每袋中含有最初药量的分数；W 为每袋药质量；n 为混同次数。

式(3-1-6)是按每袋药粒被混同器等分的情况下得到的，实际上混同设备不可能将药粒完全等分，但可以肯定的是混同次数越多均匀性越好。理论计算结果表明，混同3次后，m 值为 W 的 0.36‰，达到了非常均匀的程度。因此，混同次数一般为不少于2次，大多选择3次。除了混同次数外，混同效率还与排袋、取袋方式及操作情况有关，应尽量使同一小批、同一横排的药在下一次混同时不相遇。

圆斗式混同设备的优点是混同质量好、占地面积小、部分未经石墨光泽的药粒也可进行混同。缺点是劳动强度大、耗费人工多、生产过程中无法人机隔离操作。

(2)回转型混同器。

回转型混同主要为双锥混同工艺设备，适用于经过光泽处理后的粒状发射药，主要由加料仓、双锥混同机、上下缓存料仓、伸缩式输送管、气动控制阀、分料仓系统、自动分料器、真空输送系统及控制系统等组成。回转型混同的工艺流程如图 3-1-23 所示。

双锥型混同机是回转型混同器的核心设备，具有混合均匀、存药量小、安全高效的特点。双锥混同机采用特殊几何形状结构(见图 3-1-24)，以一种全方位的三维运动混同方式，使机内的粒状药始终处于流动、滑动、移动、掺合等混合状态，直至充分混合，实现了固体物料的无动力混合及均匀度的最大化。

当原料仓内有药粒时，启动控制开关，上缓存料仓上的真空输送机开始工作，将药粒向上缓存料仓内输送，上缓存料仓内药粒达到额定量时，真空输送机停止工作；气爪开启双锥混同机的上阀门，伸缩输料管插入阀口，上缓存料仓的出料阀门开启，将药粒全部加入双锥混同机；加料完成后，伸缩输料管收回，关闭气动阀门，双锥混同机开始工作，上缓存料仓继续上料。双锥混同机工作结束后，下缓存料仓上的伸缩料斗对准混同机的出料口，气爪开启混同机

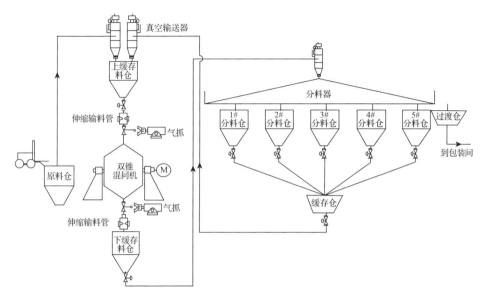

图 3 - 1 - 23　回转型混同工艺流程示意图

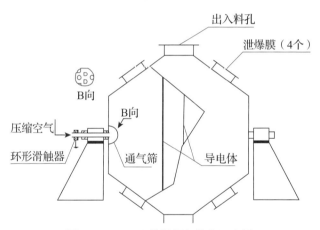

图 3 - 1 - 24　双锥混同机结构示意图

出料阀门，将药粒转入下缓存料仓。开启分料器上的真空输送机，将下缓存料仓内的药粒送入各个分料仓，完成首次混同。各料仓分别向缓存仓加入一定量混同好的药粒，同时上缓存料仓上的真空输送机开始工作，将药粒加入双锥混同机再次混同，混同结束后通过下缓存料仓、分料器将混好的药粒转入包装间。

回转式混同器的优点是混同效果好，混同过程易于实现无人化。缺点是双锥混同机每次混同药量较少，但可以通过改进设计，设置多个双锥混同机并行工作，混同均匀后依次放料，提高混同效率。

（3）重力式混同器。

重力式混同器属于连续化混同设备，其结构如图 3-1-25 所示。混同器内有许多高低不同、分散在不同位置的下降管，下降管都通到混同器底下的混同锥体内。

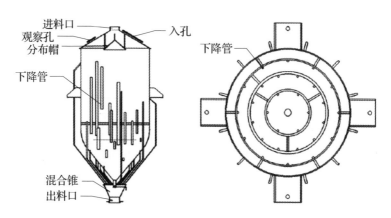

图 3-1-25　重力混同器结构示意图

在混同过程中，用气流输送方式将发射药粒输送至混同器，药粒靠自身重力从不同高度落入下降管内，流至混同锥体进行混同，在原理上是分别取不同高度和部位的颗粒进行混合，通过自行循环造成颗粒高度和位置的重新分配。混同效果与混同器内下降管的数量及其分布有关，下降管数量越多，从不同高度和不同位置流入的颗粒越多，混合得越均匀，但由于下降管的直径不能太小，混合器直径一定时，下降管的最大数目也基本确定。对一定数量的下降管，分布越合理，混同效果越好。

重力式混同器的优点是生产过程连续化，混同过程人机隔离；缺点是药粒的上料采用气流循环输送，静电积累量较大，通常适合于经石墨光泽药粒的混同。另外，对大品号药粒的混同效果较差。

（4）第三联动混同器。

第三联动混同器适用于大颗粒炮用发射药的混同，混同器结构如图 3-1-26 所示。混同器上部和下部为分料漏斗，中间部分为 28 格存料仓。整个混同设备系统由 2 套混同装置组成，如图 3-1-27 所示。

在发射药混同过程中，药粒由提升机自动提升至 1 号混同装置，由分料漏斗的匀速旋转均匀分配在混同

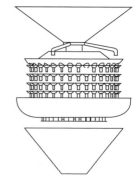

图 3-1-26　第三联动混同器结构示意图

器的 28 格存料仓里，28 格存料仓先后一格一格地放料，实现一次混同，再由 2 号传送带将药粒传输至 2 号混同装置，由分料漏斗均匀分配在混同器的 28 格存料仓里，一格一格地放料后由回流口出料，经 1 号传送带回到 1 号混同装置。重复以上步骤，混同结束后由包装口出料。

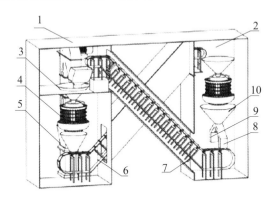

图 3-1-27　第三联动混同设备系统示意图

1—1 号混同装置；2—2 号混同装置；3—分料漏斗；4—混同器；5—提升机；

6—传送带；7—斜面筛；8—回流口；9—包装口；10—分料器。

第三联动混同器的优点是生产过程连续化，可适应多种类型的粒状发射药，混同均匀性较好；缺点是占地面积大，现场存药量多，混同效率较低。

(5)带式混同器。

带式混同器由 8 个加料漏斗、1 个混同漏斗、1 个分配漏斗、1 台斜面筛和 4 条皮带组成。连续式的带式混同器结构如图 3-1-28 所示。

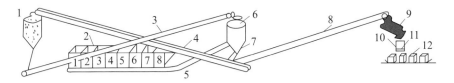

图 3-1-28　带式混同器结构示意图

1—混同漏斗；2—加料斗；3、4、5、8—传送皮带；6—分配漏斗；7—斜面筛；9—振动筛；

10—磅秤；11—称量斗；12—包装箱。

在发射药混同过程中，将参加混同的各小批都均分成甲、乙两个大组，分别加入 1~8 号加料斗中。料斗加满后，开动 5 号皮带将药粒送至斜面筛 7，筛去药粉和杂质。药粒从斜面筛滑到 4 号皮带上，4 号皮带再将药粒送入混同漏斗。待混同漏斗中药量达 1/3 时，开动 3 号皮带，打开混同漏斗的出料口，将药粒送入分配漏斗。待分配漏斗中药量达 1/3 时，打开分配漏斗的回流管，开始回流进行自混。当混同漏斗和分配漏斗内装满药粒后停止加料，自混约 30min。打开分配漏斗的出料口，一部分药粒用 8 号皮带送至斜面筛，经自动称量后包装，另一部分回流到混同漏斗后停止出料，自混约 30min。再一边出料，一边回流，直至全部药粒包装完为止。

6）其他

（1）表面光泽处理。

为了消除静电、提高药粒的流散性和装药密度、改善弹道性能等目的，有的发射药产品还需要进行表面光泽处理。光泽的任务是在发射药粒表面附着一层石墨，石墨兼有导除静电和润滑剂的作用。对于小尺寸药粒，由于其比表面很大，烘干时与热风摩擦或药粒间摩擦极易产生静电，通常在烘干前用石墨预先光泽，称为"预光"。石墨用量一般是发射药重量的 0.1%～0.3%。

国内常用的间断式设备是转鼓式光泽机。其转鼓用铜制成，机内侧壁上均匀分布着向内凸出的拱形条筋，可使药粒随转鼓转到一定高度后再落下来，达到药粒相互摩擦和均匀混合的作用。将发射药和石墨一次加入转鼓中，开机 0.5～1h 即可出料。

（2）表面钝感处理。

有的发射药产品为改善其燃烧性能和内弹道性能，还需要对其进行表面钝感处理。通过在发射药表层渗入一定浓度梯度分布的钝感剂（降低燃速的材料），钝感剂含量由表及里逐渐减少，钝感后的发射药燃速由表及里递增，形成良好的增燃效果。发射药表面钝感过程是将钝感剂溶解于合适的溶剂（通常为乙醇、乙酸乙酯等）中，采用干法喷涂工艺或水介质中湿法搅拌工艺使钝感剂溶液与发射药颗粒表面充分接触，钝感剂溶液向发射药内部扩散、渗透，钝感剂在发射药中由表及里形成浓度梯度分布，最后除去溶剂。单基药最常用的钝感剂是樟脑（NA）、DBP 等，钝感剂的用量一般为发射药重量的 1%～3%。

干法钝感工艺可与表面光泽在同一设备中进行。在转鼓式钝感光泽机上进行表面钝感时，先将发射药加入转鼓中，再用自动喷枪向发射药颗粒喷射钝感剂溶液。对于既需要光泽也需要钝感的产品，先加入发射药和石墨量的一半，开机运转数分钟后，喷入钝感液量的一半，然后加入剩余石墨，运转 30min 后，再喷入剩余钝感液，运转 35min 后停机出料。喷液装置对钝感质量影响很大，必须将钝感液喷成细而均匀的雾状，不能有较大的液滴存在，液滴会使药粒表面轻微膨润软化互相黏结，影响钝感质量。喷液方向与转鼓的转动方向相反，以保证钝感液与药粒表面有充分的接触。

转筒钝感光泽机是可用于钝感和光泽的连续式设备。为了进行两次喷射操作，由两个转筒组成。转筒直径 1～1.2m，每个转筒隔成两室，用直径 0.5～0.6m 的圆锥孔连通，以增加存药量，提高混合效果。每个转筒都有喷射装置，药粒先进入第一台转筒的前段，喷入一半钝感液，混合后通过锥形孔进入后段，使药粒充分吸收钝感剂。借高位差流入第二台转筒，喷入剩余的钝感液，再经混合与吸收，直至出料。

湿法钝感工艺通常采用机械搅拌釜设备，在水介质中加入发射药和钝感剂溶液，在一定温度和一定搅拌时间后出料。

经过表面钝感处理的发射药中残留一定含量的溶剂（配制钝感液加入的溶剂），湿法钝感工艺还有不少水分，还需要再次烘干以驱除溶剂和水分。

3. 溶剂回收

溶剂回收是溶剂法工艺生产单基药的重要组成部分。生产 1t 单基药，通常要投入乙醇 0.5～0.7t、乙醚 0.7～0.8t。在生产过程中，绝大部分溶剂都挥发到空气中或浸入水中。无论从经济方面还是从环保方面考虑，都要将溶剂加以回收利用。溶剂回收包括溶剂气体回收和混合液分馏回收。

溶剂气体回收的关键是"吸附"，国内多用活性炭吸附法，工艺过程包括吸附、解吸、烘干、冷却，称为四步法。也可将冷却、吸附合为一步，称为三步法。

1）活性炭吸附法工艺原理

经活化处理的活性炭（吸附剂）具有 $600\text{m}^2/\text{g}$ 以上的活化表面，表面层的分子依靠范德华引力将吸附质的分子吸附、堆积在吸附剂表面上。吸附具有选择性，不同的吸附剂对物质的吸附能力不同，活性炭对碳氢化合物（醇、醚）的吸附能力最大，而且吸附质的沸点越高，越容易被吸附。吸附量与温度和压力有关，在一定压力下，吸附能力随温度的升高而降低；温度一定时，吸附能力是压力的函数，用弗罗因德利希（Freundlich）经验吸附方程式表示（适合较低压力范围内使用）

$$\frac{X}{m} = ap^{1/n} \text{ 或} \frac{X}{m} = \frac{abp}{1+ap} \qquad (3-1-7)$$

式中：X 为被吸附的蒸气量；m 为吸附剂的质量；p 为吸附达到平衡后的蒸气分压；a、b、n 为经验常数，$n>1$。

活性炭吸附溶剂的数量有一定限度，在一定温度和压力下达到饱和时的吸附量称为吸附剂的"静活性"；在一定温度和压力下通过吸附剂的废气中出现吸附质时的吸附量称为"动活性"。达到动活性时，吸附过程到达"转效点"（通常将尾气中溶剂含量开始超过 $0.2\text{g}/\text{m}^3$ 时作为转效点），虽然"动活性"只相当于"静活性"的 85%～95%，但转效点以后，吸附剂的吸附能力开始降低，这时应停止吸附，进行解吸。

解吸是向活性炭层通入热的水蒸气，将活性炭加热到吸附质的沸点以上，将被吸附的溶剂脱除出来。解吸出来的溶剂蒸气随同水汽经过冷凝，可以完全液化为混合液。解吸加热温度根据溶剂的沸点而定，一般要超过溶剂沸点 15～20℃。开始在较低温度下脱除乙醚，以后逐渐提高蒸气温度，使乙醇脱出，最后使炭层温度升至 115℃ 以上，使残余乙醇脱除干净，整个解吸过程的时间为30～60min。

解吸后，活性炭中含有 35%～45% 的水分，影响活性炭的再吸附，需用热风烘干至水分在 10% 左右。水分烘得过低，冷却后又会吸附空气中水分。烘干后的活性炭温度很高，不利于再次吸附，需用冷空气进行冷却后再使用。

2）吸附设备

吸附器是吸附法工艺过程中的关键设备，主要有立式吸附器与卧式吸附器两种。立式吸附器的结构如图 3-1-29 所示，卧式吸附器的结构如图 3-1-30所示。立式吸附器中混合气体通过炭层分配较均匀，结构紧凑，占地面积小，但装炭量小，吸附能力低，设备和厂房高，操作管理较困难；卧式吸附器结构简单，装炭量多，炭层厚度较小，吸附量大，可露天放置。

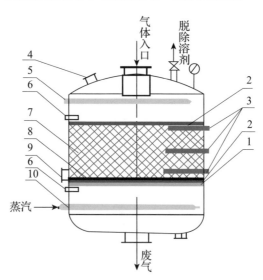

图 3-1-29   立式吸附器

1—多孔板；2—铜丝网；3—温度计；4—防爆孔；5—安全水管；6—测压管；7—活性炭；

8—卵石或焦炭；9—缺陷料口；10—蒸气管。

吸附器的尺寸由溶剂回收量决定。立式吸附器一般直径为 3~4m，炭层厚约 1m；卧式吸附器长 7~9m，直径为 2m，炭层厚度 0.6~0.9m。

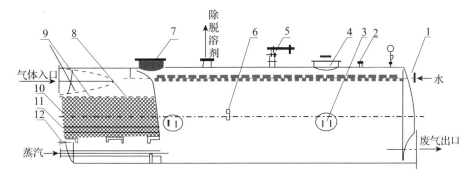

图 3-1-30　卧式吸附器

1—安全水管；2—取样孔；3—卸料口；4—人孔；5—安全阀；6—温度计；7—防爆孔；

8—活性炭层；9—铜丝网；10—卵石(或焦炭)；11—多孔板；12—取样孔。

3)混合液处理工艺原理

回收溶剂气体的冷凝混合液和浸水工序中含有溶剂的水，需要经过分馏和精馏，才能获得浓酒精和乙醚。驱水工序的稀酒精也需要经过精馏来提高浓度。分馏是利用混合液各组分沸点的不同，将混合液分离成为纯组分的过程。分馏所得的液体还达不到质量要求，需要采用复杂的蒸馏形式，使不同沸点的物质彻底分离，这个过程称为"精馏"。精馏过程的物料运动如图 3-1-31 所示。精馏塔内(由许多层塔板隔开)易挥发性气体自下向上运动，待精馏的和回流的液体自上向下流动。在每层塔

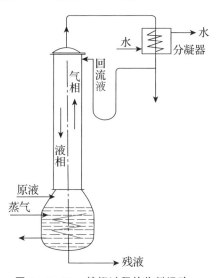

图 3-1-31　精馏过程的物料运动

板上，气液两相充分进行传热和传质，使易挥发组分从液相和气相转入气相，难挥发组分从气相和液相转入液相。经过多层塔板反复作用，从塔顶排出的几乎全部是易挥发组分的蒸气，在塔底所得到的几乎全部是难挥发组分的残液。易挥发组分的蒸气经冷凝即成为高纯度的馏出液，其一部分再回流到塔内。

4)混合液处理工艺

由于乙醚、乙醇、水的沸点相差较大，容易分馏，所以混合液处理通常分两步进行。第一步是醇醚分馏和乙醚精馏，第二步是酒精精馏。工艺上常采用

两塔法，由乙醚分馏塔和酒精精馏塔组成。混合液预热至 $50\sim60℃$，从乙醚塔的中下部塔板加入，乙醚塔上部馏出的是成品乙醚，乙醚塔下部排出的稀酒精进入酒精塔。稀酒精经过沉淀后和浸水的含醇水混合，其中加入碱液 0.05%，预热到 $80\sim86℃$，通过酒精塔一起精馏。酒精塔塔底排出的是废水，塔顶馏出的是成品乙醇。主要工艺条件如表 3-1-8 所示。

表 3-1-8　溶剂混合液回收处理工艺

塔名	温度/℃				
	塔顶	塔中	塔底	回流液	分馏器出口
乙醚塔	34	$60\sim70$	$90\sim95$	$30\sim32$	
酒精塔	$75\sim79$	$81\sim84$	$103\sim107$		$74\sim76$

3.1.3　半溶剂法挤出成型工艺

对于双基发射药、混合酯发射药、叠氮硝胺发射药、三基发射药等，由于配方组分中含有 NG 等含能增塑剂，对 NC 具有一定的增塑作用，采用溶剂法挤出工艺加工成型时，需要加入的工艺溶剂量较少(约为单基药的 1/3)，习惯上称其为"半溶剂法挤出成型工艺"。除了应用于发射药的加工成型外，也可应用于燃烧层厚度较小的双基推进剂和改性双基推进剂的加工成型。

1. 主要工艺流程

半溶剂法挤出成型工艺过程与单基药的溶剂法挤出成型工艺有较大差异。在以吸收药料为主要原材料的基础上，主要是增加了造粒工序，简化了驱溶工序，塑化工序也有明显差别。其主要工艺流程如下：

造粒 → 塑化 → 压伸 → 晾药 → 切药 → 筛选 → 驱溶 → 混同包装

上述工艺流程中，压伸、晾药、切药、筛选、混同包装工序与溶剂法工艺加工制造单基药相同。

造粒：驱除吸收药料中的剩余水分，并切割成一定大小的颗粒。习惯上该颗粒也称为吸收药片。

塑化：吸收药片、工艺溶剂在捏合机的机械作用下获得具有一定可塑性的药料。三基发射药和改性双基推进剂中的固体组分可以在吸收药料制备过程中加入，也可以在塑化工序加入。在水中溶解度偏大的组分只能在塑化工序加入。

驱溶：半溶剂法工艺中，一方面是加入的工艺溶剂含量较少，另一方面是药体中有含能增塑剂，工艺溶剂向外迁移相对容易一些，含有固体组分的非均质发射药中工艺溶剂更容易向外迁移。因此，驱溶过程比单基药简单，不需要采用浸水工艺。

2. 主要加工过程

1）造粒工序

(1) 压延驱水和造粒。

在 3.1.1 节中制备的吸收药料含有较大量的水分，其中的物理结合水需在较大的压力下挤出，目前通常在压延机上进行。在压延驱水过程中，一方面使药料进一步混合均匀，另一方面随着药料中水分的减少，NG 等增塑剂与 NC 之间的溶解能力增强、分子间力加大，使药料得到一定程度的塑化。压延机有光辊压延机和沟槽压延机两种设备，压延机上有两个平行的辊筒，辊筒空腔内可通热水(或水蒸气)调节温度，两个辊筒相对向内旋转，辊筒的间隙可以调节。

光辊压延机主要利用两个表面光滑的辊筒对药料挤压驱水，需要经过反复多次人工操作，将物料从两辊上方加料和从下方接料，并通过调整两辊间距提高驱水效率。挤压至含水量 2%左右的片状时，再采用切割机切成小片。光辊压延机的驱水效率低，人工操作强度大。

沟槽压延机两辊表面有数条轴向排列的沟槽，辊筒两端镶嵌有成型环，环上有多个小孔，在成型环的两端装有圆盘刀。吸收药料加入两辊中间受挤压变形，由于两个辊筒的沟槽形式不同，药料很容易粘附在工作辊表面上形成一个薄的圆桶。药料不断地从辊筒中央加入，受到两辊挤压的同时向两端移动，并从工作辊两端的环形孔中挤出成棒状，再通过圆盘刀切成粒状。沟槽压延机驱水效率高，并且可以实现连续化工艺。

在吸收药料压延过程中，压延机两辊的温度较高(通常在 90℃以上)，加上强烈的挤压和摩擦生热，使药料温度常在 100℃以上。在此温度下 NC、NG 等含能组分存在较明显的热分解，当散热速率小于放热速率时，热量积累导致药温升高，达到发火点以上就会发火燃烧。为了降低着火率，可调整药料水分、加料速度、辊距和辊筒转速。压延后药粒的水分一般控制在 2%左右，后续再进行烘干。

(2) 烘干。

经压延造粒后的药料所含的水主要是物化结合水，由药料内部向表面扩散，然后再向周围介质蒸发。物化结合水自然扩散的速度较慢，一般采用烘干的方法驱水。通常将药料中的水分含量烘干至 1%以下即可。

热风烘干采用辊筒式烘干机，设备主要部件是一个滚筒，滚筒倾斜一定的角度，筒内有纵向叶片。需烘干的药料从滚筒的一端进入，随着滚筒的旋转，药料被叶片抄起至滚筒上方落下，由于滚筒倾斜，药料每反复一次就前进一段距离，从滚筒的一端连续流动至另一端。在滚筒内的热风与药料逆向流动，将药料表面的水分驱除掉，达到烘干的目的。若要调节药料烘干时间，可调节辊筒的倾斜角度；若要调节药料温度和水分，可调节烘干热风的温度和风量。空气中的相对湿度也对烘干效果有影响，相对湿度大时可适当提高风温。在发射药生产工厂，也有在烘房中采用盆式烘干设备进行烘干的，对于小批量科研试制可以采用水浴烘箱进行烘干。

2）塑化工序

将吸收药片在一定的机械挤压作用下，通过 NG 等增塑剂和工艺溶剂对 NC 的溶塑作用，削弱 NC 大分子链间的作用力，使其获得挤出成型所需要的塑性。

半溶剂法工艺中的塑化设备与溶剂法工艺加工单基药的设备相同，间断式工艺采用缸式捏合机。主要采用乙醇与丙酮的混合溶剂作为工艺溶剂，塑化工艺条件主要是控制溶剂比、温度和时间。

①溶剂比。溶剂比（工艺溶剂与药料干量之比）根据配方组分的不同而有所差别，通常在 0.2～0.35，主要可通过控制溶棉比（配方组分中的增塑剂与工艺溶剂的总量与 NC 干量之比）来确定。醇酮比与 NC 的含氮量有关，通常在 1：0.7～1：1，NC 的含氮量低时丙酮比例低一些。三基药的塑化对溶剂比非常敏感，溶剂用量不足时，药料长时间不能塑化成为可塑药团。与单基药不同的是，三基药塑化物料有一个"结块"的突变过程。塑化开始阶段（约 1h），虽然药料已充分混合，但仍处于松散状态，未形成可塑性药团；随着 NC 被溶剂膨润、溶解，药料逐渐由松散状结成大小不等的块状，"结块"过程在较短时间（5～10min）完成，结块后的药料黏度大大增加，受到搅拌翅的剪切应力也增大，至此硝基胍（NQ）、RDX 等固体组分才能更充分地分散到基体中。过早或过迟"结块"都不利于三基药的塑化质量，溶剂比是影响"结块"迟早的重要因素。

②塑化温度。半溶剂法工艺的塑化温度一般控制在 30～40℃，高于单基药的塑化温度。虽然从热力学角度考虑降低塑化温度有利于 NC 的溶解，但从动力学角度考虑，温度高一些有利于溶剂分子的扩散，药料黏度降低也有利于固体组分的分散。实践证明，升温有利于三基药物料的塑化，而且对温度很敏感，塑化开始阶段，捏合机夹套需通热水升温，药料"结块"之后黏度增大，搅拌翅摩擦生热，药料升温很快，这时需通冷水降温。从安全考虑，塑化温度不宜超过 40℃，也避免工艺溶剂和 NG 的过分挥发。

③塑化时间。双基药、三基药等配方组分较多，三基药中还含有大量的固体组分，需要较长的塑化时间。半溶剂法工艺的塑化时间通常在 2～3h，硝基胍三基药的塑化时间还要明显加长。这是由于三基药成分较多且固体组分含量高(通常在 40%以上)造成的。硝基胍固体填料与火药基体的充分混合，需要有外力的作用(搅拌翅提供外力)，而且要有充分的时间。曾将塑化 3h、4h、5h 的药料压制成火药样品，在扫描电镜下观察，其形态结构有较大的差异。在塑化 3h 的火药样品显微图像中，缝隙纵横交错，致密程度很差；在塑化 4h 的火药样品显微图像中，可以看到药料流变过程中有局部重叠交融，但仍有大量缝隙没有融合，缝隙表现明显的走向，这种定向趋势大的缝隙即使在均质发射药中也是低温弹道反常的隐患；在塑化 5h 的火药样品显微图像中，只观察到窄的时断时续的缝隙，塑化致密程度进一步提高。国内硝基胍三基发射药研制过程中，曾一度将塑化时间缩短至 2h，由于出现弹道反常的概率很大(其原因是多方面的，塑化时间较短只是其中一个原因)，才将塑化时间延长至 5h。

3)压伸(挤出)成型工序

捏合塑化好的药料在室温下放置一段时间，即所谓"熟化"后，药料温度从 40℃ 左右降至室温，并趋于一致，有利于提高成型质量。由于药料温度与其流动性质关系密切，温度过高或不均匀，极易在压伸成型过程中出药不齐或出现各类疵病。塑化药料放置过程中应保证密封，防止溶剂的过分挥发。

半溶剂法工艺压伸(挤出)成型工序可以采用与单基药相同的两次成型步骤，第一步压伸过滤，第二步压伸成型。但往药缸中装药时通常充入氮气(或其他惰性气体)，以减少压伸过程中由于空气绝热压缩产生爆炸事故的概率。

为提高压伸成型工序的效率，也可以采用一次成型工艺，但塑化之后的药料先进行"压块"，然后进行压伸成型。压块的目的是进一步改进塑化药料的塑化程度，把塑化药料压成密实的块状物(形状和压伸成型的药缸一样)除去夹在药块中的空气。压块设备为一台预压机，药料先装在压缸内(同时通入稳定的惰性气流)，再盖上一个重的滑动盖，一个液压驱动的活塞从底部加压至一定压力，保持 1～2min。操作完成后，滑动盖打开，冲头将药块从缸上部顶出。两个药块组成一次压伸成型的装药，如果不马上压伸成型，需将药块罩上一个铝罩，以防止溶剂挥发。压伸成型可在水压机或油压机上进行，将上述两个药块装入压缸(直径与压块机相同)，通入惰性气体后压伸成型。一次成型工艺和二次成型工艺相比，简化了操作，提高了效率，发射药质量和二次成型相比没有明显差异。

4）驱溶工序

半溶剂法工艺的驱溶工序比单基药的溶剂法工艺简单得多，不需要预烘、浸水、烘干等多个步骤，只需要直接烘干即可。一方面是塑化工序使用的工艺溶剂量较少（溶剂比为单基药的 1/3 左右），经过压伸成型、晾药、切药后，药粒中的工艺溶剂通常在 10% 左右；另一方面是发射药内部结构也有利于工艺溶剂的驱除，增塑剂和固体组分的存在降低了 NC 与工艺溶剂的结合力，非均质三基药中的工艺溶剂易于沿着固体颗粒与黏合剂的界面扩散到发射药表面。

烘干工艺可以采用与单基药烘干相同的设备。图 3-1-32 为一种车式烘干装置，或称为烘干车。它除了具备一般间断设备结构简单、通用性强、清扫使用方便的优点外，多层结构的烘干车比较高，物料向空间伸展，故占用工房面积减少。再配以专用出料装置，使用也比较方便。小批量科研试制样品也可以采用水浴烘箱烘干。

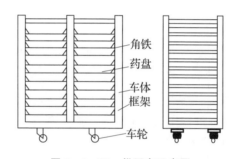

图 3-1-32   烘干车示意图

驱溶工艺主要采用程序升温方式，通常是从 35℃ 开始，按 5℃ 的步长程序升温至 50℃，烘药时间与发射药结构、药型尺寸、烘药设备有关。非均质结构、药型尺寸小、通风条件好的烘药时间可短一些。表 3-1-9 为均质发射药烘箱法烘药的典型工艺条件。

表 3-1-9   半溶剂法工艺均质发射药烘箱法烘药工艺条件

温度/℃	相对湿度/%	烘药时间/h		备注
		18/1 管状药	6/7 粒状药	
35±2	75～85	24	24	
40±2	75～85	24	24	
45±2	75～85	24～36	24	挥发分含量
50±2	—	8～12	8～12	水分含量

对于固体组分含量较多的三基药(如硝基胍三基发射药),也可以先在室温下晾药后直接烘干。药粒散放在晾药盘上,在室温下晾药 1~2 天后进入烘干阶段。烘干自始至终在较高的温度下(约 50℃)进行,根据火药弧厚大小,烘干时间为 1~3 天。

3. 半溶剂法工艺的溶剂回收问题

目前半溶剂法工艺均不进行溶剂回收,原因有经济和安全两方面因素。从经济方面考虑,溶剂回收是一个动力、人力消耗很大的工艺过程,半溶剂法工艺塑化工序加入溶剂量较少,仅为单基药的 1/3,回收气体中溶剂蒸气浓度也较低,回收起来并不经济。从安全方面考虑,在塑化、压伸、烘干等工序,火药中的少量 NG 也随工艺溶剂一起挥发,使回收气体中存在微量 NG 蒸气(每立方米气体中几十毫克),将随着溶剂蒸气一起进入活性炭吸附器内,活性炭大约能吸附回收气体中 NG 的 10%,其余 NG 蒸气随尾气排入大气。根据计算,每生产 100t 三基药,可能有 25kg 的 NG 被活性炭吸附。积少成多,活性炭吸附的 NG 总量可达到活性炭重量的 13%(仍未饱和),关键是吸附的 NG 不能和吸附溶剂一起解吸出来,吸附量越来越多的活性炭吸附器像一个"定时炸弹"一样很危险。曾试验其撞击感度,含 13%NG 的活性炭粒,用 5kg 落锤,在 820mm 落高的撞击下,爆炸百分数为 20%~35%。所以,世界上几乎所有间断法工艺生产双基药和三基药的国家都不回收溶剂。

20 世纪 70 年代,美国开始研究三基药或多基药半溶剂法工艺生产线中的溶剂回收技术,找到一种苯乙烯-二乙烯基苯共聚物(一种树脂),它对 NG 有较强的吸附能力,而对丙酮、乙醇的吸附能力很低。回收气体首先通过这种聚合物分离出微量 NG,以便下一步安全地回收溶剂。吸附了 NG 的吸附剂可用丙酮处理和再生,丙酮对吸附剂无有害作用。美国雷德福弹药厂新设计的自动化多基药生产线,已经增设了溶剂回收系统。

3.1.4 无溶剂法挤出成型工艺

对于 NC 含氮量较低的双基发射药和双基推进剂,配方组分中的 NG 等增塑剂对 NC 有较好的溶塑作用,可以采用无溶剂法挤出工艺加工成型。目前,无溶剂法挤出成型工艺主要用于加工双基推进剂和固体组分含量不太高的改性双基推进剂,用于加工双基发射药的产品相对较少。目前采用螺压机螺旋挤出成型,也有少量双基发射药采用水压机或油压机柱塞式挤出成型,两者的工艺特性及工艺设备有明显差异。

1. 螺旋挤出成型主要工艺流程

在无溶剂法挤出成型工艺中，火药的各种组分全部在吸收药加工(见 3.1.1 节)过程中加入。由于加工成型过程中不需要加入工艺溶剂，挤出成型后也没有驱溶工序。因此，无溶剂法挤出成型工艺过程相对比较简单，工艺周期大大缩短。另外，无溶剂法挤出成型后药型尺寸不存在驱溶收缩的影响，但有一定程度膨胀的影响。

图 3-1-33 为双基推进剂螺旋挤出成型的完整工艺流程图。

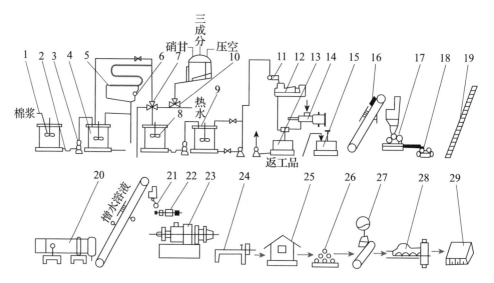

图 3-1-33　双基推进剂螺旋挤出成型工艺流程图

1—NC 浆调浓机；2—阀门；3—泵；4—NC 浆主贮槽；5—套管加热器；6—压力表；7—吸收喷射器；8—吸收混同槽；9—接收槽；10—乳化喷射器；11—电磁除铁器；12—一次螺旋驱水机；13—废水槽；14—二次螺旋驱水机；15—混料槽；16—斗式提升机；17—连续压延机；18—切割机；19—螺旋输送机；20—滚筒烘干机；21—磁选机；22—滚筒筛；23—螺旋挤压机；24—切药机；25—恒温晾药；26—选药车药；27—探伤；28—包覆；29—组批包装。

在 3.1.1 节 NC 驱水和吸收药料制备加工的基础上，无溶剂法挤出成型工艺的任务，一是药料在较高的压力和较高的温度下塑化；二是挤压制成具有一定几何形状尺寸、结构致密的药柱。主要工艺流程如下：

塑化：采用压延机在较高的温度和较高的压力下进一步驱除药料中的水分，药料中的水分减少后，NG 等增塑剂与 NC 之间的溶解能力增强，使药料塑化，

同时也使药料中各组分进一步混合均匀。

压伸：采用螺压机在较高的温度和较高的压力下将塑化药料通过模具挤出成型，在螺杆推送过程中，药料也获得进一步的塑化。

切药：无溶剂法工艺挤出成型推进剂药柱通常直径较大，主要采用专用车床切割成所需要的长度。对于直径较小的药条也可以采用专用刀具进行切割。

检选：对于药型尺寸较大的推进剂药柱，除了进行必要的外观检选外，通常需要采用探伤仪对其内部结构进行探伤，将内部有缺陷的药柱剔除。

组批包装：按产品规范要求，将一定数量的产品组成一批进行包装。对于发射药和由多根药柱组成的发动机装药，需要先混同后再包装。

2. 螺旋挤出成型主要加工过程

1）塑化工序

驱水后的吸收药料仍含有较多的物理结合水，需较大的压力和较高的温度才能驱除，因此塑化工序的前期主要是进一步驱水，药料中的水分减少后，NG等增塑剂与 NC 之间的溶解能力增强，在挤压和剪切作用下使药料塑化。

塑化工艺设备为压延机。图 3 - 1 - 34 为连续式沟槽压延机的结构示意图。

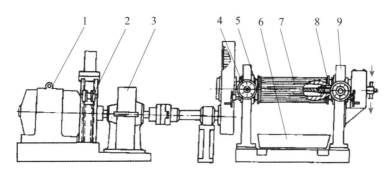

图 3 - 1 - 34　沟槽压延机结构示意图
1—电动机；2—电磁安全刹车装置；3—减速箱；4—调距机构；5—圆盘刀；6—承料盘；
7—辊筒；8—成型环；9—机架。

压延机有两个辊筒，相对向内旋转，两个辊筒之间的间隙较大并可调节。辊筒的空腔内可通热水（或水蒸气）调节温度。两个辊筒表面均刻有轴向沟槽，沟槽形式如图 3 - 1 - 35 所示。辊筒两端镶嵌有成型环，环上有多个小孔，在成型环两端装有圆盘刀。压延机工作时，药料加到两个辊筒的中间，药料受到挤压变形，由于两个辊筒的沟槽形式不同，药料很容易黏附在工作辊表面上，形成一个薄的圆桶。药料不断地从辊筒中央加入，并不断地被挤向辊筒的两端，药料逐渐塑化完全，通过成型环上的小孔挤成棒状，并被圆盘刀切成粒状，形成基本塑化好的药粒。

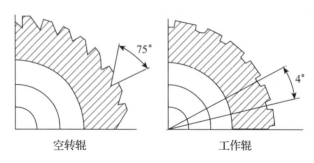

图 3 - 1 - 35　压延机辊筒构槽形式

压延辊筒的转速通常为 $10\sim15$r/min，工艺热水温度一般控制在 $80\sim95℃$。药料在辊筒上停留时间为 $4\sim5$min。由于压延过程中的挤压力很高，药料受挤压摩擦生热，火药物料在高温下本身的热分解也很剧烈，故药料温度常在 $100℃$ 以上，如果局部药料在辊筒上停留时间过长，容易导致热量积累、药温不断升高，达到发火点以上时药料就会发生着火燃烧。在实际生产中，该压延工序也是最容易发生安全事故的工序。

为了保证加工过程的安全性，在压延结束时药料中仍然含有一定的水分，水分含量一般控制在 $1\%\sim2.5\%$，后续再采用烘干工艺驱除。由于剩余水分基本属于物化结合水，从药粒内部向表面扩散的速度很慢，因此，通常采用强化的烘干工艺驱除。例如，采用滚筒式热风烘干，设备主要部件是一个滚筒，滚筒倾斜一定的角度，筒内有纵向叶片，滚筒以一定的转速旋转。需烘干的药料从滚筒的一端进入烘干机，随着滚筒的旋转，药料被叶片抄起，至滚筒上方落下，由于滚筒倾斜，药料每反复一次就前进一段距离，如此反复，药料从滚筒的一端连续流动至另一端。在滚筒内与药料流动逆向吹入热风，将药料表面的水分驱除掉。

烘干的另一目的是调节药粒温度，使之适合于压伸成型工序的需要。不同品种塑化药料的表观黏度相差甚远，只能靠烘干工序调整药料温度来调整药料的表观黏度，使之与挤出机的工艺参数相适应。

需要调节烘干后药料的水分与温度时，可调节烘干热风的风量和风温。若需调整烘干时间，可调整滚筒的倾斜角度，角度增大时，可缩短药料在滚筒内的停留时间。

2)压伸成型工序

采用螺旋挤出机将烘干后的塑化药料通过模具制成具有一定密度、一定几何形状尺寸的药柱。药柱的形状一般为实心药柱、单孔管状药柱或内孔为多角星形的药柱。外径可由几毫米至数百毫米。

(1)成型设备。

螺旋挤压成型工艺设备通常是一种单螺杆锥形螺压机，其结构如图 3-1-36 所示，主要由螺杆、机体、加料斗和传动部件等组成。螺杆是一个刻有螺纹沟槽的圆锥体，凸出的部分为螺翅(其中向着机头方向的螺翅侧面为螺翅的推进侧，背着机头方向的为螺翅的拖曳侧)，凹下去的部分为螺槽；机体内壁衬有可以更换并带有纵向沟槽的机筒，外壁有循环水保温夹套，可以通水调节温度；机体内镶入铜质衬套，避免螺杆与机体摩擦碰撞时产生火花，铜质衬套的内壁刻有纵向沟槽，以增加药料与铜套之间的摩擦力，有利于提高产量。螺杆和机体的间隙增大时产量降低，但药料黏度大时，间隙可适当增大，与圆柱形螺杆相比，锥形螺杆容易调节间隙。

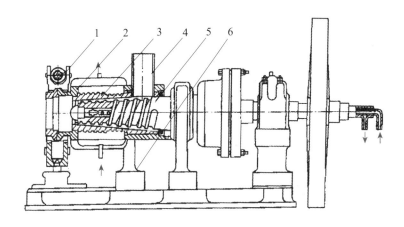

图 3-1-36　螺旋挤出机结构示意图
1—夹头；2—机体；3—铜套；4—加料斗；5—螺杆；6—机座。

(2)成型工艺。

药料由加料斗进入挤出机，被旋转的螺杆向前推进，药料进一步塑化，药料被推至机头进入模具腔道挤出成型。

火药组分大多受热后容易分解，且热分解温度较低，因而对加工温度有一定的限制。另外，火药本身的表观黏度很高，加工时一般压力较高，双基药挤出成型时机头压力常在 30~50MPa。药料在如此高的压力下挤压变形，必然会使其温度进一步升高，为了保证加工过程的安全性，在螺杆和机体内都通有工艺循环水将热量导走。尽管如此，经实测证实，机头处的药温通常比工艺热水温度高出 20~30℃。

另外，压制双基推进剂时在螺压机和模具的夹套中通热水，可以调节药料与器壁之间的摩擦系数、药料塑化质量、消耗功率、螺压机的产量。根据实验测试结果，螺压机各部位的温度比模具温度的影响大得多，在模具各部位中，后锥温度的影响较大。影响药温的主要因素是螺杆温度，螺杆温度升高，药温升高；影响电流的主要因素也是螺杆温度，螺杆温度升高，电流值降低；影响压力的主要因素是药料温度，药料温度降低到一定值时，压力升高；影响产量的主要因素是螺杆和机体的温度，螺杆温度升高、机体温度降低时，产量升高。一般情况下，采用较高的螺杆温度、较低的药料温度和机体温度，可以实现优质、高产、低消耗的目的。

因此，双基推进剂螺旋挤出成型工艺的重点是温度控制。需要控制的温度有药料温度（简称料温或药温）、螺杆温度、机体温度，以及模具前锥体、后锥体、成型体的温度等。

（3）双基推进剂药料在螺压机内的流动状态。

在螺旋挤出成型过程中，由于螺槽体积的逐渐减小和机头处模具等的阻力，药料在向前移动的过程中逐渐受到螺杆的挤压及螺杆与机筒的剪切作用，使药料的物理状态、黏度、温度等在螺压机内不同的部位经历不同的变化。根据这种变化，可以把螺杆分为喂料段、过渡段和均化段三个工作段，如图 3-1-37 所示。各段的长短随配方组成和工艺条件的不同而改变。

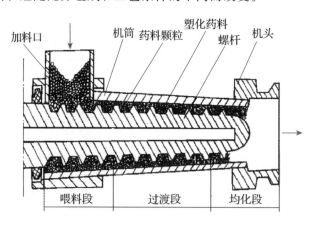

图 3-1-37　药料在螺杆上分段情况示意图

①喂料段。喂料段也称为输送段。塑化药粒进入螺压机内被螺杆向前推进，开始没有受到挤压作用或受到的挤压力很小，药粒基本仍为颗粒形状，但颗粒间隙逐渐缩小，此时螺杆只起输送作用，故有输送段之称。塑化药粒在输送段的运动可分解为旋转运动和轴向运动。旋转运动是由于药粒与螺杆之间摩擦力

的作用，药粒被螺杆带动一起旋转；轴向运动是由于螺杆旋转时产生的轴向分力将药粒向前推动。如果药粒与螺杆之间的摩擦力大于药粒与机筒之间的切向摩擦力，就会产生旋转运动，反之则产生轴向运动。为了提高输送效率，需要减小药粒与螺杆之间的摩擦力，增大药粒与机筒之间的摩擦力。在喂料段的药粒温度较低而有较高的剪切强度，不易被剪断，也不易产生较大的塑性变形，因而可产生较大的推力。这一段是决定能否建立起足够高机头压力的关键段。螺压机壳体刻纵向沟槽或降低喂料段温度均可使机头压力提高。

②过渡段。过渡段也称为压缩段。随着药粒向前移动，药粒受到越来越大的挤压和剪切作用，靠近螺翅推进侧的药粒在机筒的拖曳作用下首先被压紧，并逐渐向螺翅拖曳侧发展；同时，靠近螺翅拖曳侧嵌进机筒沟槽内的药粒受到较大的剪切作用，剪切应力超过其流动屈服值后首先发生黏性形变而黏合，形成所谓的"塑化棱"。随着药料向前移动，剪切作用逐渐增强，并由机筒和螺翅拖曳侧附近向螺翅推进侧和螺根附近发展，直到药料界面完全黏合。药粒在挤压和剪切过程中，药粒之间存在的气体也逐渐被挤回到输送段，由加料口排出。过渡段是药粒发生黏性剪切形变的螺杆工作段，也是影响成型质量的关键段。可通过调整工艺条件使过渡段保持一定长度，以保证塑化质量。

③均化段。药料承受的剪切应力均已超过其流动极限，全部发生黏性形变而成为黏性流体。完全塑化的药料进一步混合，使各部位的压力、温度进一步均化，在热、挤压、剪切力的作用下，药料界面完全黏合而"凝固"成一个均匀的整体。最后药料在一定压力下沿着螺槽定量而均匀地流入模具。由于强烈的混合、剪切、摩擦，使药料有较高的温升，对挤压热敏性的固体推进剂需要重点关注，均化段过长不仅没必要，而且是危险的。

实际上，药料在螺压机内的流动是一个连续过程，螺杆并不能分成严格的工作段。随着药料的性质、工艺条件的变化，这种区域也会随之变动。

(4)模具的结构。

首先，模具需要具有一定的阻力，保证有足够的机头压力使药料塑化。形成阻力的结构是药柱的截面积小于螺压机截面积，或小于模具截面积。先经扩张再收敛的结构可以压制出大于螺压机直径的药柱，目前可压制螺压机直径1.5倍的药柱。

其次，药料在流动过程中有保持原来形状的"记忆效应"。如一圆形模具的出口部变为方形时，挤出制品仍接近圆形。模具结构上需要使"记忆"效应减至最小限度，才能获得形状尺寸稳定的制品。这需要使模具的截面由螺压机的截面逐渐变成所需形状的截面，并有平滑的接合。

　　双基推进剂螺压模具的结构如图 3 - 1 - 38 所示，发射药螺压模具的结构如图 3 - 1 - 39 所示。模具主要部件有进药嘴、剪力环、前后锥体、成型体、模针及针架等。

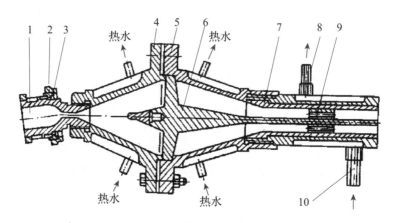

图 3 - 1 - 38　双基推进剂螺压模具示意图

1—进药嘴；2—剪力环；3—卡环；4—前锥体；5—后锥体；6—模针及针架；7—成型铜套；

8—成型体钢套；9—定位环；10—水嘴。

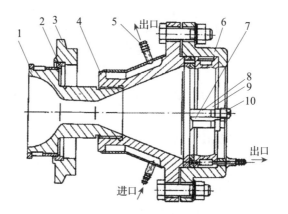

图 3 - 1 - 39　发射药螺压模具示意图

1—进药嘴；2—剪力环；3—卡环；4—前锥体；5—热水嘴；6—模座；7—成型体；

8—模针及针架；9—定位环；10—堵头。

　　进药嘴：是模具与螺压机的连接部件，它通过球面使通道截面积缩小，形成咽喉状，然后再扩张，并与锥体连接。咽喉部的作用是进一步排除空气或挥发性气体，使之不进入模具，否则会使制品带入气泡；药料在喉径处剪切速率较大，使药料更加均化；喉径的尺寸对机头压力也有一定影响，减小喉径会使机头压力略有升高。

剪力环：剪力环是安全装置。当压力超过规定值时，剪力环被剪断，使模具与螺压机脱开，起到泄压的作用。

锥体：由扩张段和收敛段两段组成。扩张角与收敛角一般可取 44°和 38°，制品直径增大时，角度可适当增大。锥体直径与成型体直径之比称为模具压缩比，一般为 2～6。也可用二者的面积之比，一般为 5～50。当制品直径增大时，压缩比可适当减小。

成型体：决定制品的形状和尺寸。为保证尺寸稳定，成型体需要具有一定的长度，长径比一般取 3.5～10。制品直径增大时可取下限。

模针及针架：针架用来固定模针，针架的筋应做成流线型，并且截面积应尽可能小，以使药料通过针筋后容易愈合。制品的内孔尺寸由针径控制。

（5）药料在模具内的流动状态。

经螺压机塑化后的药料进入模具后，由于流速低、药料黏度大，一般情况下属于层流。药料进入前锥体后流道扩张，边界上的流速与中心流速很接近；进入后锥体后流道截面减小，中心与边界间的速度梯度增大；进入成型体后速度梯度明显增加，使 NC 分子受到拉伸而定向排列，混合效果进一步增强。

若流道中心流速过快，边界流速较慢时，边界附近的药料受到的拉伸力较大，拉伸力超过药料的拉伸强度时，在挤出成型药柱的表面会出现表面粗糙现象，甚至被拉断。出现这样的问题时应调整内外摩擦系数的比例，即降低药料的温度，并提高成型体和模针的温度。一般取内外摩擦系数之比为 5～7 为宜。

（6）离模膨胀的影响。

双基推进剂挤出成型药柱离开模具后会产生一定程度的膨胀，使其外径大于模具成型体的内径，内径小于模针的直径。因此，模具成型体与模针的尺寸与药柱实际要求的尺寸也是不同的。双基推进剂的膨胀率一般为 3%～5%。

双基推进剂挤出成型后的膨胀与药料在模具内的受力和流动情况有关。药料进入模具的收缩段内受到轴向和径向的挤压作用，产生轴向拉伸和剪切流动以及径向压缩形变。一方面，在轴向拉伸和剪切流动中，NC 大分子沿着流线伸展取向，当药料流出成型体后，热运动使 NC 大分子发生卷曲（也称反取向），使药柱发生径向膨胀；另一方面，药料在收缩段中受到径向压缩发生黏弹性压缩形变，当外力消失以后，黏弹形变的可逆性使药柱发生一定的径向膨胀。但 NC 与一般线型高聚物一样也存在应力松弛，使药料在流动过程中受到的应力随时间延长而不断减小，直至完全消失。药料不受径向压力就不存在径向压缩形变。因此，双基推进剂挤出成型后发生膨胀的原因有两个方面：一是由于轴向拉伸和剪切流动中的取向与反取向；二是收缩段中的径向压缩黏弹形变。因此，各种能影响药料的黏弹形变和 NC 大分子取向、反取向的因素都会影响成型药柱的膨胀程度，主要有：

①药料性质：不同组分药料的黏弹形变和松弛过程不同，其膨胀程度也不同。溶塑质量好的药料，NC 大分子容易取向和反取向，膨胀率大。

②模具结构：收缩段的压缩比大时，药料在收缩段受到的径向压力大，膨胀率大；成型体长径比大时，药料在成型体内停留时间长、松弛好，膨胀率小。

③工艺条件：药温升高时，流动性增大，虽然易于反取向，但药料在收缩段内的径向压力下降、径向压缩形变小，在出药速度相同的情况下，膨胀率减小；挤压压力增大时，药料在收缩段内的径向压力增大，膨胀率大；出药速度快时，药料在模具内停留时间短，松弛差，膨胀率大。

3）其他工序

经螺杆挤压成型的药柱，用气动切刀切成规定的长度。

对于固体推进剂，需要对药柱进行整形和探伤，然后按装药设计要求对药柱进行包覆处理。对于发射药，需要进行检选后组批包装。

3. 柱塞式挤出成型工艺

柱塞式挤出成型工艺采用水压机或油压机挤出成型，该类挤出成型工艺设备只能加工尺寸相对较小的药型，目前主要用于加工双基发射药。

无溶剂法柱塞式挤出成型的工序流程与无溶剂法螺旋挤出成型工艺基本相同，主要差别在于压伸成型工序。另外，由于柱塞式压伸成型工序对药料的塑化作用较弱，要求药料在塑化工序中塑化得更完全一些。

1）驱水和塑化

经过驱水机驱水的吸收药料中通常含有 10% 左右的水分，在卧式压延机上驱水的同时完成药料的塑化。工艺原理和工艺过程与 3.1.4 节大致相同，不同的是要求压延塑化的程度更高一些。采用光辊压延机压延时，需要增加压延次数，并在压延过程中调整两辊间距逐渐增大机械作用力，直至压延药片呈均匀透亮状态；采用沟槽压延机压延时，需要通过调整压延机的结构参数或工艺条件延长药料的压延时间。

2）压伸成型

压伸成型工序的工艺原理、工艺设备和工艺过程与 3.1.3 节大致相同，不同的是由于无溶剂法工艺双基药料的玻璃化温度较高，需要在较高的温度和较高的压力下才能挤出成型。一是在压伸成型前需要对塑化药片（药粒）加热保温（通常在 90℃ 左右）；二是药缸需要带循环水夹层，并通热水或水蒸气加热（通常在 90℃ 左右）；三是增大压伸机的工作压力，双基药的挤出成型压力通常在 35～45MPa。

3）其他

挤出药柱（药条）经过适当的晾药时间使温度降至室温后，便可以采用切药机切成所需要的长度，并进行检选后组批包装。

无溶剂法柱塞式挤出成型工艺相对较为简单，但只能小批量间断式操作，批次间的质量一致性难以保证，目前主要用于加工少量的双基发射药。

3.2 浇铸成型加工工艺

浇铸成型工艺是国内外广泛采用的固体推进剂加工制造工艺，也应用于部分混合炸药的加工制造。本章内容仅涉及推进剂成型加工工艺，混合炸药的浇铸成型工艺在第 4 章叙述。

浇铸成型工艺的加工条件比较缓和，可以加入挤出工艺中不易加入的高感度固体组分，以提高推进剂的能量。另外，浇铸成型工艺既可以在模具中浇铸成型，加工制造自由装填式装药，也可以将推进剂直接浇铸于发动机中，加工制造壳体黏结式装药。

浇铸成型工艺应用于固体推进剂的加工制造可分为三种类型：一是适合于双基推进剂、改性双基推进剂的粒铸工艺，也有文献称为充隙浇铸工艺；二是适合于交联改性双基（XLDB）推进剂、复合改性双基（CMDB）推进剂等高能推进剂的配浆（淤浆）浇铸工艺；三是适合于复合推进剂的固化反应浇铸工艺。上述三种浇铸成型工艺的差别主要在固化成型之前，固化成型之后的后处理（包括脱模、整形、包覆、无损检测等）工艺过程基本相似，可以相互参照。因此，三种浇铸成型工艺的后处理部分内容将在最后单独叙述。另外，三种浇铸成型工艺的模具装配内容也基本相同，也在后面单独叙述。

3.2.1 粒铸成型工艺

造粒浇铸工艺简称粒铸工艺，又称充隙浇铸工艺。粒铸工艺是美国炸药研究实验室为了适应火箭和导弹对大尺寸药柱的迫切要求于 1944 年发明的。由于用粒铸工艺第一次生产出了在弹道性能方面很具吸引力的平台推进剂，该工艺得到了重视和广泛应用。经过几十年的发展，粒铸工艺在欧美等军事强国已成为与挤出工艺、配浆浇铸工艺并列的一门十分成熟的推进剂成型技术。美、英、法等国家一直保持着很强的推进剂粒铸工艺生产能力，已装备的武器中采用粒铸推进剂作为发动机装药的有美国的陶式导弹、英国的旋火导弹、法国的霍特和飞鱼导弹等；日本也于 1969 年成功研究粒铸工艺，而且该工艺一直在应用和发展中。我国的粒铸工艺研究始于 20 世纪 60 年代初，由于许多原因而中途停止了。从 1986 年开始，我国对粒铸工艺方法进行了全面系统研究，并结合几种型号武器的发动机装药进行了配方研究，到目前为止工艺方法和工艺条件已达到比较成熟的程度，并且组建了一条粒铸工艺研制线和生产线。

主要工艺过程是先将 NC 和其他大部分固体组分进行造粒，药粒装填到模具或发动机中后再注入由液相组分（包括可以溶于液相的一些固体组分）配制的混合溶剂（液），最后固化成型。

与其他固体推进剂成型工艺相比，粒铸工艺具有以下特点：

(1)装药形式灵活。粒铸工艺既可以实现自由装填式装药，也可以方便地实现壳体黏结式装药，药柱尺寸大小不受限制，还可以浇铸出复杂结构的异型药柱。另外，粒铸工艺可以通过不同浇铸药粒混同的方法，方便地调整推进剂的组成和燃速。应特别指出，粒铸工艺可以在同一模具（或发动机）内装入配方不同的两种浇铸药粒（浇铸液料相同），很方便地完成由两种燃速不同的推进剂组成单室双推力装药的一次成型。

(2)对配方的适应性较强。在粒铸工艺中，大部分固体组分在造粒过程中加入配方中，而大部分液体组分通过浇铸液料的形式引入配方。在总配方中，液料所占的比例可在 25%～40% 范围内变化，固体组分（包括黏结剂）所占的比例可在 60%～75% 范围内变化，黏结剂所占比例最低可达 10%，这样的配方比例变化范围虽然不及配浆浇铸工艺那样宽广，但却是压伸工艺难以达到的。正是因为粒铸工艺对配方的适应性较强，该工艺在欧美军事强国得到了广泛应用，不仅用粒铸工艺实现了交联改性双基推进剂的研制和生产，而且还利用粒铸工艺进行高能硝酸酯增塑聚醚（NEPE）推进剂和聚叠氮缩水甘油醚（GAP）推进剂的研究。

(3)粒铸推进剂的性能良好。在粒铸工艺中，引入了挤出工艺中使用的吸收、压延、捏合和压伸等混合强度很大的工序，通过这些工序，燃烧催化剂及其他组分相互混合得更加均匀，这样使得燃烧催化剂的催化效率得到了提高，所以粒铸推进剂与配浆浇铸推进剂相比具有相对较低的燃速压强指数、燃速温度敏感系数和压力温度敏感系数。在粒铸推进剂成型过程中，NC 等黏结剂反复经受溶剂和机械剪切、挤压的作用，被塑化的程度高，高分子链得到了充分扩展，这样就加强了黏结剂对固体添加剂的黏结包覆作用，提高了黏结剂的黏结效果，并且造粒过程中的机械剪切、挤压作用有利于 RDX 等分子上的极性基团与 NC 分子上的羟基之间形成氢键,因此,相对于配浆浇铸推进剂,粒铸推进剂具有良好的力学性能,特别是较强的高温抗拉强度。粒铸工艺对于交联的弹性体推进剂的成型更为有利,这是因为黏结剂及其他配方组分的充分混合更有利于均匀地形成交联网络。另外,粒铸推进剂具有比配浆浇铸推进剂更低的摩擦感度和机械感度,为推进剂的加工、使用和运输提供了更安全的保证。

(4)粒铸推进剂性能稳定、重现性好。对于粒铸工艺,由于含大量固体组分的浇铸药粒已预先装填于模具或发动机内,药粒间相互支撑,紧密堆积,固体组分被黏结于粒子内部,使得在浇铸和固化过程中不会出现密度大的组分产生沉降的问题。所以,浇铸成型的推进剂性能稳定,批次之间的性能重现性好。另外,粒铸工艺在浇铸过程中流动的增塑剂液料黏度小,易于流动,不易于吸附气泡,可较好地保证药柱中不出现气泡。

与挤出成型工艺相比,充隙浇铸工艺简单,不需要复杂的设备和大量的工房,物料的处理条件比较缓和,安全性较好。但对于尺寸较小的装药,单发药柱的装填和浇铸是很不方便的,成本也较高。

1. 主要工艺流程

粒铸工艺包括浇铸药粒制备、混合溶剂配制、模具装配、药粒装填、浇铸、固化等主要成型工序和后处理(脱膜、整形、包覆、无损检测等)工序。其主要工艺流程如下:

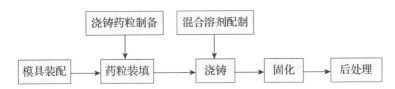

浇铸药粒制备:将 NC 和其他一些固体组分(根据需要确定)加工成长度和直径均为 1mm 左右的致密颗粒。

混合溶剂配制:将推进剂组分中除了浇铸药粒所含组分以外的其他各种液相组分和可溶于液相的固体组分混合在一起,配制成混合溶剂(液)。

模具装配:将在 3.2.4 节单独叙述。

药粒装填:将浇铸药粒装入模具(或发动机)中。

浇铸:将混合溶剂充满于先装填到模具(或发动机)内的药粒空隙之中。

固化:将浇铸于模具(或发动机)中的推进剂组分(固-液混合物)加热至一定温度,NC 被增塑剂膨润、溶解,形成具有一定形状和物理力学性能的推进剂药柱。

对于含有交联剂的改性双基推进剂，其固化过程还包含化学交联反应。

后处理：将在 3.2.5 节单独叙述。

2. 主要加工过程

1）浇铸药粒制备工序

浇铸药粒可以采用两种工艺方法制备。一是机械造粒工艺，采用溶剂法挤出成型工艺设备和相似的工艺方法，制备得到直径和长度都为 1mm 左右的小圆柱，通常称为"浇铸药粒"；二是球形药造粒工艺，采用溶解成球工艺方法（见3.3 节），制备得到球形药粒，球形药的粒度根据用途不同从几微米到几百微米不等。球形药的工艺周期较短，也比较安全，但球形药的预塑化程度及组分分布的均匀性不如用机械造粒工艺制备的浇铸药粒好。因此粒铸工艺主要使用机械造粒工艺的浇铸药粒。由于浇铸工艺的需要，配方中的固体组分基本都只能加在浇铸药粒中，少量可以完全溶解于混合溶剂的固体组分也可以在配制混合溶剂过程中加入。

（1）浇铸药粒类型。

根据不同配方，所用的浇铸药粒通常有三种类型。

①单基浇铸药粒。浇铸药粒中主要含 NC 以及少量的安定剂和附加组分，也可以含有少量的增塑剂。粒铸工艺中，浇铸药粒与浇铸溶剂的体积比为 2∶1左右，采用单基浇铸药粒浇铸的推进剂药柱中 NC 含量较高，主要用于加工制造高模量的自由装填式装药的双基推进剂。

②双基浇铸药粒。除 NC 外，还加入一部分 NG 或其他增塑剂。用双基浇铸药粒浇铸成型的推进剂药柱塑化质量较好且能量较高，可以加工制造模量较低、延伸率较高的壳体黏结式装药的双基推进剂。

③复合改性浇铸药粒。将大量固体氧化剂和金属燃料加入双基浇铸药粒中，用于制造复合改性双基推进剂。该加工制造的推进剂能量很高，同时 NG 和增塑剂的含量大于 NC 的含量，主要适用于壳体黏结式装药。

三种浇铸药粒的典型组成及由它们组成的推进剂配方示例如表 3-2-1 所示。

表 3-2-1　典型的浇铸双基和复合改性双基推进剂的组成

组分	单基浇铸药粒		双基浇铸药粒		复合改性浇铸药粒	
	药粒	推进剂	药粒	推进剂	药粒	推进剂
NC/%	88.0	59.0	75.0	50.2	30.0	22.3
增塑剂/%	5.0	36.0	17.0	44.0	10.0	32.8

（续）

组分	单基浇铸药粒		双基浇铸药粒		复合改性浇铸药粒	
	药粒	推进剂	药粒	推进剂	药粒	推进剂
弹道添加剂/%	5.0	3.4	6.0	4.0	—	—
固体氧化剂/%	—	—	—	—	28.0	20.8
固体燃料/%	—	—	—	—	29.0	21.6
安定剂/%	2.0	1.6	2.0	1.8	3.0	2.5

（2）浇铸药粒制造工艺。

机械造粒工艺可根据浇铸药粒组分的不同，分别采用类似的溶剂法（或半溶剂法）制造单基、双基和三基发射药的设备和工艺，详见本章溶剂法挤出工艺、半溶剂法挤出工艺部分。需要强调的是，浇铸药粒制造中常需要加入各种弹道改良剂和固体金属粉末等，这是一般粒状发射药制备中所没有的，因此在捏合塑化工序中，工艺溶剂的选择及其工艺条件需要做相应的调整。

对于交联改性双基推进剂的造粒工艺，在捏合塑化工序中不采用乙醇溶剂，以免残留在药粒中的少量乙醇消耗交联剂（主要与羟基交联反应）影响粒铸推进剂的力学性能。另外，浇铸药粒要充分干燥，避免残留的水分与异氰酸酯反应产生二氧化碳使药柱内形成气孔。

（3）浇铸药粒质量控制。

①密度、挥发分和水分。

浇铸药粒的密度应尽可能高，通常为理论值的97%以上。密度降低的原因在于空隙和挥发性物质。空隙就是未除尽的空气，它可能造成推进剂中的气孔，降低力学性能并影响弹道性能。驱溶后药粒中总会存在一些挥发分，正常的总挥发分含量为0.5%～1.0%，总挥发分含量太高影响推进剂的能量，而且由于挥发分的不断挥发，使推进剂的性能发生变化。另外，由于 NC 的吸湿性，浇铸药粒会从大气中吸收少量水分，故烘干后的药粒要密封保存，或者使用前再次烘干。

②筛装密度。

对粒铸工艺来说，药粒装入模具（或发动机）内的装填密度决定浇铸药粒与浇铸溶剂的比例，因而也决定推进剂成品的组成，故浇铸药粒的装填密度直接关系到推进剂成品的性能，是粒铸工艺的重要控制参数。

浇铸药粒的装填密度可采用筛装密度来检控。筛装密度是用一个标准筛将浇铸药粒装入一个标准容器时所测得的数据。筛装密度对浇铸药粒的真密度、长径比和表面光滑度都很敏感。为了获得性能均一稳定的推进剂制品，需要筛装密度尽可能大。因为在筛装密度小的情况下，难以获得稳定的装填密度，导致推进剂的性能也不稳定。通过强化混同和光泽的工艺条件可提高浇铸药粒的筛装密度。

③均匀性。

为了获得最佳性能和高度的再现性，相关组分应均匀分布于整个浇铸药粒内，其中弹道改良剂（燃烧催化剂）的分散最为重要。弹道改良剂含量少，分散不均匀会降低其效果，并使燃速产生很大的波动。另外，NC 塑化的均匀程度也影响推进剂的力学性能。

对多批浇铸药粒进行混同，可使浇铸药粒制造期间材料和工艺条件的少量变化得到均衡，获得大批量一致性好的浇铸药粒。使用混同后的药粒加工制造的推进剂，各发之间的燃速变化通常低于 1%、弹道性能的变化低于 0.25%。大批量药粒的混同可以保证推进剂成品的质量均匀性，这是粒铸工艺的优点之一。

混同的另一作用是精确调整推进剂的性能。预先测定每个小批浇铸药粒的性能，然后根据产品的要求而将各个小批按不同比例混同，可以得到所需要的混批药粒。

④溶胀性能。

溶胀性能是指浇铸药粒被浇铸溶剂增塑的速度和均匀性等性能，这是确定固化条件的基础。为获得良好的固化质量和保证必要的浇铸工艺时间，需要浇铸药粒被浇铸溶剂以适宜的速度均匀溶胀。溶胀性能既与配方组分有关（如 NC 含氮量、增塑剂类型及其含量等），也与造粒工艺有关（如塑化程度及塑化的均匀性、药粒密度和药粒尺寸等）。

⑤基本性能。

测定浇铸药粒的爆热、化学安定性及催化剂等含量，以保证推进剂成品的能量、安定性及燃烧性能达到要求。

总之，浇铸药粒的加工质量是粒铸工艺的关键，只有加工出预塑化的、组分准确并分布均匀、筛装密度大的浇铸药粒，才能获得高质量的推进剂。

2）混合溶剂配制工序

将推进剂组分中除了浇铸药粒所含组分以外的其他各种液相组分和可溶于液相的固体组分混合在一起，配制成混合溶剂（液）。混合溶剂配制有利于各组分的均匀混合，降低液相中 NG 等含能增塑剂的机械感度，同时由于将一些固体组分溶于液相中可增加液相的比例。

混合溶剂包括含能增塑剂，例如 NG、硝化二乙二醇（DEGDN）、三羟甲基乙烷三硝酸酯（TMETN）、硝化三乙二醇（TEGDN）、丁三醇三硝酸酯（BTTN）等。还包括一些非含能增塑剂，例如三醋酸甘油酯、苯二甲酸酯等。常温下是固体的组分，例如中定剂、间苯二酚、2-硝基二苯胺等，可先与三醋酸甘油酯、苯二甲酸酯或者二硝基甲苯及吉纳等一起加热溶解，适当降温后再加入 NG 中。混合溶剂配制可在双基推进剂混合液配制槽内进行。

混合溶剂配制后要在真空下干燥，使水分降至 0.05% 以下，通常真空干燥温度控制在 40～50℃，真空度余压<0.098MPa，时间 16h 左右。

3）药粒装填工序

将浇铸药粒装入模具（或发动机）中，是粒铸（充隙浇铸）工艺的关键过程。良好的装填技术应该获得最大和再现性、均匀性好的装填密度。所谓再现性是指各发模具（或发动机）内的装填密度相同；所谓均匀性是指同一发模具（或发动机）内各个局部位置都有相同的装填密度。装填密度决定药粒与溶剂之比，对粒铸推进剂成品质量影响显著。根据粗略的计算，对于普通浇铸双基推进剂，装填密度波动 ±1% 时，就会引起 NC、NG 等主要组分含量波动约 ±0.5%，有可能造成组分含量的超差，因此需要严格控制浇铸药粒的装填密度。在装填良好的情况下，浇铸药粒可占模具（或发动机）容积的 68% 左右，若将药粒简单地倾倒于模具（或发动机）中，所占容积只能达到 57% 左右。

常用的装填方法是筛装法。方法是药粒由圆筒形的加料漏斗经过一个具有等间隔和较大孔径的分配板，均匀分配到一个装有孔径约为药粒直径 2 倍的筛网分散板上，然后依次将药粒均匀地分散到模具或发动机内（药模内堆积的药粒称为药粒床）。对于自由装填式推进剂药柱的浇铸，这是一种适宜的通用方法。但对于具有球形端头、药型复杂的壳体黏结式发动机，由于发动机开口小，不适用上述筛装法进行装填，需要采用更先进的空气分散药粒装填技术，该装填设备如图 3-2-1 所示。方法是将药粒用空气加速流动，药粒随着气流以相当高的速度流过管子，然后以适当的角度分散吹入发动机内。实验表明，这种方法可获得相当于或超过筛装法的装填密度。

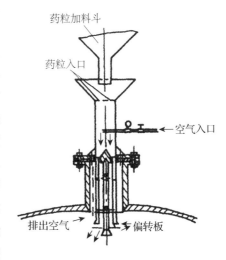

图 3-2-1　空气分散药粒装填设备

药粒装填时常使用振动器，以增加装填密度。各种装填技术的选择要根据药粒的类型和推进剂装药的几何形状而定。实际上，对于一定的配方和一定的模具或发动机，需要经过多次试验才能确定装填的技术条件和稳定的装填密度，并需要几次反复试验才能调整好浇铸药粒和混合溶剂的组分与装填密度的关系。这一过程需要很长时间，所以粒铸（充隙浇铸）工艺对于配方调整来说是很不方便的。

为了除去空气和挥发物，需要对装填好的浇铸药粒进行抽真空，真空度应小于0.098MPa，抽空时间16~40h，具体条件视药粒数量而定。

为进行装填密度评估，通常需要先测出浇铸药粒的筛装密度（SLD）。筛装密度的定义是给定体积中药粒的重量。

根据对粒状药的理论分析，当浇铸药粒的长径比接近1时，其筛装密度达到最大值，如图3-2-2所示。也有实验表明，使用长径比接近1.2的药粒，可以容许药粒尺寸有一定的散布，而不会给填实密度（体积装填密度）带来明显影响。

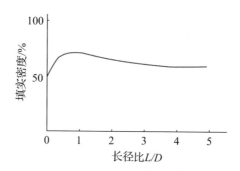

图3-2-2 填实密度与药粒长径比关系

此外，在粒状药中固体组分的存在对筛装密度也有很大影响。在填料含量不变时加大其粒度，或在粒度不变情况下提高其含量都必然使筛装密度降低。从表3-2-2可以清楚地看出填料含量所起的作用。

表3-2-2 填料含量对筛装密度和模具中装填密度的影响

填料含量/%	填料粒度/μm	筛装密度/(kg·L⁻¹)	体积装填密度/%
45	90	0.970	66.0
60	90	0.825	60.5
45	15	1.035	71.0
60	15	1.010	68.0

因此提高填实密度可以采取下列措施：①改变粒状药的大小；②改进药粒装入模具的工艺方法。

4）浇铸工序

浇铸药粒装填到模具（或发动机）后，上部应采用压具压紧，否则在药浆浇铸过程中，混合液料由底部向上升时，会使药粒浮起而使装填紧密的药粒变得松散，致使液/固比增加，固化的药柱疏密不匀，甚至在药柱内部出现气孔等现象。

浇铸过程是用混合溶剂充满药粒的间隙。混合溶剂可以从顶部或底部注入药粒中。实践证明，顶部注入溶剂的方法不如从底部注入溶剂的方法好。从顶部注入溶剂时，浇铸药粒装药床的表面被液体覆盖，难以排除药粒之间的空气及药粒内残存的挥发性溶剂和水分，固化后的药柱易有小气孔。而利用压差从模具（或发动机）底部注入混合溶剂，可以克服以上弊病，加工制造出质量优良的药柱。特别是浇铸大型药柱、异型药柱，最好采用从底部注入混合溶剂的方法。图 3-2-3 为从底部真空浇铸的典型装置。这里，溶剂干燥器中的溶剂在大气压力下被压入药粒间，故也称为真空抽注。在真空下浇铸可使产品完全无气孔，但有时采用常压浇铸，使混合溶剂在压力下流入浇铸药粒间也可以制备出无气孔的产品。

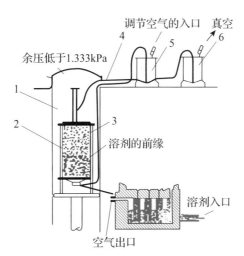

图 3-2-3　底部真空浇铸系统示意图

1—真空罐；2—发动机；3—浇铸药粒床；4—罐接头；5—浇铸溶剂干燥器；6—收集器。

在浇铸过程中，可将一定时间内混合溶剂充满浇铸药粒装药床的高度表示为浇铸速度，它是浇铸工艺过程的主要控制参数。适宜的浇铸速度通常都是通过实验来确定的。首先选择一个适当的压力差，观察浇铸溶剂是否以适当的速度充满模具。速度太快会使药粒床扰动，而且溶剂易形成短路，使一部分药粒中的溶剂不足；速度太慢不仅影响效率，而且溶剂黏度的增加会使后期的浇铸困难。对于一定的装药系统来讲，确定了压力差，浇铸的工艺条件也就确定了。

5）固化工序

浇铸后的固-液混合物在加热条件下凝固成固体推进剂药柱的过程称为固化。无论粒铸工艺还是配浆浇铸工艺，其固化机理、固化工艺条件是基本相同的，故该部分内容在 3.2.2 节配浆浇铸成型工艺中一起叙述。

3.2.2　配浆浇铸成型工艺

配浆浇铸成型工艺也称淤浆浇铸成型工艺，其研究和应用的时间晚于粒铸工艺。1959 年美国赫克利斯公司申请了配浆法浇铸成型工艺的专利，并于 1969 年解密发表。由于改性双基推进剂的发展，出现了各种能量高、性能优良的交联改性双基（XLDB）推进剂及 NEPE 推进剂。这些推进剂中需要加入交联剂或加入高分子预聚体，使 NC 交联，采用粒铸工艺无法满足加工制造的需要，因此研究发展了配浆浇铸成型工艺。

配浆浇铸成型工艺的主要过程：先将 NC 和其他一些组分加工成球形药，球形药与其他固体组分混同，液相组分配制成混合溶剂（溶液），固体物料与混合溶剂均匀混合配制成具有一定流动性的药浆（淤浆），最后将药浆浇铸到模具或发动机中固化成型。

配浆浇铸成型工艺的特点：一是配方组分灵活多变，可以在配浆过程中方便地改变配方组分及其含量，浇铸药粒的成球工艺也比机械造粒工艺简单快速，因此配方研制周期短。二是配方性能调节范围广，原因同样是由于在配浆过程中可以方便地加入各种组分，也可加入敏感的高能组分而获得更高的能量。另外，配浆浇铸成型工艺可以将液体高分子预聚体作为黏结剂组分加入改性双基推进剂中，一方面可改善推进剂的力学性能，另一方面液体高分子预聚物代替一部分固体球形药有利于在配方中加入更多的高能固体组分（如奥克托今（HMX）、铝（Al）粉等），使推进剂获得更高的能量。

但是，配浆浇铸成型工艺在浇铸和固化过程中，某些密度较大的固体组分容易产生一定程度的沉降，造成浇铸推进剂药柱的组分不一致、性能不够稳定、重复性相对差一些。

1. 主要工艺流程

配浆浇铸成型工艺主要包括球形药制备、固体物料混同、浇铸液料配制、

配浆、模具装配、浇铸、固化等主要成型工序和后处理(脱膜、整形、包覆、无损检测等)工序。其主要工序流程如下:

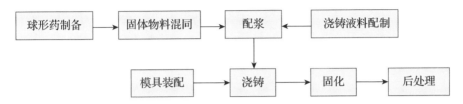

球形药制备:将 NC 和其他一部分组分加工成一定粒度的球形颗粒。

固体物料混同:将球形药和其他数种或全部固体组分均匀混合,是配浆之前的准备工作之一。

浇铸液料配制:与粒铸工艺的混合溶剂配制工序基本相同,但配浆浇铸工艺中的液相组分除了增塑剂外大多还含有聚酯(醚)预聚体及二官能团或多官能团的异氰酸酯等交联剂,使混合溶剂的配制工艺有了较大的变化。

配浆:将混同的固体物料与配制的浇铸液料均匀混合,配制成具有一定流动性的药浆(淤浆)供浇铸工序使用。

模具装配:将在 3.2.4 节单独叙述。

浇铸:将配制好的药浆(淤浆)充满到模具(或发动机)中。

固化:将浇铸于模具(发动机)中的药浆(淤浆)加热至一定温度,NC 被增塑剂膨润、溶解,交联剂与 NC 及预聚体发生化学交联反应,形成具有一定形状和一定物理力学性能的推进剂药柱。

后处理:将在 3.2.5 节单独叙述。

2. **主要加工过程**

1)球形药制备工序

配浆浇铸成型工艺是在球形药的基础上发展起来的,没有细小致密的球形药,就不可能配制成具有适当流动特性的可浇铸淤浆。

(1)球形药制备。

配浆浇铸用的球形药可以采用类似枪用球形药的工艺进行加工制造,可参阅 3.3 节中球形药成型工艺部分内容。但配浆浇铸成型工艺用球形药中含有燃烧催化剂,有的还有铝粉、硝胺炸药等固体组分,因此制球工艺上应作相应的调整。

悬浮法制备球形药有两种方法:内溶法和外溶法。我国主要采用内溶法,其工艺为:在成球器中将含氮量为 12.0%~12.5% 的 NC 悬浮于水中,加入溶剂乙酸乙酯，加热搅拌，使 NC 被溶解为具有一定黏度的高分子溶液；通过高速搅拌，使 NC 溶液分散于水中，在表面张力的作用下，形成球形小液滴；加入稳定剂（保护胶），液滴表面吸附一层胶，防止相互聚结；加入硫酸钠使药粒脱水后，加温蒸发出乙酸乙酯，使球形药硬化，滤出球形药，最后烘干即可。

配浆浇铸成型工艺所用球形药与轻武器用球形药有较大区别：一是不需要表面处理；二是 NC 的含氮量较低，一般用 D 级 NC、A 级 NC 或爆胶棉；三是球形药的颗粒要细得多，一般在几微米到上百微米，对于高能量、低黏结剂含量的改性双基推进剂必须用非常细的（例如直径 $50\mu m$ 以下）球形药，对于有较高黏结剂含量的改性双基推进剂和浇铸双基推进剂，允许用较大颗粒的球形药。细小的 NC 球形药也称为塑溶胶 NC。典型的塑溶胶 NC 配方如表 3-2-3 所示。

表 3-2-3   典型塑溶胶 NC 的组成（平均直径 $50\mu m$ 以下）

组分	类别		
	1	2	3
NC（N% = 12.6%）/%	98.5	90.1	75.1
NG/%	无	8.0	23.0
2-硝基二苯胺/%	1.5	1.5	1.5
碳黑/%	无	0.4	0.4
包覆剂（外加）/%	0.15	0.15	0.15
密度/（g·cm^{-3}）	≥1.56	≥1.58	≥1.58

为了改善推进剂的性能，可将各种固体组分（如奥克托今、铝粉、燃烧催化剂等）加到球形药中，使其在推进剂中的分布更加均匀，有利于提高推进剂的力学性能和燃烧性能，并可不必使用极细颗粒的球形药就能获得较好的物理力学性能。这种复合球形药也称包覆球，典型的组分如表 3-2-4 所示。

表 3-2-4   典型包覆球的组分

组分	NC	NG	HMX	Al 粉	2-硝基二苯胺
含量/%	22.5	5.8	43.7	27.0	1.0

该球形药的堆积密度为 $1.074g/cm^3$，密度为 $1.895g/cm^3$，为理论值的 97%。这种球形药因 NC 含量太少，已很难制成光滑的球形，但仍有较好的流散性。对于仅含有燃烧催化剂的复合球仍可获得光滑的球形颗粒。

包覆球的制备技术对改善配浆浇铸成型工艺推进剂的性能有较大的贡献，

但也使球形药的组分变得复杂化了,增加了球形药的加工难度。尤其这种球形药只能用于特定的推进剂配方之中,也使配浆浇铸成型工艺在灵活调节配方方面的优势受到了影响。

(2)球形药主要质量指标

①粒度。粒度常指一定的粒度分布范围或指该范围内的平均粒度,它是球形药最主要的指标,不同推进剂配方对球形药粒度的要求不同。对于黏结剂含量较低的复合改性双基推进剂,要求使用粒度为 $5\sim50\mu m$ 的塑溶胶球形药;对于 NC 含量较高的推进剂,可以使用粒度 $100\mu m$ 左右甚至更大的球形药。但对于一定的配方,需要控制稳定的球形药粒度及粒度分布,否则将影响工艺性能和力学性能。

②圆球率。球形药加工成型后通常会含有一些非圆球形状的药粒,如椭圆状、长棒状及其他不规则的形状。这些非球形药粒将会降低配浆浇铸成型工艺中药浆的流动性,因此要求圆球率越高越好,一般要控制在90%以上。小粒度球形药的圆球率通常很高,甚至接近100%;大粒度球形药的圆球率有时较低。

③堆积密度。堆积密度表示自然装填情况下,单位容积的球形药的质量。堆积密度对配浆浇铸成型工艺的药浆流动性有明显的影响,因此需要作为球形药的重要质量指标加以控制。堆积密度也是衡量球形药质量的综合参数,它与球形药的粒度、粒度分布、密度、圆球率、表面光滑度等都有关。静电对堆积密度的测量有明显影响,为了消除静电的影响,测量堆积密度时要保持相同的条件,例如,刚烘干的球形药静电较大,使堆积密度测量结果偏低,应放置一段时间后再进行测量。

球形药还有一些质量指标,如爆热、护胶剂含量、硫酸钠含量、内挥、水分及化学组分等,在生产中也需要加以控制。

2)固体物料混同工序

复合改性双基推进剂中的固体物料通常有球形药、Al 粉、AP、RDX、HMX 及各种催化剂等。将上述组分预先混合在一起,可以简化配浆工序的操作过程,也有利于各组分的均匀分散,尤其是对于加入量很少、又要求分散均匀的催化剂来说更为重要。

在混同之前,要求各种固体物料必须充分干燥。保存良好的 Al 粉、RDX、HMX 等吸湿性很小,水分含量通常低于 0.1%,一般不必干燥即可使用;用表面活性剂处理的高氯酸铵(AP)在保存良好的情况下水分含量也很低,可不经干燥处理,但气流粉碎的细颗粒 AP 必须保存在烘箱中(或干燥室中)备用;球形药的吸湿性较大,必须烘干至水分含量低于 0.5% 才能使用。不同推进剂配方对物料水分含量的要求是不同的。一般双基推进剂对水分不那么敏感，可适当放宽要求；含有异氰酸酯或异氰酸酯端基高分子预聚体的交联改性双基推进剂及复合改性双基推进剂，水分很容易与异氰酸酯基反应放出二氧化碳，影响推进剂的质量，因此对水分的要求严格，需要控制在 0.2% 以下，有时甚至要达到 0.05% 以下。

由于空气中水蒸气的存在，严格的水分要求是不容易做到的，尤其是在空气湿度大的季节常给生产带来困难，需要细心地防止湿空气的影响。对于特别敏感的配方，要考虑在有空调的房间内进行必要的操作。

固体物料混同可采用筛混法，使干燥的细颗粒物料通过振动筛达到均匀混合的目的。通常混同 2~3 次即可。筛孔的大小应使最大颗粒顺利通过。混同装置要密闭，防止粉尘飞扬。由于固体物料由多种粒度、不同比例的颗粒组成，因此不可能混合得非常均匀，对于配浆工艺来说，在配浆机中可以得到进一步的均匀混合。

固体物料混同是危险性操作。因为干燥物料的筛混会积聚很高的静电电压，而被混同的物料对静电放电又很敏感。为了防止静电，首要的措施是防止静电积聚，即混同设备要良好接地(接地电阻小于 4Ω)，要有导电地面；工房中要有雨淋系统，混同过程要隔离操作；静电积聚与材料的性质关系很大，单基球形药、RDX、HMX 的静电很大，但混同含碳黑的球形药或含 Al 粉的固体物料时静电较小。

3) 浇铸液料配制工序

与粒铸工艺的混合溶剂配制不同，配浆浇铸工艺的液相组分除了 NG 等增塑剂(溶剂)外，还有二官能团或多官能团的异氰酸酯、端羟基聚酯预聚体等交联剂，需要将它们溶于混合溶剂中，使混合溶剂的配制工艺有了较大的变化。

端羟基聚酯预聚体因种类或相对分子质量的不同在常温下可能是液态或固态，在其加入混合溶剂之前都要加热，并在真空下干燥，然后再加到充分干燥过的 NG 混合溶剂中。另外，直接加入端羟基聚酯预聚体的方式存在一个缺陷，原因是在固化过程中，二异氰酸酯的固化交联方式有多种可能性，如交联可能发生在不希望的 NC 之间和聚酯预聚体之间，而所希望的 NC 和聚酯预聚体通过二异氰酸酯交联起来的方式却较少。因此需要将端羟基聚酯预聚体与二异氰酸酯预先反应，制成有异氰酸酯端基的聚酯预聚体，然后再与 NC 交联，从而有效地控制交联方式，获得良好的物理力学性能。

4) 淤浆配制工序

淤浆配制的主要设备为配浆机(锅)，它是一个机械搅拌立式混合设备。对该设备的要求是安全、搅拌效率高、无死角，并有调温的夹套，还要求能适用于配制较宽黏度范围的药浆。目前国内外均有不同容量大小（5～3000L）的立式混合设备生产。对于复合改性双基（CMDB）推进剂，药浆黏度比复合推进剂低，单浆的框式搅拌器也是可用的。混合设备出料阀门应采用气动、阀芯为橡胶的安全阀门，以防药浆与阀门的机械金属件接触。

配浆通常在真空下进行，以保证不混入空气并可除去一些水分和低沸点成分。配浆锅夹套通水调节配浆温度。配好淤浆之后，将配浆锅送到浇铸岗位。主要工艺条件如下：

（1）配浆温度。

通常配浆可在常温下进行，但根据不同配方的需要，配浆温度可以提高或降低。在一些情况下，为了提高浆料的黏度，以利于配成淤浆的稳定性和不发生沉降，可以先将球形药加到配浆锅中，在较高的温度下（例如 55℃）进行搅拌，由于球形药的膨润，物料黏度上升，当黏度达到约 1000 泊（1 泊 = 0.1Pa·s）时再加入其他固体组分，混合之后物料温度下降到约 30℃。对于一些适用期较短的配方，为了保证有足够的浇铸时间，则在配浆时采用较低的温度（例如 18℃），但温度不能低于露点，否则空气中的水分会在药浆表面凝聚，影响产品质量。

（2）加料方式。

可以将固体物料混合后一次加入，也可以将各组分依次单独加入，两种方式各有利弊。单独加入时，一些细粒度的粉状物料（如 Al 粉、RDX 等）由于流散性不好，加料困难，要加振动器。混合可以在常压下进行，但更多的是在真空下进行，以便更好地除去药浆中的空气，真空度一般控制在余压小于 10mmHg（1.333kPa）。但也有人认为真空下加料和混合更容易造成粉尘飞扬和形成泡沫，增加配浆操作的危险性。如果采用常压加料方式，在混合后药浆中容易混入较多的空气，需要抽空除去。但加料结束后立即抽空排气，会由于混入空气的快速逸出及水分、低沸点成分的汽化，使药浆内形成大量气泡，液面上升，甚至直达配浆机顶盖的传动部分，或吸到真空管路里，很不安全。因此需要采取逐步抽空的方式，使真空度逐渐升高，气泡逐渐排除，可根据试验确定真空度的上升速度。

（3）搅拌时间。

配浆机属于低速搅拌，但由于其搅拌效率很高，加上改性双基推进剂淤浆的黏度较低（通常为复合推进剂黏度的 1/10～1/100），因此可以在较短的时间内就得到均匀的混合，通常 0.5～1h，甚至更短的时间就可以完成。

由于配浆过程中物料的混合是在较低的剪切力下进行，它一方面使高感度的物料更便于加入推进剂中，给新型高能组分的应用创造了有利条件，但另一方面也使微量的催化剂组分不易高度均匀分散，因为低剪切力不能打开聚集成团的催化剂，这给复合改性双基推进剂燃烧性能的改善带来了困难。

5) 淤浆浇铸工序

(1) 浇铸设备。

复合改性双基推进剂的浇铸与复合推进剂的浇铸是相似的，可以在大致相同的设备中完成。为防止空气混入，获得无气孔的推进剂装药，通常采用真空顶部浇铸，配浆锅内的药浆靠大气压力通过软管注入模具(或发动机)中。根据模具(或发动机)的情况可以使用花板或者仅由一根或几根软管将药浆注入模具(或发动机)内，浇铸管口应该是扁长形，使空气容易逸出。浇铸设备包括浇铸罐和真空系统，典型的小型浇铸系统如图 3-2-4 所示。

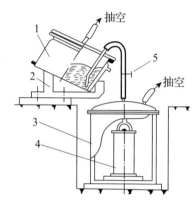

图 3-2-4　小型浇铸系统示意图
1—配浆锅；2—支架；3—浇铸罐；
4—发动机；5—管夹。

实践表明，混在药浆中的少量空气泡在浇铸过程中是容易除去的。浇铸开始和停止时用气动管夹控制，调节浇铸罐与配浆锅之间的压差可以调节浇铸速度，浇铸罐内的真空度(余压)小于 20mmHg (2.666kPa)即可。过高的真空度会使药浆产生沸腾，在药浆顶部产生泡沫，这是由药浆中微量水分沸腾和其他微量气体逸出形成的。因此，对于完全浇铸满药浆的壳体黏结式发动机，要留有必要的沸腾高度。

(2) 药浆的流动性。

作为浇铸药浆必须具有一定的流动性，以便于浇铸。复合改性双基推进剂的药浆黏度较低，常有较好的流动性。但不能认为复合改性双基推进剂药浆的流动性一定好，在改善性能和保持良好流动性之间仍然存在着矛盾，需要综合协调。

① 固/液比的影响。

固/液比是指推进剂药浆中固相组分与液相组分的质量比，是影响药浆流动性的主要因素。固/液比越大，药浆中的固相组分越多，药浆的流动性变差。因此调整固/液比是改善药浆流动性最常用、最方便的方法。由于不同配方的固相和液相组分的组成不同，为保持浇铸所必需的流动性，其固/液比也不同。

浇铸药浆是固体颗粒在一定黏度液相中的悬浮体系，流动的条件是液相必须能充满固体颗粒的间隙，并在颗粒周围包有必要的液膜。若体系中的液相足够多，固体颗粒周围有大量液相，则体系的黏度接近液相的黏度，流动性一定很好。随着固体颗粒含量的增加，粒子与粒子间的距离逐渐缩短，达到某种程度后，粒子与粒子之间就会出现干扰（摩擦），使药浆的黏度变大。如果颗粒的含量进一步增加，粒子之间的相互作用就更为突出，即粒子之间靠得如此之近，中间仅隔一层极薄的液膜，这种液膜将它们粘在一起，因而黏度急剧增加。采用球形药与混合溶剂的药浆，进行了固/液比对药浆黏度影响的试验，结果如图 3-2-5 所示。在这一系统中，固/液比存在一个临界值（60/40），在临界值附近，固/液比的少量变化调节，例如变化 0.5%～1.0%，流动性就有明显的变化。

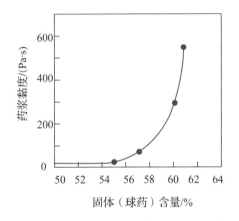

图 3-2-5　固体含量对药浆黏度的影响

增加固体组分含量的主要目的是提高推进剂的能量。固体组分含量增加，液体组分就相应地减少，黏结剂的含量也降低。但为了保障工艺性能和力学性能，黏结剂含量不能太低，固体含量的增加是有限制的。由于复合改性双基推进剂的黏结剂是富氧含能的，在相当高的黏结剂含量情况下仍有较高的能量，且黏结剂含量的变化对能量的影响不明显，这一特性为改善药浆的流动性提供了有利条件。因为黏结剂含量高，又可以在物理力学性能允许的范围内调整球形药与混合液料的比例，使药浆的流动性保持在较好的状态。即在流动性不好时，可以适当减少球形药的含量，增加溶剂的含量；在药浆黏度太小时，可将部分增塑剂组分加到球形药中。通常，复合改性双基推进剂药浆的固/液比基本在 70/30～60/40 变化。

此外，从影响药浆流动性的角度来说，固体组分体积与液体组分体积之比的影响更大。由于不同配方的固体组分与液体组分的密度有较大的变化，对一个相同的固/液比来说，其体积比可能有较大的差别。

②固体粒度分布的影响。

推进剂药浆中的固体组分是具有很宽粒度分布的散粒体，它们的粒度搭配（级配）情况影响散粒体堆积的空隙率，因而影响药浆的流动性。在固/液比一定的条件下，固体组分的堆积空隙率越大，流动性越差。因此，调节固体颗粒的粒度分布是调节药浆流动性的又一方法。

复合改性双基推进剂系统的固体组分主要有球形药、RDX、HMX、Al粉、AP和催化剂等，它们的粒度各不相同，甚至相差很大。例如 Al 粉的粒度约 $10\mu m$，AP 的粒度可能达 $200\mu m$ 以上，球形药也有一个较宽的粒度分布。这些物料的混合本身就是一种粒度级配，使得粒度级配问题不像复合推进剂那样突出。但当药浆中某一固体组分或某一粒度的组分含量很大时，就要考虑进行粒度级配。例如浇铸双基推进剂的药浆中，球形药的含量很大，常达药浆的60%以上，如只用单一粒度的球形药时，药浆的流动性就差；如采用两种粒度球形药互相搭配，在相同的固/液比条件下，药浆的流动性就较好。试验结果如图 3-2-6 所示，其中大小球质量比为 1:1。可以看出，两种球形药的粒度相差越大，药浆的黏度越小，即流动性越好。但由于大颗粒的球形药不利于塑化，又容易沉降，小颗粒的球形药又较难加工制造，因此两种粒度球形药的尺寸比通常不超过 5:1。对于复合改性双基推进剂，若某种固体组分含量较大时，也要考虑粒度级配问题。

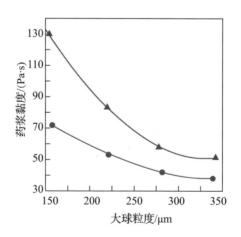

图 3-2-6   球形药粒度搭配对药浆黏度的影响

▲—小球粒度为 $70\sim90\mu m$；●—小球粒度为 $50\sim70\mu m$。

③固体颗粒表面性质的影响。

固体颗粒表面性质是影响药浆流动性的另一个重要因素。对于推进剂药浆的固液悬浮体系，固体颗粒在搅拌下分散于液体介质中，固体颗粒的堆积状态趋向于紧密堆积，其空隙率较低。例如复合推进剂药浆中仅含 12%～14% 的液体组分，折合为体积约占 20%～25%，以较少的液相便可赋予复合推进剂必要的流动性。但复合改性双基推进剂的液相组分常达 35%～40%，换算成体积占 45% 左右，远远高于填充颗粒空隙所需的液体含量，主要原因是其中的球形药与溶剂接触后即开始膨润溶解，一部分溶剂被球形药吸收导致液相减少、固相体积增大，因而需要较多的液相组分。

另外，不同的球形药对溶剂吸收的速度不同，单基球形药比含一定量 NG 的双基球形药吸收溶剂快，表面疏松的球形药吸收溶剂快，小球比大球吸收溶剂快。由于这些原因，有时会出现刚开始配浆时药浆是可流动的，待配浆完成之后发现药浆已失去了流动性。因此，配浆浇铸工艺要求球形药具有耐溶剂膨润的致密表面层，使膨润速度控制在允许的程度范围内。

其次是球形药及其他固体组分物料的形状和表面光滑程度也影响药浆的流动性，表面粗糙、形状不规则的颗粒堆积密度小、空隙率大，必然导致药浆的流动性变坏。以球形药为例，某种含 NG 的双基球形药密度为 $1.69g/cm^3$，其堆积密度为 $0.90～0.92g/cm^3$；另一种含 HMX 的球形药密度为 $1.88g/cm^3$，其堆积密度为 $0.82～0.84g/cm^3$。计算表明，前者的空隙率为 46.15%，后者的空隙率为 55.85%。这两种球形药的粒度是相近的，造成空隙率差别的主要原因是前者为光滑的圆球，后者为表面有突起的土豆状。因此，为了获得良好的药浆流动性，希望各种固体组分的物料是球形或接近球形的。

（3）药浆的适用期。

推进剂药浆从搅拌停止到失去流动性之间的时间称为药浆的适用期。希望适用期长一些，以保证有足够的浇铸时间，一般情况下适用期要大于 4～5h。

对于复合改性双基推进剂，球形药性质（例如含氮量、颗粒结构、颗粒大小等）对药浆适用期的影响较大，在含氮量高、结构致密、粒度大的球形药与溶剂的膨润溶解速度慢的条件下，药浆的适用期相对长一些。在工艺条件方面，温度的影响较大，温度低时球形药与溶剂的膨润溶解速度慢，药浆的适用期相对长一些。对于含有低温固化剂的推进剂配方，药浆在常温或稍高的温度下就能固化，药浆的适用期较短。为了保证必要的适用期，应适当降低药浆的温度。

（4）药浆的沉降。

配好的药浆在浇铸过程中，尤其是在固化过程中，固体颗粒会发生沉降，在药浆表面游离出一部分溶剂的现象称为药浆的沉降。药浆发生沉降时对上、下层推进剂组分的准确性有影响，特别是游离的 NG 溶剂对加热固化和脱模过程中的安全性影响很大。影响药浆沉降的主要因素是固体颗粒的直径和液相介质的黏度，为了防止药浆出现明显的沉降现象，在改性双基推进剂淤浆中，一般不宜使用大颗粒(如直径大于 $300\mu m$)的固体组分。另外，在浇铸液料中加入少量爆胶棉可以明显提高介质的黏度，也是防止药浆沉降的有效措施。

6)固化工序

双基推进剂和非交联改性双基推进剂的固化过程是增塑剂对高分子黏结剂 NC 的溶塑过程，而交联改性双基推进剂的固化过程包括溶塑和交联反应两个过程。前者只是一个物理过程，后者包括物理过程和化学过程。

(1)溶塑固化。

粒铸工艺和配浆浇铸工艺中，推进剂的黏结剂主要由 NC 和 NG 构成，另外还含有或多或少的一种或数种增塑剂。其固化过程就是 NC 被 NG 及其他增塑剂溶塑，形成高分子浓溶液的过程。溶塑过程是双基推进剂、非交联改性双基推进剂的典型固化过程。

在溶塑固化过程中，NC 与 NG 的塑溶过程是靠分子的热运动——扩散完成的。由于 NC 大分子的扩散速度很慢，溶塑过程只能是小分子溶剂向聚集态的 NC 大分子之间扩散，使其分子间距离变大、体积增大，发生所谓溶胀现象。在推进剂浇铸工艺条件下，溶剂的量只能使溶解过程进行到一定程度，即 NC 大分子只能达到一定的溶胀程度，形成高分子浓溶液，体系不再具有流动特性，即由固-液混合物变成固体。固化后的 NC 溶胀体具有很好的形状稳定性，其模量随着 NC 与溶剂比例的增加而增大，在外观上是柔软的弹性体直到坚硬的塑料状。

混合溶液与 NC 的溶度参数越相近，越有利于固化。例如，低氮量 NC 与 NG 混合溶液的溶度参数较接近，用三乙酸甘油酯(TA)、DNT 等与 NG 组成混合溶剂，可调节溶度参数使其更接近于 NC。另外，采用含有适量 NG 的双基浇铸药粒比单基浇铸药粒更容易固化。

(2)有交联反应的固化。

改善力学性能普遍采用的方法是在推进剂配方中加入交联剂，使 NC 交联起来，形成网状结构。加入交联剂的固化过程中，除溶塑固化外还有交联反应固化，从单纯的溶解过程变成了既包括溶解又包括化学反应的复杂过程。

交联改性双基推进剂通常采用异氰酸酯基与羟基反应交联 NC 的方法，也有同时加入端羧基聚酯预聚体和异氰酸酯交联 NC 的方法。异氰酸酯基与羟基的反应容易进行，并且只生成氨基甲酸酯，无副产物，是一种较理想的交联方式。但由于异氰酸酯基很容易与水反应，并放出二氧化碳在推进剂中产生气孔。因此要求各种物料必须充分干燥，同时也要控制环境的湿度。为了消除水分的不利影响，在配浆过程中可以分两次加入二异氰酸酯，用少量二异氰酸酯先与物料中的水反应，并在搅拌过程中使生成的二氧化碳逸出，然后再加入其余的二异氰酸酯。

二异氰酸酯的加入量一般在 1% 左右，在加热固化时与 NC 进行交联反应，产生轻度交联，过度交联不仅没有好处反而会降低推进剂的低温延伸率。使用高分子预聚体时用量比较高，可达 5%～10%。预聚体既是交联剂又是黏结剂的高分子主体，以液态加入的预聚体代替部分 NC，对改善药浆的流动性和降低药浆的感度也非常有利。

(3)固化工艺。

固化设备比较简单，就是一个用热水循环或热空气循环的保温罐。对于大尺寸发动机浇铸药浆的固化，由于搬运中危险性较大，固化罐通常与浇铸罐合而为一。为了使大弧厚的药粒升温均匀，模芯也要通热水循环加热。固化的工艺条件主要取决于固化系统即所用固化剂品种和用量，另外是选用的固化温度和固化时间。

①固化温度。

无论是溶塑固化还是交联反应固化，升高温度都可以加快固化速度，缩短固化时间。但固化温度不能太高，否则会引起硝酸酯的明显分解。对于壳体黏结式推进剂药浆的固化，升高固化温度会造成热应力增大。

对于较小的自由装填式推进剂药浆的固化，通常采用较高的固化温度(60～75℃)，在较短的时间(2～4 天)内完成固化。为了缩小浇铸药浆的内外温差，常采用逐步升温的方式，每次升温间隔 2～3h。对于大尺寸的壳体黏结式发动机装药，为了减小热应力，要降低固化温度，通常固化温度低于 50℃，固化时间相应加长，可达 1～2 周。固化后的降温也要缓慢进行。

②固化时间。

从理论上讲，固化终点应该意味着溶剂在 NC 大分子间已呈均匀分布，但需要很长的时间，实际上是不可能的。一般规定推进剂药柱的物理力学性能已达到较好的水平，不再发生明显的变化时即为固化终点。过长的固化时间不仅浪费时间，还会因硝酸酯的热分解而损害推进剂的性能。

具体的固化时间因固化温度和混合溶剂中增塑剂品种的不同而有很大差别。对于低温固化的推进剂，其固化时间可达 1～2 周；对于高温固化的推进剂可在

2~3 天内完成固化。在推进剂配方中加入少量低温固化剂（如 NC 的良溶剂），可以明显缩短低温固化时间。例如使用少量乙撑氰醇可使推进剂在环境温度下 2~6 天完成固化，而不加乙撑氰醇时的室温固化时间大约需要 30 天。另外，己二腈、庚二腈等二腈类物质、硝基氨基甲酸酯及其他对 NC 有良好溶解性能的难挥发性溶剂也可以缩短低温固化时间。

实际上，在固化的推进剂内部，浇铸药粒边缘与中心的溶剂浓度并没有达到完全均匀，药粒界面处溶剂浓度比药粒中心处大，固化后的推进剂还有一个相当缓慢的后固化过程。

此外，浇铸工艺也存在固化收缩现象，固化收缩率在 0.5% 左右。不同推进剂配方的固化收缩量是不同的，对于加入大量固体组分的改性双基推进剂，由于黏结剂含量较少，收缩量也较小。为防止固化收缩造成的微小缩孔、裂纹及内应力的不利影响，可在固化过程中适当施加压力，即所谓的加压固化。

3.2.3 固化反应浇铸成型工艺

固化反应浇铸成型工艺主要用于加工制造复合固体推进剂。工艺过程是以液体高分子预聚物为黏结剂，与氧化剂、金属燃料、性能调节剂、固化剂及其他组分经混合均匀后浇铸到模具或发动机中固化成型，预聚物与固化剂进行化学反应形成网状结构，使其具有一定模量弹性体的过程。这类推进剂包括聚硫橡胶（PSR）推进剂、聚氨酯（PU）推进剂、端羧基聚丁二烯（CTPB）推进剂、端羟基聚丁二烯（HTPB）推进剂、硝酸酯增塑的聚醚（NEPE）推进剂、用 GAP 或 3,3-双（叠氮甲基）环氧丁烷（BAMO）与四氢呋喃（THF）共聚作黏结剂的低特征信号推进剂等。

1. 主要工艺流程

固化反应浇铸成型工艺包括氧化剂准备、其他原材料准备、混合、模具装配、浇铸、固化等主要成型工序和后处理（脱膜、整形、包覆、无损检测等）工序。其主要工艺流程如下：

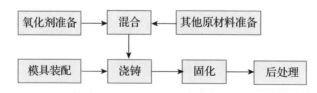

氧化剂准备：以现有复合推进剂中应用最广泛的 AP 为例，氧化剂准备包括过筛、粉碎、干燥、粒度级配等。

其他原材料准备：其他各种固体组分和液体组分的准备及预混。

混合：各组分的原材料按一定顺序加入混合机内捏合、搅拌，使固-液界面润湿、固体颗粒被良好包覆、各组分分散均匀一致，形成具有一定流动性的药浆供浇铸工序使用。

模具装配：将在3.2.4节单独叙述。

浇铸：将配制好的药浆充满到模具(或发动机)中。

固化：将浇铸于模具(或发动机)中的药浆加热至一定温度，预聚物与固化剂发生化学反应，形成具有一定形状和一定物理力学性能的推进剂药柱。

后处理：将在3.2.5节单独叙述。

固化反应成型工艺主要是使推进剂内各组分混合均匀成为流动可浇铸的药浆，将药浆浇入模具或发动机内，浇入的方法有真空浇铸法，也有底部压入法，以HTPB推进剂真空浇铸固化反应为例，浇铸工艺流程如图3-2-7所示。

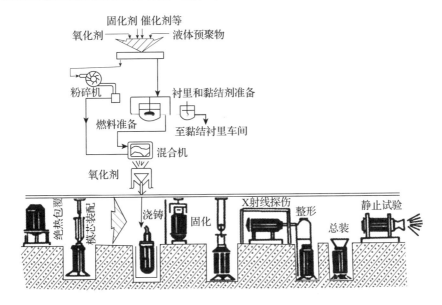

图 3-2-7　复合推进剂浇铸工艺流程

2. 主要加工过程

1) 氧化剂准备工序

氧化剂是复合固体推进剂的重要组分，它能够提供推进剂在燃烧时所需要的氧。氧化剂的粒度和粒度级配可以调节和控制推进剂的燃烧速度，同时也影响推进剂浇铸过程中药浆的流动性。

以现有复合推进剂应用最广泛的AP为例。为了保持推进剂性能的稳定性和重现性，要求粗氧化剂表面成球形，满足各项性能指标；要求氧化剂的粒度尽可能一致，批间粒度差应小于 $3\mu m$，若超过 $3\mu m$ 应组批混匀，否则将会影响推进剂燃速的跳动量；要求氧化剂具有一定的表面硬度，避免加工过程中受到作用力导致粒度变化，影响推进剂的燃速；要求氧化剂表面进行包覆防潮处理，减少吸潮，阻缓其结块，减少推进剂中键合剂与其黏结性能的影响。因此选择合适的防潮包覆剂很重要，一般采用十二烷基磺酸钠或磷酸三钙包覆剂，采用磷酸三钙包覆氧化剂时，其静电感度为十二烷基磺酸钠包覆的 1/10。

（1）氧化剂过筛。

主要是除去外来杂质，尤其是金属杂质，防止其进入混合机后发生安全事故。另外，过筛可使吸湿结块成团部分破碎，保证物料的均匀性。过筛一般在称量前或在物料加入混合机前进行，通常用机械振动和电磁振动过筛，如Sweco筛等。在过筛过程中，由于振动、摩擦易产生静电，尤其细氧化剂、硝胺类物料产生静电更大，过筛设备必须要有良好的接地导电装置，以免对操作人员造成损伤。

（2）氧化剂粉碎。

为了获得满足推进剂燃速要求的细粒度和超细粒度的氧化剂，需要对氧化剂进行粉碎。粉碎方法主要有：喷雾干燥、重结晶、气相合成、乳化溶液沉淀法等直接法；锤式磨、管式磨、球式磨、振能磨和流能磨等粒子粉碎法。

（3）氧化剂干燥。

在复合推进剂浇铸工艺过程中，由于固化反应工艺的要求，氧化剂水分含量应小于 0.05%，否则会影响推进剂的工艺性能、力学性能和弹道性能。因此，氧化剂的干燥是一个很重要的环节。氧化剂的去湿通常采用干燥法，将物料中"自由水"也称"表水"去除，因物料在与一定温度和湿度的空气接触时，将排除或吸收水分达到一个平衡值，此值称"平衡水"。物料中所含水分大于平衡水的部分称"自由水"，干燥过程除去的便是自由水。常用的有常压干燥和减压干燥，常压干燥又分间歇式和连续式。

因水的沸点随真空度的增大而降低，对于超细 AP 采用真空干燥更为适宜。细粒度 AP 很容易结块，因而改变了 AP 的粒径和粒形，严重影响推进剂药浆的流变性能和推进剂的燃烧性能。通常防止细 AP 结块的措施有：粉碎后立即干燥就不易结块，或对细粒度 AP 进行表面包覆防潮处理。包覆剂如聚丙烯树脂类和氮丙啶衍生物类 HX-752(间苯二甲酰丙烯亚胺)等。

（4）氧化剂粒度级配。

通常使用的球形 AP 有三类：Ⅰ类 40～60 目（$d_{43}=330～340\mu m$）；Ⅱ类

$60\sim80$ 目（$d_{43}=230\sim240\mu m$）；Ⅲ类 $100\sim140$ 目（$d_{43}=130\sim140\mu m$）。其粒度分布指标如表 $3-2-5$ 所示。

表 $3-2-5$　球形氧化剂粒度分布指标

标准筛筛目	孔径/μm	筛上剩余物累积分数/%		
		Ⅰ	Ⅱ	Ⅲ
40	450	$0\sim3$		
50	355	$35\sim50$	$0\sim3$	
60	280	$85\sim100$	$15\sim30$	
70	224		$65\sim80$	
80	180		$90\sim100$	$0\sim6$
110	140			$20\sim45$
130	112			$74\sim84$
140	104			$85\sim100$

注：用机械振动标准筛进行筛分

因推进剂燃速及药浆流动性的要求，需要对氧化剂进行粒度级配。表 $3-2-6$ 是几种氧化剂级配对推进剂燃速及药浆黏度的影响关系。

表 $3-2-6$　氧化剂粒度级配对推进剂燃速及药浆黏度的影响

序号	Ⅰ类 AP	Ⅱ类 AP	Ⅲ类 AP	$3\mu m$ 细 AP	TBF/%	$\eta/(kPa \cdot s)$	$u/(mm \cdot s^{-1})$	n
1	1	2	2	1	0	17.44	8.27	
2	1	2	2	1	2.5	11.36	15.98	0.3506
3	1	1	1	1	0	14.40	8.91	0.3769
4	1	1	1	1	2.5	5.44	19.13	0.2052
5	1	2	2	4	0	28.80	10.49	0.4058
6	1	2	2	4	2.5	6.40	34.04	0.3069
7	1	0	2	4	0	14.00	13.60	0.4105
8	1	0	2	4	2.5	8.64	41.36	0.3795

注：HTPB 黏结剂系统；AP 总量 80%，表中数据为各类规格的份数；Al 粉为 5%；TBF
　　为叔丁基二茂铁；η 为药浆黏度；u 和 n 为推进剂燃速和压力指数

复合推进剂中固体颗粒所占比例在 80% 以上，尤其是氧化剂选择合适的粒度级配对药浆的黏度影响很大。选择二级级配氧化剂时，小颗粒占 30% 时，药浆的黏度最低；选用三级级配氧化剂时，大、中、小质量比为 74/26/9 时药浆黏度最低。按干涉理论，不发生干涉作用的小颗粒直径与大颗粒直径之比应小于 1：6.4。

2）其他原材料准备

（1）固体原材料。

复合推进剂中的固体组分除氧化剂 AP 外，还有高能燃料 Al 粉，高能炸药 RDX、HMX，防老剂及燃烧催化剂（如亚铬酸铜、草酸铵）等。这些物料在使用前都必须进行干燥和过筛，防止带入水分及其他杂质，另外也可避免因团聚而使推进剂分布不均匀。

Al 粉、催化剂、防老剂通常在 90～95℃下干燥 5～6h，水分达到指标要求即可。另外，铝粉中杂质含量会影响推进剂燃速，活性铝含量影响能量。在工艺允许情况下尽量选用细的 Al 粉，防止粒度大的 Al 粉不能完全燃烧而损失能量。

（2）液态原材料。

液态原材料主要有黏结剂预聚物、增塑剂、键合剂、固化剂、工艺助剂等。有些组分虽然用量少，但对推进剂性能影响很大，所以要求这些原材料的均匀一致性要好。

①黏结剂预聚物：官能团的分布对性能影响很大，在使用前应充分混匀。要求黏结剂分子量分布窄些，这有利于性能重现。羟值高的预聚物黏度低，工艺性好；羟值低的预聚物低温力学性能好，燃速及压力指数低。

②固化剂：采用甲苯二异氰酯（TDI）的 2，4 - TDI 与 2，6 - TDI 作为混合固化剂时，因两者的固化反应速率不同，存放期间有沉降，在使用时必须摇晃均匀。

③键合剂：根据推进剂固体物质与固化系统的性质不同选择键合剂。键合剂与氧化剂表面进行化学反应或物理吸附，与推进剂固化系统发生化学反应，形成化学键，从而防止了推进剂的"脱湿"，改善了推进剂的力学性能。用于 HTPB 推进剂的键合剂有单组元与多组元键合剂。通常使用的单组元键合剂有：硬脂酸与二乙醇胺的等分子产物；烷醇胺类、多胺类、氮丙啶化合物与有机羧酸的反应产物；间苯二甲酰亚胺及三氟化硼与三乙醇胺的络合物。多元键合剂选择几个单元键合剂组合，对推进剂力学性能的改善有明显的效果。

例如，间苯二甲酰丙烯亚胺（HX - 752）应在 -18℃下贮存，使用前在热水浴上熔化，在异佛尔酮二异氰酸酯（IPDI）固化系统使用性能较好。三氟化硼与三乙醇胺的络合物（T313）在使用 TDI 作固化剂、三（ - 2 甲基氮丙啶 - 1）氧化膦(MAPO)作交联剂时使用较好,固体物为 AP 和 Al 粉,T313 用量为胶总量的 0.03%~0.05%,若固体物中含有硝胺物质替换部分 AP 时,则该含量应适当增加至 0.06%~0.08%。

（3）原材料预混。

先将黏结剂预聚物、部分增塑剂、键合剂等与金属燃料粉末加以预混合,可获得均匀性更好的产品,也可防止混合工序中金属粉与氧化剂直接摩擦而引起安全事故。在预混过程中,金属燃料粉末最后加入,固化剂不能在预混工序加入,防止过早固化而影响药浆的流动性。此外,预混可以在预混机内预混后再进入混合机中进行下一个混合工序,也可在混合机中先预混后再进行正式混合。

3）混合工序

预混物料在混合机先运行一段时间后,将固体氧化剂逐步加入预混物料中。由于高度的剪切作用,混合机中的物料形成一个均匀的悬浮体,最后加入固化剂(有时稀释后加入)。接着在真空下充分混合,以除去物料中的空气。

（1）混合设备。

混合设备主要是混合机,还包括加料装置、传动系统、液压系统、真空系统、热水保温系统及远距离测控系统等。

①卧式混合机。

通常采用西格玛型桨叶卧式混合机,如图 3-2-8 所示。其结构简单,混合效率较好,容易制造,价格低廉,操作维修简便。卧式混合机锅内有两个 Z 形桨叶,桨叶下部为两个半圆形锅槽,两槽连接处有一中间凸棱,桨叶轴两端由轴支撑在锅壁上,桨叶和锅壁用不锈钢制造。桨叶与锅壁之间的间隙应严格控制(一般为 1~2mm),最小不能小于 0.5mm。间隙过小,混合过程中摩擦大易发生事故,也可能将部分粗粒度的氧化剂压碎而影响性能;间隙过大,影响混合效率,使锅底部分物料混合不均匀。混合锅壁带夹套,可用热水调节控制药浆的温度。在混合机上装有可抽真空的密封盖,在减压操作下进行除气。桨叶主动轴与从动轴速比约为 4:3,可正反运转、转速可调。为了防止启动时搅拌桨叶阻力太大,一般对氧化剂采用连续加料装置,利用机械振动方式进行遥控加料。桨叶轴浸没在药浆中,轴瓦密封部分易进入药浆,固化后摩擦感度增大,容易引起燃烧或爆炸。若轴瓦内用聚四氟乙烯石棉绳作填料,并在投料后及时清理,不让药浆固化,可以减小药浆的摩擦感度,避免或防止事故的发生。卧式混合机按容积有 1~500L 等不同规格,有效容积一般为总容积的 1/2,工作容积占总容积的 25%~40%时效率较好。

②立式混合机。

立式混合机也可称为行星式混合机，如图 3-2-9 所示。立式混合机的优点是操作安全，真空度高，混合效率高。搅拌桨有二叶或三叶，中心桨叶自转，旁边的桨叶除自转外，还围绕着中心桨叶作公转，转速可调，但桨叶间转速关系是设定的。以美国 DAY 公司 150 加仑(1 加仑 = 3.785L)混合机为例，其转速关系见表 3-2-7。

图 3-2-8   卧式混合机

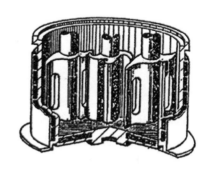

图 3-2-9   立式混合机

表 3-2-7   立式混合机三桨叶转速关系

序号	中心桨自转/(r·min^{-1})	两侧桨自转/(r·min^{-1})	两侧桨公转/(r·min^{-1})
1	4.5	17	2.5
2	6.5	24	3.5
3	8.5	34	4.5
4	13.0	48	7.0

混合锅由不锈钢制成，侧壁与底部有夹套可通热水调节控制药浆温度，在锅底及搅拌桨叶底部平嵌温度传感器可测量药浆温度，锅底及侧壁装测距传感器测量桨叶与锅底以及桨叶与锅壁的间距。混合机大小不同其间隙也不同，表 3-2-8 为 IKA 公司混合机的间隙情况。

表 3-2-8   IKA 公司混合机间隙情况

型号	桨叶间间隙/mm	桨叶与锅壁间隙/mm	桨叶与锅底间隙/mm
5L 混合机	3	5	5
800L 混合机	5	8	8

立式混合机主要由主机系统、液压系统、气动系统、真空系统、热循环系统、控制系统、监视系统、出料系统、预混系统和自动加料系统组成。

主机系统：由齿轮箱、混合桨叶、中间罩、混合锅和机架等组成。具有特殊型面混合桨叶垂直分布，在物料混合过程中，混合桨叶在分别自转的同时做公转运动，齿轮采用特殊转动比，增加物料搅拌次数，使物料混合更充分，严格保证桨叶间间隙恒定，不会发生间隙缩小可能导致的安全事故。

液压系统：实现混合桨的正、反转和混合锅的升降运动。其能量输出是被动的，相对较长的柔性过程，不易引起安全隐患。

气动系统：混合锅位置状态的检测及混合机的现场操作均采用气动元件，以气-电转换实现位置指示和对混合机运作的控制，达到气-电-液联锁控制。

真空系统：由真空泵、除尘过滤器、气控气阀、管路和电气控制等组成。为除去颗粒界面上的空气、水蒸气等气体，提高产品质量，在混合过程中混合锅内被混合的物料处于真空状态。

热循环系统：由单温或双温（高温、低温）水箱及管路系统等组成。传热介质可以选择水、油或蒸气，通过热循环系统调节混合锅内的物料温度。

控制系统：对混合机的热工参数和运动参数进行检测、显示、记录和远距离调控，实现工艺过程的管理。

监视系统：实时、真实地观察远距离封闭区内混合机及混合工房内的作业现状，有利于设备安全运行。

出料系统：在锅底有出料装置。若锅内有浮动盖，可以加压出料。也配备翻转式出料系统，可以便捷地将物料从混合锅中转入下一道工序，方便对混合锅的清理。

预混系统：专门用于 Al 粉与黏结剂及其他液体组分的预混合，使铝粉颗粒被黏结剂润湿，避免安全隐患。

自动加料系统：可均匀连续地加入固体粉料，提高生产效率和生产的安全性。

工作时，由液压装置控制混合锅或机头的升降。IKA 混合机为机头升降，DAY 混合机为混合锅升降。混合锅与机头之间有密封垫圈压紧，形成内部密封，可进行真空操作。机头与混合锅之间有一油封装置，油一般为苯二甲酸二丁酯，也可用与推进剂类似的增塑剂。机头与混合锅分别抽真空，控制真空度一致。若机头内真空度高，混合锅内的部分粉料会抽到机头油封处，油封部分需定期清洗及更换油；若混合锅内真空度高，则油封处的油会滴入锅内，影响推进剂的质量。在机头有加料孔、防爆装置和光敏传感器，当有火焰信号时，锅与机头在 50ms 时间内脱开，并可立即喷入消防水。

③连续混合机。

双螺杆式连续混合机由原材料定量加料系统、连续混合主机、检测/控制系统、抽真空和加热保温等部分组成。部分原材料可通过预混后进入混合主机。混合主机在机筒内有两根直径相同并同向旋转的组合式双螺杆，螺杆由螺旋输送与捏合块组合而成，剖面结构如图 3-2-10 所示。螺杆两端固定，出料口后面是反螺纹，用以阻止物料进入螺杆轴承的密封区。机筒是平开启式结构，一方面可以清理螺杆残存物料，另一方面也是安全泄爆的最有效措施。筒体上有水保温夹套调节控制药浆温度，后端有抽真空装置，驱除药浆中的气泡及可挥发性物质。传动系统通过液压马达驱动，转速一般控制在 0～50r/min。连续混合比间断混合减少了在制品量，本质安全性好，捏合效果好，尤其是对高固体含量、高黏度物料在混合后可直接压铸到发动机内。

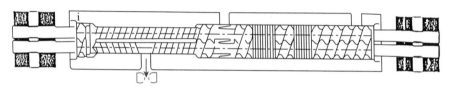

图 3-2-10　双螺杆连续混合机剖面结构

(2)混合工艺条件。

混合工艺条件是要保证各组分充分混合、分散均匀一致，使药浆具有良好的浇铸工艺性，即具有可浇铸性和流平性好等特点。

在混合过程中，开正车时物料捏合，使固液料之间润湿；开反车时死角的物料能得到清理，使物料混合得更均匀。混合过程中温度控制由选用的固化剂决定，用甲苯二异氰酸酯(TDI)作固化剂时，一般药温控制在(40±5)℃；用 IPDI 作固化剂时，药温可控制在(60±5)℃。温度高时药浆的初始黏度低，有利于混合均匀，但温度升高时固化反应加快，黏度逐渐增大，适用期缩短，使后期浇铸困难。加完固体物料后进行抽真空，混合锅内余压在 1.3～2.6kPa。采用双叶搅拌浆的混合机时，两浆的转速通常是中心浆 6.5r/min、侧浆自转 24r/min。混合后通过混合锅底部的出料阀接浇铸管进行出料，若把混合锅内的物料进行翻抖，物料内进入空气会影响药浆质量。

4)浇铸工序

浇铸是将混合药浆浇铸到模具或发动机壳体内，固化后形成符合设计要求的发动机装药。模芯可先装配后再浇药，也可浇完药浆后再插模芯。在浇铸过程中还需要对药浆进行充分的除气，以保证装药的质量。主要的浇铸工艺方法有以下几种：

（1）真空浇铸方法。

真空浇铸工艺装置如图 3 - 2 - 11 所示。在真空条件下，将推进剂药浆经花板分割成许多细药条滴入真空罐内的模具或发动机壳体中。真空浇铸除通用的喷淋式外，还有插管等方式。

①浇铸工装。

浇铸漏斗可由混合锅下部放料阀通过连接管接入浇铸阀，也可采用专用浇铸漏斗。药浆在浇铸过程中都需要保温，在漏斗外部安装有通循环水的夹套。花板上有直径 3～5mm 的圆孔，或宽 5～7mm、长 20～30mm 的扁孔，或月牙孔，根据工艺特点也可以选用其他的形状和尺寸。

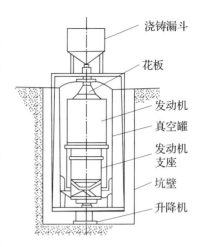

图 3 - 2 - 11　真空浇铸设备

花板的孔径不宜太小、太薄，花板与模具或发动机壳体的顶部间距不宜过长，若药浆成细条或成薄片滴入容易翻转，引起所谓"搭药"现象影响浇铸成型质量。

在直径 200mm 以内的小型发动机推进剂浇铸过程中，药型单一，可用一缸多发。浇铸缸内可以采用浇铸架安装多个发动机壳体，浇铸架可转动，浇完一发后，转动浇铸架继续下一发浇铸，浇铸药浆重量可通过标志杆或重量传感器确定。

②抽真空。

在浇铸前应先对浇铸罐抽真空，达到真空度后连续抽 15min，真空度稳定后方可浇铸。在浇铸过程中，余压必须小于规定值，药浆浇铸完后继续抽真空15min，以驱除药浆顶部的气泡。浇铸结束后放气要缓慢，原因是真空浇铸过程中药浆有一定的沸腾高度，放气过快会使顶部物料疏松或有气孔。

抽真空既是药浆浇铸的主要驱动力，也是排除药浆中空气的主要手段，以保证固化后的药柱无气孔、致密、结构强度和燃烧稳定性，有利于药柱质量的重现性。药浆浇铸动力 = 真空度 + 药浆压头压力。要增加浇铸动力，可增加药浆压头。因药浆量一定，故增加药浆压头时，需在药浆上增加压力。实际上，因不同地点、不同时间的大气压有所变化，通常不用真空度而是用余压来控制工艺条件，即：余压 = 大气压-真空度，在浇铸过程中，余压控制在 1.36kPa 以下为宜。

③浇铸速度。

浇铸速度对浇铸药柱质量的影响很大。从加工周期和药浆适用期考虑，浇铸速度快些有利。但药浆的除气与真空度、暴露面和暴露时间有关，并涉及药浆的黏度、花板孔形状与大小、药条落程长短等因素。为了保证除气完全，浇铸速度又不宜过快。浇铸速度的控制原则是浇入的药浆能流平，不致于新旧药浆流不平而在药浆中夹带气泡。

④浇铸温度。

温度对药浆黏度和固化速度的影响很大。温度低时药浆黏度大，药浆中的气泡不易脱出，影响成型质量，也影响浇铸速度；温度过高则药浆黏度增长快，使药浆的适用期缩短。例如，对 HTPB 推进剂，使用不同的固化剂时控制药浆的温度也不同，用 TDI 作固化剂时，药浆温度控制在 $40\sim45℃$；用 IPDI 作固化剂时，药浆温度控制在 $60\sim65℃$ 为宜。在浇铸过程中除控制药浆温度外，还需要对模芯与发动机壳体(或模具)保温，避免由于药浆与其温差较大，表面浸润不好而影响药浆的流动及与其界面的黏结。

(2)底部压注方法。

将已除气的药浆装在压力罐内，在其上部连接增压装置(通氮气或压缩空气)，底部出口处连接导管将药浆压入发动机壳体(或模具)内，药位逐渐上升，直至充满壳体为止。加压方式也可通过螺杆方式进行挤压，发动机上端同时进行抽真空，这种方式对黏度较高的药浆也适宜。

(3)单室双推力装药浇铸方法。

在战术导弹发动机中，单室双推力比单推力的工作效率高。实现双推力的途径，有的靠药型对燃面的变化调节；有的采用装填不同燃速的推进剂。为了增加两级的推力比，可同时采用不同药型与两种不同燃速的推进剂。双推力有两种装药形式：

①药柱轴向前后分段浇铸。发动机前段装低燃速推进剂，后段装高燃速推进剂，两段衔接结合成整体。浇铸时，两段的药量及药长通过自动计量装置或液面标志杆精确控制。两种推进剂的界面要黏结牢固，相互渗透层要小。在浇铸第一种推进剂满足要求后，让药浆表面流平后再浇铸第二种推进剂，先浇入的药浆不应挂在模芯和粘在壁上，防止与后浇入的药浆混料，影响后浇药浆性能。

②药柱径向内外分层浇铸。径向内外层分别装填不同燃速的推进剂，可采用隔离筒技术一次浇铸成型。先将一定尺寸的隔离筒安置在发动机壳体内，再将两种不同的推进剂药浆先后浇入隔离筒的外层和内层空间。装满药浆的燃烧室固定在拉拔装置上，采用拉拔方式从药浆中拔出隔离筒，然后进行常规固化、

脱模和整形,一次完成双燃速推进剂装药的浇铸。为了确保两种推进剂的界面形状和尺寸,可通过控制内层挡药板运动速度和隔离筒拉拔速度,在隔离筒拔出时,两种推进剂界面迅速建立平衡。

以上两种双推力推进剂装药的浇铸也可分成两次浇铸成型,即待第一种浇铸推进剂半固化后,拔出隔离筒(或模芯)后再浇入第二种推进剂。对于二次成型浇铸工艺,第一种推进剂需经二次固化。为了使两种推进剂的界面更好地黏结,第一层推进剂的表面一定要清洁,防止其他物料污染。

(4)振动技术在浇铸中的应用。

对于高固体含量以及高黏度的推进剂药浆,由于流变和流平性能比较差,在浇铸过程中,前后进入的药浆往往存在固体填料颗粒架空和界面间接触不平等现象,非常容易形成气孔、缩孔等缺陷,直接影响药柱的可靠性和发动机的内弹道性能。在有些情况下,采取加压浇铸、提高真空度、调整浇铸速度等手段不一定完全有效。随着加工技术的发展,将机械和超声波的振动作用应用于推进剂的浇铸过程中,可取得较好的应用效果。试验发现,如果给推进剂药浆一定频率和振幅的振动,可使颗粒密实,提高药浆表面的流平性,也有助于逸出药浆中的气体,消除药柱中的微气孔。

振动力场对聚合物以及聚合物基复合材料的作用机理:根据自由体积理论,高分子链的运动是通过链段的运动和扩散而达到整体运动的。高分子链很大,易结成网状,而缠节点之间则构成空穴。振动力场作用时,一方面,振动增加了高分子链之间的相互剪切摩擦,产生大量的耗散热,增加了高分子的热运动能,空穴也随着增加和胀大,分子之间相互的作用力减少,导致高分子链的蠕动能力增加;另一方面,振动不断对聚合物进行挤压和释放,增加了分子的取向,分子间空穴增大,分子链重心偏移,也降低了分子之间的相互作用力,从而使聚合物的流动性增加。宏观上则表现为聚合物的黏度降低,流平性提高,由此而改善了聚合物的加工过程,使聚合物的性能得到一定程度的改善和提高。

随着振动技术在聚合物加工技术中的研究与应用,根据其原理,在推进剂装药中也开始了相应的研究与应用。最初研究工作者只是将振动技术用于试验研究,主要用在流变仪测量聚合物的黏度变化;随后在加工过程中引入振动;以后则将振动力场整个引入加工全过程。

振动力场主要有两种形式:一类是机械振动形式,振动频率较低而振幅较大;另一类是声波或超声波形式,表现为高频小振幅振动。振动浇铸可采用下面三种方式:

①插入浆料一定深度的棒式振动器。该振动器一般用于水泥砂浆的现场浇铸，后来也曾用在大型助推器的现场浇铸。在浇铸过程中振动棒需要不断地提升，以控制其在药浆中的插入深度。但由于战术导弹发动机的浇药间隙小，此种振动方式难以实施，特别是在真空浇铸罐内很难实施。

②附着式振动器。将振动器固定在浇铸发动机壳体上，在药浆浇铸过程中对壳体施振。但如何保证施振均匀，又不对发动机壳体和绝热包覆层质量带来不利影响也是很难解决的问题。

③台式振动器。可将浇铸件、料斗、真空罐一起刚性固定在振动台上，实现整体或部分振动。国产振动台有机械、电动和液压三种，其中机械振动台使用频率较低、噪声较大、价格便宜；电动振动台使用频率宽、精度高、价格较高；液压振动台工作平稳、噪声小，使用频率较机械振动台高，但设备占地面积大，维修麻烦，价格也较高。

选用何种振动方式，要根据浇铸发动机的特点和使用环境综合考虑，但无论选择哪种方式都必须考虑技安问题。特别是有可能产生火花的电气装置，绝对不能置于真空缸内运转。故所用的设备一般有气动和电动振动装置。

固体推进剂振动浇铸的目的是消除推进剂内部的缺陷，提高装药密度。在选择振动参数时，必须确保在振动过程中药浆中的固体颗粒分布均匀，不允许出现上下不一致的"分层"现象。此外还要尽量减少振动的衰减，减少能耗。由于目前国内所使用的推进剂药浆大多数是未经除气的高固体含量浓悬浮液体系，难以通过各组分的性能计算所需的振动参数，只能根据推进剂特性、浇铸发动机以及工艺特点通过实验选取，振动浇铸涉及的参数主要有振动频率和振幅、振动加速度、振动持续时间。

为了验证振动对药浆流平性的影响，对几种复合推进剂药浆进行了流平性测定。药浆流平性 L_p 的计算公式为

$$L_p = (X_1 + X_2 + Y_1 + Y_2)/2$$

式中：X_1、X_2、Y_1 和 Y_2 分别为药浆在刻度盘 X 和 Y 方向上的扩展半径。

表 3-2-9 为振动对药浆流平性的影响，表 3-2-10 为振动对推进剂性能的影响。

表 3-2-9   振动对药浆流平性的影响(测试时间间隔为 60s)

实验编号	A1		A2		A3		A4	
测试状态	不振	振动	不振	振动	不振	振动	不振	振动
X_1/mm	88	89	81	88	62	76	70	70

（续）

实验编号	A1		A2		A3		A4	
X_2/mm	74	86	82	90	70	80	69	78
Y_1/mm	77	78	81	86	68	66	72	76
Y_2/mm	156	168	166	180	134	150	140	148
L_p/mm	156	168	166	180	134	150	140	148
振动后提高值/%	7.7		8.4		11.8		6.4	

表 3 - 2 - 10　振动对推进剂性能的影响

装药方式	密度/(g·cm^{-3})	AP/%	Al/%	浇铸时间/min
振动浇铸	上 1.526	70.52	15.39	20
$f = 100Hz$	下 1.528	70.60	15.00	
不振动浇铸	1.516	70.00(计算值)	16.00(计算值)	30

从表 3 - 2 - 9 和表 3 - 2 - 10 可以看出，采用振动浇铸可使药浆的流平性提高 7%～12%，并大幅缩短浇铸时间。振动与不振动相比较，推进剂密度没有显著提高。当推进剂中含有较多的细氧化剂，药浆黏度大，不易流平，利用常规真空浇铸不能排除所有气泡。此类推进剂应用振动浇铸技术最为有效，且上下部位的密度基本无变化，由此表明在所选用的振动参数范围内，药浆中的固体颗粒没有产生"分层"现象，各部分的性能是均一的。但振动不会提高密度，只会相对缩短浇铸时间约 30%。

5）固化工序

浇铸于模具（或发动机）中药浆，预聚物与固化剂在加热条件下进行化学反应，形成具有一定形状和一定物理力学性能的推进剂药柱。

复合固体推进剂的固化与粒铸工艺和配浆浇铸工艺不同，固化过程没有溶塑固化的物理过程，只有预聚物与固化剂的化学反应固化。实际上，在推进剂药浆混合过程中预聚物与固化剂接触后就已经开始化学反应，导致浇铸过程中药浆的黏度逐渐增大，并逐渐失去流动性，只是在较低温度下固化反应速度较慢而已。

（1）固化温度。

固化反应速度与温度有关，通常固化温度每增加 10℃，固化反应速度加快 1 倍。因此，固化温度高时需要的固化时间短，固化温度低时需要的固化时间长。从固化反应速度和固化工艺周期考虑，温度高些有利，但温度过高会使药柱受到较大的热应力，容易造成脱粘和裂纹。另外，因推进剂的固化反应是放热反应，而推进剂的导热系数又较小，固化反应热很难散发出去，从而使药浆温度升高，影响随后的固化反应历程。因此，需要通过热风和热水循环使固化温度均匀一致，提高固化温度的控制精度，保证固化过程的一致性。

钢的热线胀系数为 $1.1 \times 10^{-5}/℃$，HTPB 推进剂热线胀系数为 $1.1 \times 10^{-4}/℃$，推进剂的热线胀系数为发动机壳体膨胀系数的 10 倍左右。因此，当推进剂药浆在较高的温度下固化后冷却至室温时，推进剂药柱的收缩要比壳体的收缩大。对于壳体黏结式装药，推进剂药柱将受到很大的热应力，在装药端部易发生脱粘现象。为了减少这种现象发生，通常采用降低固化温度或常温固化，并在固化过程中控制升、降温速度，一般为 $2\sim3℃/h$，另外在端部采用应力释放罩或自由脱粘层。

选择固化温度时，要根据发动机对推进剂力学性能的要求、推进剂药柱尺寸以及选用的固化剂品种等情况来确定。例如，用 TDI 作固化剂时，固化温度可选择在 $65\sim70℃$，用 IPDI 作固化剂时固化温度可选择在 $60\sim65℃$。大型发动机装药的固化温度应低些。

此外，固化温度对推进剂的性能也有影响，要保证药柱在固化过程中上下温度一致，避免因温度差异而影响药柱性能的一致性。

（2）固化时间。

在一定温度条件下，推进剂药浆达到最适宜的物理性能所需要的固化时间，通常根据推进剂的抗拉强度和延伸率的变化规律来确定，如图 3-2-12 所示。

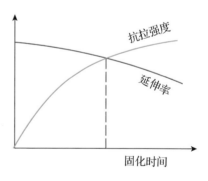

图 3-2-12　力学性能随固化时间的变化

采用 TDI 作固化剂在常压下固化，固化温度为 50℃ 时，固化时间需 $6\sim8$ 天；温度为 70℃ 时，固化时间只需 $3\sim4$ 天。采用 IPDI 作固化剂在常压下固化，固化温度为 60℃ 时，固化时间需 $6\sim8$ 天，一般药柱直径较小时，固化温度可选高些，以便缩短固化时间。

为提高固化反应速度，缩短固化工序时间，通常采用加入固化催化剂的方式，常用的有乙酰丙酮铁 $[Fe(AA)_3]$、三苯基铋（TPB）、三乙氧基苯基铋（TEPB）等。

（3）加压固化工艺。

加压固化是在固化时对推进剂药浆加压，使燃烧室壳体在固化过程中产生弹性膨胀变形，推进剂固化后降温时消除燃烧室壳体给予药柱的压缩力，并抵消固化药柱因冷却在其内部产生的热应力。因此，加压固化的主要目的是要消除或减小推进剂药柱在固化过程中产生的热应力。另外，采用加压固化工艺，推进剂的密度比常压固化工艺要高些，力学性能也好些。

壳体黏结式装药产生热应力的主要原因：一是推进剂固化温度与其在发动机中的使用温度不同；二是推进剂和发动机壳体的热膨胀系数相差很大；三是推进剂、包覆层、绝热层直接与刚性壳体黏结，使药柱的形变受到约束。消除药柱中的热应力，主要是消除药柱外表面产生变形的限制。加压固化是在固化时对推进剂药浆加压，使发动机壳体产生一定的弹性膨胀变形，在推进剂固化后，温度逐渐下降，所加压力也慢慢释放。此时，推进剂因温度降低而收缩，发动机因压力释放而收缩，所加的压力可抵消药柱的热应力。加压固化原理示意图如图 3 - 2 - 13 所示。

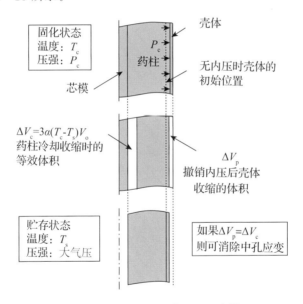

图 3 - 2 - 13　加压固化原理示意图

加压的方法：一是可借助胶膜对药浆加压，简称胶膜加压；二是可采用氮气直接向药浆加压，简称直接加压。施加压力的大小可以根据所需要的壳体形变量进行理论计算。

固化药柱需要适量的收缩使药柱与模芯脱开，从而能够安全地取出模芯。因此，加压固化的理论设计效果不能达到 100%。施加压力更不能超过理论压力，否则由于壳体收缩量大于药柱的冷却收缩量，在药柱内部将产生额外的压应变。由于加压固化需要持续较长的一段时间（通常 4～5 天），施加的压强越大，工艺实施的难度和危险性就越大，建议最大施加压强不超过 3MPa。

(4) 室温固化工艺。

目前大多数固体推进剂的固化都是在 50～70℃ 下进行，例如，硝酸酯增塑的聚醚(NEPE)推进剂和 HTPB 推进剂，采用 N-100 多异氰酸酯或 IPDI 作固化剂时，通常需要使用金属有机化合物(如 TPB)作固化催化剂，在 50～60℃ 下固化。但冷却到室温时固化推进剂药柱会产生热应力(收缩应力)。采用室温固化工艺是减少和消除推进剂装药收缩应力、提高推进剂力学性能、减少能源消耗、降低推进剂加工成本的有效途径。当然在选择固化温度时，还要考虑发动机对推进剂力学性能的要求及推进剂药柱肉厚等实际情况。室温固化工艺一般要求推进剂在室温下有适宜的固化反应速度，也可用更加高效的固化催化剂提高固化反应速度，但应保证有足够长的适用期。

常用的室温固化催化剂是 TEPB 类，这类固化催化剂是在 TPB 固化催化剂的分子中引入活性基团，将其应用于 HTPB 推进剂中发现，适当调节固化参数，在 35℃ 固化 7～8 天的条件下，推进剂已达到正硫化点，并具有良好的力学性能。

图 3-2-14 为固化催化剂种类对 HTPB 推进剂体系固化效果的影响。可以看出，采用二月桂酸二丁基锡(T-12)作为催化剂时，体系固化速率太快，在较短时间内完全固化；而它的铋类催化剂中，TEPB 类中 TEPB-p-98 催化剂的固化效果较好。

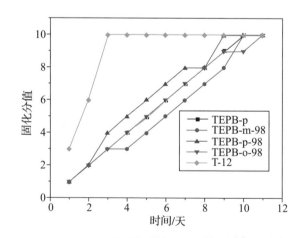

图 3-2-14   固化催化剂种类对 HTPB 固化的影响

3.2.4　模具(壳体)装配工艺

模具或发动机壳体的装配是固体推进剂浇铸成型工艺的通用工序。

1. 装配要求

固体推进剂三种浇铸成型工艺中,浇铸前的模具或发动机壳体装配工艺过程基本相似。但由于不同类型推进剂药浆的性质不同,对模具或发动机壳体装配的要求也不同。

双基推进剂、改性双基推进剂的危险等级较高,药浆中的液相是高感度的NG 混合溶剂,其黏度较小,在固化之前是自由流动的,遇到模具或发动机壳体中的缝隙容易渗入,固化之后在缝隙处留下游离的 NG 混合溶剂,受到较强的摩擦和冲击作用容易爆炸。复合推进剂的液相是高分子预聚体,黏度较大,不容易渗透到缝隙中,而且液相是非爆炸性物质,即使渗入也不存在危险。

基于上述特点,在双基推进剂、改性双基推进剂浇铸过程中,无论粒铸工艺还是配浆浇铸工艺,在模具的设计和装配中除了一般的要求外,还要特别注意防止"漏油",防止模具或发动机壳体中的配合部位有溶剂渗入。如果模具或发动机壳体的配合部位渗入溶剂,加上装配松动,在模具或发动机壳体搬动过程中就可能出现爆炸的危险。即使装配不松动,在脱模过程中也可能出现危险。另外,在浇铸模具设计中要求互相配合的两件金属件至少有一件是有色金属件,通常采用铝或铝合金,避免铁与铁之间摩擦起火。

2. 装配工艺

1)模具(壳体)准备

对于自由式装填的推进剂模具,若浇铸成型的推进剂较软(如有的复合推进剂),不能单独支撑,则在药柱外表面需要有一定刚度的支撑架(如用玻璃钢、PVC 等),以代替绝热层;若浇铸成型的推进剂是有一定刚度的硬药柱,则模具内表面进行脱模处理。

对于壳体黏结式的发动机壳体,必须对内表面进行处理,以增加与绝热层或衬层间的黏结性,保证装药的完整性。发动机的内表面处理主要是除去妨碍黏结的表面污物及疏松层,提高表面能及增加黏结表面积。

2)模芯准备

对于有内孔的非端面燃烧推进剂药柱,其内孔的形状和尺寸由模芯控制。此外,弹道性能对装药发动机的装药初始燃烧面有一定的形状要求,其形状也由模芯形状实现。因模芯在推进剂固化后要脱出来，在脱出过程中，不能损伤装药表面，需要对模芯进行表面处理，在表面涂敷或喷涂一层脱模剂。

3）绝热层与包覆层准备

火箭与导弹发动机壳体的壁厚较薄，主要是尽可能减少其飞行过程中的消极重量。另外，发动机的工作时间较长，发动机壳体在较长时间内受到推进剂高温燃气的烧蚀和高压、高速气流的冲刷。为了保护发动机壳体不被烧穿，并尽可能减少推进剂燃气能量的热损失，也为了使推进剂与发动机壳体之间更好地黏结，通常在发动机壳体内表面与推进剂之间粘贴绝热层、自由脱粘层及喷涂包覆层。根据装药应用要求，有的发动机只需包覆层即可；有的绝热层有一定的弹性并与推进剂能很好黏结，中间可不用包覆层，如三元乙丙橡胶等。包覆层与推进剂都选用 TDI 作固化剂时，在包覆层半固化时浇铸药浆后再固化，两者之间的黏结性较好，若包覆层的固化度高或在表面吸潮会影响两者之间的黏结性能；包覆层用 TDI 固化，推进剂用 IPDI 固化时，则包覆层的固化度应高些，否则会在界面间形成软层影响黏结性能。包覆工艺一般有离心法、喷涂法以及倒挂式法，使包覆层能均匀地粘在壳体内表面，经一定程度固化后浇铸药浆。如果使包覆层与推进剂之间进行交链反应，可进一步提高两界面间的黏结性能。

4）装配过程

用模具浇铸时，事先须清理、固定模芯。为便于固化后的药柱退出模具，在其内表面和模芯表面都涂上脱模剂。若推进剂表面需要包覆时，则涂上脱模剂后在模具内做成包覆层套筒；若直接向发动机内进行贴壁浇铸时，则发动机除按同样步骤进行清理并粘贴绝热层外，双基推进剂或改性双基推进剂还必须有衬里层，才能粘附到绝热层上去。已经证实，环氧、聚酰胺、异氰酸酯交联的纤维素酯以及交联的酚醛树脂和聚乙烯醇缩甲醛清漆的组合物，是双基推进剂和改性双基推进剂与绝热层间的有效黏结剂。

在复合推进剂浇铸工艺中，模芯可先装配后再浇铸药浆，也可以浇铸药浆后再插模芯。浇铸完后，通过定位与插芯装置，使模芯正确对位，对模芯顶部加压，缓慢地将模芯插入已浇铸药浆的模具或发动机壳体内。

3.2.5 浇铸成型工艺的后处理

固体推进剂浇铸成型工艺的后处理主要包括脱膜、整形、探伤等，有的还需要进行端面包覆处理。

1. 脱模

推进剂固化成型后，将成型药柱内型面的模芯脱出，或具有外绝热层的推进剂药柱固化成型后，将其从模具中脱出。自由装填推进剂药柱从模具中脱出、方坯药固化后脱掉其外壳，均称为脱膜。对于壳体黏结式发动机，脱模的主要任务是拔掉模芯；对于自由装填式药柱，不仅要拔掉模芯，还要将推进剂药柱从模具中脱出来。

为了减小模芯从药柱中脱出时的阻力，在模芯表面均烧结了一层聚四氟乙烯薄膜和涂敷硅油等脱膜剂，即使这样药柱与模芯间的黏结力还是很大的。为了保证安全，较大的模芯在脱模前应先将模芯顶部松动后再脱模。整个脱模装置都应该由良好导电性能的材料组成，使脱模过程中因摩擦产生的静电能很快地传导，避免发生安全事故。

对于双基推进剂或改性双基推进剂的浇铸药柱，在脱膜时应仔细检查是否存在"漏油"现象，一旦发现漏油要小心处理，通常用醇醚溶剂将漏出的"油"清洗干净之后才能脱模，尤其螺纹连接件之间更要认真清洗。

2. 整形

脱模后的推进剂，无论是壳体黏结式药柱还是自由装填式药柱都需要用手工或机械的方法进行整形，使药柱的尺寸满足图纸的要求。

整形主要是对推进剂内型面的几何形状和尺寸按设计要求进行修整或对药柱端面修整到规定要求的过程，在此过程中可调整药柱的重量公差，提高精度。整形过程中应采用有色金属整形工具。

3. 端面包覆

因发动机弹道性能的要求，有时需要对推进剂药柱的端面进行包覆。端面包覆一方面可限制推进剂端面的燃烧，另一方面也起到部分密封作用，通过端面包覆还可调整头、尾空间的尺寸要求。经固化后的推进剂药柱表面基本没有活性基因，端面包覆主要靠亲合吸附力。为了增大黏结力，除药柱表面清理干净外，还应在药柱表面涂覆黏结剂。端面包覆有粘片工艺和端面料浆浇铸工艺。贴片包覆工艺是根据形状要求做好预制片，在药柱端面和预制片一面涂上黏结剂，用工装将其紧贴固定；采用端面料浆浇铸包覆工艺时，由于推进剂药柱已进行过固化，端面包覆时不宜在高温下固化时间过长，因此，端面包覆料浆应在较低温度、较短时间内完成固化。在端面包覆时，还应防止气泡及端面包覆与发动机壳体内壁形成凹月面，导致影响后续装配。

4．无损检测

固体火箭发动机是各种运载火箭的动力装置，必须要有高度的可靠性，对推进剂装药结构的完整性有十分严格的要求。固体火箭发动机制造到使用经历各种工艺加工、贮存、运输、环境的温度交变、受点火的冲击和飞行时加速度等考验。在这些过程中，发动机各部件的质量可能发生变化，如推进剂药柱内部存在裂纹等缺陷，绝热层和包覆层的脱粘等，都会影响发动机的内弹道性能，严重时会导致发动机烧穿，甚至发生爆炸。发动机在装药后需要进行全面的无损检测，并在经受各种环境条件考核后再进行检测，以保证火箭发动机工作的可靠性。

对发动机装药无损检测的方法很多，通常有目视外观检查、界面黏结检查（壳体、绝热层、包覆层、推进剂之间的黏结情况）、药柱内部缺陷探伤检测（气孔、夹杂物、密度和组分不均匀）等。

（1）目视检查：进行外观检查，如药柱在脱模过程中内、外表面有无损伤等，检查时可借助放大镜及窥腔仪等。

（2）界面黏结检查：检查壳体、绝热层、包覆层、推进剂之间的黏结情况，尤其是推进剂与包覆层界面端部脱粘，对发动机工作影响更为严重。若脱粘界面间有空隙，可通过射线照相进行检查，若是零黏结（即界面间紧贴，但无黏结力），则可通过双探头超声探测仪检查，其中一个探头发射，一个探头接收，通过波差进行判断。为防止端面脱粘影响，在工艺上也可采用端面包覆的方法，防止火焰进入脱粘层。

（3）药柱内部缺陷检测：药柱内部缺陷主要是气孔、夹杂物、密度和组分不均匀等，这些缺陷是由于推进剂原材料以及混合、浇铸工艺等方面造成的。在贮存过程中因老化、应力等影响，使药柱星孔内产生裂纹，界面间脱粘。其缺陷的大小或数量，依据静止点火试验过程中不影响内弹道性能指标作为判断标准。内部缺陷检测通常采用射线法探伤，根据产品的情况（材料及厚薄）选择探伤条件（电压、电流、焦距、曝光时间），以达到最佳灵敏度。在射线法检测时可用照相法或用实时显像系统。

对于固体推进剂装药（药柱），一般要全部经过探伤检查，合格后才能包装出厂。

3.3 溶解成球加工工艺

球形药是 20 世纪 30 年代开始工业化生产并大量应用的一种火药。与传统的挤出法加工工艺相比，球形药的加工制造大大简化了工艺过程，缩短了加工周期，改善了火药生产的安全状况。最早的球形药是单基球形药，首先应用于轻武器。传统的枪用单基药是溶剂法挤出成型工艺加工的，由于药型尺寸较小，使得加工工艺复杂、周期长、良品率低。单基球形药的使用，提高了轻武器的装药量，改善了轻武器的性能。随后出现的双基球形药，性能比单基球形药又有很大提高。双基球形药具有较低的吸湿性和较低的温度系数，而能量比单基球形药大幅提高。因此双基球形药更大幅度提高了轻武器的性能，例如用于 7.62mm 枪弹时，初速提高了近 30%。另外，球形药"造粒"也是固体推进剂浇铸成型工艺的基础工序。

随着对球形药工艺技术的深入研究，在原来的制球工艺基础上，又发展了球扁药成型加工技术、压延整形技术、挤出法制造圆片药技术等。实际上，应用较多的是球扁药，主要是因为球形药的减面燃烧程度过大，而球扁药的燃烧减面性明显小于球形药。

球形药的加工方法具有下列特点：

(1)可采用未经安定处理的 NC，可简化 NC 的制造过程。

(2)利用液体介质的表面张力成型方式，而不是采用机械成型加工方法。

(3)工艺设备简单，加工成型工艺周期短，便于连续化和自动化。

(4)加工过程大都在水介质中进行，安全性较好。

溶解成球加工工艺制造球形药的工艺方法主要有内溶法和外溶法，两者的主要区别在于溶解 NC(加工单基球形药)或吸收药(加工双基球形药)的方式不同。内溶法是将 NC 或吸收药悬浮于非溶剂性的分散介质中，然后加入溶剂及其他组分，在加热及搅拌条件下使之成为具有一定黏度的高分子溶液，再借助机械搅拌的剪切作用，使高分子溶液分散成小液滴成球。外溶法则是先将 NC 或吸收药用溶剂溶解，并加入其他组分混合均匀，形成高分子溶胶，然后将高分子溶胶分散并悬浮在非溶剂性的分散介质中进行成球；另一种外溶法工艺(也称为挤压预制坯法工艺)是将 NC 或吸收药及其他组分经溶剂溶解，在机械捏合作用下塑化成药团，通过挤出机的圆孔模挤出，并由旋刀切断成均匀药柱，再加入非溶剂性的分散介质中，通过溶剂、保护胶和水配制的强化乳液溶胀成球，后续工艺与内溶法一致。我国目前采用的外溶法工艺是挤压预制坯法工艺。

两种工艺方法相比，内溶法工艺物料混合均匀，外溶法工艺稍差一些。通常情况下，颗粒较大的球形药宜采用外溶法工艺，加工含水分少的球形药或者在球形药中需加入水溶性盐类组分时，也应采用外溶法工艺。使用未经安定处理的 NC 制造球形药时，应采用内溶法工艺，在加工过程中可除去 NC 中残酸及有害杂质。外溶法工艺使用的 NC 必须经过充分的安定处理。另外，外溶法消耗溶剂较少。

在球形药加工制造过程中，主要质量指标是"三度"：粒度、密度、圆度。影响这三度的因素主要有所用 NC 的性质、投料比、温度、搅拌速度、保护胶用量、脱水剂用量等。

由于球形药在加工过程中粒度尺寸的分散性较大，为保证其燃烧的一致性，需要通过粒度筛分减小其粒度分布范围，影响产品得率；另外，球形药在燃烧过程中的减面性太大，对武器装药的内弹道性能极为不利。实际应用中，除了在固体推进剂浇铸成型工艺中直接采用球形药外，大多将其加工成球扁形。一是不同粒径的球形药压扁后燃烧层厚度基本一致，可以扩大其可用粒度范围，提高产品得率；二是尽可能减小其燃烧减面性程度。加工球扁药的工艺方法有两种：一是在成球过程中控制工艺条件直接形成球扁形；二是在球形药后处理过程中采用压扁机将其压扁。

内溶法和外溶法两种工艺方法的主要差别在成球工序之前（含成球工序），后处理工艺过程基本相同。因此，后处理部分内容在后面单独叙述。另外，内溶法和外溶法在加工球扁药方面也具有共同的工艺特性，也将单独作为一节来叙述。

3.3.1　内溶法成球工艺

内溶法成球工艺是将 NC 或吸收药悬浮在水介质中，加入溶剂（基本采用乙酸乙酯），在搅拌和加热的条件下，物料被溶解成具有一定黏度的高分子溶液，随之被搅拌粉碎成细小的液滴。液滴与水不相溶，在液滴表面张力的作用下，其表面积有尽量缩小的趋势，以减小表面能。同样体积的物体，球形的表面积最小，所以液滴自动成为球形。当介质阻力、球表面张力、液滴黏度、搅拌速度等诸因素控制适当时，球形液滴在水介质中运动时受力平衡或受力较小，可以保持形状不变。但大量的球形液滴悬浮于水介质中，仍是个热力学不稳定体系，它们会自动聚结，有自发变成大颗粒的趋势，以使总表面积减小，体系能量降低。因此需要在水介质中加入保护胶（如骨胶、明胶等），在液滴表面形成一层保护膜，在液滴相互碰撞时不致粘在一起。

脱水也是内溶法工艺的重要内容。由于水在乙酸乙酯中有一定的溶解度，液滴中随着乙酸乙酯带入一定量的水分。这些水分影响球形药在驱溶过程中的正常收缩，造成药质疏松，影响弹道性能。为了提高球形药的密度，预驱溶之后，在水中加入可溶性盐类（如硫酸钠）。由于可溶性盐在介质中产生的渗透压作用，使球中水分通过保护膜层不断渗透到水介质中。球内部的水分则在浓度梯度推动下，通过内扩散向表层运动。通过控制渗出水分的多少，可得到不同密度的药粒。

球形药的驱溶在水中进行，也称作蒸溶。首先在脱水之前"预蒸"，通过升温，将溶剂驱除总量的 25% 左右。其余溶剂在脱水之后再蒸溶驱除。开始以低于溶剂沸点的温度驱溶，此时球中的溶剂在浓度差推动下向水中扩散，从水面蒸出。后面以较高温度驱溶(等于或高于溶剂沸点，但低于水的沸点)，溶剂蒸气直接从球表面蒸出，穿过水介质排出。驱溶的同时，球粒逐渐硬化定型。

内溶法成球工艺主要用于加工单基球形药和双基球形药，单基球形药的主要原材料是 NC；双基球形药的主要原材料是吸收药，主要组分为 NC 和 NG。

1. 主要工艺流程

内溶法成球工艺主要包括溶解成球、预蒸溶、脱水、蒸溶、筛分和后处理工序。其主要工艺流程如下：

溶解成球、预蒸溶、脱水、蒸溶四个工序在同一设备(制球锅)中连续完成，是加工制造球形药的关键工序。

筛分工序：溶解成球工艺加工制造球形药的粒度存在较大的分布范围，需要针对每个产品对球形药粒度范围的应用要求进行筛分。

后处理工序：主要包括钝感、预烘、光泽、烘干、整形、过筛、混同与包装，将在 3.3.4 节单独叙述。

2. 主要加工过程

1)溶解成球工序

溶解成球是内溶法工艺的关键工序之一，主要包括物料溶解和分散成球两个过程。

(1)物料溶解。

物料溶解是采用工艺溶剂在分散介质中搅拌、加热条件下，将 NC 或吸收药等原材料溶解，形成具有一定黏度的高分子溶胶的过程。

分散介质的最佳选择是水。在水作为分散介质的条件下，选择工艺溶剂的原则是：对 NC 溶解性好、与水互溶性小、具有一定挥发性且沸点稍低于水以便于驱溶、对人毒性较小。可供选择的工艺溶剂有乙酸乙酯、甲乙酮、甲酸乙酯、醋酸异丙酯等，可以是单一溶剂，也可以是混合溶剂。目前最常用的溶剂是乙酸乙酯，其沸点为 $77.5\,^{\circ}\mathrm{C}$，$20\,^{\circ}\mathrm{C}$ 条件下的黏度为 $4.5\times10^{-4}\,\mathrm{Pa\cdot s}$，密度为

0.9g/cm³，在水中的溶解度为 9.4%，与水的恒沸点为 70.4℃(乙酸乙酯含量 91.8%)。对于不同的溶剂，水在其中的溶解特性不同，最终导致制备的药粒密度有所差异。例如，水在甲乙酮中的溶解度比其在乙酸乙酯中的溶解度大，采用甲乙酮作溶剂时，需要加入非溶剂稀释剂，以降低球形液滴中的水分，稀释剂应与溶剂互溶但不溶于水，不影响溶剂对 NC 的溶解能力，并能降低水在溶剂中的溶解度。可用的稀释剂有甲苯、二甲苯、戊烷、己烷等。

首先，按工艺设计要求向物料溶解槽或成球反应器(制球锅)注入规定的水量，在搅拌条件下依次加入所需的 NC 或吸收药等原材料、工艺溶剂，在搅拌条件下逐步升温溶解。

物料溶解过程的工艺条件主要是水棉比、溶棉比、溶解温度和溶解时间等。

①水棉比。

水棉比是指水量与原材料中 NC 干量的质量之比，水量包括首次加入水量、物料含水量、配制保护胶溶液用水量的总和。用水作为球粒悬浮分散介质，水棉比的大小不仅影响物料的溶解，对分散成球也有较大影响。

水棉比较大时，溶剂在水中的溶解损失大，NC 的溶解速度慢，溶解时间长，溶胶分散粒度容易变小。此外，水棉比较大时投料量减少，设备利用率低，热能消耗大，保护胶和脱水剂用量增大，从经济效益和环境保护等方面来讲也是不利的。水棉比较小时，NC 的溶解速度快，设备利用率高，工艺时间短。但用水量过少时，因分散介质提供的空间不够，溶胶不易分散或碰撞机会多，容易黏结和变形，分散粒度增大。

水棉比应根据设备容积、产品所需的药形尺寸以及产品质量要求来确定，原则上尽可能选取较小一些的水棉比。现有产品的水棉比通常为 5∶1～25∶1。制造超细颗粒球形药时，可以选取 12∶1～25∶1；制造小口径枪弹等身管武器用小粒球形药时，可以选取 8∶1～10∶1。

②溶棉比。

溶棉比是指溶剂加入量与原材料中 NC 干量的质量之比。溶剂的加入量至少要保证 NC 能够完全溶解。溶棉比大小也决定 NC 溶胶的黏度，对球形药的粒度、密度和规整性都有很大影响。

溶棉比大时，溶胶黏度小，易分散，成球的粒度较小；溶棉比小时，溶胶黏度大，分散较为困难，成球的粒度较大。对于黏度大的液滴，外力不易使之变形，但黏度过大时不易分散，成球困难，圆度也不好。

溶棉比大小也是控制球形药密度的工艺参数之一。实践证明，当溶棉比由 5 减小到 3.5～4.5 时，药粒的真密度由 1.55g/cm³ 增大到 1.58～1.60g/cm³，这是由于胶状液滴中药料含量增加，减少了球体中形成蜂窝孔的概率，使球体密实性提高。溶棉比大时，溶于溶剂中的水量大，溶液浓度小，驱溶后球粒的收缩程度大，如果控制不好会导致药粒密度显著减小。

溶棉比应根据产品所需的药形尺寸，并考虑提高密度和尽量降低溶剂消耗的要求选取。现有产品的溶棉比在 2.5:1～12:1 范围。制造超细颗粒球形药时，可以选取 8:1～12:1；制造小口径枪弹等身管武器用小粒球形药时，可以选取 3.5:1～5:1。

③溶解温度。

温度影响 NC 的溶解速度与溶胶的黏度。适当提高温度可以加快 NC 的溶解，降低其溶液黏度，起到与增大溶剂比同样的效果，有利于减少溶剂的用量，缩短溶解时间。但溶解温度过高时会造成溶剂挥发量大，对后面的分散成球也会造成较大的影响，导致药粒粒度减小。主要原因是温度升高使 NC 溶胶黏度变小，相同条件下，溶胶更易分散，且分散后的粒度更小。

溶解温度应根据所用的溶剂种类和球形药的目标尺寸确定，应不高于溶剂与水形成的恒沸点。以乙酸乙酯-水溶液体系为例，溶解温度应低于 70.4℃，一般控制在 50～69℃ 范围。制造超细粒度球形药时，可以将溶解温度控制在上限区域，以利于溶胶分散成球的粒度更小，一般控制在 65～69℃ 范围；制造小口径枪弹等身管武器用小粒球形药时，可以将溶解温度控制在下限区域，以适当增加溶胶黏度，使溶胶分散成球的粒度大一些，一般控制在 50～60℃ 范围。

④溶解时间。

物料溶解时间应根据原材料种类及成球颗粒大小来确定。采用 NC、吸收药等原材料时，溶解时间一般为 60min 左右；若加入部分球形药粒返工品（≤40%）替代部分原材料，则溶解时间应 ≥60min，并在溶解过程中取样确认溶解时间。

（2）分散成球。

经物料溶解形成的含 NC 的高分子胶液，在机械搅拌作用下不断分散成液滴，液滴与水不相容。根据热力学第二定律，体系处于稳定状态时其自由能应处于最低状态，即体系会自动向减少表面积、降低表面自由能的方向变化。对于单个液滴来讲，表面积越小，其表面自由能越小，相同体积下球形体的表面积最小，因此，单个含 NC 的高分子胶液液滴在分散介质中会自动收缩成球形或近球形，如图 3-3-1 所示。当介质阻力、球粒表面张力、液滴黏度、搅拌转速控制适当时，球粒在介质中运动受力平衡或受力较小，可以保持球粒形状不变形。但对整个体系而言，含 NC 的高分子胶液被分散为许多小颗粒，比表面很大的大量球粒悬浮在非溶剂介质中仍然是热力学不稳定体系，它们会自动向减小总表面积、减小总表面自由能的方向变化，即被外力分散的小颗粒有自发变成大颗粒的趋势，使总表面积减小，体系能量降低。为避免该现象的发生，需要向水介质中加入保护胶(分散剂)，保护胶大多是高分子化合物，球粒表面首先吸附保护胶大分子，保护胶在球粒表面的浓度比分散介质中的浓度高很多倍，形成一层凝胶状的保护膜。保护膜一方面可减小球形液滴的表面张力，降低体系的表面自由能，使体系处于较稳定的热力学状态；另一方面可阻止球形液滴相互碰撞时相互黏结。搅拌也是防止球形液滴黏结的有效方法。

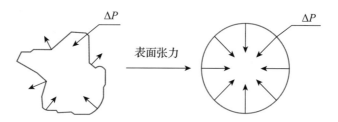

图 3 - 3 - 1　高分子胶液在表面张力下成球过程示意图

在成球过程中，不规则的胶液液滴除表面张力作用外，还受到一个来自溶液内部的正压力作用。根据表面张力原理得到的弯曲液面附加压力公式为

$$\Delta P = \frac{2\gamma}{R} \qquad (3-3-1)$$

式中：ΔP 为液滴表面某点处所受之正压力；γ 为液滴表面张力；R 为液滴表面某点处的曲率半径。

在表面张力一定的体系中，ΔP 与 R 成反比关系，要使不规则的胶液液滴处于受力平衡状态，即表面各点的正压力相同，则表面各点的曲率半径必须相等，胶液液滴保持球状才能达到表面各点的曲率半径相等。

分散成球是在物料溶解的基础上，通过高速搅拌作用，在一定温度条件下分散成为胶液液滴，经一定时间使之受力平衡成球，加入保护胶防止黏结并保持稳定状态的过程。相关的工艺条件主要是搅拌速度、温度、时间、保护胶类型及其用量(胶水比)等。

①搅拌速度。

搅拌器的搅拌速度直接影响球形药的粒度和圆度，是调整和控制球形药粒度的最主要工艺参数。在其他条件相同情况下，搅拌器的转速较低时，成球的粒度大，甚至不能成球，或变形球较多，转速太低时，部分颗粒之间可能产生团聚现象。搅拌器的转速较高时，成球的粒度小，但转速过高时，由于受力过大而使成球颗粒容易变形，影响圆度和假密度，或出现微小球。

搅拌速度的确定应根据成球器大小和球形药的目标尺寸综合考虑。基本原则是：制造超细颗粒球形药采用较高的搅拌速度，制造小粒球形药采用中低级搅拌速度。大成球器采用低一点的搅拌速度，小成球器采用高一点的搅拌速度。另外，带折流挡板的成球器所需要的搅拌速度较低一些；溶棉比较小时，溶胶黏度大，分散较为困难，需要适当加快搅拌速度。

表 3 - 3 - 1 为工业生产中几种规格成球器制造超细颗粒球形药和小粒球形药的常用搅拌速度。在实验室采用烧瓶进行科研试验时，搅拌速度通常需要大于 200r/min。

表 3 - 3 - 1   工业生产成球器搅拌速度(r · min⁻¹)

产品规格	成球器规格		
	1m³	6m³	12.8m³
超细颗粒球形药	200～250	110～135	110～130
小颗粒球形药	110～130	90～110	80～100

②成球温度。

成球温度对分散相和连续相的黏度都有影响，对表面张力也有一定的影响。成球温度升高，两相的黏度都有一定程度下降，胶状液黏度降低有利于制成小球；成球温度低一些对加工制造大球有利。应严格控制成球温度，尽量减小波动范围(一般控制在 ±1℃)，有利于稳定球形药的粒度。

成球温度的选择与溶剂性质也密切相关，采用乙酸乙酯作溶剂时，成球温度必须低于它与水的恒沸点(70.4℃)，以防止溶剂蒸出回流造成颗粒黏结。

针对不同原材料和不同粒度的球形药加工要求，需要控制不同的成球温度，应根据具体条件来确定。大致原则是：制造超细粒度球形药选择较高的成球温度，一般选择低于恒沸点(70.4℃)2～5℃；制造小粒球形药选择低一些的成球温度，一般选择 55～60℃。

③成球时间。

成球过程是含 NC 的胶液液滴在表面张力作用下由不规则形状逐渐收缩成球的过程，在此过程中，含 NC 的胶液液滴受到多种力的作用，经过一定时间后，受力逐渐平衡或受力较小，以保持球状不变形。因此，成球时间就是含 NC 的胶液液滴由不规则形状逐渐收缩成球，且在介质中运动受力平衡或受力较小，以保持球状不变形所需的时间。一般成球时间控制在 60min 左右。

④保护胶类型及其用量。

在球形药加工制造过程中，保护胶起着重要的作用。保护胶应具备的性质：分子间引力较大，有一定的表面活性，能溶于分散介质（水），在高温和电解质作用下不易沉析等。常用的保护胶有白明胶、阿拉伯树胶、聚乙烯醇、玉米淀粉、糊精等。明胶是一种蛋白质类物质，而阿拉伯树胶、聚乙烯醇等都是强极性高分子化合物，它们都能在球粒表面形成坚固的保护膜。聚乙烯醇的保护作用比明胶和阿拉伯树胶大得多，但由于其形成的保护膜过于坚实，球粒中的水分不易渗透出来，使脱水周期较长，需要的脱水剂用量大。在球形药制造工艺中，最常用的保护胶是明胶。

成球后的球液表面吸附的保护胶量取决于保护胶的浓度，浓度大时保护作用强，球液不易聚结，粒度较小。保护胶浓度一定时，水棉比增大，水中保护胶的绝对含量大，被球液吸附一部分后，保护胶的总浓度下降较小，保护胶作用的稳定性好。但水量大到一定程度后，对粒度的影响就不明显了。从降低原材料消耗考虑，保护胶量不宜过大。在工业生产中，为便于确定保护胶用量，一般采用胶水比（质量比）来控制，制造超细颗粒球形药时，因总体比表面积大，采用较大的胶水比，一般为 0.3%～3%；制造小粒球形药时，因总体比表面积相对小一些，采用的胶水比也小一些，一般为 0.03%～0.5%。

2）预蒸溶工序

含 NC 的胶液成球后，球形颗粒内含有大量的溶剂和水分需要驱除。为了得到粒度均匀和致密的球形药，在脱水之前需要先进行预蒸溶，驱除一部分溶剂，增大球形颗粒的表观黏度，防止其黏结和变形，也防止球形颗粒太软而容易在机械搅拌作用下被打碎。预蒸溶工序的关键技术是溶剂预蒸量的控制和预蒸速度的控制。

预蒸量是蒸出溶剂的量占总溶剂用量的百分比，通过控制预蒸量可实现制备不同药形、不同密度球形药的工艺目标。制备球形药时，预蒸量一般控制在20%～30%，制备球扁药时，预蒸量一般控制在 60%～80%。

预蒸溶工序是球形颗粒收缩变形的关键阶段，预蒸速度不宜过快，应保持平稳匀速，以利于球形颗粒的收缩成型，得到药形规整和致密的球型药颗粒。预蒸速度主要由温度控制。

相关的工艺条件主要是预蒸溶温度和搅拌速度等。

（1）预蒸溶温度。

预蒸溶温度应稍高于溶剂与水形成的恒沸点，但低于溶剂的沸点，溶剂在浓度差的推动下向水中扩散，从水面蒸出。采用乙酸乙酯工艺溶剂时，预蒸溶温度一般控制在 70.4～77℃ 范围。预蒸溶过程中的升温不能过快，以防止局部沸腾，出现冲料等情况。应做到平稳升温，使锅内保持一定的蒸气压，以排出球表面附着的气泡，保证球形药表面无气孔。预蒸溶温度对球形药的密度也有较大影响，预蒸溶温度过高，球表面硬化较快，影响收缩造成松质结构。制备密质球形药时，预蒸溶温度应严格控制在溶剂沸点以下，乙酸乙酯溶剂一般为低于 77℃；制备松质球形药时，预蒸溶温度则稍高于溶剂沸点，乙酸乙酯溶剂一般为 77～80℃。预蒸溶时间在 60～120min。

（2）搅拌速度。

在预蒸溶阶段，球形颗粒的收缩变形较大，搅拌速度过高时，球形颗粒在介质中的受力平衡或类平衡状态被打破，极易出现椭圆球、蝌蚪状和毛针状的药粒。原则上预蒸溶阶段的搅拌速度与溶解成球阶段的转速保持一致为好。

3）脱水工序

由于水在乙酸乙酯等工艺溶剂中有一定的溶解度，与溶剂互溶的那部分水会随溶剂进入球形颗粒中，所用的原材料 NC 或吸收药中也含有大量的水分，脱水前的状态如图 3-3-2 所示。由于溶剂的沸点低于水的沸点，直接升温驱溶会造成球形颗粒收缩不良、内部形成疏松的多孔结构。为了提高球形药的密度，在驱除溶剂（蒸溶工序）之前，必须除去球粒中的水分。有效的方法是往水中加入可溶性盐类脱水剂，调节体系中水相的渗透压，在渗透压的作用下使球内水分渗出。

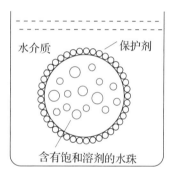

图 3-3-2 球形药粒脱水前状态示意图

球形颗粒表面吸附的高分子保护膜是一层良好的半透膜，球形颗粒中的水与介质中可溶性盐的水溶液建立起渗透压，在渗透压作用下，球形颗粒表层的水分通过半透膜不断渗透到介质中，球粒内部的水分则在浓度梯度的推动下，由内层扩散到表层再渗透到水介质中，可将球形颗粒中的水分不断地驱除出来。从热力学观点来看，这一过程是一个化学位自动降低的过程，并一直进行到球内游离水分浓度达到无限小为止。

选择脱水剂的原则：能溶解于水介质中，但不溶于工艺溶剂中；溶解后呈中性的盐。球形药生产中可使用的脱水剂主要有硫酸钠、硝酸钾、硝酸钡等，其中硫酸钠较好，目前应用的基本都是硫酸钠。脱水剂的用量由实验确定，一般为 2% 左右。

脱水工序的工艺条件主要是脱水剂浓度、脱水温度、脱水时间和搅拌速度等。

(1)脱水剂浓度。

渗透压随脱水剂浓度的增加而增大，脱水效果随之增强，药粒密度也随之提高。特别是在脱水剂浓度较低时，随着脱水剂浓度增加，药粒密度快速提高，而后趋于平缓。当脱水剂浓度达到一定程度后，药粒密度提高幅度显著下降，且接近药粒密度的理论值。

脱水剂浓度并非越高越好，因为渗透压脱除游离水的效果较好，与 NC 结合紧密且分布在其腔道内的结合水很难脱除。根据双基球形药的大批量工艺试验，用硫酸钠（Na_2SO_4）为脱水剂，浓度达到 0.35mol/L 时，药粒密度达到 1.63g/cm³ 左右，继续增大脱水剂浓度时，药粒密度增大不明显。图 3-3-3 为试验得到的硫酸钠（Na_2SO_4）脱水剂浓度对球形药密度的影响规律。

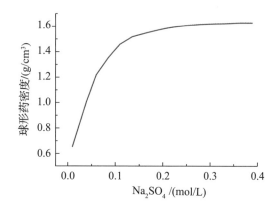

图 3-3-3   脱水剂浓度对药粒密度影响规律

(2)脱水温度。

脱水温度与药粒脱除水分的量有密切关系。脱水温度高，渗透压大，溶剂扩散系数大，有利于加快脱水速度。但在脱水阶段需要防止溶剂过早蒸发、药粒表面过早硬化，使药粒内部的水分来不及渗透出来。因此脱水温度不能过高，原则上不超过水和溶剂的恒沸点。在工业生产中，为了提高脱水速率，一般将脱水温度控制在小于乙酸乙酯溶剂的沸点（77℃）以下，同时控制预蒸溶量来保证药粒的硬化程度。

(3)脱水时间。

脱水过程是药粒内部水分扩散到表层通过半透膜不断渗透到水介质中，脱水时间长短对脱水效果影响较大。脱水时间短，脱水不完全；脱水时间长，脱水较完全，但造成工艺周期长。从试验情况看，双基球形药的脱水时间一般为 60~120min。

脱水速率也与物料组成有关，一般单基球形药的脱水速率较慢，脱水温度需要高一些，脱水时间也长一些；双基球形药的脱水速率相对较快，脱水温度低一些，脱水时间也短一些。

（4）搅拌速度。

在脱水阶段，提高搅拌速度有利于水分由药粒内部向表面扩散，加快脱水速度，同时可以防止药粒黏结，特别是在制造球扁药时还可适当控制药粒的厚度。药粒较大时，常采用提高搅拌速度的方法来适当降低药粒成型后的粒度。但搅拌速度也不能过高，否则可能使药粒在脱水收缩过程中产生较大的变形，出现药型不规则现象。

4）蒸溶工序

脱水后，球形药粒内部还含有部分溶剂需要驱除，以便于收缩致密和硬化成型。此时药料内部的溶剂量相对少了一些，可适当升高温度加快驱溶速度。在蒸溶初期，药粒内部的溶剂含量还相对较高，升温速率不宜过快，蒸溶温度通常低于溶剂（乙酸乙酯）的沸点（77℃），但高于溶剂（乙酸乙酯）与水的恒沸点（70.4℃），驱溶速度尽量保持恒定。在驱溶过程中，药粒中的溶剂在浓度梯度推动下向球体表面迁移、向水中扩散，再从水面蒸出。随着药粒内部溶剂含量的减少，药粒表面逐渐硬化，不易黏结，此时可升高温度至溶剂沸点以上，但低于水的沸点，溶剂直接从药粒表面蒸出，加快驱溶速率，以缩短工艺周期。一般控制在95℃左右，时间通常在60～120min（以不再有溶剂蒸出为准）。

蒸溶结束后，排掉锅内废液，进行水洗，用水洗去药粒表面的明胶（保护胶）和硫酸钠（脱水剂）。

5）筛分工序

球形药成型后，药粒尺寸分布较大，需要进行分级。一般先采用水筛进行初筛，将粒度较大的或团聚的药粒分离出来，然后采用振动筛进一步分级，获取需要的粒度范围。

目前，筛分工艺设备主要是采用平板往复式水筛机和转筒式水筛机，通过筛网在水中的往复和旋转运动，将过大和过小的药粒筛出，使药粒直径集中在一定范围内。筛网的规格、水筛机振动频率和转筒筛转速等工艺参数应根据所需的药形尺寸进行选择。

筛分只能对直径进行分级，球扁药还必须采用两级水力分级器对厚度进行分级。利用水的浮力原理，分离出不同厚度的药粒，提高球扁药厚度的一致性。水力分级器通过调整水压大小，使药粒获得一定的浮力，厚度不同的药粒具有不同的重力，厚度薄的重力小，浮力大于重力而漂出；厚度大的药粒沉降，中间的药粒即为需要的良品。水力分级器的水压应根据药粒厚度大小确定，同时结合现场分离效果及时调整。

3.3.2 外溶法成球工艺

我国采用的外溶法工艺是将 NC 或吸收药及其他组分采用溶剂溶解，在机械捏合作用下形成塑化药团，通过挤压机的圆孔模挤出，由旋刀切断成一定长度的药柱，再加入非溶剂性的分散介质中，通过溶剂、保护胶和水配制的强化乳液溶胀成球，后续工艺与内溶法一致。

该成球工艺方法是我国 20 世纪 80 年代初在内溶法成球工艺基础上改进发展起来的。外溶法成球工艺的出现为小粒发射药的加工制造开辟了一条新的路线，增添了制备大弧厚球形药的工艺手段，丰富了球形药产品的品种。

外溶法成球工艺通过胶化和挤压造粒，预制成一定尺寸"毛坯"药粒以取代搅拌分散成球造粒，且"毛坯"药粒尺寸可通过挤压模具孔径和药粒切割长度任意调整，也可以提高药形尺寸的一致性。但与内溶法成球工艺相比，外溶法成球工艺增加了机械塑化和挤出成型工艺过程，工艺设备和工艺过程较为复杂，主要用于加工制造大弧厚球形药，弥补内溶法成球工艺的不足。

1. 主要工艺流程

外溶法成球工艺主要包括药料塑化、挤压造粒、强化溶胀、预蒸溶、脱水、蒸溶、筛分和后处理工序。其主要工艺流程如下：

药料塑化 → 挤压造粒 → 强化溶胀 → 预蒸溶 → 脱水 → 蒸溶 → 筛分 → 后处理

药料塑化：NC、吸收药等原材料与乙酸乙酯溶剂加入塑化机，在机械力和溶剂的作用下，将其中的水分游离出来，溶剂不断溶塑 NC，制成均匀的塑化药团。

挤压造粒：塑化药团在一定挤压力作用下，通过一定尺寸的圆孔药模，挤出成圆柱形药条，再由旋刀式切药机切成所需长度的圆柱形药粒，即所谓的预制"毛坯"药粒。

强化溶胀：强化溶胀工序也称为整形工序。预成型的"毛坯"药粒在成球器中，在由水、乙酸乙酯溶剂和明胶保护剂组成的"强化液"环境下，溶剂进入药粒内部使其溶胀，并在表面张力和机械搅拌作用下，药粒表面收缩变形为球形或近球形。

预蒸溶、脱水、蒸溶、筛分、后处理工序与内溶法成球工艺相同。

2. 主要加工过程

1）药料塑化工序

塑化工序是外溶法成球工艺中预成型的主要环节，塑化药团的质量对挤压造粒影响较大，也是影响挤压造粒均匀性的主要因素。

外溶法成球工艺所用的 NC 或吸收药中含有大量的水分，在药料塑化工序中，驱水和塑化是在专用立式塑化机内同时进行的。选择乙酸乙酯作为工艺溶剂，既具有较好的塑化效果，又与后续强化溶胀工序的工艺溶剂一致。NC 或吸收药与乙酸乙酯按一定比例加入塑化机内，在机械搅拌和挤压作用下，NC 或吸收药内的水分被游离到药料的表面驱除出来，水分沿着塑化机的驱水孔排出，随着水分的减少，药料在机械挤压和溶剂的作用下逐渐完成塑化。

外溶法成球工艺的塑化过程所用的立式塑化机，与挤出成型工艺中的卧式捏合机有本质的区别。立式塑化机的塑化能力弱得多，只适用于未经驱水（含水量 20%～30%）的 NC 或吸收药原材料的加工。对于不含水分的 NC 或吸收药片，或者塑化时需加入返工品、增能材料颗粒时，只能采用常规的卧式捏合机，但必须调整塑化药料中的水分含量（塑化时外加入捏合机一定量的水分），来调整塑化药料的物理性能，以适应预制"毛坯"药粒的要求。

（1）立式塑化机结构。

立式塑化机由单臂搅拌翅、小搅拌翅、锥形螺旋杆、筒体、锥形体、驱水装置、直螺旋杆和过滤装置等八个部分组成。其中单臂搅拌翅和小搅拌翅、筒体的作用是对药料进行搅拌与混合，实现初步的塑化；锥形螺旋杆和锥形体、驱水装置的功能是使药料捏合压缩与排水，并完成药料的塑化；直螺旋杆和过滤装置是向挤压造粒工序中的加料机输送塑化药料，同时过滤除去杂质。上述结构可以实现驱水、塑化、过滤、输送的连续化工艺过程。

（2）立式塑化机工作原理。

加入塑化机的物料通过单臂搅拌翅和小搅拌翅进行分散与混合，在溶剂溶解 NC 的过程中使水游离出来。两个搅拌翅的结构和形状简单，在相对运动过程中形成的挤压、剪切、折卷等作用较小，只起到初步搅拌、混合和初步塑化的作用。由于两个搅拌翅之间及它们与筒体之间的间隙比较大，初步塑化的药料在重力作用下向下运动，被单臂搅拌翅带入与其相反方向转动的锥形螺旋杆内，锥形螺旋杆呈 45°角，使药料形成较大的压缩而挤出游离的水分，水分沿着锥形螺旋杆与锥形体之间的间隙从锥形体倾斜面侧壁的排水孔流出。排水孔内装有驱水辊，驱水辊由单壁搅翅拨动，防止排水孔堵塞。从排水孔流出的水中含有8%左右的溶剂，统一回收处理。锥形螺旋杆在压缩排水的同时，对药料进一步捏合、剪切、塑化。另外，锥形螺旋杆的排料量很大，而直螺旋杆的输送和过滤能力小得多，大部分药料向上回流，重复上述过程，最终实现需要的塑化质量。

此外，锥形螺旋杆还起到向直螺旋杆喂料的作用。被锥形螺旋杆喂入直螺旋杆的塑化药料，经直螺旋杆的挤压输送，形成一定压力，经过铜丝网除去杂质，避免挤出时堵塞模孔，导致模孔出药速度不均匀，产生不规则药形，降低良品率。过滤筛网孔径尺寸的选取原则是模孔直径(扁孔模按扁孔的宽度)的1/3左右，最大不能大于模孔直径的1/2。过滤网需要定期更换，减少过滤阻力，保证排料通畅。

（3）物料水分控制。

物料水分是影响塑化质量的关键因素。水分含量高，消耗的溶剂大，NC的溶解不充分，塑化效果差且不经济。因此，塑化前必须控制物料的水分。一般通过离心驱水，使NC中的水分降至30%以下，或吸收药中的水分降至20%以下。为了保证塑化药料的质量，塑化过程中应保持排水孔通畅，便于排除药料内部挤出的水分。塑化药料水分含量通常控制在10%～15%，有利于挤出过程中出药的均匀性和稳定性。如果塑化药料水分大于18%，脱水工艺控制不好容易导致球形药形成松质结构。

（4）溶棉比条件控制。

溶棉比是塑化工序中最主要的一个工艺条件。溶棉比的大小对NC的溶塑程度影响很大，溶棉比大时对NC的溶塑好，水分游离出来的多，药料的塑化效果好，有利于挤压造粒成型；反之，NC的溶塑不好，挤压造粒不均匀。

溶棉比应根据产品种类、药形尺寸、模具和切药质量、成球阶段的强化溶胀条件等确定。一般而言，溶棉比可适当大一点，但也不能过大，过大会造成塑化药料过于柔软，挤压造粒后在输送和成球阶段的机械搅拌下，极易分散成小粒。通常情况下，溶棉比大多控制在0.9∶1～1.8∶1范围内。

（5）塑化时间。

塑化时间主要与产品种类、溶棉比、塑化设备有关，需要根据具体条件和塑化效果综合考虑。通常情况下，塑化时间一般在30～120min范围内。对NC含量低、增塑剂含量高的物料，采用较大的溶棉比时，塑化时间应短一些；采用卧式捏合机塑化时，双基药的塑化时间一般为60～120min；采用立式塑化机时，双基药的塑化时间一般为30～60min。

2）挤压造粒工序

挤压造粒是外溶法成球工艺的关键工艺过程，是影响良品率的主要环节，其核心是机头造粒技术，也称预成型技术。

预成型的过程是将塑化药团通过螺杆挤压、成型模具造形、旋刀切断造粒，制成具有一定尺寸的"毛坯"药粒。显著优点是"毛坯"药粒均匀性好，尺寸可任意调整。

挤压造粒的工艺条件主要是螺杆转速、模具尺寸、切药长度、输送液溶剂浓度、机头压力等。

（1）螺杆转速。

螺杆转速主要根据药粒长度、模具出药面积、出药均匀性、机头压力等确定。通常挤压机的螺杆转速可调范围为 $0\sim60r/min$，工作时转速大多为 $30\sim40r/min$。

（2）模具尺寸。

模具尺寸决定挤压造粒尺寸，也影响出药均匀性。模具的孔数、孔径及其分布情况、加工质量等对挤压出药的均匀性影响很大，曾有生产企业采用不同厂家制造的模具进行某品号双基球扁药生产时，在其他条件一致的情况下，仅更换模具就能大幅提高出药的均匀性，成型后的良品率可提高 20% 以上。因此，在进行模具设计加工时应开展大量的投料试验，科学合理地确定模具尺寸。

模具尺寸也是制造不同品号球形药的首选条件。制造 7.62mm 口径以下轻武器用小粒球（扁）形药时，一般选用模具孔径小于 1.0mm；制造 12.7mm 口径以上大口径枪弹用小粒球（扁）形药时，一般选用模具孔径范围为 $1.0\sim1.5mm$；制造 20mm 口径以上小口径炮弹用大弧厚球（扁）形药时，一般选用模具孔径范围为 $1.5\sim1.8mm$；制造大口径迫击炮弹用大弧厚球（扁）形药时，一般选用模具孔径在 2.0mm 以上。

（3）切药长度。

切药长度应根据所需的药形尺寸和所用的模具孔径确定。药粒长度不能过大，因预成型后的"毛坯"药粒在强化溶胀、脱水和驱溶阶段主要以切药端面的收缩为主，药粒长度过大，端面收缩达不到球（扁）形化要求而产生扁条状的不规则药。一般原则是药粒长度不大于模具孔径的 1.2 倍。

（4）输送液溶剂浓度。

挤压造粒后的"毛坯"药粒较软，需要采用水力输送到成球器中。若直接采用水作为输送载体，会使"毛坯"药粒中的部分乙酸乙酯溶于水中，产生反塑化作用，影响药粒的成型质量。因此，在挤压造粒前，应先配制输送液，即在水中加入一定量的乙酸乙酯溶剂，配成浓度为2%～4%的输送液，防止药粒出现反塑化现象。

（5）机头压力。

挤压造粒过程必须随时注意机头压力的变化情况，出现堵塞时机头压力会急剧升高，产生安全问题。通常挤压机的工作压力为1～3.5MPa，若压力高于3.5MPa，应随时注意压力变化情况；若高于6MPa或不出料，或出料明显减少，应立即停机检查。

3）强化溶胀工序

预成型的"毛坯"药粒通过泵和输送液送入成球器中，加入由水、乙酸乙酯溶剂和明胶保护剂配制的"强化液"进行强化溶胀。悬浮于水介质中的"毛坯"药粒表面吸附大量的乙酸乙酯，并不断地进入药粒内部，同时带入较多的水分，使药粒膨润发胀，在机械搅拌作用下，处于极易变形、碰撞黏结的不稳定状态。由于明胶附着在药粒表面形成一层凝胶状的保护膜，可以阻止药粒之间的相互黏结。膨润后的不规则药粒在表面张力作用下，表面积有尽量缩小的趋势，以减小表面能。

与内溶法成球工艺的分散成球原理一样，药粒有逐渐成为球形的趋势。当介质阻力、表面张力、药粒黏度和搅拌速度控制适当时，球形药粒在介质中运动时受力平衡或受力较小，能保持球形不变。但在加工制造大弧厚球形药时，随着药粒直径的增大，液相体系对其施加的正压力减小，机械搅拌提供的离心力却随药粒质量的增加而增大，药粒在介质中受力不平衡，会自动变为略带扁球的形状，以保持受力平衡。降低搅拌速度可使受力接近平衡状态，但药粒在成球器内运动时，可能翻动不够而沉降，出现黏结；而提高搅拌速度时，将导致受力不平衡，出现椭球和球扁形状。需要制造大直径球形药时，必须改进成球、预蒸溶和脱水阶段的设备和工艺。采用无搅拌的U管进行成球、预蒸溶和脱水，这是制造大直径球形药的技术途径。

强化溶胀是外溶法成型工艺非常重要的一个环节，相关的工艺条件主要包括水药比、"强化液"配制、搅拌速度、温度和时间等。

（1）水药比。

水药比是投料中水的总量与药料干量之比。外溶法成球工艺的水药比由两部分组成：一是挤压造粒输送到成球器的一部分水，药粒输送过程中的用水量较大，需要通过溢流或泵排除多余部分，保留部分占水药比的1/2左右；二是配制"强化液"所用的一部分水，也占水药比的1/2左右。由于预成型药粒相对较大、软硬适中，在成球器内不易粘连，与内溶法成球工艺相比，水药比大幅减小，通常水药比在 2∶1～4∶1。

(2)"强化液"配制

强化过程是预成型的"毛坯"药粒实现溶胀后再收缩成型的关键过程，"强化液"的强化效果起着决定性作用。要求"强化液"的分散效果好、乳化稳定、不分层，保证"毛坯"药粒在强化过程中，其表面能够均匀吸附乙酸乙酯溶剂及保护胶，使药粒可以均匀地强化溶胀。

配制"强化液"所用的水、乙酸乙酯溶剂、保护胶，以及温度、时间等工艺条件，应使"毛坯"药粒能均匀吸收、完全膨润溶胀、具有适宜的黏度，不易被打碎分散，且经济合理。

①乳化水用量。乳化水用量一般按水药比的 1/2，即乳化水/药＝1∶1～2∶1。

②乙酸乙酯用量。溶棉比过大，会使"毛坯"药粒过度膨润溶胀，黏度太小，容易在机械搅拌作用下被打碎分散，导致较大的"毛坯"药粒分散成"小毛坯"甚至细粉。在制造大弧厚球形药的实验过程中，总的溶棉比(塑化＋强化溶胀)≥3.0 时，较大的"毛坯"药粒会分散成细粉。总溶棉比(塑化＋强化溶胀)控制在 2.0～2.5 之间较为适宜，塑化阶段溶棉比大时，强化溶胀阶段的溶剂用量就减少，反之用量就增加。

③保护胶用量。保护胶在"强化液"配制过程中主要起乳化剂作用，在强化溶胀阶段防止药粒相互黏结。由于预成型"毛坯"药粒内部水分比内溶法工艺大幅降低，强化溶胀后黏度也较大，保护胶用量对外溶法成球工艺成型质量的影响相对小一些，其用量可相对少一些。实际生产中保护胶用量通常为明胶/乳化水＝0.4%～1%(质量比)。

④乳化温度和时间。"强化液"配制一般采用具有分散作用的乳化装置即可，为防止乙酸乙酯在乳化过程中挥发，乳化时通常在常温下进行，时间应根据乳化装置的效果而定，一般在 20min 以上即可。

(3)搅拌速度。

在外溶法成球工艺中，搅拌器的搅拌速度主要影响成型后药粒的厚度和圆度。在其他条件相同情况下，搅拌速度较低时，成型后药粒的圆度好但厚度大，搅拌速度过低时会导致药粒翻动不够而出现相互黏结；搅拌速度较高时，成型后药粒的圆度差(成椭圆)且厚度小，搅拌速度过高时药粒可能成为蝌蚪状或毛针状或细粉。

搅拌速度的确定应根据成球器大小和药粒的目标尺寸综合考虑。基本原则是：制造球形药时，在保证药粒翻动情况下，尽量采用较低的搅拌速度；制造球扁药时，适当提高搅拌速度；大成球器采用低一点的搅拌速度，小成球器采用高一点的搅拌速度。表 3-3-2 为外溶法成球工艺中几种规格成球器常用的搅拌速度。

表 3-3-2 外溶法成球工艺成球器的搅拌速度(r·min⁻¹)

成球形状	成球器规格	
	1m³	6m³
球形药	100～150	70～100
球扁药	150～200	90～120

(4)温度和时间。

强化溶胀工序的目的主要是使预成型的"毛坯"药粒适当变形，由圆柱形变为球形或球扁形，温度不宜过高，时间也不宜过长。通常情况下，温度控制在 65～66℃，时间 30min 左右。

4)其他工序

强化溶胀后的其他工序包括预蒸溶、脱水、蒸溶、筛分、后处理工序。上述几个工序的工艺原理、工艺方法等与内溶法成球工艺基本一致，可参考实施。

3.3.3 球扁药成型工艺

球扁药成型工艺是在球形药工艺基础上发展起来的。加工球扁药的工艺方法有两种：一是在成球过程中控制工艺条件直接形成球扁形，即直接球扁工艺；二是在球形药后处理过程中采用压扁机将其压扁，即机械压扁工艺。

1. 直接球扁工艺

在溶解成球工艺过程中，控制驱溶工艺条件，既可以得到球形药，也可以得到球扁药。在正常的球形药成型工艺的驱溶过程中，预蒸溶工序的驱溶量为药粒中溶剂的 25% 左右，在脱水时药粒表面还未形成硬壳，径向可以均匀收缩而保持球形。如果在预蒸溶工序中将驱溶量提高到 75%，使球粒表面形成一定程度的硬壳，在脱水时，随着药粒中水分的减少，药粒要收缩，而药粒表面的硬壳增加了收缩的阻力，迫使球体在短径方向进行收缩而成为球扁形。

在外溶法工艺中，还可以在挤压造粒工序中控制切药长度来实现球扁药的加工。正常情况下，切药长度控制在药粒直径的 1.2 倍左右，既可以得到球形药，也可以通过调整预蒸溶工序的驱溶量得到球扁药。如果切药长度短一些，则可以获得球扁化程度更高的球扁药。

2. 机械压扁工艺

直接球扁工艺加工球扁药的工艺过程简单、方便，但成型工艺特性导致药型尺寸分散性大的问题同样存在，采用机械压扁工艺不仅可以获得需要的球扁药，而且可以使药粒的弧厚分布更加均匀。

机械压扁工艺是药粒在一定的温度条件下，经压扁机的辊辊压成一定厚度的扁平状药粒的过程。压扁设备通常采用经过改造的双辊筒炼胶机或压延机，辊筒温度由循环热水控制，对辊筒的精度要求非常高，两辊筒之间距离可以手工或自动调节。压扁工艺过程中的加料器、布料器必须平稳、均匀，流量大小可调。

机械压扁工艺主要适用于对双基球形药进行压扁，在保持一定药温和辊筒表面温度的情况下，双基球形药的可塑性较好。单基球形药的可塑性相对差些，压扁过程中容易产生裂纹。

压扁工艺条件主要是药温、辊筒表面温度、加料方式、压缩率等。药温和辊筒表面温度根据不同品种确定，至少不能低于 15℃；加料方式要保证药粒以适当的速率均匀地进入辊筒表面，避免药粒在辊筒上出现堆积，通常采用振动加料器加料，振荡频率约 330Hz；压缩率与药粒的可塑性及温度有关，药粒的可塑性大、温度高一些时，压缩率可大一些。或为了获得较大的压缩率，可适当升高药粒和辊筒表面的温度。通常情况下，压缩率不能大于 40%，否则可能会产生微裂纹。

3.3.4 溶解成球后处理工艺

溶解成球工艺的后处理工序主要包括钝感、预烘、光泽、烘干、整形、过筛、混同与包装。不同产品对后处理的要求并不完全相同，如：中小口径高初速身管武器用球形药，应具有良好的燃烧渐增性，需要采用表面阻燃技术，需要有钝感工序；短身管榴弹武器用球形药和固体推进剂浇铸成型工艺用球形药则不需要表面阻燃，也就没有钝感工序；固体推进剂浇铸成型工艺用球形药不需要整形。

1. 钝感工序

球形药的几何形状呈减面性燃烧规律，降低了其应用在武器上的弹道效果。通过钝感等表面处理技术可改善其燃烧规律，提高其内弹道性能。

球形药的钝感主要采用湿法钝感工艺，即将球形药分散在水介质中，加入钝感剂乳液，在一定温度条件下，药粒通过吸附乳液油滴使钝感剂(阻燃剂)逐渐渗透到药粒表层一定深度，形成具有浓度梯度的阻燃层。钝感工序的工艺条件主要有钝感剂用量、钝感时间、钝感温度、乳化剂用量、乳化时间、乳化温度、乳液分散度、水药比、钝感锅搅拌转速等。由于钝感工艺参数多且对钝感效果的影响复杂、影响程度也不同，在确定钝感工艺条件时，一般遵循的原则是：先设定一些对钝感效果影响相对较小的工艺参数固定不变，如乳化剂用量、乳化时间、乳化温度、水药比、钝感锅搅拌转速等，在此基础上以钝感效果影响较大的工艺参数，如钝感剂用量、钝感温度、钝感时间、钝感剂乳液分散度等为变量，通过正交试验等方法研究确定。

1）钝感剂用量

钝感剂用量是球形药获得良好钝感效果和总体能量的关键参量，不同配方、药形尺寸的产品，不同武器、使用环境和装备性能，需要的钝感剂用量不同，必须根据实际使用和试验情况确定。通常情况下，球形药表面钝感后药粒中的钝感剂含量在 2%～4%。由于水相介质中的钝感剂不可能全部进入药粒之中，钝感剂种类不同、钝感工艺条件不同，钝感剂的溶损量也不同，因此，钝感剂加入量通常在 5% 以上，有的甚至接近 10%。

2）钝感温度与时间

钝感温度与时间是决定钝感剂渗透深度的重要因素，也是影响钝感药燃烧性能的主要参数。钝感温度高、时间长，钝感深度大，燃烧渐增性好；钝感温度低、时间短，钝感深度浅，燃烧渐增性差。但钝感温度不能过高、时间不能过长，否则钝感深度过大，钝感层浓度梯度相对变小，燃烧渐增性反而下降。另外，发射药中的含能增塑剂也容易向水介质中迁移而降低能量。因此，在确定钝感温度与时间时，一般应结合钝感深度进行。球形药钝感深度的测定多采用对钝感药染色切片后显微观测方法，但该方法复杂、费时。在实际工业生产中，一般采用密闭爆发器测试静态燃烧性能的方法，通过测试 $L\text{-}B$ 曲线中的 B_m 点确定钝感层深度。

钝感温度与时间的确定是一个非常复杂的过程，不仅影响因素多，而且复杂，一个因素的调整往往导致钝感效果的变化，为获得较佳的钝感温度和钝感时间参数，需要进行多次的优化试验。钝感温度和钝感时间的确定一般应遵循的原则是：小粒球形药采用较低的钝感温度或较短的钝感时间，如 7.62mm 口径以下的轻武器用球形药，钝感温度通常为 75～90℃、钝感时间通常为 40～120min；大弧厚球形药采用较高的钝感温度或较长的钝感时间，如 40mm 口径以下的小口径火炮用球形药，钝感温度通常为 80～95℃、钝感时间通常为120～240min。最终应根据内弹道试验结果，并结合密闭爆发器测试的 B_m 值进行优化研究，确定可行的工艺参数。

3）钝感剂乳液分散度

钝感剂乳液分散度是钝感剂乳液在水介质中的油滴直径，其大小对钝感剂渗透深度影响较大。在相同的钝感条件下，乳液分散度大时渗透深度浅，乳液分散度小时渗透深度大。原因是乳液分散度过大时，使药粒表面吸附的乳液油滴不能很好地渗透，长时间附着在药粒表面，致使药粒表面过于黏稠和软化，极易出现较为严重的药粒粘连，造成良品率下降。钝感时一般要将乳液分散度作为关键的控制参数，通过高倍（大于 400 倍）投影仪检测，满足要求后，才能将钝感剂乳液加入钝感锅内进行钝感。钝感剂乳液的配制，应采用专业的乳化设备——胶体磨或高剪切乳化机。钝感剂乳液分散度一般要求为：乳液油滴直径 $2\sim4\mu m$，个别允许达到 $20\mu m$。

2. 预烘工序

钝感后的药粒表面和内部尚残存 2%～5% 的水分，不利于后续光泽工序使用，需要在干燥设备内驱除。预烘工序需要控制的质量要求是预烘后的药粒应具有流散性，通常将其中的水分驱除至 1%～2%，以保证后续光泽工序的安全性。预烘设备可以采用间歇式烘干机，如盆式烘干机等，也可采用动态烘干设备进行连续操作。工业生产多采用热空气对流方式，在间歇式的盆式烘干机中进行预烘，风温和药温相对较低，一般热风温度≤75℃，药温在 40～55℃，预烘时间根据水分驱除的程度确定，一般在 60～360min。小粒药时间短一些，通常为 60～180min；大弧厚药粒的时间长一些，通常为 120～360min。

3. 光泽工序

表面光泽是在药粒表面附着一层石墨，石墨兼有导电性和润滑剂的作用。小粒药的比表面很大，烘干时与热风摩擦或药粒间相互摩擦极易产生静电，在烘干前用石墨光泽不仅可以提高药粒的导电性，大幅减小静电聚结，还可以提高流散性和假密度，从而获得较高的装填密度。

光泽设备通常为转鼓式光泽机，质量控制要求是光泽后无黄药或白药。工艺条件一般为石墨用量 0.1%～0.3%，光泽时间通常为 20～60min。

4. 烘干工序

经过预烘后药粒中仍然含有 1%～2% 的水分，仍然不能满足成品药指标要求，需要进行二次烘干，烘干方法与预烘工序一致。烘干工序的质量控制要求是药粒中的水分控制在 0.2%～1%。工艺条件一般控制热风温度≤75℃，药温为 50～55℃，烘干时间为 60～300min。烘干工序因药粒水分含量较低，安全风险相对较大，在操作过程中，必须注意几点：①烘干后须吹入冷空气，药温降低后方可出药。实际工业生产中有的规定：气温在 20℃ 以下时，出药温度不得超过 25℃；气温在 20℃ 以上时，出药温度不得超过 35℃。②烘房相对湿度在 75% 以上。③烘干过程中禁止翻动药粒。④烘房必须进行安全处理。一是每月用水冲洗 1 次；二是用醇碱液处理，每年生产 10t 以上时用醇碱液处理 2 次，每年生产 10t 以下时用醇碱液处理 1 次，醇碱液比例为：烧碱：乙醇：水 = 12：80：8。

5. 整形工序

内溶法和外溶法成球工艺制造的球形药，包括直接球扁工艺制造的球扁药，药粒尺寸的分散性较大，为了保证必要的产品得率，在水力筛分工序中的粒度分级仍然是一个相对较宽的范围，在工艺可操作性上也不可能分级过细。因此，分级后药粒的弧厚差异仍然较大，需要通过整形工艺进行均化处理，以减小其分散程度。

整形设备和整形工艺与 3.3.3 节中的压扁工艺基本相同。

球形药通过整形后被压扁成圆盘状，球扁药通过整形后也受到不同程度的进一步压扁，最终效果是将球形药或球扁药整形为圆片状。药粒的燃烧层厚度由压延机的辊间距控制，通过辊间距的精密控制，药粒弧厚偏差通常可控制在 ±(0.01～0.02)mm。

6. 过筛工序

在整形过程中，或多或少地存在药粒连体和压碎的细小药粉，在光泽过程中也会带入少量游离石墨，需要过筛除去。

过筛工序通常采用双层斜面振动筛进行过筛。双层斜面振动筛上层筛网孔径较大，用于筛除过大药粒；下层筛网孔径较小，用于筛除细小药粉和游离石墨。上下层筛网孔径根据不同品种的药形尺寸选择，如小口径轻武器用小粒球扁药过筛时，上层筛网孔径为 0.65～0.95mm，下层筛网孔径为 0.40～0.60mm；小口径火炮用大弧厚球扁药过筛时，上层筛网孔径为 1.18～1.40mm，下层筛网孔径为 0.80～0.90mm。

7. 混同与包装工序

球（扁）形药制造过程中，需要累积一定量的小批之后才能组成一个大批，为弥补制造过程中工艺条件波动和原材料差异造成的不均匀，需要采用混同工艺，将各小批产品经过混同器反复混合，保证同一大批产品的质量均匀性。另外，经过混同还可以改善组成大批的各小批产品的某些不足，如有的小批弧厚可能偏下限，与弧厚偏上限的小批混同可使总批弧厚平均在中限。

球（扁）形药作为小粒药种类，一般采用圆斗式混同器，混同设备和混同方法见 3.1.2 节。对混同后的一批产品，抽样测试各项理化性能（含化学安定性）全部符合技术要求后进行包装。包装箱基本是内装密封性的金属箱、外套装木箱，并按规定做好标签。

3.4 其他成型加工工艺

3.4.1 碾压成型工艺

迫击炮、无后坐力炮使用薄片的带状或方片状双基药，成型工艺通常是采用卧式压延机或立式压延机碾压成所需厚度的薄片，再由切药机切成所需的尺寸。该工艺方法比较简单，但主要适用于 NG 含量很高的双基药。

目前，该类产品中已有很多品种被小粒双基药所代替，但某些迫击炮弹药的尾管用发射药等产品仍在使用。

3.4.2 微孔结构成型工艺

小口径手枪弹药需要发射药在很短时间内燃烧完全，常采用内部含有微孔的多气孔发射药，其成型工艺目前有两种方法：

一是将一定量的水溶性无机盐（如硝酸钾）在捏合塑化工序均匀地分散到发射药组分中，采用挤出成型工艺加工成型后再用水浸泡，将硝酸钾溶解浸出，药粒中便产生细小均匀的微孔，孔径大小与硝酸钾的粒度相同，微孔数量与加入的硝酸钾含量及其粒度大小有关。该工艺方法调整微孔结构的可控性好，但工艺过程较为复杂，对小型模具的加工和使用要求很高，并且主要适用于能量较低的单基药。

二是采用溶解成球工艺方法，控制其中的成球与蒸溶工艺条件（如增大溶棉比、增大水棉比、不加或少加脱水剂、加快蒸溶速率等），可获得不同粒度的微孔球形药，相关工艺方法和工艺条件可参考 3.3.1 节内容。为获得孔隙率更大的球形药，可以在成球工序中加入一部分发泡剂。该工艺方法相对比较简单，不仅适用于单基药，也适用于双基药，目前已经成为微孔结构发射药加工成型的主要工艺方法。

3.4.3　分层微孔结构成型工艺

在微孔结构球型药成型工艺基础上，通过改变工艺路线和工艺条件，研究发展了具有分层结构的微孔球形药(也称为核壳结构微孔球形药)成型工艺，采用该工艺制备的产品的外层相对密实、内部有大量微孔。核壳结构微孔球形药的密度和分层结构可控范围大，内外层物理化学稳定性好，通过控制内外层比例和内层的微孔结构，可以在较大范围内调节燃烧性能。图3-4-1为核壳结构微孔球形药的剖面结构。

核壳结构微孔球形药的制备工艺主要是两步法工艺。第一步是微孔结构基础药粒工艺，第二步是密实壳层结构工艺。

图3-4-1　核壳结构微孔球形药剖面结构

1. 微孔结构基础药粒工艺

工艺原理、工艺方法及工艺条件与3.4.2节相同。

2. 密实壳层结构工艺

将微孔球形药的外层物料采用特定的溶剂溶解或溶胀，通过密实化工艺处理消除微孔结构。工艺方法是将微孔球形药基础药粒重新投入到成球器中，用适量溶剂溶胀微孔球形药表层至一定深度而不破坏芯部结构，然后脱除溶胀部分所含的水分而使表层结构变得密实，最后缓慢驱溶得到所需的核壳结构微孔球形药。工艺过程是将具有微孔结构的基础药粒悬浮于含有保护胶的水介质中，加入适量溶剂，溶剂分子向药粒表层扩散，使药粒表层发生溶胀；然后加入脱水剂建立药粒与水介质之间的渗透压，脱除药粒表层溶胀部分中的水分，使表层结构变得密实；最后升温驱除溶剂。

　　控制壳层厚度及其结构的关键是溶胀厚度和脱水程度。通过调整溶剂加入量和溶胀时间，可以控制溶胀层的厚度；通过调整脱水剂浓度和脱水时间，可以控制溶胀层内水分向外渗出的速率和脱水程度，从而控制壳层的厚度和密度。另外，驱溶速率对壳层的内部结构也稍有影响。

　　密实壳层结构控制的典型工艺条件为：水药比约 10∶1；明胶浓度约 2%；乙酸乙酯溶剂与水的体积比 1∶6～1∶8；溶胀温度 65℃ 左右；溶胀时间 20～40min；脱水剂浓度 0.5～0.7mol/L；脱水温度从 69℃ 开始升温至 77℃，每 20min 升温 2～3℃；脱水时间 80～100min；蒸溶条件与 3.3.1 节相同。

第 4 章
炸药成型加工工艺

炸药成型是指将炸药各组分混合制备成混合炸药后，装填到战斗部壳体或成型模具的工艺过程，所以混合炸药的成型加工一般包括混合和成型两个主要工艺过程。

炸药组分间的混合主要在其液相载体或液相介质中进行，其中液相载体构成了炸药的组分，液相介质，如水、有机溶剂等，只是作为工艺助剂，在工艺过程中最终要被除去。常见的混合方式有捏合混合、浆式搅拌混合和无浆混合等。

一般情况下，成型工艺与炸药种类、混合方式密切相关。基于物理状态（流动性）、组成特点及混合方式，混合炸药可以通过熔铸、浇铸固化、压装成型以及其他一些工艺完成成型加工。

4.1 熔铸成型加工工艺

熔铸成型是制造熔铸炸药及其装药的工艺方法，也称作"铸装"工艺。其主要工艺过程是先将熔铸载体加热熔化，再加入固体含能组分颗粒或粉末，充分混合分散后，得到熔融态悬浮混合炸药，然后将熔态悬浮混合炸药浇铸到弹体或模具中，冷却凝固后形成炸药柱或装药。这一过程与金属铸造加工工艺很相似。熔铸成型工艺适用于大型弹药或弹室形状稍复杂的炸药装药，如鱼雷、水雷、地雷、航弹、大口径火箭弹、破甲弹等的炸药装药。

熔铸成型是一个物理相变过程，是由固相到液相、再由液相到固相的物理过程。在前一个相变过程中，人们更多关心的是传热效率，即固-液相变速度，以及热引起的安全性；在后一个相变过程中，人们更多关心的是最终生成的固相的状态，即固相晶体粗细度、缺陷和整体密度等，这一相变过程也是熔铸成型工艺的关键，影响最终成型产品的质量和使用效果。正是由于要经历相变、结晶生成，使得熔铸炸药及其熔铸成型工艺与其他类型炸药，乃至其他类型火炸药装药产品，在产品特性、微观结构等方面有显著差异，因此，在了解其成型工艺之前需要了解其性能特点和特征。

熔铸成型工艺一般包括载体熔化、固体颗粒混合分散、熔体浇铸、凝固成型四个工艺阶段，其工艺流程如图 4-1-1 所示。

图 4-1-1　熔铸成型工艺流程

载体熔化：粒（粉或片）状固体炸药熔化成熔融态液相；

混合分散：含能固体成分在熔融态液相载体中的混合分散；

熔体浇铸：液固（悬浮）熔融体浇注入模具或壳体中；

凝固成型：熔体冷却凝固成型。

载体熔化和固体颗粒在液相载体中的混合分散有时是在同一装置中完成的，熔体浇铸和凝固往往也是在同一容器中完成的。因此在实际操作中，上述工艺流程的前两个工艺阶段往往合称为熔混工艺，可看作熔融体（熔态炸药）的制备；后两个工艺阶段合称为浇铸成型工艺（或称铸装），是熔融态炸药浇铸凝固成型的工艺过程。因此，熔铸炸药的熔铸加工成型工艺可以看作由熔混和铸装两个工艺过程组成的。

4.1.1　熔态炸药凝固结晶特征

熔铸炸药的成型是通过熔融态液相炸药的冷却凝固或结晶实现的。熔融态液相炸药在凝固成型过程中生成不同形状的晶体，同时伴随着体积收缩，在凝固过程中由于温度梯度的存在会产生内部应力，这些现象是熔融态炸药凝固的显著特征。

1. 结晶形态

在熔铸炸药成型工艺过程中，自熔融态凝固为固体的过程就是其生成晶体的过程，与一般晶体物质一样，这些炸药晶体由于凝固结晶工艺、条件的不同，同样可以生成柱晶、树枝晶、球晶等形状的晶体物质。

根据物质和结晶条件的不同，凝固可能产生不同的结晶组织。图 4-1-2 是几种可能的晶粒组织示意图。长条形的组织称为柱状晶，外侧细颗粒状的组织称为细等轴晶或等轴晶，中心粗大的颗粒组织称为等轴枝晶或等轴晶，根据上述分析，在炸药浇铸工艺条件下，一般常常得到的是(c)和(d)，其中(d)是最被希望得到的晶体组织结构。

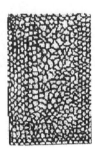

(a)全部柱状晶　　　(b)表面细等轴晶　　　(c)表面细等轴晶＋内　　(d)全部等轴晶
　　　　　　　　　　＋内部柱晶　　　　　部柱晶＋中心相等轴晶

图 4-1-2　几种可能的晶体组织

结晶组织对铸件的质量和性能有很大的影响，就宏观组织而言，表面细晶区较薄，对铸件的质量和性能影响不大，铸件的质量与性能主要取决于柱状晶区与等轴晶区的比例以及晶粒的大小。柱状晶各向异性，较粗大，晶界上富集低熔点、力学性能较差的杂质等缺陷，使晶粒间的联系受到很大的削弱，容易沿晶界产生裂纹。等轴晶的晶界面积较大，杂质和缺陷分布比较分散且晶粒的晶体取向不同，故性能各向同性，比较稳定，晶粒越细，其综合性能越好。所以经常希望获得细密等轴晶组织。

通过强化非均质形核和促进晶粒游离以抑制凝固过程中柱状晶区的形成和发展，就可以获得细晶粒及等轴晶组织。非均质形核数量越多，晶粒的游离作用越强，熔体内部越有利于游离晶的产生，则形成的晶粒就越细。

1）柱晶

柱晶是沿着最优方向生长的定向结晶晶体，柱晶可以是平面状、棒状及树枝状，柱晶各个方向分子排列不同，故各向异性。晶粒间存在较大界面。

图 4-1-3 是在稍低于熔点温度的适度过冷度条件下线性生长形成的梯恩梯（TNT）结晶显微照片。结晶过程是在距离为几十微米到数百微米的两层玻璃板间完成的，并且用铂金丝作为外部形核中心。可以看出形成了高度定向棒状晶体，TNT 晶体生长前沿是不规则的，晶体沿着一个晶面方向生长的速率比与其垂直的晶面方向快 10～15 倍，明显这是择优方向生长，形成了柱晶外形特征。TNT 这种具有高熔化熵的有机材料，是以小平面界面方式结晶的。TNT 由液相凝固为固相会出现体积收缩，当凝固较快时，收缩对 TNT 铸件的性能有重要

图 4-1-3　79℃结晶时
TNT 晶体生长前沿

影响，因为这会不可避免地在晶体间产生微裂纹。另外，如果不进行浇铸条件的控制，在凝固前沿与液相表面之间形成间隙，就会出现大尺寸的缩孔。

在 TNT 基熔铸炸药，如 RDX/TNT、CE/TNT、PETN/TNT 等浇铸过程中，如果对冷却过程不干涉，这些炸药的圆柱体装药会沿径向产生柱状 TNT 晶粒分布。图 4-1-4 显示了经打磨抛光的 RDX/TNT 浇铸圆柱体内的 TNT 连续相晶粒结构，较暗的中心条纹是 TNT 棒状晶粒组织。在有大量第二相存在时，仍可出现 TNT 的柱状晶体。图 4-1-5 显示含 55%RDX 的 RDX/TNT 打磨侵蚀样品中 TNT 的定向排列晶型，即可见平行排列的长条状 TNT 基体晶粒。

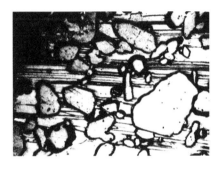

图 4-1-4　药柱中的 TNT 柱晶　　　图 4-1-5　抛光和刻蚀的 RDX/TNT 结晶结构

在有晶种情况下，75℃结晶时，TNT 凝固产生多晶型现象，如图 4-1-6 所示。平行排列的针状晶或柱晶前沿长到另外一个晶体表面，形成晶界，即晶粒是针状柱状晶。

三硝基氮杂环丁烷（TNAZ）极易形成树枝晶，枝晶是由针状晶枝化形成的晶体结构，如图 4-1-7 所示为树枝状 TNAZ 柱晶。树枝晶是由初始平滑的针状晶表面出现了扰动而形成的，扰动生长后沿与主干垂直的四个方向形成分支。如果一次枝晶间距足够大，也会发展成二次或更高次分支。当然，如果针状晶尖端表面未受到扰动而破开，那么最终将生成完整的针状晶。

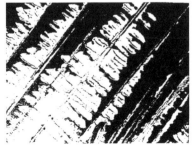

图 4-1-6　TNT 在 75℃重结晶　　　图 4-1-7　37℃结晶得到的 TNAZ
　　　　　生成的晶体结构　　　　　　　　　晶体结构

2）球晶

当 TNT 自远低于熔点的温度（高过冷）凝固时，出现 TNT 球晶。在薄膜条件下，在温度 - 15～50℃ 范围内，TNT 自发形核时，可以形成"两维"球状晶，如图 4 - 1 - 8 所示，这种固体结构的细节是由许多细小的弯曲晶粒形成的。

这种类型的晶体结构在一些 TNT 铸件的表面出现。图 4 - 1 - 9 显示了 TNT 基铸件的表面层球晶结构（车削掉了表面壳层以外的结构组织）。试验表明，预加热模具会降低形核数量，增加表面层的球形晶粒尺寸。球晶只有在高度过冷条件下生成，当熔体接触冷的铸模时，通过激冷层熔体热量急速排出，形成了高度过冷状态。如果铸模温度较高时就不会造成足够的激冷，从而在整个浇铸过程中形成正常的柱晶。图 4 - 1 - 10 显示了 TNT 在超高过冷度下生成的另一种球晶结构。

图 4 - 1 - 8　放射状生长的 TNT 球晶

图 4 - 1 - 9　TNT 基铸件的表面层球晶

在 TNT 的凝固结晶过程中，球晶、柱晶，甚至等轴晶都有可能同时出现。图 4 - 1 - 11 为 0.5％HNS（六硝基芪）作为形核剂，120℃ 重熔后凝固得到的 TNT 晶型结构，从图中可以明显看见柱晶、球晶或等轴晶，以及细小针状晶。

图 4 - 1 - 10　TNT 超高过冷度下生成的球晶

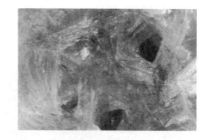

图 4 - 1 - 11　含 0.5％HNS 形核剂 120℃ 重熔后凝固得到的 TNT 结晶结构

3）低共熔物炸药的结晶形态

低共熔物炸药的熔点和组成可以通过下面公式计算得到：

$$R\ln(X) = \Delta H_{fus}(-1/T + 1/T_m) \qquad (4-1-1)$$

$$\ln(x^A/x^B) = -4077(1/T_m^A - 1/T_m^B) - 0.0979 \qquad (4-1-2)$$

式中：X、ΔH_{fus}、T_m 分别为低共熔物中纯物质 A 或 B 的含量、熔化热、熔点；T 为低共熔物的熔化温度；R 为气体常数，$R = 8.3145J/(K \cdot mol)$。

式(4-1-1)为 van't Hoff 方程，表述了纯物质的含量与其熔点之间的关系，式(4-1-2)是 Chapman 在总结了公开发表的 74 种两组分低共熔物含能材料数据的基础上得到的经验公式，表述了两组分低共熔物的组成与其熔点的关系。低共熔物的结晶结构与组成低共熔物的纯物质的晶体形状有关，是其各组分晶体形状的组合。

在熔体凝固结晶过程中，固相自由能的变化为：

$$\Delta G_s = NkT_m[\alpha x(1-x) + x\ln x + (1-x)\ln(1-x)] \qquad (4-1-3)$$

$$\alpha = \xi \frac{\Delta S_m}{R} = \xi \frac{\Delta H_m}{RT} \qquad (4-1-4)$$

式中：N 为界面上可能具有的分子位置数；x 为界面上被固相分子占据位置的分数；k 为玻耳兹曼常数；α 为 Jackson 因子；ΔS_m 为熔化熵；ΔT_m 为熔化焓；R 为气体常数。

通过 α 数值可以大致判断晶体的生长方式。

当 $\alpha \leqslant 2$ 时，界面能有极小值，液-固界面为粗糙界面。

当 $\alpha > 2$ 时，液-固界面为光滑界面，晶体以小平面方式生长。

有研究认为，当低共熔物两相均为非小平面生长时，最终低共熔物的晶体是头尾相接生长的；当两相均为小平面生长时，最终低共熔物的晶体为两相相间生长的，如图 4-1-12 所示。

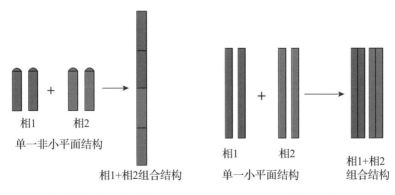

相1　　　相2
单一非小平面结构

相1+相2组合结构

相1　　　相2
单一小平面结构

相1+相2
组合结构

（a）两相均为非小平面　　　　　　　（b）两相均为小平面

图 4-1-12　低共熔物晶体排列方式

有机单质炸药的 α 值一般大于 2（表 4 - 1 - 1），由它们组成的低共熔物的结晶一般是并排生长的，如由 TNT 与 TNAZ 组成的低共熔物晶体是由 TNT 针状晶和 TNAZ 树枝晶相间组成的晶型结构，如图 4 - 1 - 13 所示。

表 4 - 1 - 1　一些单质炸药的晶体参数

材料	熔点/℃	熔化焓/(kJ·mol⁻¹)	α
2,4,6 - 三硝基甲苯	80.8	21.96	7.48
1,3,5 - 三硝基苯	122	14.32	4.36
2,4 - 二硝基甲苯	70.5	19.84	6.95
2,4 - 二硝基苯甲醚	89	16.3	5.4
2,4,6 - 三硝基苯	83	18.15	6.13
2,4,6 - 三硝基苯甲醚	68	19.64	6.93
1,3,3 - 三硝基单杂环丁烷	101	28.09	9.03
硝酸铵	170	28.09	9.03
硝酸钾	334	7.5	1.49
乙二胺二硝酸盐	186	20.8	5.45

2. 凝固收缩

1) 体积收缩率

液态炸药注入成型模具或弹体后，在自然冷却时，凝固顺序是由外及里的。如果将整个容积一次铸满炸药，中心部分的液态炸药必然是最后凝固的。由于液相密度往往小于固相密度，在凝固过程中会产生体积收缩，若没有液态炸药进行继续补充，在固化药柱中会形成缩孔。

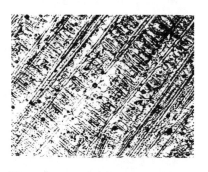

图 4 - 1 - 13　TNT/TNAZ(54.2/45.8) 低共熔物 25℃ 结晶得到的晶体结构

液态炸药的凝固收缩一般用体收缩率表示，它是单位体积的相对收缩量。当温度自熔体温度 T_1 下降到室温 T_s 时，体收缩率 ε_v 为

$$\varepsilon_v = \frac{V_1 - V_s}{V_1} \times 100\% = \frac{\rho_s - \rho_1}{\rho_s} \times 100\% \qquad (4 - 1 - 5)$$

式中：V_1、V_s、ρ_1、ρ_s 分别为液态、固态炸药的单位体积和密度。

通常所说的收缩率是指从凝固点液相变为常温状态的收缩率，所以 V_1、ρ_1 一般采用熔点附近的值。例如，液态 TNT 在熔点附近的密度为 1.48g/cm³，而在常温下固体密度为 1.60g/cm³，则体收缩率 $\varepsilon_v = 7.5\%$。但更宽泛一点，实际上在熔融液态凝固过程中的体积收缩包含三个部分，即液态体积收缩、凝固相变收缩、固态体积收缩，所以式(4－1－5)包含了这三个阶段的体积收缩，仅考虑自熔点相变后引起的装药体积收缩时，就只包含后两种体积变化率。

2）缩孔和缩松

在炸药熔铸凝固过程中，由于体积收缩，往往会在最后凝固的部位出现孔洞。其中容积大而集中的孔洞体为集中缩孔，简称缩孔；细小而分散的孔洞为分散性孔洞，简称缩松。

当液体炸药注入模具或弹壳等后，在冷却时，由于传热作用，炸药靠近器壁的部分首先降温，在内部形成自铸件中心至表面温度逐渐降低的温度梯度，装药也自外向内逐步凝固。在凝固初期，由于凝固收缩和重力作用，装药的上表面首先会收缩下凹，形成缩凹，如图4－1－14(b)所示。

随着换热过程的进行，铸件的上表面温度降低到凝固温度，出现凝固，此时上表面不再下降，但在上表面凝固层下的液相炸药因温度降低而产生液态收缩(按线性膨胀系数随温度变化规律收缩)，同时由于传热作用不断出现结晶凝固，从而出现凝固收缩，这两种收缩的出现，将使表面凝固层内的炸药液面下降，在表面凝固层下出现孔洞，从而形成内部缩孔，如图4－1－14(c)所示。由于凝固层厚度的增加和炸药液面的不断降低，理论上缩孔的形状是漏斗状的。另外，由于温度降低和液体炸药不断凝固，溶解在炸药内部的过饱和气体将析出，从而形成气孔，如图4－1－14(c)所示。

在凝固后期，最后凝固部分的残留液体炸药中的温度梯度很小，基本是按同时凝固方式凝固的。由于最后凝固阶段液体无法流动，导致最后凝固部位形成宏观缩松与显微缩松，如图4－1－14(d)所示。

因此，可以将炸药凝固过程中缩孔和缩松的形成过程分为(a)→(b)、(b)→(c)、(c)→(d)三个阶段：表面收缩阶段、缩孔形成阶段、缩松形成阶段，形成过程如图4－1－14所示。

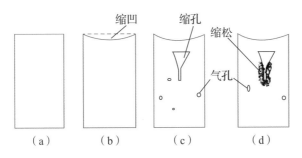

图 4－1－14　炸药熔铸过程缩孔和缩松形成过程示意图

3. 气孔的产生

液态炸药中混有气体时，在凝固前未能逸出而形成气孔。气孔是圆形或狭长形的孔洞，通常内壁表面光滑，分布比较分散，出现在铸件的表面或表皮以下。如果气孔超过规定的直径、长度和数量，也会减少铸件的有效截面而引起应力集中，降低力学性能。

1) 气孔的来源

根据气孔产生的原因，主要有卷入性气孔、反应性气孔和析出性气孔。

(1) 卷入性气孔。

这类气孔是装药中产生气孔的主要形式。将液态炸药注入弹体时过急过猛，使液态炸药飞溅，卷入了空气，或者在炸药的搅拌混合过程中卷入了空气。由于药浆黏度较大，气体无法克服阻力而上浮时被包裹在液相中，随着冷却凝固，在铸模或弹体内形成了气孔。

(2) 反应性气孔。

由于液体炸药与弹体(或模具)发生反应而产生气体。弹体中的水分形成的蒸气可能会在铸件表面形成一些局部凹缺，也可能形成表皮下气孔；液态炸药与弹体内的油类黏结物相接触会产生油烟等。

(3) 析出性气孔。

在凝固过程中析出气体。炸药熔化之前，气体就以吸附或溶解的形式混入其中，在炸药熔化后，炸药内部所含气体在凝固时析出聚集后形成气孔。

2) 析出性气孔的形成

在液体中形成气泡实际上是在液相中形成弯曲液面的过程。弯曲液面与平液面不同，弯曲液面的表面张力在法线方向的合力不等于零。为保持弯曲液面的存在与平衡，弯曲液面内外两侧有压力差，弯曲液面凸向一侧的压力总是小于凹向一侧。换言之，当液面两侧有压力差时可形成弯曲液面。

由于在液体中成泡，气泡内的压力 $P_{内}$ 必须大于气泡外的压力 $P_{外}$，两侧压力差与液体表面张力和弯曲液面的曲率半径有关。图 4-1-15 是液体中形成气泡的示意图。在稳定状态下气泡中的气体与外界不再流动，气泡半径为恒定值 r。这时，体系的平衡条件为气泡半径发生无限小的变化时体系自由能不变，即 $\mathrm{d}G/\mathrm{d}r = 0$。

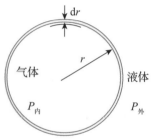

图 4-1-15　液体中球形气泡示意图

半径增大 dr 时，气泡表面自由能增大量为 $\sigma\left[4\pi(r+dr)^2-4\pi r^2\right]=8\pi r\sigma dr$。同时，在表面张力 σ 作用下气液界面的减小趋势为气泡内外压力差 ΔP 所平衡。对抗压力差所做的膨胀功为 $\Delta P 4\pi r^2 dr$，因而

$$dG=8\pi r\sigma dr-\Delta P 4\pi r^2 dr \qquad (4-1-6)$$

由于平衡时 $dG/dr=0$，因此可以得到

$$\Delta P=\frac{2\sigma}{r} \qquad (4-1-7)$$

式（4-1-7）为球形界面的 Laplace 公式，$\Delta P=P_内-P_外$。在液相中形成气泡时，气泡内的压力大于液相中的压力，在液相中形成了凹液面。根据 Laplace 公式，气泡直径越小，内外压力差越大，如水中气泡半径为 1nm 时压差为 1.44×10^8 Pa，半径为 $1\mu m$ 时压差为 1.44×10^5 Pa。

气泡的生成和结晶过程的初始阶段类似，必须首先形成气泡核，而且气泡核应具有一定的大小。根据 Laplace 公式，气泡形成必须首先克服阻力 $2\sigma/r$。当气泡核半径 r 较小、熔态炸药的表面张力较大时，生成气泡核的阻力 $2\sigma/r$ 较大，气泡核自发生成的可能性较小。因此气泡核一般借助于外界表面形成，即气泡通常在固有界面上形成，如杂质表面、器壁表面和铸件表面等处。

熔融体在凝固过程中，如果按照体积凝固方式进行，在凝固后期，液相被周围生成的晶体分割成体积很小的液相区，这种情况下，可以认为液相中的气体浓度是均匀的。在随后的结晶过程中，剩余的液相中气体浓度将不断增加，当气体浓度聚焦区超过它的饱和浓度时，固-液界面处即析出气泡。这时产生的气泡很难排除，保留下来就形成气孔，称为析出性气孔。

气泡生成不仅与气泡核的产生有关，而且与气体从熔体析出的平衡总压力有关。析出气体的平衡总压力大于外界总压力时气泡才能形成。气泡所受的平衡压力用数学公式可表示为

$$P=P_a+h\rho_1+2\sigma/r \qquad (4-1-8)$$

式中：P、P_a 分别为总压力和大气压；h、ρ_1、σ 分别为熔体厚度、密度和表面张力；r 为气泡半径。

由于气体聚集或温度升高等原因导致气体气泡半径增大时，会使式（4-1-8）右边的数值减小，或者当液体上方的大气压 P_a 降低，如抽真空，也可使式（4-1-8）右边的数值减小，这都有利于气泡的形成。由于气泡增大、P_a 降低也有利于气泡上浮，所以真空减压也有利于除去气泡。气泡大到一定程度就可能上浮，上浮后逸出液相表面是去除气泡的主要方法。此时，气泡尺寸较大，由于液面曲率而引起的上浮阻力已经很小，可以通过 Stokes 公式近似估算上浮速度 v，即

$$v = \frac{d^2(\rho_1 - \rho_g)g}{18\eta} \qquad (4-1-9)$$

式中：η、ρ_1 分别为液体的黏度和密度；d、ρ_g 分别为气泡的直径和气体密度；g 为重力加速度。

可以看出，气泡上浮速度与气泡大小、熔体炸药黏度、密度有关。提高熔体温度可以减小其黏度，提高流动性，有利于气泡上浮。

另外一种情况，即与抽空减压、升高温度相反的操作，增加大气压、降低温度会使式（4-1-8）右边的数值增大，在凝固时会使气泡以微小气泡分散在固体中，从而不产生宏观可见的气泡，所以外界加压也可以消除凝固气泡。

4. 铸药应力

熔体炸药在凝固冷却成型过程中，由于温度下降而产生收缩，有些还会发生固态相变而引起收缩等。在药柱的体积和长度发生变化期间，如果某种变化受到阻碍，便会在药柱中产生应力，称为"铸药应力"。如果此应力超过药柱的强度极限，药柱会在该处产生裂纹；如果应力小于药柱的抗拉强度，则将残留在药柱中，如不将其消除也会降低药柱性能。炸药药柱大都属于脆性材料，抗拉强度低，经常由于拉应力过大而产生裂纹。药柱内的裂纹达到一定程度时，在炮弹发射过程中可能会发生膛炸，对破甲弹来说，还有可能降低威力。

铸药应力按其形成原因可以分为热应力、相变应力和机械阻碍应力三种。热应力是由于浇铸或铸药后药柱各部分温度不均匀，在不同时间进行不均衡收缩所引起的应力；相变应力是药柱各部分在冷却过程中发生固态相变的时间不一致，使体积和长度变化的时间也不一致所引起的应力；机械阻碍应力是药柱线收缩受到弹体、冒口漏斗等机械阻碍而产生的应力，也称为收缩应力。

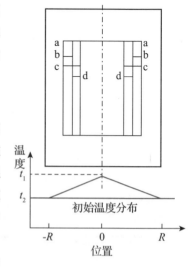

图 4-1-16　熔铸炸药热应力示意图

1）热应力

在浇铸药柱冷却过程中，各部分温度是不均匀的，在同一时间内各部分的收缩量也不同，在药柱内就会产生热应力。产生热应力的影响因素有很多，以圆柱形药柱为例，经实际考察，整个药柱在刚凝固完毕时中心温度比边上温度高，而且从中心到边部存在温度分布，如图 4-1-16 所示。

取相邻的两层炸药圆筒，高度相同，只是内层筒的温度高，外层筒的温度低。当冷却到室温时，如果两圆筒不受制约，能够自由收缩，则外层筒由 a 收缩到 b，内层筒由 a 收缩到 d。但实际上，两个圆筒连接在一起，即使被破坏，冷却后仍然应保持同一高度，此高度必在某一平衡位置 c 处。为此，外筒炸药的收缩量要比自由收缩得更大一些，于是在筒内产生了轴向压应力；而内筒炸药的收缩量要比自由收缩得小一些，于是在筒内产生了轴向拉应力。当然，实际情况还要复杂得多。

药柱产生的热应力除了轴向热应力外，还有切向热应力，各向热应力所产生的裂纹形式是不同的。轴向热应力产生横向裂纹，切向热应力产生纵向裂纹。药柱中的裂纹是各热应力综合作用的结果。

应用弹性理论和热传导理论来计算弹性热应力。为了简化问题，作如下假设：

(1)药柱是理想弹性体，符合广义胡克定律。

(2)药柱的物理力学性能是均匀和各向同性的。

(3)药柱的物理力学性能不随温度而变、不随时间而变、不随载荷大小而变。

下面以长度比直径大好几倍的圆柱形药柱为例，计算熔铸成型时产生的热应力。

当药柱中心凝固时，中心温度为炸药的凝固温度 t_1，此时药柱表面($r = R$ 处)的温度为 t_2。如果药柱中的温度分布为线性分布，则药柱中没有热应力；当中心温度下降时，就产生热应力，中心温度下降到边界温度 t_2 时，热应力达到最大值。切向热应力 σ_θ 可由下式计算：

$$\sigma_\theta = \frac{E\alpha_\theta}{1 - v_n}(t_2 - t_1)\frac{2r_k - R}{3R} \qquad (4-1-10)$$

式中：E 为弹性模量(Pa)；α_θ 为线膨胀系数(1/℃)；v_n 为泊松比；t_1 为药柱中心温度(℃)；t_2 为药柱表面温度(℃)；r_k 为径向坐标(m)；R 为药柱半径(m)。

最大热应力发生在药柱中心和药柱表面，即 $r_k = 0$ 和 $r_k = R$ 处，代入式(4-1-10)，则

$$\sigma_\theta = \frac{E\alpha_\theta}{1 - v_n}(t_2 - t_1)\frac{1}{3} \qquad (4-1-11)$$

两处热应力数值一样，但中心为拉应力，最可能产生裂纹。

从以上两式可以得到以下结论：

(1)热应力与药柱的弹性模量(E)和线膨胀系数(α_θ)成正比。例如，在 TNT 中加入一些高分子物质(如硝化棉(NC)等)，可使药柱的热应力减小，原因是弹性模量有所下降。

(2)凝固过程的热应力与中心凝固时的边界温度(t_2)和凝固温度(t_1)之差成正比。温差($t_2 - t_1$)与药柱半径、药柱导热系数、凝固顺序及冷却速度有关。药柱半径越大，温差越大；药柱导热系数越小，各部分的温度越难趋于均匀，

温差也越大；凡能够使药柱同时凝固和降低冷却速度的因素，都可以减小温差。

减少热应力的措施通常有：在炸药中加入 NC 等高分子物质，提高抗拉强度；尽量减小温差，如加强搅拌等；完成铸药的弹体在保温环境下慢慢冷却；防止药柱直接吹冷风，在冬季将药柱放在室外时采取保温措施，等等。

2）相变应力

药柱在冷却过程中如果发生固态相变，晶体体积就会发生变化，从而影响药柱收缩的方向和数值。有的固态相变会引起体积膨胀，有的固态相变会引起体积收缩。如果药柱各部分温度均匀一致，相变同时发生，则可能不产生宏观应力，而只有微观应力。如果药柱各部分温度不一致，相变不同时发生，则会产生相变应力。根据药柱各部分发生相变时间的不同，相变应力可以是临时应力，也可以是残留应力。

（1）没有残留相变应力的情况。

药柱外层发生相变时，内层已处于弹性状态，而且新相的比容大于旧相，则内层被弹性拉伸而产生拉应力、外层被弹性压缩而产生压应力。药柱继续冷却时，内层相变使外层受弹性拉伸而产生拉应力、内层受弹性压缩而产生压应力，与前一阶段的相变应力相抵消。在这种情况下产生的相变应力是临时应力。

（2）有残留相变应力的情况。

药柱外层发生相变时，药柱内层还处于塑性状态，而且新相的比容大于旧相，则相变使外层膨胀、内层受到塑性拉伸，药柱内不产生相变应力。药柱继续冷却时，药柱内层冷却到弹性状态并发生相变，这时外层将被弹性拉伸而产生残留拉应力、内层被弹性压缩而产生残留压应力。在这种条件下，残留相变应力方向与残留热应力方向相反。

由上述可知，药柱在冷却过程中，由于药柱各部分温度不一致，相变不同时发生，因而会产生相变应力。相变应力的方向可能与热应力相同，也可能相反；前者使应力叠加，后者将减小其不利影响。相变应力可以是临时应力，也可以是残留应力，它们在作用过程中对熔铸药柱质量都会产生影响。

3）机械阻碍应力

熔铸炸药在凝固冷却时，由于机械阻碍药柱的压缩而产生机械阻碍应力，也称为收缩应力。机械阻碍应力表现为拉应力或切应力，当机械阻碍消失后，应力便完全消失，故又称临时应力。

药柱冷却时所形成的收缩应力，是在弹体、模具、冒口漏斗浇口部分药柱的芯杆抵抗药柱的收缩所致。例如，在一个厚薄均匀的圆筒形药柱中，如果中间芯子退让性很差，则芯子便会在药柱中引起应力，应力值为

$$\sigma_y = E(\varepsilon - k_n) \tag{4-1-12}$$

式中：ε 为圆筒炸药的自由收缩率；k_n 为芯子的退让率(收缩率)；E 为弹性模量。

两者的收缩率相差越大，则产生收缩的应力也越大。由于炸药的收缩率比弹体、模具或漏斗的收缩率大很多，完全可能因收缩应力而引起裂纹。为了消除这种裂纹，一般采取以下措施：一是采用收缩率优良的材料；二是采用空心的芯子；三是及早除去阻碍收缩的部分；四是合理设计注药工具。

5. 熔态悬浮炸药黏度与颗粒沉降

在熔铸炸药成型工艺过程中，当悬浮颗粒(如 RDX)与熔铸载体(如 TNT)之间存在密度差时，就会产生沉降。除密度差外，粒度、粒形、颗粒的电荷以及熔铸载体的性质也是产生沉降的影响因素。此外，悬浮颗粒的浓度也有很大的影响，浓度大于 10% 时，在沉降颗粒之间会产生吸引力，引起凝结效应；浓度大于 30% 时，可引起"集团"沉降。

按 Stokes 定律的式(4-1-9)，悬浮颗粒的沉降速度与其直径的平方、悬浮颗粒密度与熔铸载体密度之差成正比，与熔铸载体黏度成反比。悬浮颗粒越小、两相的密度差越小时，沉降越慢；反之则沉降快。沉降速度与悬浮颗粒直径的关系如图 4-1-17 所示。

悬浮颗粒含有大量的熔铸载体，其中一部分是由粒子的吸附力形成吸附膜所致，另一部分为填充颗粒间的空隙。

从黑梯悬浮液的研究中得出下列规律：①悬浮颗粒越小，沉降体积越大；②颗粒一定时，颗粒越均匀，沉降体积越大；③颗粒混合体比单个颗粒有较大的沉降体积。

图 4-1-18 为黑梯炸药中占总重量 50% 的 RDX 在 85℃ 时悬浮于液态 TNT 中的情形。从图中可看出颗粒越小，沉降体积越大。

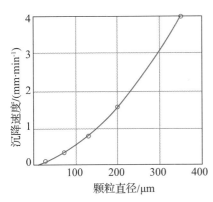

图 4-1-17　沉降速度与颗粒直径的关系

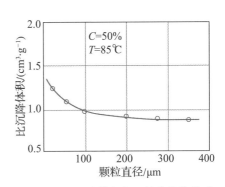

图 4-1-18　沉降体积与颗粒直径的关系

悬浮颗粒沉降与悬浮液的黏度有一定的相关性，黏度增大，流动性降低，一定程度可降低颗粒沉降的趋势，同时可提高装药密度；但黏度增大带来装药工艺性差、装药缺陷增多等不利因素，所以两者要有一定的权衡。

黏度与药温、浓度、搅拌和加热、粒径和分布、颗粒形状和表面粗糙度等因素有关。

1）药温的影响

随着药温升高，悬浮液黏度减小。图 4-1-19 为熔黑梯-2(50/50)悬浮液的黏度-温度曲线。黑梯混合炸药从 80℃ 上升到 85℃ 时，黏度明显下降，超过这一范围，药温上升引起的黏度变化却不大。

2）浓度的影响

浓度是指 RDX 和 TNT 混合炸药中的 RDX 总浓度（重量百分比）。在 85℃ 时黏度与浓度的函数关系如图 4-1-20 所示。由于温度 85℃ 时 RDX 的溶解度为 3.7%，实际浓度应从浓度中减去此值。从图中可以看出，RDX 含量在 20% 以下时，黏度随浓度增大而逐步增大；浓度超过 40% 时黏度显著增大，浓度到 60% 以上时黏度急剧增加。原因是 RDX 颗粒之间的距离越来越小，流动在很大程度上受到阻碍，直到浓度最大值时，即 RDX 具有最紧密的排列时，黏度就无止境地增大。每一颗悬浮粒都能使悬浮液流动受到干扰，使黏度增大。若每一颗粒与其他颗粒间距很远，则会产生"吸附膜"，也会使黏度增大。当各个干扰区之间互不发生影响时，黏度的增长与颗粒数成正比。浓度是作为衡量干扰流动的尺寸，只有在低浓度时，黏度才和浓度成正比；浓度增大到一定程度后，黏度急剧增大。

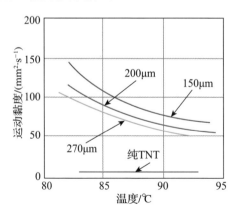

图 4-1-19　熔黑梯-2(50/50)
炸药黏度-温度曲线

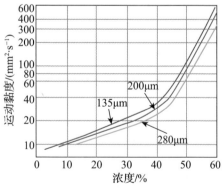

图 4-1-20　熔黑梯炸药黏度
与浓度的关系

3）搅拌和加热的影响

固态 RDX 刚加入液态 TNT 中，RDX 颗粒表面并不立即与 TNT 接触，而是颗粒互相凝集成大小不等的"集团"，形成不均匀的悬浮液体系。开始不均匀的悬浮液具有较小的黏度，经过搅拌使大小不等的"集团"分散，才使每个颗粒表面均匀吸附一层 TNT 液膜，黏度开始增大。当 TNT 与 RDX 完全混合均匀后，黏度就不再增大。另外，如将均匀的黑梯悬浮液长时间控制在 90℃ 左右，或使它多次凝固熔化再结晶，则重结晶能减少颗粒质点的总数，使黏度下降，但有时因 TNT 挥发等原因，黏度也可能升高。图 4 - 1 - 21 为悬浮液均匀性的分散过程。

4）粒径的影响

RDX 的粒径减小时，悬浮液的黏度增大。因 RDX 粒径减小时表面积增大，混合熔药时需要更多的液态 TNT 与其结合成吸附膜，使颗粒之间保持流动的自由液体减少，导致黏度升高。熔黑梯-2 炸药（50/50）黏度与 RDX 粒径的影响关系如图 4 - 1 - 22 所示。

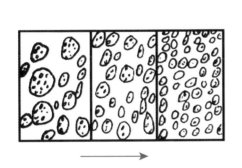

图 4 - 1 - 21　熔黑梯悬浮液中
RDX 分散过程

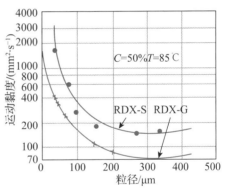

图 4 - 1 - 22　熔黑梯-2 炸药黏度
与 RDX 粒径的关系

从图 4 - 1 - 22 可见，RDX 颗粒粒径大于 $200\mu m$ 时，黏度几乎不变，颗粒粒径在 $100\sim200\mu m$ 时，黏度随颗粒粒径减小而增加得很快，颗粒粒径再减小时，黏度增加更快，颗粒粒径小于 $50\mu m$ 时，悬浮液为黏胶状，根本无法注药。

5）颗粒形状及表面粗糙度的影响

对不同颗粒形状 RDX 的试验表明，采用粒形不规则或表面粗糙的 RDX，其黏度要比球形 RDX、表面光滑 RDX 高。熔铸炸药中的 RDX 应具有下列颗粒特性：①宽阔的颗粒分布；②等轴、圆滑的颗粒；③表面粗糙度小，避免晶体孪生；④中等粒径，平均粒径在 $150\sim250\mu m$ 为好。

6）颗粒级配的影响

颗粒级配是将不同颗粒尺寸的固相炸药按一定的比例配合。表 4-1-2 为两种粒径 RDX 在不同级配条件下的假密度数据。

将表 4-1-2 的数据作图，如图 4-1-23 所示。可以明显看出，对于每一种大小颗粒的粒径比，都有一个最佳的小颗粒重量比可使两者混合物的假密度最大。其中第二组粒度级配的假密度最大，原因是第二组的粒径比大于第一组，小颗粒更容易填充大颗粒的间隙。第三组的粒径比虽然最大，但 $60\mu m$ 小颗粒 RDX 自身的假密度很小（仅为 $0.595g/cm^3$），流散性很差，不易流动到大颗粒间隙中，故双组分的假密度不高。

表 4-1-2　双组分黑索今(RDX)颗粒振动假密度

组别	大粒 RDX 粒径/μm	小粒 RDX 粒径/μm	大小粒径比	小粒重量比/%	振动频率/(次·s^{-1})	振动时间/min	振动假密度/(g·cm^{-3})
1	2000	395	5.06	22	20	2.5	1.215
				28	25	2	1.294
				34	25	2	1.311
				37	25	2	1.305
				46	25	2	1.282
2	2000	230	8.70	22	25	0.75	1.270
				28	25	2.25	1.371
				32	25	2	1.350
				37	25	2	1.329
				41.5	25	2	1.315
3	550	60	9.17	8.4	30	3	1.126
				13	30	3	1.138
				18	30	3	1.137
				23	30	3	1.132

由于同一尺寸的大颗粒之间有空隙而产生搭桥现象，经颗粒级配后，加入一定比例的小颗粒可以填充上述空隙，大小颗粒恰当地搭配使之排列紧密，可以使假密度提高。

采用 $2000\mu m$ 大颗粒 RDX 与 $230\mu m$ 小颗粒 RDX 按质量比 72/28 级配的双组分颗粒进行梯黑炸药熔铸。先将 TNT 熔化后加入双组分 RDX 颗粒，搅拌均匀后保温，并经抽真空、振动，在模中冷却，所得药柱密度达 $1.761g/cm^3$，并且上下密度一样，说明没有沉降，特别是 RDX 含量可高达 80.7%，而普通单组分 RDX 颗粒真空振动熔铸药柱中 RDX 含量仅为 67%。可见采用颗粒级配可大大提高 RDX 的含量。

为验证空气中获得最大假密度的颗粒级配与液态 TNT 中获得最大假密度的颗粒级配是否一致，有人对熔黑梯-2(50/50)悬浮液进行研究，RDX 双组分颗粒的粒径比为 7，改变小颗粒含量，测定悬浮液的黏度，结果如图 4-1-24 所示。当小粒占 30% 时，悬浮液的黏度最小，这与表 4-1-2 中小颗粒含量为 28%~34% 时假密度最大的结果是一致的。

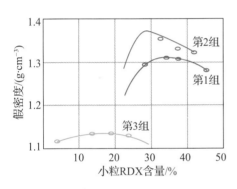

图 4-1-23　双组分 RDX 颗粒
振动假密度

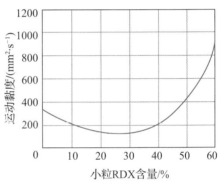

图 4-1-24　熔黑梯-2 悬浮液黏度
与小粒含量的关系

同种粉末不同粒度混合后的松装密度比单一粒度的粉末要高。改善粉末填充性能的关键是调整粉末中颗粒的尺寸比例。小颗粒可以填充大颗粒间的空隙而不会使大颗粒发生分离，甚至小颗粒可以填充残留空隙，使松装密度有所提高。

图 4-1-25 是由大小颗粒组成的混合粉比例与粉末松装密度的关系，在粉末松装密度达到最大时，大颗粒形成紧密的填充，小颗粒填充在空隙里，大小粉末颗粒混合后的体积密度可以用一个函数来表达。在最高值时，大颗粒所占的比例比小颗粒要大，通过调整大小颗粒的比例可以提高粉末的松装密度。在有限的范围内，颗粒的粒径比越大，最大松装密度值就越大。

先装填大颗粒后装填小颗粒，随着小颗粒填充到大颗粒间的空隙，松装密度变高，如图 4-1-25 右半部分所示。随着小颗粒逐渐占满大颗粒所有间隙，再继续加入小颗粒会使大颗粒发生分离，松装密度不再增大。相反，如果先装填小颗粒后再装填大颗粒，则小颗粒群之间的空隙会被大颗粒取代，空隙区域被密实的大颗粒取代后，松装密度变大，直至大颗粒间发生接触，如图 4 - 1 - 25 左边部分所示。

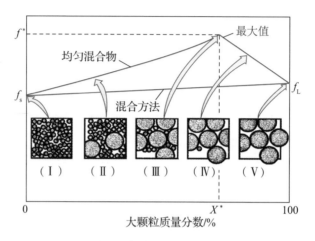

图 4 - 1 - 25   大小颗粒混合粉比例与松装密度的关系

最大松装密度发生在大颗粒间相互接触，所有空隙被小颗粒填充时。大颗粒的最佳质量分数 x^* 取决于大颗粒间空隙的体积（$1 - f_L$，f_L 是大颗粒的松装密度）。

$$x^* = f_L/f^* \qquad (4 - 1 - 13)$$

最佳的 f^* 用松装密度表示：

$$f^* = f_L + f_s(1 - f_L) \qquad (4 - 1 - 14)$$

式中：f_s 为小颗粒的松装密度。

两种不同粒度球形粉末混合时，f_s 的理想值是 0.637，最大填充量的大颗粒质量分数是 0.734，小颗粒质量分数是 0.266，预期的松装密度是 0.86。

粒径比对混合粉末松装密度的影响关系如图 4 - 1 - 26 所示。随着粒径比的增加，松装密度逐渐增大。在粒径比为 7 时曲线有明显的变化，此时与一个颗粒填充一个三角形的空隙相对应。

提高粉末混合均匀度，可以提高粉末的松装密度。表面粗糙度越大，形状越不规则，颗粒的纵横比越大，粉末的松装密度越低，非球形粉末颗粒混合物的松装密度较低。

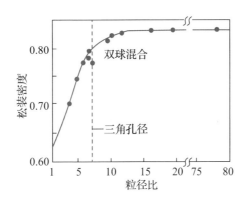

图 4 - 1 - 26　粒径比对混合粉末松装密度的影响

4.1.2　熔混工艺

1. 载体熔化

熔化是物质由固态变为液态的变化过程，是自然界最常见的物理现象。人们对熔化的本质起因的了解并不像对凝固的了解那样深刻，对熔化的许多现象及其本质机制仍在探索中。尽管如此，到目前为止，关于物质的熔化已经形成了基本的理论体系，下面在介绍工艺操作之前，对这一理论进行简单介绍，有助于对熔化工艺的理解。

可用经典热力学理论对熔化作一般理解。如第 2 章中图 2 - 5 - 5 所示，根据平衡态体系自由能最低原则，在 $T < T_m$ 时，固相的自由能最低，体系的平衡态为固态；在 $T > T_m$ 时，液相的自由能最低，体系的平衡态为液态；而当 $T = T_m$ 时，固-液两相的自由能相等，T_m 即为固-液两相平衡温度（熔点），此时升温时便会发生熔化。固体达到平衡熔点温度以上而不熔化的现象称作过热，未达到平衡熔点而出现熔化的现象称作预熔化。

温度升高会导致晶体中结构质子（原子、离子或分子）热运动加剧，当温度升高到某一温度时，晶体中质点振动的振幅达到可以克服周围质点的束缚时熔化发生。根据这一现象，Lindemann 在 1910 年提出假设：当熔化发生时，质点振幅与质点间距为一常数。

$$T_m = C\Theta_D M V^{2/3}$$

$$\Theta_D = h\frac{v_{max}}{k} \tag{4 - 1 - 15}$$

式中：Θ_D 为晶体的德拜温度；C 为常数；M 为晶体分子量；V 为晶体摩尔体积；v_{max} 为质点弹性振动最大频率；h 为普朗克常数；k 为玻耳兹曼常数。

该公式称作 Lindemann 准则，被认为是最经典的现代熔化理论，其预测单元素晶体材料的熔化温度与实验值吻合性较好。此后关于晶体熔化理论出现了基于晶体缺陷的位错理论、间隙理论、空位理论，以及基于力学性质变化的力学不稳定性判据、热弹性失稳判据理论等。所有这些理论都是将熔化过程作为单相处理，故称作单相理论，而经典热力学的熔化理论则称作两相理论。单相理论为熔化过程的数值计算和一些熔化现象的预测提供了便利，也得到实验结果的支持，一些理论越来越多地被人们所认可。

根据熔化理论，晶体缺陷首先是在晶体中形成液相核，即液相形核，而形核往往发生在晶体缺陷位置，如位错、晶界等。所以晶体缺陷可促进熔化发生。计算机模拟研究发现，理想的无缺晶体可以达到很大的过热度，含有晶界、自由表面或孔洞的晶体则在 T_m 以下就发生预熔化。

固体表面的热稳定性通常低于内部，这与表面的原子或分子的振动模式、起伏以及电子结构与本体有一定差异有关。现已知固体表面在达到熔点之前会经历一系列过程：表面弛豫、表面重构、预糙化、糙化，最后形成润湿，这一过程与液相形核相对应。实际上固体表面可以看作固体中最大的缺陷，固体的自由表面可作为 T_m 以下液相非均匀形核位置。所以，基于形核理论，在固体表面会优先于块体内部发生固体的熔化，也就是说，固体表面与块状体内部相比具有较低的熔化温度，在固体表面出现预熔化现象，这就是所谓的表面熔化理论。

固体炸药熔化形成熔铸载体的工艺过程，其机理主要是表面熔化机理。表面熔化，首先在稍低于熔点温度时，在固体表面液相非均匀形核，然后液相长大、扩散，直至固体表面被其液相润湿。这一润湿是表面熔化的早期阶段，热力学上等效于固体被液体润湿的过程，故将固体表面形成液层的温度称为润湿温度。当温度超过润湿温度时，表面熔化发生，表面准液相层继续生长，到一定厚度时转变为常规液相。接近熔点时，表面液层厚度变为无限大，温度进一步升高则在液相中出现对流传热现象。

归根结底，材料的相变是由热引起的，外界加热使材料内能增加，根据能量守恒与转化原理，当内能增加达到或超过熔化潜热时才能发生熔化。材料内能增加一般由一些外界因素引起：一是与高温热源或高温物体接触发生的热传导，当然与之接触的高温热源同时能够以热辐射传热的形式使材料加热，但与接触情况下的热传导相比，其传热量可以忽略；二是机械能转化为热能使材料加热，如高压力下压缩材料，材料的剪切形变以及摩擦生热使材料加热等；三是其他形式的能量转换为热能，如电磁能量、超声波能量等转化为热能。

理论上，上述能够使材料内能增加的加热方式均能作为材料的熔化手段，但在实际工艺中熔化方式受作业条件、成本以及材料本身性能的影响，往往能够用于熔化操作的方法并不是很多。对于炸药而言，能够用于加热熔化的方法更少，主要是由于炸药是爆炸性材料，根据热点理论，在受到冲击和摩擦等机械作用、绝热压缩作用、热冲击作用等条件下会形成热点，使炸药点火，甚至发生爆炸。所以，对于炸药而言，以热传导熔化进行的相变熔融过程是应用最为广泛的方式，也是最成熟的熔化方式，是目前炸药熔化的主要手段。

当固体材料与刚性加热体(热源)接触，且热源温度高于或等于固体材料的熔化温度时，就会出现固体熔化现象。一般在接触界面上生成熔液层，这一熔液层随时间而增厚直至全部熔化为液相，这种熔化现象称为接触熔化。接触熔化是在吸热储能的相变材料领域研究吸热相变材料时提出的一种熔化理论或数值计算处理方法。这种处理方法与炸药熔化的实际是比较接近的，可以用于炸药的熔化分析。根据接触熔化理论，热量传递主要通过薄液体层导热，因而接触熔化比非接触熔化吸收更多的热量。前面介绍的表面熔化是从理论上对熔化机制的描述，而接触熔化则是表面熔化的具体体现。

上述就是基本的熔化理论，该理论在实际熔化工艺中也有体现。在接触熔化过程中，已形成的熔融体的温度处于热源温度与熔点之间，为了提高熔化效率，需要保持固体材料与温度更高的热源体之间紧密接触，以使固体材料获得更多的热量，所以在熔化过程中，往往需要对固体材料挤压、拖曳等，以使固体材料变形、滑移，熔液层迁移，从而提高熔化效率。熔化装置具有施加这种外界作用力的功能，如熔化装置内搅拌所施加的作用力、单螺杆挤出设备中螺杆挤出产生的作用力等。

但值得注意的是，对于具有爆炸性的含能物质的熔化，在考虑熔化自身这一物理过程的同时，还需要考虑熔化过程中含能物质对热、机械刺激的敏感性。

TNT等可熔化的单质熔铸炸药载体通常为粒状或粉状，而混合炸药(如B炸药)是在炸药厂混合制备成成品的，一般为片状或小块状。对于这样的待熔化物料，熔化过程主要在化药装置(俗称熔化锅)中进行。按照化药装置有无机械搅拌功能，化药工艺可分为机械搅拌熔化和无搅拌自然热传导熔化。

1)无搅拌自然热传导熔化

(1)工艺原理。

自然热传导熔化是指通过板式或管式加热器，使粒状炸药熔化的方法。熔化后的液相通过重力作用流入收集器或混药锅中。熔化操作时，最佳温度控制在超出物料熔点 10～20℃。对于 TNT 的熔化，蒸气压力一般为 127～147kPa，夹套温度在 105～110℃，化药锅内温度可达到 95～105℃。TNT 熔化的极限温度不超过 130℃(蒸气压力一般不超过 247kPa)。化药时不能使用过热蒸气，因为过热蒸气的压力-温度没有一定的对应关系，不能通过控制压力来达到控制温度的目的。低压饱和蒸气的压力-温度有一定的对应关系，可通过调节蒸气阀门控制蒸气压力，从而达到控制温度的目的。

自然热传导熔化过程大致分三个阶段：

首先是表面熔化。接触锅壁的粒状或粉状物料颗粒，与锅壁的接触面生成熔液层。

其次是颗粒粘连。在重力或其他外力作用下，已经产生熔液层的颗粒被推移离开加热的器壁，同时另外一批颗粒被推向加热的器壁，这些颗粒表面可能带有熔液层，也可能没有熔液层，但不影响它们与器壁接触获得热量。上述过程不断地重复进行，颗粒在重力作用下发生运动而相互接触、碰撞，由于表面液层的存在会发生颗粒间的粘连。

最后是完全熔化。随着加热时间的加长，颗粒通过器壁接触获得更多的热量，颗粒整体温度升高，开始有少量连续的液相体系形成，通过液相传导和对流进一步吸热，直至最后颗粒完全熔化。

(2)工艺装置。

图 4-1-27 是较早期的化药装置，即米哈伊洛夫式熔药锅。由于是一"大锅"形状，故俗称"化药锅"，这也许是后来的炸药熔化装置往往称作"化药锅"的原因，这种化药锅是间断作业的。图 4-1-27 所示的米哈伊洛夫式熔药锅是借助于锅壁面传热的化药装置，与该装置类似还有曾应用较为广泛的康米沙洛夫双锥面熔药锅，其通过蒸气加热熔药锅的锥面，熔化的炸药液体逐渐沿锥面向下流入收集器中，直至完全熔化。这种熔药锅结构简单，与图 4-1-27 装置相比，锅壁面积增加，而且便于连续操作，生产能力大、效率高，可以密闭抽风，减少炸药蒸气和粉尘。但现场存药量较大，存在一定的安全隐患。另外还有一种广泛使用的管式加热熔药装置(见图 4-1-28)，炸药药粉通过加料装置布撒在加热管上，药粉接触加热管后吸收热量发生表面熔化，粘附在加热管上，继而迅速熔化，熔化后的炸药熔体在重力作用下流入管道或混合锅中；未粘附在第一层加热管上的炸药药粉，下落后与下一层加热管相接触，继而粘附、熔化。与锥形熔药锅相比，药粉与加热管接触面积大，熔化效率高，是目前大多采用的熔药方式。

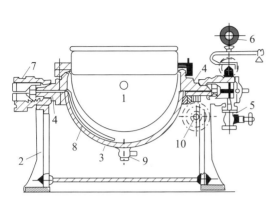
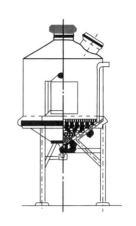

图 4 - 1 - 27　米哈依洛夫式熔药锅　　　图 4 - 1 - 28　连续式熔药机

1—紫铜锅；2—铸铁架；3—锅套；4—机轴；5—进气活门；6—气压计；7—蒸气室体；8—冷凝管；9—排气开关；10—传动装置。

（3）工艺流程。

化药操作一般的工艺过程：首先是炸药物料准备和化药装置准备。通常待熔化的炸药药粉在熔化前需要进行除铁操作，除去药粉中可能存在的铁屑等金属杂质。在购进的炸药药粉原材料质量有保障的情况下，例如有质量合格证明、经过进厂复验等，可以不进行除铁操作。化药装置准备包括装置预运转、工艺参数设置等操作。然后打开蒸气阀对装置加热，控制蒸气压力在工艺规程要求的范围内，当温度达到设定温度时，加入待熔化炸药药粉，直至炸药固体完全熔化。最后，熔化的熔融态炸药经过滤网后输送到混合锅或铸药工序（如无须混合的 TNT 装药），清理化药锅，化药工序完成。一般熔化锅安装在比混合锅或铸药锅稍高的位置，通过重力作用，熔化的液态炸药很容易地输送到下一工序。该化药的操作流程如图 4 - 1 - 29 所示。

图 4 - 1 - 29　化药操作流程

2）机械搅拌熔化

（1）工艺原理。

上述自然热传导熔化特别适应于熔点较低的单质炸药载体，但对于熔点较高的单质炸药载体，如二硝基苯甲醚（DNAN），或两种以上组分的低共熔混合物载体，或熔铸 PBX 的热塑性弹性体载体，这类熔化方法则显得效率较低。

搅拌可以促进物料流动，从而加强换热效率。但对固体炸药药粉直接机械搅拌会产生摩擦作用，增大炸药点火爆炸概率，故对炸药粉不可进行机械搅拌，但可将已熔化形成的熔融态液体与固体药粉混合，使未熔化的炸药粉与高温熔融态液相充分接触混合，提高熔化效率。所以机械搅拌熔化实际上是固-液相与悬浮固体的搅拌混合熔化。

（2）工艺装置。

图 4-1-30 为搅拌熔药装置示意图。熔药装置由一个垂直放置的带蒸气夹套的长圆柱形不锈钢容器构成。容器内有一个轴向安装的搅拌器，搅拌器安装在容器的顶部，由一根空心轴和空心桨构成，内通蒸气加热，末端接近容器的底部。

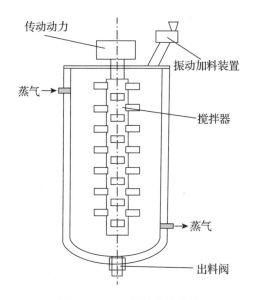

图 4-1-30　搅拌熔药装置

开始操作时，熔药装置中先加入少量的片状待熔化固体炸药粉，然后将蒸气通入夹套，当装入的药粉全部熔化形成一个熔融液相"池子"后，启动搅拌器，开始通过加料装置连续地撒入待熔化炸药药粉，当熔药装置中的熔融液层逐渐上升到预定的高度、液相温度也达到预定值时，打开阀门将熔融液输送到浇铸工序。该熔化装置可实现连续化熔化，当间断作业时可实现真空熔化。

机械搅拌熔化工艺的最大优点是传热、熔药效率高，特别适合于两种及两种以上组分构成的低共熔物载体的熔化。

利用无桨搅拌混合装置进行化药是另一种高效安全的化药方式，化药装置示意图如图 4 - 1 - 31 所示。

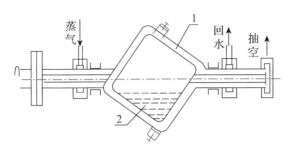

图 4 - 1 - 31　无桨搅拌单混单元示意图

1—蒸气夹套；2—熔混物料。

　　无桨搅拌是指物料在旋转的容器内由于高度位置变化而发生相对运动，产生类似搅拌的运动效果。在图 4 - 1 - 31 所示的滚筒旋转时，滚筒内的物料在滚筒壁的带动下随筒壁运动，当运动到一定高度时，由于重力作用物料会脱离筒壁由高位向低位下落，与低位物料"碰撞"，使物料间相互剪切、揉搓，达到固-液润湿、分散、混合的目的。由于进行混合的动力主要来源于重力，因此这种混合方式也有人称为重力混合。这种混合过程中无机械搅拌，所以炸药所受的摩擦、撞击作用较小，相对机械搅拌混合较安全。圆柱形滚筒沿对角线进行旋转运动，可以增大筒内物料的运动距离，强化物料流动，提高效率，缩短化药时间，同时化药过程在真空条件下进行，可以有效除去物料中夹带的空气。

　　实际上，图 4 - 1 - 31 所示的熔混装置是塑态装药的主要工艺装置，用于较高黏度的单质及混合炸药的加热塑化操作。

　　（3）操作流程。

　　无桨搅拌熔化的主要操作过程：首先对设备进行预运转，在确认设备运转正常情况下设置好工艺参数，向熔药机内加入处理过的待熔化炸药组分，关闭防爆门，转动熔药机；然后打开蒸气阀门，或启动已达到设定温度的热水泵，对熔药锅进行加热，加热一段时间后，启动真空泵抽真空；最后当温度和时间达到工艺设定值时，完成炸药熔混，熔化的液态炸药经过滤网后输送到下一工序，操作工艺流程如图 4 - 1 - 32 所示。

图 4 - 1 - 32　无桨搅拌熔化操作流程

在有桨熔化操作初期，需要观察已熔化炸药的量，以确定是否启动搅拌，一般先根据设备容积定量加入部分炸药物料，待其基本熔化完后再加入剩余炸药物料。搅拌操作工艺流程如图 4-1-33 所示。

图 4-1-33　搅拌熔化操作流程

2. 混合分散

化药锅将固体炸药熔化得到熔融态液相炸药，这种液相炸药可以直接用于战斗部装药或炸药装药成型，如 TNT 炸药。但为了提高弹药装药的爆炸威力，往往将熔化得到的液相炸药作为流动载体，在其中加入高能固体成分，从而形成高能熔铸混合炸药。混合就是将高能固体成分分散到熔融态液相载体炸药中的工艺过程，是制备高能熔铸混合炸药不可或缺的环节。

1）机械搅拌混合

机械搅拌混合是将固体成分通过搅拌方式均匀分散在熔融态液相的工艺过程，搅拌混合在类似于反应釜的混合装置中进行，但需采用适合于黏稠流体或固-液分散的搅拌器。典型的混合装置使用的混合搅拌器形状如图 4-1-34 所示。在混合分散过程中，抽空条件下可以有效除去液相中混入的空气，所以混合装置往往配备有真空系统，使混合在抽真空条件下进行。这一混合过程也称作"真空熔混"。

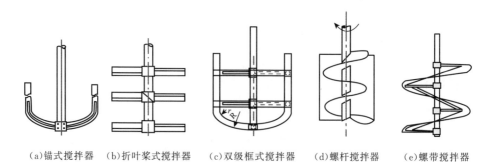

（a）锚式搅拌器　　（b）折叶桨式搅拌器　　（c）双级框式搅拌器　　（d）螺杆搅拌器　　（e）螺带搅拌器

图 4-1-34　典型混合搅拌器

当温度不变时，抽真空可将气泡提升到距离液面较近的位置。因此在恒温条件下气体压力减小，体积增大，浮力也随之增大。当浮力达到足以克服初始摩擦与压差阻力之和时，气泡就可以在药浆内上升，同时在上升过程中由于压力不断减小，体积进一步膨胀，浮力不断增大，上升的速度也越来越快，直至升至液面克服表面张力后破裂逸出。另外，搅拌可以使药浆内外循环，加快气泡逸出速度。

机械搅拌混合是实验室常用的熔混工艺，而且在小药量情况下，往往在熔混锅中首先进行固体炸药的熔化操作，在固体炸药熔化后，不进行液相炸药转移，直接进行液-固混合操作。因此，搅拌混合分散工艺也称作熔混工艺。但这种熔混锅进行化药时，应先将物料投入熔化锅中，打开蒸气阀加热，加热一段时间后，与锅底和锅壁接触的大部分炸药颗粒熔化，出现了液相层，或者整体上部分炸药颗粒物料已熔化、未熔化固体悬浮在液相时，开始搅拌，直至固体全部熔化。

2）热塑态熔混

当炸药配方中液相较少、高能固相填充物较多时，熔铸炸药的黏度增大、流动性减小，用上述搅拌混合工艺及混合装置无法使炸药各组分混合均匀时，则需要采用塑态混合工艺。此时的炸药状态类似于黏塑态，这类炸药也称为热塑态(熔铸)炸药。

在高威力弹药中使用的热塑态炸药仍然属于熔铸炸药的范畴，因为主要组成仍然是可发生相变的 TNT 等低熔点单质炸药，作为流动相或塑化油相，加上RDX、HMX、Al 粉等高能固体填充物。这种炸药在外力作用下可以流动，如振动、挤压等可以实现装药操作。

用于热塑态炸药熔混的滚筒装置见图 4 - 1 - 31，工艺原理、操作流程见前述相关内容和图 4 - 1 - 32。

3）捏合混合

捏合混合主要用于熔铸 PBX 的混合。这主要由于熔铸 PBX 的熔铸载体尽管可以加热熔化，冷却凝固，但作为载体时，具有高聚物的性能特点，其黏度与浇铸 PBX 的高聚物预聚体相似，所以用捏合机对其捏合混合仍然是一种较好的选择。当然对一些熔铸 PBX 炸药也可以采用无桨混合工艺，只要参数设计合理仍然可以获得满意效果。关于捏合混合的详细论述请参阅第 3 章的相关内容。

3. 熔混工艺热安全性预估

熔融态炸药，不管是化药工艺还是混合工艺，都必须在高温情况下操作，而炸药往往对温度比较敏感，在高温条件下易产生分解。所以炸药的熔混过程必须特别关注热安全性。可以通过炸药的热爆炸理论研究炸药的热爆炸临界温度与工艺的关系，对炸药在熔混工艺过程的热安全性进行预估。

热爆炸理论的基本思想和方法是基于能量守恒定律和热力学第一定律。一般来说，放热反应的不稳定性往往表现在能量不能平衡。放热反应的反应速率和温度的关系是指数关系（一般取 Arrhenius 关系），而热量损失的速率和温度的关系是线性或接近线性的关系（如牛顿冷却定律），一旦系统产生的热量不能够全部从系统中传递出去或损失掉，系统就会出现热量的积累，使系统的温度上升，这种现象称作热失衡（thermal unbalance）。热失衡的结果，是热产生的速率随着温度的升高而指数式增加，释放出更多的热量，热量聚集使热失衡更加严重，热量积累进一步增加，从而使温度进一步升高，如此循环，最终系统就会出现点火（在某些场合下则导致起燃或起爆），这就是热爆炸。热爆炸这种变化过程具有自发性质和热引发性。

热爆炸理论是以两个经典模型发展起来的，即 Semenov 均温体系模型和 Frank – Kamenetskii 非均温体系模型。

1）均温模型预估

经典的 Semenov 模型，假定整个反应体系的温度是均匀的，单位时间、单位体积内化学反应（遵从 Arrhenius 方程）产生的热量等于反应速率与反应热之积，损失的热量遵从牛顿冷却定律，于是热力学第一定律体系内能的增加为

$$V\rho c_V \frac{\mathrm{d}T}{\mathrm{d}t} = VQ\rho A \mathrm{e}^{-\frac{E}{RT}} - \chi S(T - T_\mathrm{a}) \qquad (4-1-16)$$

式中：ρ 为密度（kg/m³）；V 为体系体积（m³）；S 为与环境相接触的面积（m²）；c_V 为热容[J/(kg·K)]；T 为体系任意时刻的温度（K）；T_a 为环境温度（K）；t 为时间（s）；Q 为分解热（J/kg）；R 为气体常数[J/(mol·K)]；E 为分解反应的 Arrhenius 活化能（J/mol）；A 为分解反应的 Arrhenius 指前因子（mol/s）；χ 为散热系数[J/(m²·K)]。

方程(4-1-16)左边等于 0 时为稳定状态，求解稳定状态方程可以得到热爆炸临界条件为

$$VQ\rho \frac{EA}{\chi SRT_\mathrm{a}^2} \mathrm{e}^{-\frac{E}{RT_\mathrm{a}}} = \mathrm{e}^{-1} \qquad (4-1-17)$$

式中符号意义同方程(4-1-16)。

以这一理论为基础，对于液态体系，Memhanov 等在考虑挥发和分解气体逸出的情况下，提出了用表观反应热 Q_eff 代替 Q：

$$Q_{eff} = Q - L \frac{M_1}{M_g} \frac{P \exp(-L/RT)}{P_0 - P \exp(-L/RT)} \qquad (4-1-18)$$

式中：Q_{eff} 为表观反应热（J/mol）；P 为液体反应物蒸气分压（Pa）；P_0 为大气压力（Pa）；L 为液体反应物汽化潜热（J/mol）；M_1、M_g 分别为液体反应物和气体分解产物的分子量。其他同方程（4-1-16）。

按此方程可得热量平衡时的临界条件为

$$QV\rho A e^{-\frac{E}{RT}} \left[1 - \frac{LM_1}{QM_g} \left(1 + \frac{L}{E} \right) \frac{\exp(-L/RT_a)}{\exp(-L/RT_b)} \right] \frac{eE}{\chi SRT_a^2} = 1 \quad (4-1-19)$$

式中：T_b 为液体反应物的沸点（K）；e 为自然常数，e = 2.718281…；其他同方程（4-1-16）、（4-1-18）。

当温度超过由此方程求得的温度 T_a 时，体系最终会发生爆炸。当温度低于由此方程求得的温度 T_a 时，体系则不会发生爆炸。进行热爆炸临界温度预估，就是计算临界环境温度 T_a。

2）非均温模型预估

非均温体系模型最经典的 Frank-Kamenetskii 模型，规定温度服从 Laplace 分布，传热热阻主要来自体系内部，忽略边界热阻，同样假定化学反应服从 Arrhenius 方程。

通过能量守恒和热力学第一定律得到如下方程：

$$\rho c_V \frac{dT}{dt} = Q\rho A e^{-\frac{E}{RT}} + \lambda \nabla^2 T \qquad (4-1-20)$$

式中：λ 为导热系数[J/(m·K)]；$\nabla^2 T$ 为 Laplace 算子，一维体系时：$\nabla^2 T = d^2T/dx^2$；其他同前。

当方程（4-1-20）左边等于 0 时，即体系处于平衡状态，相应的方程为稳态方程，按数学上相应的 Dirichlet 边界条件，即假定边界的温度等于环境温度，系统中心的热流为零，求解稳态方程，忽略反应物消耗的影响，得到一维 Frank-Kamenetskii 临界条件：

$$\delta_{cr} = \frac{Q\rho E A a_0^2}{\lambda R T_{cr}^2} e^{-\frac{E}{RT_{cr}}} \qquad (4-1-21)$$

式中：δ_{cr} 为 Frank-Kamenetskii 临界参数，与几何形状有关，对于等高圆柱体 $\delta_{cr} \approx 2.76$；a_0 为圆柱、球形体系的半径或无限平板体系的半宽（m）；T_{cr} 为临界温度（K）。

对于液体系统，体系内部由于温度的差异必然发生自然对流，当考虑自然对流时，临界参数是 Rayleigh 数 Ra 的函数：

$$\delta_{cr}(Ra) = \delta_{cr}(1 + 0.062Ra^{1/3})$$

$$Ra = \frac{gRT_a^2\beta}{\nu\kappa F}a_0^3 \qquad (4-1-22)$$

式中：Ra 为瑞利数；g 为重力加速度（m/s^2）；β 为体胀系数（m^3/m^3）；ν 为运动黏度（m^2/s）；k 为热扩散系数（m^2/s）。

式（4-1-22）是一个经验公式，适用于 $10^6 \leqslant Ra \leqslant 10^8$。

通过方程（4-1-21）和（4-1-22）可以计算体系发生爆炸的临界温度 T_{cr} 和化药装置的临界尺寸 a_0。

3）热爆炸实验研究

热爆炸实验研究的目的，是获得化学动力学参数，同时验证数学模型在相应环境和实验条件下的可靠性，以便将模型应用到大药量的情况，确定在大药量下的工艺安全性。热爆炸判据以及热爆炸临界参数的实验研究没有热爆炸理论研究那样活跃，这主要是由于炸药的爆炸危险性所致。研究者大多采用的研究方法是将盛药容器预置于一恒定温度下，观测在此温度下炸药是否爆炸，然后改变温度，重复实验，直至找到发生爆炸的最低温度和不发生爆炸的最高温度，取两者的平均值为临界温度。

热爆炸临界温度的实验室测定，较有名的方法是 Rogers 法。这种方法使用的仪器在原理上与常用的爆发点装置相似，实验药量约 40mg，放在铝质雷管壳中，用雷管压帽封住雷管壳，用手扳压力机压实。测量压实药片的厚度，并算出密度。然后将装有炸药的雷管壳放到恒温的加热浴中，改变温度，上下法找出样品发生爆炸的临界温度。胡荣祖通过 DSC 方法研究炸药爆炸的临界条件，提出了热爆炸临界温度的计算公式：

$$\frac{E(T_{cr} - T_0) + 2RT_{cr}T_0}{RT_{cr}^2 + E(T_{cr} - T_0)}\frac{E}{RT_{cr}^2}(T_{cr} - T_{onset}) = 1 \qquad (4-1-23)$$

式中：T_0、T_{cr}、T_{onset} 分别为初始温度、临界温度、起始分解温度（K）。

上述实验方法都是在实验室条件下进行的，实验药量相对比较少。作为炸药之间的性能比较，进行这些实验就够了，但如果需要确定炸药在工艺或使用情况下的安全性，有必要进行更大药量的热爆炸实验。通常是设计可控实验条件下不同尺寸的系列圆柱形或球形实验装置或装药容器，通过上下法实验测试每一尺寸装药的临界温度，然后选择合适的热爆炸理论方程和热爆炸临界条件下的公式，来推测和预估更大药量的热爆炸安全性。

4.1.3 熔体浇铸成型工艺

浇铸成型是将熔融态液体、悬浮体或热塑态炸药注入铸模或壳体的过程，在实际生产中该过程也称作铸装，是影响最终装药性能的关键工序。例如，在工艺过程中，浇铸温度、浇铸压力、浇铸速度以及辅助外力等均影响着装药质量。

基于熔融态炸药性能特点及其凝固特征，依据浇铸成型条件，针对成型装药的质量要求，可以采用常压浇铸成型、真空振动、块铸、加压浇铸、压滤等浇铸成型工艺。

1. 常压浇铸成型工艺

常压浇铸成型是指在常压下进行的普通熔铸装药成型操作，成型的主要过程，即注药和凝固均在常压下完成。工艺流程如图 4 - 1 - 35 所示。

图 4 - 1 - 35　常压浇铸成型工艺流程

在炸药准备和弹体准备的基础上，为了提高装药和成型质量，常压浇铸工艺一般分三次完成，控制凝固方式有顺序凝固、搅拌凝固、熔药管护理凝固等工艺技术。

1）分次浇铸

分次浇铸指将浇铸过程分成多次、在常温常压条件下进行的浇铸工艺过程。一般壳体或装药尺寸的长径比越大，浇铸工艺应分次越多。分次浇铸可以得到质量较好的药柱，减少缩孔。图 4 - 1 - 36 是典型的壳体分次装药示意图。

将预结晶好的液态炸药分几次注入弹体内，每一次注药后，冷却一定时间再铸另一次，以此保证液态炸药自下而上地凝固，使每一层炸药凝固时的收缩量都由上面的液态炸药来补充，这样可以避免在药柱内产生缩孔。

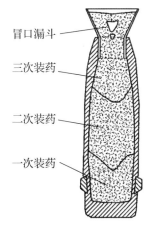

冒口漏斗

三次装药

二次装药

一次装药

图 4 - 1 - 36　典型的壳体
分次装药示意图

（1）预结晶。

从熔混工序转过来的熔融态炸药，通过采取一定的措施，如控制温度、外加晶核，使部分液相结晶，获得含有一定比例结晶粉体，这一操作过程称作预结晶。

①外加晶核。

在结晶过程中，为了较容易控制晶体的数目和大小，并为晶体成长创造条件，一般可在结晶将要析出晶核之前，在熔融态炸药中加入外来的细颗粒物质作为晶种。这样，由于受到晶种的诱导，可促进更多晶核的生成和晶体的生长。

实验证明作为外来晶种的物质，可以是结晶物质本身的细颗粒，也可以是与结晶物质本身的结晶构造相同或相近的物质，甚至尘粒都具有不同程度的诱导力。

不同种类的晶种对诱发成核的影响不相同。这种外来晶种对成核的诱发，是由于固体表面对液态炸药分子存在着吸引力的缘故。晶种的结构与结晶物质相同或相近时，晶种对液态物质分子的吸引力较强，所以诱发能力大；晶种的结晶结构与生成新相的晶核结构相差越悬殊，两者之间的表面能相差越大，则越难起到诱发成核的作用。当新相的晶核与液相界面上的界面能大于晶种与新相晶核液面上的界面能时，即前者的成核功大于后者的成核功，则晶种可以起到诱发成核作用，反之，晶种较难起到诱发作用。

从本质来看，外加晶种的过程，也就是降低结晶物质成核功的过程，所以有利于晶核的生成。

②加入形核剂。

加入的物质本身不一定能作为晶核，但通过它们与液相物质相互作用，能产生形核或有效质点，促进非自发形核。这种形核剂可分为两类：一是少量形核剂与液相物质形成较为稳定的复合物或化合物，如在 TNT 浇铸时在液相中预先加入六硝基芪（HNS），使其溶解于 TNT 液相中，冷却时，首先生成较稳定的 2TNT·HNS 复合物，其作为结晶质点，加速了液相的非自发形核。二是少量形核剂与液相组织之间具有较强的相互作用，从而在液相中造成很大的微区富集，迫使结晶相提前弥散析出。

也有研究人员认为，加入的物质与本体液相物质相比，具有较低的晶体生长速度，如表 4-1-3 中的一些物质，这些物质加入后降低了本体物质的晶体长大速度。可能是由于活性的杂质吸附到晶体长大最旺盛部分的表面，阻碍了晶体的快速长大，从而得到了细结晶结构。

③控制温度。

凝固结晶速度与熔融体过冷度、环境温度有关，通过凝固温度调节，在一定的凝固时间内可以形成含一定比例固体结晶的预结晶浇铸液态炸药。凝固温度的调节可以通过浇铸液相的浇铸温度和壳体的预热温度实现。当然，对于不同的炸药体系，预结晶的工艺参数是不同的，必须通过实验摸索出合适的工艺参数。

表 4 - 1 - 3   杂质对 α - TNT 晶体长大速度的影响

杂质名称	含量/%	晶体长大速度降低百分数/%
β-三硝基甲苯	0.5	10
	1.5	37.5
γ -三硝基甲苯或 2，4 -二硝基甲苯或间位二硝基甲苯	0.5	8～10
	1.5	25～26
三硝基苯或三硝基二甲苯	0.5	6
	1.5	10～16

（2）浇铸次序。

先注入晶次高的液态炸药，后注入晶次低的炸药。凝固速度与液相中的固相含量有关，固体的量代表了液相中晶核的相对量，所以固相含量多时凝固速度快，固相含量少时凝固速度慢。对于熔态 TNT 而言，固含量 2.83% 时成为开始晶，5.65% 时为一次晶，11.2% 时为二次晶。由于凝固放热导致体系降温较慢，故开始晶的凝固速度最慢，二次晶凝固速度最快。如果分三次浇铸，则先浇铸二次晶，再浇铸一次晶，最后浇铸开始晶。

（3）安装冒口漏斗或成型冲。

为了减少缩孔，填补由于凝固时液体收缩产生的空隙，在壳体的浇铸口部安装冒口漏斗或成型冲是必要的。

冒口漏斗的尺寸结构、容积的设计，要与药量、装药壳体的口部尺寸，药浆的成分、黏度相匹配。根据经验，一般中小口径弹体注药用冒口漏斗（或成型冲）的容积为药室容积的 1/3～1/2，冒口漏斗（或成型冲）的高度为弹体高度的 1/3 比较合适。冒口漏斗（或成型冲）太大，会增加冒口药的处理量，太小则不能有效补缩。

为了使冒口漏斗引出缩孔，冒口漏斗的凝固时间必须大于铸件的最后凝固部分，否则冒口漏斗就起不到补缩的作用。因此，在实际操作中，冒口漏斗在凝固过程中必须有足够量的补缩液，而且冒口漏斗需要有加热套以便对其加热，或冒口漏斗需要提前预热到较高温度（高于壳体温度），以使液相不至于过早凝固。

在弹口的冒口、成型冲内装晶次低的液态炸药，以补充弹体内最后凝固部分的收缩量，换言之，使缩孔的位置由弹体内引至冒口漏斗内，如图 4-1-36 所示。

分次浇铸，也可以不进行预结晶，但需要控制浇铸液的温度。在第一次浇铸的液相出现大量的固体结晶、形成了糊状液时，再进行第二次浇铸，依此类推，最后在冒口漏斗中加入一定量的补缩液相，进行最后补缩。例如某炮弹装填炸药的二次注药过程，将熔融态炸药的温度控制在 90～95℃，第一次注入熔融态炸药至离弹体口部 64mm 的位置，然后用直径大约 5mm 的铜钎插入药液中循环搅拌，到糊状为止。取下螺纹保护套管，装上成型冲，进行第二次注药。首先将炸药缓慢浇铸在成型冲排气孔台面处，使药浆沿着成型冲内壁流入弹体。当药浆达到成型冲排气孔上方以后，就可以加快注药速度，一直铸到成型冲的 4/5 高度为止，然后盖上棉被保温冷却，经过 40～60min，炸药即可完全凝固，拔下成型冲，药面刮平、修补，再无损探伤检验装药质量。

2）常压护理凝固

（1）熔药管护理凝固。

熔融态炸药注入弹体后，当熔化炸药开始沿着弹体从外向里凝固时，中心部位会形成纵向缩孔。这时将通入蒸气熔药管（夹套）的冒口漏斗（或成型冲）插入弹体内，熔药管周围的局部炸药受热重新熔化，熔化炸药补充了纵向缩孔。

一次铸装时，可用熔药管一次插入装药中心；二次铸装时，可用熔药管二次插入装药中心，其余照此类推。熔药管第一次插入深度为铸件总高度的 75%，第二次插入为第二次注药高度的 75%，其余照此类推。熔药管的拔出速度不能太快，以约 15cm/h 为宜。

（2）顺序凝固及均温凝固。

顺序凝固的原则是保证装药结构上各部分按照距冒口的距离由远及近地朝着冒口方向凝固。按照这一原则凝固时，可以充分发挥冒口的补缩作用，使缩孔集中在冒口。

弹体内注入熔融态炸药后，应使其在均温条件下冷却，即把装药弹体的下半部（2/3）置于冷水中（水温一般为 20℃，最高不超过 25℃），装药弹体上半部置于形状与其适应的热油槽中或热空气中（热油槽或热空气温度为 90～110℃）。

这样，下半部的熔融态炸药很快冷却，上半部在热油槽或热空气的作用下不凝固，并不断向下半部的缩孔内补充。

（3）搅拌成核凝固。

以上讨论基本上是在静止状态下的成核问题。液态炸药在搅拌的情况下，也可以形成晶核，称为动态形核。搅拌有两种作用：一是搅拌引起初始形核现象；二是搅拌起细化晶体的作用。后一种情况是通过搅拌将已长大的晶体打碎，使晶核增加。这是控制晶体组织的一种重要手段。晶核形成的速度与搅拌的方式有一定的关系，与搅拌强度也有关。一般来讲，加大搅拌强度可以提高形核速度。但也有认为温和搅拌到剧烈搅拌之间有一个过渡区，在此过渡区内，增强搅拌并不利于形核，反而会导致液态炸药中晶核的破坏。

除了搅拌外，其他形式的扰动，如摩擦、振动、气泡（压力脉冲）等均可促进形核。关于真正的动态形核机理还没有确切的解释。有研究者认为，由于液体内部空穴的崩溃而产生的正压波（凝固时体积收缩），可能足以提高炸药的熔点，而使液态炸药的有效过冷度增加，导致晶核的形成。

3）熔铸成型后处理

（1）冒口拆除。

在炸药凝固完成后要将冒口拆除（成型冲也要拆掉），对于弹丸装药生产来说，也是一项必须完成的工作。

一般拆卸弹体冒口漏斗和成型冲为单独工序。一直以来，冒口的拆除都是操作人员手工拆除。手工拆除冒口，一般用木棒侧面轻轻敲击冒口，由于冒口装药强度往往不高，比较容易敲掉。但采用人工敲击方式时，因敲击的力度、角度以及炸药本身的力学强度等因素，对最终冒口的断裂面会造成一定的影响，且不同的人敲击拆除效果也不一样，随机性强，造成药面质量不稳定。另外，大型冒口的补缩通道较大，人工用木榔头拆除时，因药量以及断裂直径大，需要的敲击力很大（瞬态峰值作用力达 1800N），虽然该作用力不直接作用于炸药，但由于药壳之间因炸药凝固冷却体积收缩存在缝隙，拆除过程中存在炸药摩擦、振动，易形成热点，人工现场敲击存在较大的安全隐患，所以目前工厂大多进行技术改造，采用机械隔离操作。

机械化拆除冒口，一般是采用机械手模拟手操作动作，对冒口敲击去除，或采用液压装置对冒口部位挤压、提拉或旋转使冒口断裂。机械化拆除冒口，可以实现整个过程无人化，由弹体输送、拆卸冒口，到冒口漏斗输送等一系列动作自动化和连续化进行。

（2）药面修整。

在冒口卸除后，通常留下不平整的装药面，如果在装药面还要安装其他结构件或功能件时，会妨碍配合效果，在装药要求精度高时需要对药面修整。当需要修整的装药量较少而且仅仅是修平时，一般通过手工用铜铲将装药表面刮平。但出于安全考虑，如装药数量很多，尤其是定型产品的生产时，往往需要设计专门的修整装置，隔离操作。

（3）质量检测。

在完成上述的系列操作后，最后需要对装药成型质量进行检测，包括外观、装药整体成型密度、重量以及内部是否有裂纹、缩孔、疏松等疵病，判断成型质量是否满足技术要求。对炸药内部质量的检测，最常用的方法是 X 射线和工业 CT 等无损探伤技术。

2. 真空振动浇铸

对于黏度较小的熔融态炸药，如 TNT、低固含量梯黑炸药，采用上述的常压浇铸成型工艺，可以获得成型质量良好的成型装药。但对于黏度较大的混合炸药，固含量较高，常压下液相流动、气泡排除有很大难度，单纯采用常压浇铸工艺装药很容易产生大的气孔、缩孔、疏松等装药疵病，因此对于这类混合炸药不宜采用常压浇铸成型工艺，而应该采用真空振动浇铸成型工艺。

目前，真空振动浇铸工艺是高固相熔融态熔铸装药的最佳选择。

1）真空振动工艺原理

真空振动浇铸是指在浇铸装置中可实现真空条件下的振动作用，在抽真空和振动的双重强化条件的作用下，提高炸药装药的密度和装药质量。

在浇铸过程中，振动的作用主要有以下四个方面：

（1）促使气泡上浮。

液相中的气泡主要有三种来源：①熔混及浇药过程中卷带入的气泡；②液相熔体中的析出性气泡；③反应性气泡。其中第①、③种气泡可以通过工艺过程中的严格操作来清除，如轻轻搅拌，缓慢浇铸以及仔细检查、清理壳体或模具等，减少成型装药中气孔的形成。第②种气泡则必须通过一定的工艺装备来清除，其中真空-振动是主要手段之一。

在振动台施加的周期性机械振动作用下，悬浮态炸药中会产生相应的机械波。在机械波的作用下，内部固相颗粒和液相之间会发生相对位移，从而在悬浮炸药中产生微观上的剪切作用。由于悬浮药浆是假塑性流体，具有剪切变稀的特性，因此在振动条件下，药浆黏度减小，使药浆中的小气泡向上运动，固体颗粒向下运动。在运动过程中，气泡相互碰撞可形成大气泡，使其浮力增大，从而逸出药浆上表面，而固体颗粒有向下运动、密集堆积的趋势。

真空环境减小了液面上的压力，可进一步提高气泡逸出的速度和效率。

(2)炸药结晶细化。

一般凝固条件下，在熔铸炸药中由外向内逐次生成细等轴枝晶、柱晶和球晶或粗等轴晶等。柱晶是定向生长的结晶体，晶体力学性能有明显的方向性，纵向好、横向差，且晶体表面缺陷较多，装药在凝固或冷却过程中由于晶体收缩变形，容易沿晶界产生裂纹。球晶或等轴晶的晶界面积较大，杂质和缺陷分布较分散，晶体基本上是各向同性的，性能方向性小，且较稳定。晶粒越细，其综合性能越好，所以通常情况下希望获得细密结晶组织。

振动使枝晶熔断或破碎。在振动条件下，由于液相介质的相对运动而造成局部温度起伏，产生局部"冲击"作用，促使凝固生成的枝晶发生"熔断"或产生"黏性剪切"，造成枝晶前沿或尖端因剪切而机械破碎，枝晶成长被干扰。破碎的枝晶碎屑形成新的晶核，导致晶核数量增加，使结晶细化。另外，这种熔断和剪切作用使铸模壁附近的树枝晶较难发展成柱晶，从而减少粗结晶的数量。

振动改善了药浆的流动性，从而提高了传热效率，使铸模或壳体对液体的激冷作用增强，可促进形核，也使晶核数量增多，这也是振动能促进生成细结晶的原因之一。

研究表明，振动可使凝固速度加快。如图 4-1-37 所示，TNT/RDX 悬浮体完全凝固时间，振动与不振动相差 7min。振动缩短了凝固时间，也是上述关于振动提高传热效率、增加形核率推断的证明。

(3)真空振动提高黏稠药浆的流动性和流平性。

振动剪切作用降低了药浆黏度，在使气泡上浮的同时使固体颗粒下沉堆积，从而对固相含量较低的体系会造成装药轴向密度差加大，所以对低固含量体系用振动方法除气泡不是一个较好的选择。但对很黏稠的高固含量熔铸炸药体系，黏度很大，流动性、流平性较差，颗粒沉降现象很小，提高体系的流动性和流平性是改善装药质量的主要需求。振动有利于药浆的流动和流平。同时，真空负压相当于在药浆流动时施加了压力，从而提高了药浆的流动速率。因此真空振动是进行这类黏稠药浆浇铸装药的重要手段。

振动作用的效果决定于振幅和频率平方的乘积，称为振动加速度。当振动加速度达到一定值时，药浆黏度下降趋势加大，此时振动获得最大效果，其关系见图 4-1-38。对不同的物料状态，其最佳振动加速度不同，而且振动频率和振幅所起的作用也不同，所以适宜的振动参数尚需视物料状态而定。

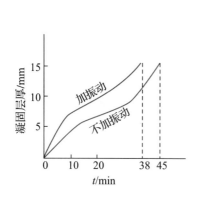

图 4 - 1 - 37   振动对炸药凝固速度的影响

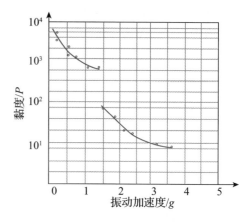

图 4 - 1 - 38   振动加速度与黏度的关系

（4）振动消除铸药应力。

通过振动消除铸件的残余应力或铸造应力，是铸造行业提高铸件质量、性能的有效方法之一。

残余应力的产生，在宏观上是由于温差造成的，但在微观上是由于形成了结晶微缺陷（如晶内和晶界位错），在微缺陷处产生了应力集中，从而形成了残余应力。振动消除残余应力的机理：当受到振动时施加于铸件上的交变应力与其中的残余应力叠加，当应力叠加的结果达到一定的数值后，在应力集中最严重的部位就会超过材料的屈服极限而发生塑性变形，在微观上表现为晶体微观缺陷得到改善，塑性变形降低了该处残余应力峰值，并强化铸件基体。而后振动又在另一些应力集中较严重的部位产生同样作用，直至振动附加应力与残余应力叠加后不能引起其他任何部位的塑性变形为止。

基于振动时效原理，在振动装药后期，在已形成的结晶区域或结晶形成过程中能够消除结晶微缺陷，从而不产生应力集中，或能够使形成的残余应力消除。

2）真空振动装药成型过程

真空振动装药成型操作在真空振动装药系统中完成，该系统包括真空系统、液压振动系统、提升系统、出料系统、加热保温系统等。最常见的真空振动装药系统是将浇铸漏斗和铸药壳体连接后放入真空室，然后与真空室一起固定在振动机的台面上。在个别情况下，如黏度很大的热塑态装药，仅对壳体抽真空，以提高铸药流动性。图 4 - 1 - 39 为常见的真空振动装药系统示意图，其工艺流程如图 4 - 1 - 40 所示。

在自动化程度较高的工厂，包括称重及加料等炸药准备，可以通过自动输送、称重、上料等系统完成。熔态炸药药浆一般来自前述的无浆熔混装置真空混合塑化单元。

真空振动浇铸过程在真空室中完成，主要工艺步骤是：先将接料斗中的物料送入真空室与提升系统对接，并提升到指定位置；预热好的空弹体由带保温功能的专用小车运入真空室，在液压振动台面定位并安全锁紧；接通接料斗和专用小车上的加热管路，对炸药物料和空弹体保温；关闭真空室门，在总控室远程控制，顺次打开真空系统、自动出料阀，启动激振出料系统和液压振动系统，开始炸药物料的真空振动装药。时间、温度、真空度、振幅和频率等工艺参数可预先设置并自动控制，以满足产品的需要。浇铸完成后，卸真空，停止振动，由小车运出弹体，送入凝固间，在一定保温条件下冷却至一定温度或室温后，修理药面，无损检验。

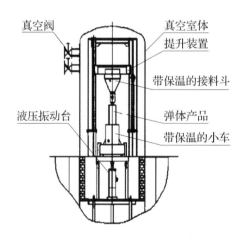

图 4 - 1 - 39　真空振动装药系统示意图

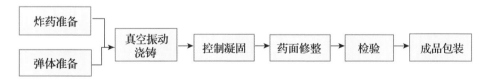

图 4 - 1 - 40　真空振动装药成型工艺流程

3. 块铸工艺

先将熔融态炸药浇铸制成块状，然后将熔融的炸药药浆和药块一起装入壳体内，同时搅拌（或捣实）使液态炸药和药块均匀混合在一起形成装药的方法称为块铸成型或块铸装药工艺。块铸工艺主要用于大尺寸装药的制备成型。

在熔铸凝固成型过程中，凝固热主要依靠铸模或壳体壁散失出去，在成型件内部形成了由表及里的凝固过程。由于炸药凝固层的导热系数比壳体小很多，随着凝固的进行，凝固速率不断降低，最终凝固时间很长，并且在中心位置易产生缩孔和粗结晶。在铸药过程中，加入的预制药块温度较低，凝固即刻在药块表面开始，提高了凝固速率，从而缩短了整体凝固时间并可避免粗结晶。预制药块的量一般占总装药量的40%左右，分布在装药的各个部位，熔融液相的凝固不是由外及里，而是整体几乎同时凝固，避免中心的集中缩孔。但60%的熔融液相不能像一般装药那样在凝固过程中得到补偿，在装药中会形成分散的小缩孔和疏松，而且药块与药液的温差较大，易产生热应力，出现裂纹。由于凝固速率较快，在药块形状不规则情况下，容易因药块相互架桥而在内部形成夹层、搭桥等现象。因此，块铸工艺装药的密度比浇铸装药的密度低，不易制备无缺陷或少缺陷装药。一般块铸炸药用于航弹、水雷等大型装药，不能用于榴弹等装药。

常规块铸工艺是将药浆和药块交替地加入弹体内，并用木棒（或铝棒等）进行搅拌和捣实，劳动强度大。在此过程中，由于其表面凹凸不平，会携带大量空气气泡进入药浆中，搅拌和捣实的操作也会使空气卷入药浆内。由于块铸装药的药浆凝固时间很短，带入药浆中的气泡来不及逸出，因此会在装药中形成大量的分散性气孔，使装药密度和装药质量降低。

为了提高装药质量，降低劳动强度，对块铸工艺也进行了一些改进，例如用原药粒（片）块铸，预整形同步块铸等。

1）原药粒（片）块铸

用原药粒（片）块铸的例子是用片状 TNT 原材料代替 TNT 药块进行水雷装药，其操作过程如下：

（1）将 TNT 熔化加热到 90～95℃；

（2）在保温锅中均匀撒入片状 TNT，同时不断搅拌，约加到总质量的1/3，温度降为 78～81℃；

（3）将上述稠粥状物注入壳体中；

（4）加上冒口漏斗，注入漏斗 90～95℃ 的 TNT，冷却。

此工艺比原块铸工艺密度有提高，而且显著降低了劳动强度。

2）预整形同步块铸

预整形同步块铸是首先把不规则药块在高温药浆中加热搅拌整形，然后将整形后的药块和药浆同时注入壳体中。

该工艺的优点：

(1)药块经过预整形后表面已经变得圆滑，不容易携带空气气泡。

(2)在药块预整形过程中，需要对药浆和药块的混合物进行一定时间的搅拌，可进一步排除气泡，最终药块与药浆混合物中气泡杂质大幅减少。将药块与药浆的混合物同时注入弹体内后，不再需要搅拌和捣实，也可进一步消除操作过程中气泡混入的可能。

(3)由于药块在整形的同时也被预热，降低了药块与药浆之间的温度差，使药块加入的比例大幅提高，液态药浆的比例相对减少，可进一步减少药浆凝固过程产生的各种疵病，使装药密度和装药质量都得到进一步提高。图 4-1-41 分别是常规预制块结构形状和整形后预制块结构形状。

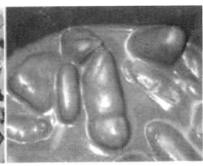

(a)常规药块   (b)预整形后药块

图 4-1-41　预制药块形貌

4. 压滤工艺

压滤工艺是一种用于特殊需求情况下的熔铸炸药成型工艺方法，与此类似的有离心装药工艺方法。两种方法都是以有效提高炸药装药中固相含量为目的而采用的工艺技术。

压滤工艺原理是将一个带滤网的冲头压入模具中，利用滤网的过滤作用，将能量水平较低的液相载体滤除，留下高能固相炸药组分，以提高装药的固相含量和装药密度，从而提高装药的毁伤威力水平。

压滤工艺的主要过程：将 HMX/TNT 配比为 60/40 或 70/30 的药浆，进行真空处理，在真空状态下将药浆注入加热的模筒中，同时在振动台上进行一段时间的真空振动，然后再将模筒放在压机上，将带有筛板的冲头放入模筒内，用压机对冲头进行加压。随着对冲头的加压，模筒中的液态 TNT 通过筛网进入冲头空腔内，使模筒内装药中的固相含量不断增大，从 60%（或 70%）增加到 90% 左右。压滤过程如图 4-1-42 所示。

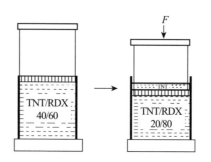

图 4 - 1 - 42   压滤过程示意图

研究表明，利用筛网式振动压滤法浇铸 TNT/RDX ＝ 40/60 熔铸炸药的质量有所提高，可以有效避免普通铸装工艺产生的装药疵病，提高破甲类武器的装药质量和毁伤威力。

加压过滤主要是为了挤压过滤出炸药药浆中的低能液相载体组分，不需要过大的压力，压滤法所需要的加压压力为 1～5MPa，远小于传统的模压法，安全性也有较好的保障。

5．加压凝固成型

普通凝固工艺通过冷却使熔融炸药固化，易造成装药产生各种疵病。采用加压凝固工艺对熔融炸药加压，利用熔态物质压力增加熔点升高的规律，使熔态炸药凝固。由于熔态炸药各部位所受压力相似，对其施加适当压力后，会在整个体积内同时凝固，从而避免普通凝固工艺靠热传导冷却使熔态炸药凝固而产生疵病。

研究表明，在凝固过程中对熔融体系局部或整体施加 0.03～35MPa 压力，铸件的气孔、缩孔、裂纹等缺陷可明显减少或消除，其主要机理是分散于晶体间的微量可析出气体在压力下被固定。熔铸炸药成型过程中采用加压凝固的工艺方法，除了能有效减少和解决装药内部的质量缺陷外，还能有效消除装药与壳体间的缝隙和底隙。

Witt 等以 Clausius - Clapeyron 微分方程定量描述了熔态炸药熔点与压力的关系：

$$\frac{\mathrm{d}T}{\mathrm{d}p} = \frac{V_1 - V_s}{\Delta H_m}T \tag{4-1-24}$$

式中：T 为炸药熔化的绝对温度；p 为对熔融炸药施加的压力；ΔH_m 为炸药的熔化潜热；V_1 为液态炸药的比热容；V_s 为凝固炸药的比热容。

根据 Clausius - Clapeyron 方程，熔态物质压力增加熔点升高，在加压条件下炸药浇铸后到达凝固点的时间缩短，开始相变时间提前，整体上冷却速率加快。研究表明，与常压凝固过程相比，熔铸炸药 RDX/TNT = 60/40 在 0.6MPa 外加压力下，凝固点由 77℃ 升至 83℃，凝固速率明显加快。加压条件下熔铸炸药凝固点升高，各部位相变时间同时提前，有利于避免普通铸装工艺靠热传导冷却而产生的缩孔缺陷，从而大大改善熔铸炸药的装药质量。典型的加压凝固工艺是将浇铸装药装置在带冒口状态下整体放入压力容器内加压，在凝固过程中，加强了冒口的补缩作用。

4.1.4 梯黑熔铸炸药制造工艺实例

1. 主要工艺流程

以装填破甲弹为例，图 4 - 1 - 43 为熔铸梯黑 50/50 的制造工艺示意图。主要工艺过程如下。

（1）弹体准备：将弹体预热到 65℃ 左右。温度太低，注药时弹壁凝固太快，易产生裂纹。

（2）冒口漏斗准备：将冒口加热到 50～80℃。若漏斗温度过低，弹体内部炸药易产生小气孔，并出现疏松现象，这是漏斗药液补充不足所致；若漏斗温度过高，则使弹体内炸药凝固时间加长，使 RDX 下沉，TNT 留在上方，易形成大结晶。

（3）梯黑炸药熔化：先将 TNT 倒入熔药锅，用蒸气加热至 90～95℃ 熔化，再加入 RDX 不断搅拌加热，在 90℃ 左右搅拌均匀即可进行注药。

（4）注药：第一次注药到药型罩以上 5～10mm 高度，用铜铲搅拌到冷却成稀浆糊状为止；装上冒口漏斗后再注药，直至距漏斗口 10～15mm 处，再用铜铲搅拌，并穿通漏斗底部的大孔，保证补药畅通。护理完毕后，盖上布保温，冷却 45min 左右，炸药全部凝固。

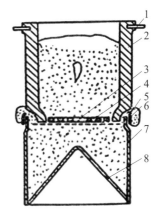

图 4 - 1 - 43 破甲弹铸装示意图
1—拔漏斗柄；2—冒口漏斗；
3—补药孔；4—排气孔；
5—沟槽；6—保护套；
7—弹体；8—药型罩。

（5）卸下漏斗：炸药冷却后，在防爆小室内的拔漏斗柄上拔下漏斗。至此，铸装工序全部完成。

2. 提高梯黑炸药装药质量的工艺途径

1）真空振动装药

以聚能破甲弹为例，采用真空振动装药处理的条件是：将熔化的药料注入真空锅内，在振动台上振动，同时抽空。振动条件：频率为 2120min^{-1}，振幅为 1.75cm，夹层保温，真空度为 690mmHg，振动时间约为 3min。

对于梯黑 50/50 装药，用普通铸装法装药密度为 1.658g/cm^3，用振动铸装法为 1.689g/cm^3，而采用真空振动铸装法为 1.73g/cm^3。导致装药的静破甲深度提高 12%，破甲稳定性提高。

2)选择固相颗粒级配以提高固相含量

实际生产中，选用两种固相颗粒级配时，必须保证小颗粒的最大粒径小于大颗粒间的平均空隙直径。否则，小颗粒挤入大颗粒空隙中，造成原体积增加，反而密度下降。国外已定型产品中的 RDX 颗粒级配，一般大颗粒占 3/4，小颗粒占 1/4；大颗粒粒径为 180μm，小颗粒粒径为 25μm，粒径比为 80/12 = 7.2。

3)添加性能优良的添加剂

国内外学者研究了在熔铸梯黑炸药中加入添加剂改善装药性能。如加入 1.5%～2.0%的磷酸钙(比表面为 10～50m^2/g、假密度为 0.03～0.07g/cm^3)，可改善炸药威力、热安定性、感度并抑制渗油；加入 NC、醋酸纤维素等纤维状物质，可提高药柱机械强度，也可防止渗油；加入 NC 及热塑性高聚物，可增加药柱塑性，降低弹性模量，防止产生裂纹；加入增塑剂(流动点低于 −10℃)，可在较大温度范围内防止药柱产生裂纹和渗油，也可改善其力学性能。

4)采用压力铸装工艺

以 RDX/TNT = 60/40 为例，用普通法工艺所得药柱空隙率为 3.5%，用压力铸装工艺所得药柱的空隙率可降低至 1.3%以下；压力铸装还可以提高固相含量达 80%，不但提高装药密度，而且降低药柱密度差。例如，将 RDX/TNT = 60/40 熔铸成 ϕ40×60 的药柱，普通铸装的密度为 1.68g/cm^3，轴向最大密度差为 0.011g/cm^3，而压力铸装的密度为 1.72g/cm^3，轴向最大密度差为 0.0036g/cm^3。

另外，压力铸装可一次压铸成型，不需护理，工艺简单。

4.2 压制成型加工工艺

4.2.1 概述

压制成型主要用于粉状炸药的成型加工，这种粉状炸药药粉一般称作造型粉压装炸药。第二次世界大战中，为利用 RDX、太安(PETN)等高能炸药装填炮弹，采用蜡作钝感剂制造造型粉压装炸药。20 世纪五六十年代以来，随着高分子工业的发展，塑料和橡胶种类越来越多，这种高聚物能容纳或粘附大量固体填料，从而能够用高聚物制成新的造型粉压装炸药，即高聚物黏结炸药（PBX）造型粉。

造型粉压装炸药一般由主体炸药（爆炸组分）、高聚物黏结剂、增塑剂、钝感剂和其他成分组成。

1. 主体炸药

主体炸药是混合炸药的最重要组分，它决定混合炸药的能量水平。对主体炸药除了能量要求外，从工艺角度还要求主体炸药具备一定粒度和最佳的颗粒级配。为了提高其能量和密度，应尽量提高固相含量，即提高主体炸药含量。因此固体颗粒应尽量排列紧密，即采用最佳的颗粒级配。确定最佳级配的方法包括理论分析、半经验法和实验法。主要理论包括最紧密排列理论、干涉理论和包围垛密理论。文献报道国外定型配方的主炸药采用的颗粒级配，大颗粒占3/4，小颗粒占1/4。颗粒级配可提高压药密度和抗压强度。

2. 黏结剂

PBX 炸药中的黏结剂通常为有机高聚物，在混合炸药中作为黏结组分，主要起黏结作用，也可起钝感剂的作用。通过高分子的黏结力和力学性能特点，使混合炸药造型粉具有可压制成型性，可将其制成各种物理状态和特定形状，满足各种使用要求。

高分子黏结剂应具有的主要条件包括：①良好的热安定性、化学安全性和耐老化性，与爆炸组分、其他添加剂具有良好的物理和化学相容性；②对炸药颗粒有良好的黏结作用、包覆作用、润湿作用和钝感作用；③良好的工艺性、弹塑性和溶解性，易于增塑和压装成型，并有较好的强度。

3. 增塑剂

在 PBX 炸药中，增塑剂主要用于降低高分子之间的作用力，降低其玻璃化温度，增加塑性，改善加工性和成型性。

增塑剂应具备的主要条件包括：①较好的安定性，与其他组分有良好的相容性，一般要求不溶解主体炸药；②高沸点的中性液体、低熔点固体或固态的低共熔物，挥发度较低，吸湿性小；③与增塑的高分子互溶性好；④有较低的流动点（如低于 -40℃），其黏度在较宽的温度区间变化不大，以便保证混合炸药有较好的低温性能和明显地降低高分子黏结剂的玻璃化温度。

4. 钝感剂

主体炸药经增塑的高聚物黏结后，对机械作用的敏感性已经降低，但有时还必须在炸药配方中加入降低机械感度的钝感组分，以保证混合炸药的安全性要求。

钝感剂应具备的主要条件包括：①具有较好的物理和化学安定性，与其他组分有良好的相容性，应是中性化合物，不溶于水；②有良好的工艺性，塑性好，容易溶解以便与炸药混合均匀或包覆在炸药结晶上，润湿性好，可以改善包覆性。

造型粉压制成型工艺分模压压制成型和直接压装装药成型。模压成型是将颗粒状的松散炸药造型粉在压模内加压成型；直接压装装药成型是将颗粒状的松散炸药造型粉在战斗部的弹壳中直接加压成型。需要指出的是，严格意义上来说，直接压装装药成型不是混合炸药的成型加工工艺，而是属于弹丸装药工艺。模压压制成型分为钢模静压压制成型和软模等静压压制成型，直接压装装药成型包括分次静压压装、捣装（分步压装）、螺旋装药等工艺方法。

4.2.2　造型粉制造工艺

造型粉的制备实际上是各组分混合后形成粒状混合物的过程，根据所用原料和最终目标产品的物理状态不同采用不同的混合方法。这种混合过程大部分情况下在液体介质中进行。在水介质中进行时，称为水悬浮造粒工艺；以有机溶剂作为助剂，以有机溶液作为介质，则称为直接法工艺；也可以不用介质而直接混合，则称为干混工艺。

1. 水悬浮造粒工艺

1）溶液水悬浮法工艺

（1）基本工艺过程。

在室温或适当加热条件下，将黏结剂、增塑剂及钝感剂溶于有机溶剂制成溶液（也可以分别制成溶液）。在装有搅拌、加热和蒸馏装置的混合器中，加入水和炸药，并搅拌形成水浆液，加热使浆液温度低于溶剂的沸点。然后将上述配好的溶液按一定流速滴加到搅拌着的高温水浆液中，由于体系温度较高，所以溶液边加入边蒸发。掌握适当的蒸发速度，使溶剂不在悬浮中积累，可消除物料形成大团块及颗粒粉碎等现象。当全部溶液滴加完后，再升温和减压，挥发掉残余溶剂。将悬浮液冷却，再进行过滤、洗涤、干燥和筛选，即可得到产品。

如果先将炸药与溶液混合，然后再加入水进行搅拌蒸发溶剂，也可得到造型粉产品。这种加料过程适合于药柱切削加工后的废屑及造型粉筛外不合格粒度颗粒的再造粒。

有时造粒失败，可将未造成粒的物料一起放入原混合器中，加水搅拌均匀，控制好条件，然后按一定速度滴加溶剂，也可获得合格产品。

（2）工艺流程。

溶液水悬浮法制造黏结炸药造型粉的工艺流程如图 4 - 2 - 1 所示。

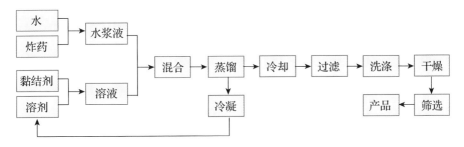

图 4 - 2 - 1　溶液水悬浮法制造黏结炸药造型粉的工艺流程

（3）工艺举例。

制造 RDX/2，2 - 二硝基丙醇丙烯酸酯聚合物 = 90/10 黏结炸药的造型粉：先将 1g 的 2，2 - 二硝基丙醇丙烯酸的酯聚合物溶于 200mL 乙酸乙酯中；在混合器中加入 150～200mL 水，然后加入 9g RDX，搅拌，使 RDX 均匀地悬浮在水中形成水浆液，并将其温度加热至 75℃；以约 2mL/min 的速度往水浆液中滴加黏结剂溶液。加完后继续搅拌 5min，然后在搅拌下冷却，将产物过滤，得到所需要的造型粉。

（4）工艺特点。

溶液水悬浮法工艺方法操作简便、生产安全、生产周期较短、易于大量生产。目前，造型粉压装炸药大多使用此方法制造。生产过程中，水既是分散介质又是传热介质，可以保证生产安全。若控制好温度、真空度和搅拌速度，可以得到外形圆滑密实、尺寸相当均匀的造型粉颗粒。采用这种方法一般要求溶剂不溶解单质炸药晶体，最好与水也不互溶，以便控制造型粉的颗粒度。

它的缺点是间歇式操作、生产效率不高，工艺过程消耗一些溶剂，需要对一定量的废水进行处理，成本相对较高。

另外，由于水与活泼金属粉易反应，不宜用于含铝（Al）、镁（Mg）等金属化炸药的制备。尽管近年来有文献报道了将 Al 粉包覆钝化后用水悬浮工艺进行含铝炸药造型粉制备的工艺方法，但从本质安全性的角度还缺乏理论支撑和大量的实践验证。不过，用氟油（如全氟丙烯）代替水作为悬浮介质的非水悬浮造粒工艺，可以用于金属化炸药造型粉的制备。由于氟油的低表面张力和低化学反应性（惰性），使得制备的造型粉感度低，颗粒密实、表面光滑。但用氟油作介质时，由于氟油沸点较高，在造型粉中会有残留，影响造型粉的组成；氟油昂贵，生产成本较高，不便于大规模化生产。

2）无溶剂水悬浮法工艺

除了采用有机溶液进行水悬浮造粒的方法，也可以不用有机溶液进行水悬浮造粒，例如蜡包覆造粒、高聚物乳液破乳黏结造粒等。

（1）蜡包覆造粒。

将炸药和水加到混合器中，搅拌均匀形成水浆液；将水浆液加热，使其温度高于蜡的熔点；再将粉状蜡或块状蜡熔化后，加入到上述混合器中继续搅拌；然后使混合器内温度缓慢下降，当水温低于蜡的熔点时，停止搅拌；最后进行过滤、洗涤和干燥即可得到产品。例如常用的 A-IX-I 炸药可利用此方法制备。

蜡包覆造粒的工艺流程如图 4-2-2 所示。

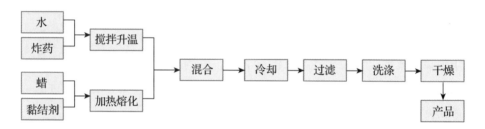

图 4-2-2　蜡包覆造粒的工艺流程

制造 RDX 钝感炸药造型粉举例：先将 190g 的 RDX 和 600mL 的水加入混合器，在加热搅拌条件下，使水浆液温度升高到 85～90℃ 保温；再将熔点为 70～80℃ 的地蜡 6g、熔点为 67～70℃ 的硬脂酸 4g 和苏丹红 0.1g 加热熔化，配成黏结体系；然后倒入上述水浆液中；此时黏结体系呈熔融状态，继续搅拌混合均匀，在搅拌过程使混合器水温逐渐降低到 40～50℃，最后进行过滤、洗涤、干燥，得到造型粉产品。

该方法适用于制造用低熔点蜡黏结包覆高能炸药的造型粉。设备简单、操作方便、工艺安全、易于大量生产。

（2）高聚物乳液破乳黏结造粒。

将炸药和高聚物乳液加到混合器中，搅拌均匀形成炸药的水乳悬浮液；将此悬浮液加热，加入破乳剂，当乳白色消失，悬浮液变得清澈时，高聚物黏结剂就基本上黏结在炸药颗粒表面，形成了一定颗粒度的造型粉颗粒。破乳得到的造型粉颗粒一般较小，有时为了增加颗粒的尺寸，加入少量能溶解高聚物黏结剂的溶剂，增强黏结剂的黏结作用，控制溶剂的滴加速度、溶剂抽出速度和搅拌速度以得到合适的造型粉颗粒。当溶剂基本抽完时，出料、过滤、烘干得到成品。工艺流程如图 4-2-3 所示。

另外还有其他一些方法，如溶液混合蒸馏法工艺、共沉淀法工艺、聚合法工艺等，是用于特殊产品的制备工艺方法，应用较少，在此不作介绍。

在制备炸药造型粉时，应从单质炸药的性能出发选用合适的方法和工艺参数，如单质炸药晶体溶于水，则不能用水悬浮工艺，如溶解于乙酸乙酯，则慎用乙酸乙酯作黏结剂的溶剂。同时要考虑最终产品的粒度、松装密度要求，工艺便利性及工艺成本等，综合分析，选择一种符合实际情况和需要的工艺方法。

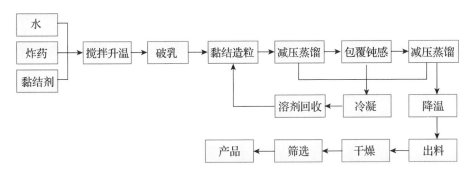

图 4-2-3　乳液水悬浮法制备压装炸药造型粉的工艺流程

3）用于工业生产的溶液水悬浮法工艺流程

工业生产压装炸药造型粉时，采用溶液水悬浮法的工艺流程如图 4-2-4 所示。主要工艺过程大致可分为溶液配制、造粒、过滤、洗涤、干燥、筛选。

（1）溶液配制：在夹套式带搅拌的溶解机内，加入溶剂、黏结剂、增塑剂，升温（低于溶液沸点）搅拌使其溶解，全部溶解后保温待用。在另一夹套式带搅拌器的溶解机内，加入溶剂和钝感剂，升温搅拌条件与第一溶解机相似，全部溶解后，保温待用。保温过程中，温度不能低于黏结剂、增塑剂及钝感剂析出的温度。

（2）造粒：在造粒机内按比例加入水、炸药（需要时加入表面活性剂，增强炸药的分散），升温搅拌使其形成均匀的水悬浮液。待温度升到比溶液沸点低 5～7℃ 时，以一定流速滴加黏结剂与增塑剂溶液，同时开动抽真空，减压蒸发溶剂。加入一半溶液时可取样观察颗粒形成情况，据此调整加料速度、温度和真空度，使颗粒更加均匀、光滑，消除细粉。加料结束后数分钟内，真空度加大，待溶剂基本抽完为止。然后加入钝感剂溶液，滴加过程及条件与黏结剂和增塑剂溶液相似。然后加大真空度驱除溶剂，整个造粒过程需 2～2.5h，降温至 40℃ 以下后出料。

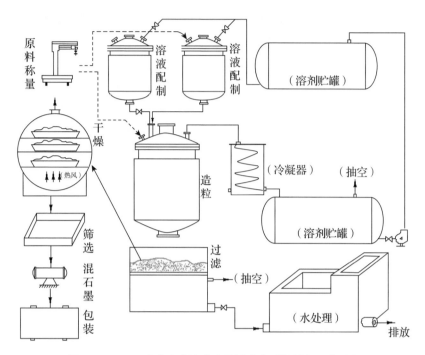

图 4 - 2 - 4   工业生产中溶液水悬浮法造型粉制备工艺过程

（3）过滤、洗涤：过滤得到产品，洗去表面活性剂、残留溶剂及水溶物。

（4）干燥：使水分含量≤0.1%。

（5）筛选：保证颗粒度在 10～80 目范围。需要外混石墨、Al 粉的产品，再将干燥的造型粉与石墨或 Al 粉在混合器中混合 20～30min。

造型粉制造过程所用的设备主要有带夹套的反应釜（黏结剂、钝感剂溶解设备，造粒设备）、热风干燥系统、筛分设备、干粉混合设备（混石墨、混 Al 粉）、真空泵、冷凝器、废水处理设备等。这些设备的原理都比较简单，在此不作介绍。

操作过程中，通过控制搅拌速度、加料速度、加料温度和真空度，控制体系的分散状态以及颗粒内溶剂向水中扩散的速度，从而控制颗粒的形成速度和大小。

温度低、加料速度快，易形成大颗粒；搅拌速度快、真空度高，易出现细粉；加料速度慢，颗粒较小，生产周期加长。因此，要制得合格产品，在保证造粒机正常工作前提下，选择合理的搅拌速度、加料速度、温度及真空度，保证颗粒中的溶剂先扩散至水中，然后再由水中蒸出的稳定动平衡状态，是造粒成功的关键。造粒机内溶剂积存量不可太少也不可太多，太少会导致在真空下颗粒内溶剂扩散到水中之前汽化，易将已形成的颗粒破碎，出现粉末；太多则颗粒表面发黏，而且颗粒内溶剂扩散不出去，使颗粒较软、强度不够，在搅拌作用下易形成大黏团。

4）造型粉生产过程的"三废"处理

造型粉生产过程中的"三废"主要来自生产使用的有机溶剂挥发，造型粉悬浮生产和洗涤产品产生的废水，以及未黏结的单质炸药药粉、黏结剂和不符合粒度要求的造型粉。

生产过程中产生的不合要求的造型粉可以通过焚烧销毁。在造型粉生产工房的下水系统中，一般情况有沉淀池，当造型粉或单质炸药颗粒冲入下水道时，经过沉淀池会沉淀下来，必须定期清理沉淀池，销毁沉积物。生产过程中，尽可能减压蒸馏出混合釜中的有机溶剂，减少废水、废气的量。

在造型粉生产过程中废气主要来源于挥发的有机溶剂。一般通过通风降低操作车间有机溶剂蒸气的含量，保护操作工人的健康。

废水的处理方法目前主要有吸附和生物降解两种。吸附主要是用活性炭吸附废水中的有机物。含有机溶剂和单质炸药的废水通过装满活性炭的吸附塔（柱）后，有机杂质被吸附在活性炭表面，使水净化。吸附塔（柱）的大小及数量根据有机物的种类和含量以及废水的量确定。吸附的方法对废水中的有机悬浮物（如未黏结的 RDX、HMX 细粉）的处理作用很好，对部分溶于水的有机溶剂有效果，但不十分理想，往往需要多级反复吸附才能达到排放标准。生物降解法是根据有机溶剂的种类通过厌氧菌和好氧菌生化降解有机物，是处理含有机物废水的有效方法。造型粉生产中常用的乙酸乙酯先用厌氧菌处理，然后再用好氧菌处理。处理的流程：生产废水首先排入调节池，废水中的乙酸乙酯在调节池中酸化菌的作用下，很快酸化产生乙酸。调节池中的废水再被泵入混合槽，与含有氮、磷元素的营养剂，以及碱液混合后，流入沉淀池，去除可沉降的固体颗粒后，再进入厌氧污泥床反应器。在该反应器中，经厌氧菌的作用将废水中 70% 左右的有机物转变成甲烷和二氧化碳并排入大气。经处理后的废水流入接触氧化池，向水中鼓入压缩空气，在好氧菌的作用下，剩余的有机物转变成水和二氧化碳，最终使废水的有机物含量达到排放标准。

废水的污染指标主要有 COD（化学耗氧量）、BOD（生化耗氧量）、SS（固体悬浮物）和 pH 值等。

2. 直接法造粒工艺

1）直接造粒

首先将黏结剂、增塑剂及钝感剂溶于不溶解炸药的溶剂中，可加热搅拌促

进其溶解。待全部溶解后将溶液和一定量的炸
药一起加入捏合锅内捏合，混合均匀后，使部
分溶剂挥发，待整个物料形成膏团状（图 4 - 2 -
5），然后在搅拌条件下进一步缓慢抽除溶剂，
直至膏团状物分散为湿软的粗粒状物时出料，
再过筛整粒，干燥后即可得到炸药造型粉。

某 HMX 基含铝炸药的实验室制备造型粉
的工艺流程如图 4 - 2 - 6 所示。其中，浸润
HMX 工艺条件是 70℃、15min；加入熔化蜡捏
合工艺条件是 70℃、20min；加入黏结剂溶液捏
合工艺条件是 70℃、15min；混合工艺条件是
70℃、30min。

图 4 - 2 - 5　炸药造型粉捏合物料

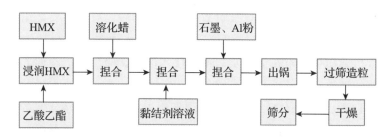

图 4 - 2 - 6　某 HMX 基含铝炸药的实验室制备造型粉的工艺流程

直接法制得的造型粉颗粒度均匀，整个过程无水加入，大大缩短了干燥周
期，没有废水，减少了污染。在混合炸药制造中应用较多，便于组织大生产。
该法特别适合于含铝炸药造型粉的生产制备。

2）过筛造粒

在工厂中直接法造粒的工艺流程与图 4 - 2 - 6 类似。主要是采用大型捏合
机进行物料的捏合与混合，然后将黏度适宜的面团状黏稠物料，在外力作用下
强制通过一定大小筛孔的筛板。由于炸药配方中高聚物黏结剂含量较少（一般为
1%～3%），而且工艺过程中加入了大量有机溶剂作为工艺助剂调节混合过程的
黏度，自捏合机出来的黏稠状物料强度很低，自持性很差，通过筛板后不能形
成连续的长条状，而是自动断裂为长 1～3mm 左右的柱状物。当该柱状物不能
满足造型粉粒度要求时，再进一步通过振动筛进行断粒、筛分，最后干燥驱除
溶剂后得到造型粉成品。

过筛造粒主要有两种方法：一是刮筛造粒；二是挤压过筛造粒。刮筛造粒

是在圆形筛板上安装一个可运动的刮板,刮板在盛有物料的筛板上沿圆周方向旋转运动,物料受到挤压力时被挤出筛网。挤压过筛造粒则是在物料上加一正向作用力,例如通过活塞将物料自筛板挤出,形成柱状颗粒。

3)双螺杆挤出造粒

美国 PAX‐2、PAX‐2A 及 PAX‐3 等炸药采用双螺杆挤出工艺造粒,PAX‐3 炸药制备的工艺流程如图 4‐2‐7 所示。工艺过程首先是将黏结剂溶液、增塑剂、包覆预处理的高能单质炸药、Al 粉等在捏合机中混合形成黏稠膏状物料,然后黏稠膏状物料通过双螺杆混合/挤出机中进一步混合后挤出成条,再经过断条操作后形成造型粉颗粒。图 4‐2‐8 所示为用于挤出造粒的双螺杆挤出机和 PAX‐3 炸药造型粉。

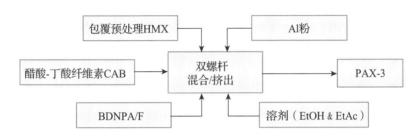

图 4‐2‐7 双螺杆挤出造粒工艺制备 PAX 3 造型粉的流程

(a)双螺杆混合/挤出机　　　　　　　　(b)造型粉

图 4‐2‐8 双螺杆挤出造粒工艺设备及 PAX‐3 造型粉

3. 干混工艺

干混工艺主要用于通过上述造粒工艺包覆钝化处理的不同配方炸药颗粒之间的机械混合,或者包覆钝化炸药颗粒与铝(Al)、镁(Mg)等金属粉之间的机械混合,或者用于包覆炸药颗粒的外滚石墨表面处理。

常用的干混机如图 4‐2‐9 所示。主要有 V 形混合机、三维混合机和双锥混合机。为了提高混合炸药的均匀性，降低炸药的机械感度，有时采用热混，即混合筒带热水夹套，混合过程在 50～70℃进行，造型粉中的钝感剂蜡会部分熔化或软化，从而增加造型粉颗粒间的粘附性，提高混合均匀性（颗粒间粘连，不分层），降低炸药的机械感度。

图 4 - 2 - 9　干粉混合机

4. 造型粉生产过程的质量控制

生产过程中，造型粉的质量控制参数主要有外观、松装密度、机械感度、成分、粒度，这些参数一般是质量一致性检验的必测项。一般要求造型粉的外观均匀，无机械和其他杂质；松装密度原则上越大越好，大小由组分和工艺决定；机械感度，即撞击感度和摩擦感度一般要求小于 40%；不同的配方有不同的成分误差范围；粒度一般为 10～80 目（粒径为 0.18～2.0mm）。

4.2.3　模压成型工艺

1. 模压压制成型过程

炸药模压压制成型是将炸药颗粒在图 4 - 2 - 10(a)所示的压模内，在压机压力作用下压密实且形成具有一定形状和强度的药柱的过程。在压制过程中，粉末间的孔隙度大大降低，彼此的接触面积显著增大。在此过程中，如图 4 - 2 - 10(b)所示，随着压力增大，发生颗粒重排，颗粒弹性、塑性变形，颗粒破碎，直至形成宏观上致密一体的成型药柱。对于 RDX 等脆性材料，压制过程中主要表现为颗粒位移和晶体破裂，颗粒的紧密堆积排列是致密化的主要机理。

图 4 - 2 - 10(c)显示了 RDX 晶体从松装到压实过程中伴随着晶体移动和晶体破碎，甚至在低压力(5MPa)时，也能观察到大晶体被挤碎，晶体变小并填入晶体间隙的情况。当晶体堆积紧密到一定程度后，接触面积增加、颗粒镶嵌或发生机械啮合作用，成型药柱表现出一定的机械强度。进一步加压，当压力超过药柱自身强度时，成型药柱会被压裂，在顶部和底部产生横向裂纹。

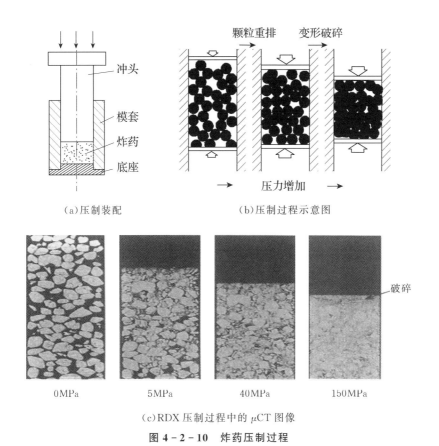

（a）压制装配　　　　　（b）压制过程示意图

0MPa　　　　5MPa　　　　40MPa　　　　150MPa

（c）RDX 压制过程中的 μCT 图像

图 4-2-10　炸药压制过程

　　炸药晶体在压制过程中破裂的特点在造型粉的压制过程中也得到了相应的证实。对 PBX-9501 的压制结果显示，在热压情况下，当压制后的孔隙率分别为 21%、16%、7%、2%、1%、0.6% 时均发现了 HMX 晶体颗粒的破碎现象，如图 4-2-11 所示。

PBX-9501 热压、21% 空隙　　　PBX-9501 热压、16% 空隙　　　PBX-9501 热压、7% 空隙

图 4-2-11　PBX-9501 压制后药柱中晶体颗粒的分布情况

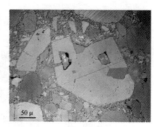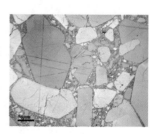

PBX-9501室温压、2%空隙   PBX-9501热压、1%空隙   PBX-9501热压、0.6%空隙

图4-2-11   PBX-9501压制后药柱中晶体颗粒的分布情况(续)

对JOB-9压制前后HMX晶体的颗粒分布测试结果显示，在压制后颗粒破碎变细，粒度分布有不同程度的变化，如图4-2-12所示。

造型粉颗粒在压制过程中的变化情况与其中的单质炸药晶体颗粒有关，但与单质炸药晶体不同，造型粉颗粒首先发生自身位移和变形。由于造型粉的可流动性比炸药晶体的流动性好，而且存在一定程度的塑性或弹性变形，所以压力增大时，造型粉颗粒首先发生形变，由最初的点接触逐渐变成面接触，接触面积随之增大，当压力继续增大时，颗粒碎裂或被压扁，在此过程中造型粉内部的炸药晶体也随之开始出现受力破碎现象。因此造型粉与纯炸药晶体相比，在压制过程中，随着压力增大，造型粉容易被压实。

图4-2-13为JO-6炸药造型粉与HMX晶体压制压力-密度曲线。在50MPa压力下，JO-6炸药与HMX晶体压制密度相近；在100MPa时，JO-6炸药造型粉压制成型密度高于HMX晶体，说明造型粉易于压制成型；在150MPa压力时，造型粉压制成型密度低于HMX晶体，且其密度变化趋于平缓，而HMX晶体压制密度变化趋势尚未趋缓。在250MPa时HMX成型药柱出现断裂，无法获得完好药柱，而造型粉直到350MPa压力下成型药柱仍然完整。产生这种差异的原因在于，在低压阶段颗粒流动性影响成型密度显著，造型粉易流动，故压制密度高；随着压力增大，流动受阻，颗粒形变、破碎起主要作用，压制造型粉既要克服造型粉的弹塑性变形又要克服内部HMX晶体破碎，阻力较大，故造型粉成型密度要低一些。当然，当压力进一步增大时，材料的理论密度起到了决定作用，HMX的理论密度高于JO-6造型粉，故在高压力下HMX的密度较高。可以看出，在压制致密机理上造型粉与纯晶体粉末有一定差异，前者经历颗粒流动、变形、破碎，后者仅仅经历颗粒流动、破碎过程。

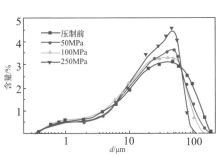

图 4 - 2 - 12　JOB - 9 压制前后 HMX 的
粒度分布

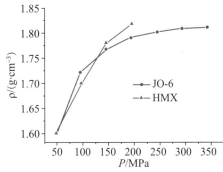

图 4 - 2 - 13　JO - 6 造型粉与 HMX 压制
压力-密度曲线

2. 压制压力分析

一般所说的压制压力指的是平均压力，实际上作用在药柱断面以及内部的压力并非都是相等的，同一断面内中间部位和靠近模壁的部位，压坯的上、中、下部位所受的力都不一致。

在炸药造型粉（以下称为药粉）压制成型时，除了要考虑轴向应力之外，还应了解侧压力、摩擦力、弹性内应力、脱模压力等，这些力都对形成完好、高质量药柱起到不同的作用。

1）应力和应力分布

作用在药粉上的压制压力分为两部分：一部分使药粉产生位移、变形和克服药粉的内摩擦，这部分力称为净压力，通常以 P_1 表示；另一部分是克服药粉与模壁之间外摩擦的力，这部分力称为压力损失，通常以 P_2 表示。因此，压制时所用的总压力为净压力与压力损失之和，即 $P = P_1 + P_2$。

压模内模冲、模壁和底部的应力分布如图 4 - 2 - 14 所示。由图可知，压模内各部分的应力是不相等的。由于存在着压力损失，上部应力比底部应力大；在接近模冲上部的同一断面，边缘的应力比中心部位应力大；而在远离模冲的

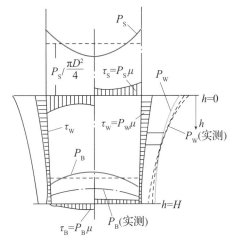

图 4 - 2 - 14　压模内应力分布

P_S—模冲压力；P_W—模壁压力；P_B—底部压力；
τ_S—模冲剪切应力；τ_W—模壁剪切应力；
τ_B—底部剪切应力；h—两断面间距；H—最大距离；
μ—摩擦系数。

底部，中心部位应力比边缘应力大。

2）侧压力和模壁摩擦力

药粉在压模内受压时，压坯会向四周膨胀，模壁就会给压坯一个大小相等、方向相反的作用力，压制过程中由垂直压力引起模壁施加于压坯的侧面压力称为侧压力。由于药粉颗粒之间的内摩擦和药粉颗粒与模壁之间的外摩擦等因素的影响，压力不能均匀地全部传递，传到模壁的压力始终小于压制压力，即侧压力始终小于压制压力。取一个简单立方体压坯分析受力情况，如图 4 - 2 - 15 所示。压坯受力作用及其形变情况如下：

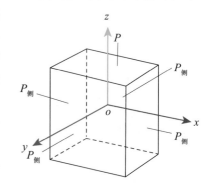

图 4 - 2 - 15　压坯受力示意图

在 z 轴方向的正压力 P 使压坯在 y 轴方向膨胀，膨胀值 $\Delta l_{y1} = \upsilon P / E$。

在 x 轴方向的侧压力 $P_{侧}$ 使压坯在 y 轴方向膨胀，膨胀值 $\Delta l_{y2} = \upsilon P_{侧} / E$。

但 y 轴方向的侧压力 $P_{侧}$ 对压坯的作用是使其压缩，压缩值 $\Delta l_{y3} = \upsilon P_{侧} / E$。

其中，υ 为材料的泊松比；E 为弹性模量；P 为垂直压制压力或轴向压力。

压坯在压模内不能侧向膨胀，在 y 轴方向的膨胀值之和与压缩值相等，则可以得到

$$P_{侧} = \xi P = \frac{v}{1 - v} P \qquad (4 - 2 - 1)$$

式中，单位侧压力与单位压制压力的比值 ξ 称为侧压系数。

同理，可以沿 x 轴方向得到类似的公式。

侧压力的大小受药粉性能及压制工艺的影响，在上述公式的推导中，只是假定在弹性变形范围内有横向变形，既没有考虑粉体的塑性变形，也没有考虑药粉特性及模壁变形的影响。因此，按照式（4 - 2 - 1）计算出来的侧压力只能是一个估计值。

另外，上述侧压力是一种平均值。由于外摩擦力的影响，侧压力在压坯的不同高度上是不一致的，即随着高度的降低而逐渐下降。

在实际压制过程中，侧压力的变化是很复杂的，它对压坯的质量有直接的影响，而直接准确地测定又有难度。但对侧压力的研究具有重要意义，因为侧压力与摩擦力有关，影响药粉的压制安全性，另外在设计模具时需要考虑侧压力的大小。

实验结果显示，一般材料在 $50 \sim 500\text{MPa}$ 压制时，侧压系数在 $0.1 \sim 0.4$ 变化。所以在设计压模时，一般采用侧压系数 $\xi \approx 0.25$。

在单轴刚模压制过程中，药粉与模具模壁之间的摩擦会造成压坯密度沿压力方向分布不均，主要是因为摩擦造成压制压力沿高度方向递减。通过圆柱体中沙漏现象来研究模壁摩擦时就会发现，运动的药粉与模具模壁之间存在摩擦，由于模壁摩擦的作用会使压力沿高度方向递减。

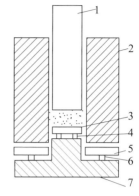

图 4 - 2 - 16　测定压力
分布的压模

1—模冲；2—凹模；3—铁底
座；4、6—小球；5—铜垫圈；
7—底座。

消耗在药粉与模壁摩擦上的外摩擦力可以用测量模底压力的方法来测定，用于测定压力分布的压模如图 4-2-16 所示。根据小球在铁底座 3 和铜垫圈 5 上的压痕大小，借助校准曲线可以判断出所受的压力，即判断压制时应力的分布。此时，摩擦力与小球在铜垫圈 5 上的压痕大小成比例。

有资料指出，当其他条件一定时，药粉与模壁间的摩擦系数 μ 值与侧压系数 ξ 在很宽的压力范围内，有如下关系：

$$\xi\mu = 常数$$

这种关系对可塑性粉末的误差是 $\pm 5\%$，对较硬粉末的误差是 $\pm 3\%$。

在一般情况下，外摩擦的压力损失取决于压坯、原料与压模材料之间的摩擦系数、压坯与压模材料间黏结倾向、模壁加工质量、润滑剂情况、药粉压坯高度和压模直径等。外摩擦的压力损失可用下面的公式表示：

$$\Delta P = \mu P_{侧} \tag{4-2-2}$$

式中：ΔP 为摩擦的压力损失；$P_{侧}$ 为总的侧压力；μ 为摩擦系数。

外摩擦的压力损失 ΔP 与正压力 P 之比为

$$\frac{\Delta P}{P} = \frac{\mu P_{侧}}{P} = \frac{\mu \xi \pi D \Delta H P}{\dfrac{\pi D^2}{4} P} = \mu \xi \frac{4\Delta H}{D} \tag{4-2-3}$$

$$\frac{\mathrm{d}P}{P} = \mu \xi \frac{4}{D}\mathrm{d}H \tag{4-2-4}$$

积分整理后，可得

$$P_{下} = P\mathrm{e}^{-4\frac{H}{D}\xi \cdot \mu} \tag{4-2-5}$$

式中：$P_{下}$ 为下模冲的压力；P 为总的压制压力；H 为压坯高度；D 为压坯

直径。

根据实验经验，如果考虑到消耗在弹性变形上的压力，则

$$P_{下} = Pe^{-8\frac{H}{D}\xi \cdot \mu} \qquad (4-2-6)$$

上述经验公式已为许多实验所证实，即沿高度的压力降和直径呈指数关系。

当压坯的截面积与高度之比一定时，压坯尺寸越大，压坯中与模壁不发生接触的颗粒越多，即不受外摩擦力影响的药粉颗粒的百分数越大，消耗于克服外摩擦所损失的压力越小。随着压坯尺寸的增加，压坯的比表面积相对减小，即压坯与模壁的相对接触面积减小，因而消耗于外摩擦的压力损失相应减小。所以，对于尺寸大的压坯，所施加的单位压制压力比小压坯的单位压制压力要小一些。

在单向压制过程中，压制压力沿高度方向上的减少是由于存在模壁摩擦力，单向压制通常只适用于几何形状简单的产品。在双向压制时，上模冲和下模冲运动时因摩擦力的阻碍而导致药粉沿压制方向运动，在压制时形成对应压力等高线，式(4-2-6)同样适用，双向压制使压坯上压力的分布更加均匀。在单向和双向两种压制方式下，压力的衰减都取决于压坯的高度(或长度)与直径之比。随着压坯直径的减小，压力随高度下降很快。要得到密度均匀的压坯，应尽可能减小压坯的长径比。

单向压制时平均压制应力为

$$\sigma = 1 - 2\mu\xi \frac{H}{D} \qquad (4-2-7)$$

双向压制时平均压制应力为

$$\sigma = 1 - \mu\xi \frac{H}{D} \qquad (4-2-8)$$

平均应力也取决于压坯的长径比几何因子(H/D)、轴向/径向压力比值、侧压系数(ξ)和模壁摩擦因数(μ)。在压坯高度小、直径大，有模壁润滑时可以获得高的平均应力。由于压坯密度很大程度上取决于压力的大小，模壁摩擦造成压坯的密度沿压坯高度方向分布不均匀。压坯的尺寸和形状也会影响密度分布，最重要的影响参数还是压坯的长径比。当压制长度较大的药柱时，可以使用其他方法，如冷等静压、温等静压等，以避免模壁摩擦的问题。

外摩擦力不仅造成压力损失，而且使压坯的密度分布不均匀，甚至还会因药粉不能顺利充填某些棱角部位而出现废品。为了减少因摩擦出现的压力损失，可以采取添加润滑剂、减小模具的表面粗糙度和提高硬度、采用双向压制等

措施。

摩擦力虽然有不利的方面，但也可加以利用来改进压坯密度的均匀性，如带摩擦芯杆或浮动压模的压制。

3）脱模压力

使压坯由模中脱出所需的压力称为脱模压力。它与压制压力、药粉性能、压坯密度和尺寸、压模和润滑剂等有关。

脱模压力与压制压力的比例，取决于摩擦因数和泊松比。除去压制压力之后，如果压坯不发生任何变化，则脱模压力应当等于药粉与模壁的摩擦力损失。但压制压力消除之后压坯存在弹性膨胀，沿高度伸长，侧压力减小，所以退模压力最大等于侧压力。

脱模压力随着压制压力的增大而增大，一般与压制压力呈线性关系：

$$P_{脱} \approx 0.13P \qquad (4-2-9)$$

这是对一些材料得到的经验公式。但也有研究结果指出，在某些情况下，脱模压力随压制压力的增大是非线性增加的。

脱模压力随着压坯高度的增加而增加，在压制压力小于 $300 \sim 400\text{MPa}$ 的情况下，脱模压力一般不超过 $0.3P$。使用润滑剂时，脱模压力可降低到 $(0.03 \sim 0.05)P$。

4）弹性后效

弹性后效现象是粉末压制成型（如冶金粉末压制、陶瓷粉末压制成型等）一般会出现的一种力学现象。粉末颗粒在压制过程中，当除去压制压力并把药柱退出压模之后，由于内应力的作用，药柱发生弹性膨胀，这种现象称为弹性后效，也称作回弹。一般用绝对回弹量或药柱胀大的百分数表示，百分数的计算公式为

$$\delta = \frac{\Delta l}{l_0} \times 100\% = \frac{l - l_0}{l_0} \times 100\% \qquad (4-2-10)$$

式中：δ 为沿药柱高度或直径的弹性后效；l_0 为药柱刚退出模具后的高度或直径；l 为药柱放置一段时间后的高度或直径。

产生回弹的主要原因是：药粉在压制过程中受到压力作用，药粉颗粒发生变形，这种变形首先是塑性变形和炸药晶体的破碎（永久变形），随着压力增大，永久变形加剧。同时，当成型件密度提高后会表现出体积弹性压缩的特点，从而在成型药柱内部聚集很大的弹性内应力，其方向与所受外力方向相反，力图阻止颗粒进一步弹塑性变形。当压制压力消除后，弹性内应力使药柱发生膨胀，从而产生药柱回弹。如前所述，药柱的各个方向受力大小不一样，因此，弹性

内应力也不相同，药柱的弹性后效存在各向异性的特点。由于轴向压力比侧压力大，沿药柱高度的弹性后效比横向的要大一些。

弹性后效的大小，取决于炸药本身的性质，如可塑性，有无黏结剂及其含量、种类，造型粉及单质炸药晶体颗粒的大小和形状等。可塑性好的炸药，压制药柱时弹性膨胀小；颗粒越细，颗粒界面结合强度越低的炸药，弹性后效越大。

压制条件对回弹也有显著影响，如成型压力的大小、温度高低、润滑情况及其他因素等。压制压力越高，药柱密度越大，引起弹性膨胀的内应力也越大，其弹性后效也明显增大。提高温度、增加润滑可以降低回弹性。另外，在压制过程中，在颗粒间隙夹带的空气，由于体积的缩小，压力显著增加，有可能形成很大的反压力以阻止药粉压实，在泄压、退模后由于气体的膨胀，也是产生回弹的因素之一。因此，在压药过程中，加压速率不能太快，要有充足的时间让空气被挤出，一定程度上避免由于空气膨胀造成的药柱回弹。

对于含高聚物黏结剂的造型粉颗粒来说，其中的高聚物黏结剂一般是热塑性弹性体，其黏弹性导致压制药柱表现出更大的回弹性。而且随着黏结剂含量的增加，回弹效应增大。

在压制压力达到预定值后保持一定时间，即采取保压措施，可以在一定程度上减小或消除回弹效应。

炸药压制过程中的回弹以及通过保压减少回弹，可以利用材料蠕变和应力松弛原理解释。所谓蠕变，是指在一定的温度和较小的外力作用下，材料的形变随时间的增加而增大的现象。一般材料（如高分子材料、金属、陶瓷等）都会出现蠕变现象，只是蠕变的条件和程度有所不同，金属和陶瓷往往在高温下发生蠕变，而高分子材料在常温下即发生蠕变。对于含高分子黏结剂的 PBX 炸药，可以将其看成高填充的高分子复合材料，压制成型件的蠕变性与高分子材料相似。从分子运动和变化的角度看，蠕变过程包括以下三种形变：

（1）普弹形变 ε_1。

当高分子材料受到外力作用时，分子链内键长和键角立刻发生变化，这种形变量很小，卸载后恢复原状。形变量为

$$\varepsilon_1 = \frac{\sigma}{E_1} \tag{4-2-11}$$

式中：σ 为应力；E_1 为普弹形变模量。

（2）高弹形变 ε_2。

高弹形变是分子链通过链段运动逐渐伸展的过程，形变量比普弹形变要大

得多，外力除去后，高弹形变逐渐恢复，但形变与时间呈指数关系，即

$$\varepsilon_2 = \frac{\sigma}{E_2}(1 - e^{-\frac{t}{\tau}}) \qquad (4-2-12)$$

式中：τ 为松弛时间；E_2 为高弹形变模量。

(3)黏性流动 ε_3。

对于分子间没有化学键的热塑性高聚物，则会产生分子间的相对滑动，称为黏性流动，外力除去后黏性流动不能恢复。

$$\varepsilon_3 = \frac{\sigma}{\eta_3}t \qquad (4-2-13)$$

式中：η_3 为本体黏度。

对于高聚物而言，在其玻璃化温度以下(玻璃态)时，分子链段运动的松弛时间很长(τ 很大)，ε_2 很小，分子内摩擦力很大(η_3 很大)，ε_3 也很小，形变主要是 ε_1，形变很小；在玻璃化温度以上(高弹态)时，τ 随温度升高而变小，形变主要是 $\varepsilon_1+\varepsilon_2$；在黏流温度以上(黏流态)时，不但 τ 变小，体系黏度 η_3 也减小，三种形变都比较显著，总形变是三者之和。由于黏性流动不能恢复，外力去除后便产生永久变形。

PBX 造型粉中使用的黏结剂，常温下基本处于玻璃态或高弹态，通常存在形变恢复产生回弹现象，但高聚物在一定温度和形变保持不变的条件下，内部应力随时间增加逐渐衰减，即存在应力松弛。应力与时间的关系为

$$\sigma = \sigma_0 e^{-\frac{t}{\tau}} \qquad (4-2-14)$$

式中：σ_0 为起始应力；τ 为松弛时间。

产生应力松弛的机理与上述蠕变的机理是相同的，都是高聚物分子链段运动的结果。应力松弛的结果使压制过程中产生的弹性内应力减小甚至消失，使药柱回弹较小，这是保压后回弹减小的主要原因。

3. 压制成型密度

1)粉末压制理论

1923 年汪克尔(Walker)根据试验首次提出了粉体的相对体积与压制压力的对数呈线性关系的经验公式。此后，针对粉末的压制成型，人们采用非线性弹性力学理论来描述压制过程。由于粉末体变形是一种体积变形，变形程度非常大，人们在研究应力-应变关系时，对应变的表达形式各有不同，因而产生了各种各样的压制方程式。

　　自 20 世纪 70 年代后，塑性力学和土塑性力学得到了很大发展，一些学者基于经典塑性理论提出了粉末材料的塑性理论，如在 von Mises 屈服准则基础上的粉末体塑性屈服准则。以塑性力学理论为基础的粉末形成理论在解决一些特殊成型问题上（如在粉末锻压、热复压、热动压、粉末挤压和等静压等方面）取得了较大进展，特别是针对多孔体的变形研究发挥了较大的作用，解决了变形过程中断裂等理论问题，但粉末体的塑性变形与致密体的塑性变形有很大区别，将粉体假设为体积可压缩的连续体与实际情况有所不同。

　　在粉末体塑性变形理论提出的同时，很多学者提出了以流变学理论为基础的粉末压制理论。粉末压制成型时，粉末体表现出了一系列流变特性，如应力推迟、压制蠕变、应力松弛、弹性后效和粉末内耗等。将粉末看作流变体，考虑时间因素对粉末压制过程的影响产生了以流变为基础的粉末压制理论。

　　综上所述，粉末体的压制理论目前主要有以非线性弹性理论、塑性理论、流变学理论为基础的粉末成型理论三类，对于每种理论产生了一系列理论模型和计算公式，而且每种理论均有其优点和使用局限。

2）炸药粉体压制压力与药柱密度的关系

　　在粉末压制成型研究中，常用的压制压力与密度的关系主要有汪克尔（Walker）公式、巴尔申（Barshin）公式、川北（Kawakita）公式、黑克尔（Heckel）公式等，这些公式基本属于早期的非线性弹性理论的范畴，是经验或半经验公式。这些公式大多可以用于拟合炸药压制压力-密度曲线。

　　对于炸药粉体的压制，尚未发现有人对其进行理论描述，但有人通过实验建立了压制的经验方程，如实验得到 TATB 基 PBX 炸药，压制密度与压制压力的关系为

$$\rho = 0.7364 + 0.0546 \ln P \qquad (4-2-15)$$

田丽燕等提出了描述装药密度与成型压力关系的指数方程

$$\rho = 1 - a_1 \exp(-b_1 P) - a_2 \exp(-b_2 P) \qquad (4-2-16)$$

式中：P 为成型压力；a_1、b_1、a_2、b_2 为与炸药物理力学性质有关的常数。

　　图 4-2-17 是 JHL-2、RT-1、TNT、8701 和 A-IX-2 五种炸药造型粉或颗粒的压制试验结果和拟合曲线。

　　谭武军等分别选取经过不同重结晶工艺处理的 RDX 和 HMX 晶体与一种工业级原料颗粒样品进行压制实验，采用 Kawakita 和 Heckel 方程对压制曲线进行拟合。结果表明，对 RDX 颗粒两个方程均拟合得很好，但对 HMX 颗粒存在一定的误差，尤其是 Heckel 方程误差较大。选取压制过程形变破碎阶段的

数据所得结果的区分度有明显提高，同时两个方程的拟合情况均得到明显改善。对于含能材料晶体颗粒，Kawakita 方程更合适。

3）压坯密度分布

（1）压坯中密度分布的不均匀性。

由于摩擦力的作用，压坯的密度分布在高度和横截面上是不均匀的。对炸药压制药柱的密度分布，可以从金属粉的压制密度分布得到了解和认识。在压力 $P = 700\text{MPa}$，凹模直径 $D = 20\text{mm}$，高径比 $H/D = 0.87$ 条件下，镍粉各部分的密度分布如图 4 - 2 - 18 所示。

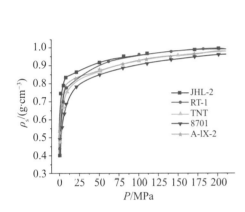

图 4 - 2 - 17　炸药密度与压制压力曲线　　图 4 - 2 - 18　镍粉压坯的密度分布

从图 4 - 2 - 18 可以看出，靠近上模冲边缘部分的压坯密度最大，靠近模底边缘部分的压坯密度最小。在与模冲相接触的压坯上层，密度从中心向边缘逐步增大，顶部边缘部分密度最大；在压坯的纵向层中，密度沿压坯高度由上而下降低。但是，在靠近模壁的层中，由于外摩擦力的作用，轴向压力降低幅度比压坯中心大得多，使压坯底部的边缘密度比中心密度低。因此，压坯下层的密度分布状况和上层相反。

（2）影响压坯密度分布的因素。

前面已经指出，压制的总压力为净压力与压力损失之和，压力损失是在普通钢模压制过程中造成压坯密度分布不均的主要原因。实践证明，增加压坯的高度会使压坯各部分的密度差增大；而加大直径则会使密度分布更加均匀。即高径比越大，密度差别越大。为了减小密度差别，降低压坯的高径比是适宜的。因为高度减小之后压力沿高度的差异相对减小，使密度分布更加均匀。

采用模壁光洁程度好的压模并在模壁上涂润滑油，可减小外摩擦因数，改善压坯的密度分布。压坯中密度分布的不均匀性，在很大程度上可以用双向压制法来改善。在双向压制时，与模冲接触的两端密度较高，而中间部分的密度较低，如图 4-2-19 所示。

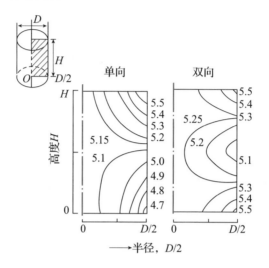

图 4-2-19　压坯密度沿高度的分布规律

为了使压坯密度分布尽可能均匀，生产上可以采取下列行之有效的措施：

①压制前对粉末加热预处理，减小粉末的加工硬化性能，或进行热压，提高粉末的压制性能。

②对模具内表面进行润滑，或加入适当的润滑剂，如石墨、硬脂酸锌、硬脂酸钙等硬脂酸盐，滑石粉，润滑油等。

③改进加压方式，根据压坯高度(H)和直径(D)或厚度(δ)的比值设计不同类型的压模，当 $H/D \leqslant 1$、$H/\delta \leqslant 3$ 时，可采用单向压制；当 $H/D > 1$、$H/\delta > 3$ 时，则需要采用双向压制。

④改进模具构造或适当变更压坯形状，使不同横截面的连接部位不出现急剧的转折。在粉末运动部位，模具的表面粗糙度 Ra 应低于 $0.3\mu m$，降低粉末与模壁的摩擦因数，减少压力损失，提高压坯的密度均匀性。

4. 影响造型粉颗粒压制成型性的主要因素

1) 黏结剂的影响

炸药造型粉中的黏结剂通常为有机高聚物、蜡等，主要起黏结成粒作用，同时也对单质炸药包覆钝感。黏结剂赋予造型粉的可压性，其自身的物理和力学性能对炸药的压制性能有显著的影响。

（1）力学性能的影响。

高聚物黏结剂的力学性能与其种类、结构及其物理状态有关。

热塑性高聚物在不同温度范围内出现不同的物理状态：玻璃态、高弹态、黏流态，如图 4-2-20 所示。

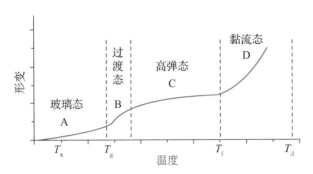

图 4-2-20　线型无定形高聚物在恒压下的热机械曲线

T_x—脆折点；T_g—玻璃化温度；T_f—黏流温度；T_d—分解温度。

处于玻璃态的高聚物弹性模量和力学强度值较高，在一定外力作用下形变值较小（约 1%），受力时的形变符合胡克定律，即应变与应力成正比。处于高弹态的高聚物表现出橡胶特性，弹性模量和力学强度次之，在力作用下形变值较大，达到 100%～1000%，外力消除后形变可以回复，具有可逆性。黏流态的高聚物能够流动，故称为黏流态或塑性态。

高分子材料的力学性能与高分子连段运动有关。线型非晶态高聚物分子链中存在着两种运动单元，即分子链的整体运动与分子链中的链段运动，正是这两种不同的运动形式造成了高聚物在温度变化情况下存在三种物理或力学状态。当作用的外力一定时，这三种状态出现在不同温度范围内。温度足够低时，分子间作用力比较大，分子链及链段不能离开原来的位置，此时高聚物为非晶相的玻璃态；当温度上升时，热运动能量逐渐增加，达到某一定温度后，虽然整个链仍不能移动，但链的转动作用使某些链段位移，分子形状可以发生变化，可以拉直或蜷曲，产生很大的变形，外力除去后，由于形变产生的内应力使链段恢复原状，属于高弹性形变，这个状态称为高弹态；当温度上升到不仅链段可以运动，而且整个高分子亦能运动，分子间可以互相位移而产生极大的、不受限制的形变，外力去除后也不能恢复原状，变形是不可逆的，此时高聚物成为流动性黏液，故称为黏流态。对于不同的高聚物，由于元素组成、化学键及基团、分子链段结构等差异，造成分子链及链段运动能力的差异，从而具有不同的力学性能。分子链化学键强度越高、刚性越大，越不易转动、移动，弹性模量越大、力学强度越高。

常温下处于玻璃态的代表性高聚物为塑料，处于高弹态的代表性高聚物为橡胶，处于黏流态的代表性高聚物为流动性树脂。如果加入增塑剂，则可以改变玻璃化温度和黏流温度。

从提高可压性的角度考虑，应选用橡胶态高聚物或热塑性弹性体，在该类材料中选用低模量、低强度、高延伸性的品种；若从提高成型药柱的力学强度的角度考虑，则应选择塑料类材料，但不能选择强度很高的塑料，因为这会提高成型压力，过大的压制成型压力会增加炸药压制的意外爆炸危险性。

采用不同状态的高聚物作黏结剂制备造型粉，可以获得不同可压制性与力学性能的炸药制件。玻璃态高聚物黏结剂制备的炸药，力学强度最高，对于RDX、HMX 基炸药，抗压强度可达 30MPa 以上，但压制压力超过 250MPa 以上时，才能压制到其理论密度的 95% 以上；采用黏流态(一般为增塑剂增塑的热塑性弹性体)高聚物作黏结剂时，一般成型药柱强度较低，抗压强度一般在10MPa 以下，压制压力 100～150MPa 时即可压制到其理论密度的 95% 以上；采用高弹态(橡胶)高聚物作黏结剂时，成型压力和成型药柱强度介于上述两者之间，抗压强度一般在 20MPa 左右，压制压力超过 200MPa 时，可压制到其理论密度的 95% 以上。因此，可以通过调节高聚物黏结剂体系的物理状态和力学性能，实现对炸药造型粉成型性和成型药柱强度的调节。对高聚物黏结剂增塑，采用混合或共混高聚物黏结剂，可以调节黏结剂的力学性能，从而调节炸药造型粉的可压性和成型药柱密度。

(2)黏结性的影响。

研究发现，高聚物黏结炸药制件的拉伸断裂主要有晶体断裂、晶体与黏结剂之间的界面脱黏。因此，黏结剂与单质炸药晶体之间的黏结性是影响压制炸药强度的因素之一。

根据黏结理论，高聚物黏结剂的扩散以及对炸药晶体表面的润湿吸附，使炸药晶体黏结，但这种扩散和润湿与链段的运动能力密切相关。处于玻璃态的高聚物毫无黏结能力，但如果将其溶解，或在其中加入增塑剂，改变其流动状态，即可增加其黏结能力。采用不同的工艺方法和不同的工艺过程控制，使用不同的有机溶剂和黏结造粒介质，都会最终影响造型粉的状态和性能，从而影响黏结性及其压制成型性能。

黏结性与分子结构、分子量以及添加剂等有关，这些因素对黏结性的影响可进一步参阅 2.6.1 节的相关内容。

2) 钝感剂的影响

一般认为，高聚物既可作黏结剂，又可作钝感剂。国内外许多混合炸药大多直接使用高聚物既作黏结剂又作钝感剂，例如 Viton A、Kel‑F800、Estane5702 等就是高聚物黏结炸药配方中，除主体炸药外唯一的黏结剂和钝感剂（在压制成型时，加入石墨等润滑剂）。这样，既简化了混合炸药配方又简化了许多操作程序。但如果经高聚物黏结包覆后，炸药的机械感度不符合使用要求，或者成型工艺不需要加入过多的高聚物黏结剂时，则还需要在炸药配方中加入专门降低炸药机械感度的钝感组分，以保证安全性要求。

（1）常用钝感剂种类。

①相变吸热材料。根据钝感理论，相变吸热材料可降低热点形成的概率。蜡类材料是典型的相变吸热材料。研究表明，蜡类化合物安定性好，与常用炸药的相容性良好，来源广泛，成本较低，早在 19 世纪末人们就将其作为炸药的钝感剂应用了。例如，法国曾用 12% 石蜡钝感苦味酸（PA）炸药，钝感后的撞击感度低于 TNT，用于装填穿甲弹；第一次世界大战期间，德国用 6% 褐煤蜡钝感 TNT，用于装填海军穿甲弹。蜡类钝感剂还兼有一定的黏结成粒作用，至今仍被一些国家广泛应用。常用的品种有石蜡、地蜡、蜂蜡、卤蜡、褐煤蜡、合成蜡、微晶蜡及氨蜡等。其中卤蜡有毒性，已逐渐被淘汰。但蜡类钝感剂由于熔点低、塑性大，导致药柱的强度降低。有的含蜡混合炸药在 45℃ 下就已渗出，影响药柱质量。单独用蜡对 RDX、PETN 钝感时，一般加入量为 5%～10% 方可使其机械感度降低到使用要求，明显地降低了主体炸药的能量。所以在高聚物黏结炸药中，蜡通常与其他黏结剂、增塑剂同时使用，一般加入量为0.5%～1.0%，即可明显降低炸药的机械感度。实验表明，微晶石蜡比粗品石蜡钝感效果好，混合蜡比单一蜡的钝感效果好。在蜡中加入苄基萘、四氢化萘一类的增塑剂也有助于提高钝感效果。

②缓冲填充材料。这类材料含有活性基团，是一种钝感或低感度含能材料，其感度和能量低于被钝感的单质炸药，称为活性钝感剂。一般来说，活性钝感剂本身的机械感度低于主体炸药即可作为钝感剂使用。例如，二硝基甲苯、三硝基甲苯的能量虽比 RDX、HMX 等高能炸药低，但机械感度也远远低于这些炸药，混合炸药中常用它们作增塑剂的同时，兼作钝感剂。此外，常用作活性钝感剂的还有二硝基乙苯、间二硝基苯、三硝基间二甲苯、三硝基氯苯、2,4,6‑三硝基苯胺等硝基芳烃。有些硝胺类化合物也可作为 RDX 的钝感剂，常用的有乙二硝胺、硝基胍、三硝基苯乙硝胺、二硝基甘脲等。硝基萘也是常用的钝感剂，太安中加入 20% 的硝基萘可将其 100% 的撞击感度降至 56%（特屈儿水

平），加入40%的硝基萘可降至苦味酸（PA）水平。硝基烷烃可以降低液体硝酸酯的撞击感度，常用的有硝基丁烷、硝基戊烷、硝基乙烷、硝基庚烷及硝基辛烷等。

③润滑材料。高级脂肪酸及其盐类有一定的润滑性，常用作钝感剂。这类钝感剂在混合炸药制造中通常又起表面活性剂及炸药成型脱模剂的作用。常用的有硬脂酸、硬脂酸锌、硬脂酸钙等。月桂酸、三水合醋酸纳及全氟辛酸铵等也有较好的钝感效果。硬脂酸比硬脂酸盐钝感效果好，在以RDX为主体炸药的同一配方中，用等量的硬脂酸代替硬脂酸盐时，其撞击感度可由40%下降至20%。但实践证明硬脂酸对铜有较强的腐蚀作用，硬脂酸盐对铜却无腐蚀作用，如果采用水悬浮法制造高聚物黏结炸药，又利用硬脂酸作钝感剂时，则需要调节水质使一定量的硬脂酸转化为硬脂酸盐，方可保证产品的贮存、使用要求。尤其对带有铜罩的破甲弹，这一点很重要。

石墨、二硫化钼、氟硼酸铵无机润滑剂也常用作钝感剂。其中石墨在高聚物黏结炸药中应用较广泛，它既可以加入炸药配方中，也可以在混合炸药制成后滚附在炸药颗粒表面，有效地降低混合炸药的撞击感度及摩擦感度。

液体油类也可用作钝感剂，如石蜡油、硅油、矿物油、凡士林等。在高聚物黏结炸药中，这类液体油类材料通常起增塑和钝感两种作用。由于钝感效果不如高聚物与其他钝感剂的混合物，也不如蜡类钝感剂，所以很少单独作为钝感剂使用。早期常用的有邻苯二甲酸二丁酯及二辛酯、癸二酸二辛酯等。含量为4%的聚苯乙烯和1.0%邻苯二甲酸二丁酯，可使RDX的撞击感度下降到56%。增塑剂在高聚物黏结炸药中都可起钝感作用。

（2）钝感剂对压制成型性的影响。

前面已经述及，在压制时由于模壁和粉末之间、粉末和粉末之间产生摩擦出现压力损失，造成压力和密度分布不均匀。为了得到所需要的压坯密度，需要使用更大的压力。因此，无论是从压坯的质量还是从设备的经济性来看，都希望尽量减少这种摩擦。

从上述钝感剂的作用及种类可以看出，钝感剂可以对炸药颗粒包覆、填充，具有很好的润滑作用。很明显，钝感剂可降低压制过程中的摩擦力，有利于炸药的压制成型。

3）增塑剂的影响

高聚物黏结炸药的力学性能主要取决于高分子黏结剂。为了便于混合炸药的加工成型，常常向混合炸药中加入增塑剂来降低高分子间的引力，增加塑性或流动性。增塑剂能降低高聚物玻璃化温度、增加可塑性和柔顺性、降低脆性及刚性。

二硝基甲苯对聚醋酸乙烯酯有很强的增塑作用,95%的聚醋酸乙烯酯被5%的 DNT 增塑后的玻璃化温度与黏流温度分别下降20℃和21℃。仅占5%的增塑剂即可使高聚物的伸长率增大5倍,显著改善高聚物的力学性能。

另外,有些增塑剂表面张力小,可对表面能较大的晶体炸药起润湿作用,有利于炸药的黏结和制造。

近年来研究发现,加入某些增塑剂后有时会对混合炸药的热安定性和化学安定性带来一些不利影响。所以,除对软化点较高、脆性和刚性较大的高聚物使用一定量的增塑剂外,对软化点较低、柔性和黏弹性较好的热塑性高聚物弹性体(如聚丁烯、氟橡胶等)不使用或很少使用增塑剂。国外无增塑剂的高聚物黏结炸药越来越多,如 PBX - 9010(90RDX/10Kel - F3700)、 PBX - 9011(90HMX/10Estane)、 PBX - 9502(95TATB/5Kel - F800)、 AFX - 902(95NQ/5VitonA)等,既可简化制造工艺,又可减少炸药的能量损失。所以,增塑剂并不是高聚物黏结炸药中必不可少的组分。

(1)增塑剂的种类。

①芳香族硝基化合物。这类化合物含能,有的本身就是炸药。第二次世界大战期间,C 型塑性炸药就用一硝基甲苯、二硝基甲苯及三硝基甲苯作为硝化棉的增塑剂。由于这类硝基化合物与硝化棉的溶度参数极相近,互溶性好,所以增塑效果好。这类化合物有些在常温下是液态,有的虽在常温下不是液态,但在操作温度下是液态,有时几种化合物可以形成低共熔点的固态混合物。由于本身含能且热安定性又很好,所以这类化合物当前在高聚物黏结炸药中应用很广。

②硝基缩醛类。在高聚物黏结炸药中,近年来较多地采用了硝基缩醛类含能增塑剂。这种增塑剂具有较好的安定性,可以明显降低高分子的玻璃化温度并改善产品性能,不仅可用于炸药,而且广泛用于推进剂中。它们的性能优于硝酸酯和芳香族硝基化合物。目前应用较多的有双(2,2'-二硝基丙醇)缩甲醛/乙醛、双(2-氟2,2-二硝基乙醇)缩甲醛。高能混合炸药 PBX - 9501、LX - 09 及 PBXN - 105、PAX - 2 中均应用了上述含能增塑剂。

③酯类增塑剂。这类增塑剂品种很多,在高聚物黏结炸药中应用较多,如己二酸二辛酯、癸二酸二辛酯、邻苯二甲酸二丁酯、磷酸三辛酯等。它们不仅起增塑作用,有的还可起增韧、钝感和润湿作用,改善炸药的耐冲击性。有的耐低温性能较好,有较低的可燃性;有的挥发性小、耐热性和光稳定性良好;有的耐水性好。酯类增塑剂是一类性能优良的增塑剂。

④烃类增塑剂。这类增塑剂除了增塑作用外，还具有增加流动性、减少黏性、改善加工性和钝感作用。这类增塑剂性能虽不如酯类增塑剂，但成本低廉，常用于制造挠性和塑性炸药，应用较多的是马达油和凡士林油。第二次世界大战期间，人们就采用马达油作为聚异丁烯的增塑剂制造 C-4 炸药。当前在制造塑性炸药中也大多采用此类增塑剂与它增塑剂的混合物，以保证低温时炸药具有良好的塑性。

（2）增塑剂对压制成型性的影响。

高聚物增塑以后，大分子及其链段的活动能力均较大，它们的抗拉强度、弹性模量均下降，影响到 PBX 炸药压制药柱的强度。

加入增塑剂可以将高聚物从玻璃态增塑到黏流态，增塑剂在提高可压制性的同时，降低了药柱强度和药柱的回弹性，也会导致药柱裂纹甚至断裂。所以，对于不同的炸药体系及其对成型性和强度的要求，需要控制加入增塑剂的量，以保证 PBX 炸药既有良好的成型性，又有适宜的力学性能。

4）炸药粒度及形貌的影响

（1）单质炸药晶体颗粒及其级配的影响。

单质炸药晶体粉末对造型粉压制成型性的影响主要体现在其密实堆积程度上。单一颗粒很难达到最佳堆积，成型性也较差。粒度级配组成的粉末压制性较好，原因是小颗粒容易填充到大颗粒之间的孔隙中，压坯密度和强度增加，弹性后效减少，易于得到高密度的合格药柱产品。

在熔铸和浇铸混合炸药中，为了降低黏度、提高固相含量，达到提高产品质量、提高装药密度和能量的目的，往往对固相颗粒进行颗粒级配，使其紧密堆积。在压装炸药中，炸药晶体颗粒也可以级配，使得颗粒排列紧密，降低成型压力、提高压制密度。

确定最佳级配的方法包括理论确定法、半经验确定法和实验确定法。主要理论包括最紧密排列理论、干涉理论和包围跺密理论。虽然实验和理论并不完全符合，但是颗粒级配确实有明显的优越性，如表 4-2-1 和表 4-2-2 所示。

表 4-2-1　国外定型配方主体炸药的粒度

混合炸药	PBX-9007	PBX-9205	PBX-9010	PBX-9404	PBX-9011	C-4炸药
主体炸药	RDX	RDX	RDX	HMX	HMX	RDX
颗粒级配	25μm25% 180μm75%	25μm25% 180μm75%	25μm25% 180μm75%	25μm25% 180μm75%	25μm25% 180μm75%	A级 66.7% B级 33.3%

表 4 - 2 - 2　主体炸药颗粒级配对产品性能的影响

配方	RDX 颗粒/%		密度/(g·cm⁻³)	抗压强度/MPa
	100～500μm	<30μm		
RDX 93.3% + 不饱和聚酯树脂-苯乙烯 6.7%	100	0	1.707	25.9
	90	10	1.716	25.7
	80	20	1.720	44.1
	70	30	1.726	46.4

从表 4 - 2 - 1 可以看出,国外许多定型配方的主炸药已经采用颗粒级配,大颗粒占 3/4,小颗粒占 1/4。表 4 - 2 - 2 表明,颗粒级配可以提高压制密度和抗压强度。

(2)单质炸药晶体颗粒形貌的影响。

单质炸药晶体形貌的影响仍然是颗粒紧密堆积的问题。晶体形貌比较规整、表面比较光滑、棱角少、表现出球形和近似球形形状时,颗粒彼此之间容易靠近,堆积密度高,有利于压制成型。

由于颗粒表面的不规则性,颗粒间存在着摩擦力。表面粗糙度越大,形状越不规则,粉末的松装密度越低。粒度相同形状不同的粉末,松装密度随着形状偏离球形程度的加人而降低。图 4 - 2 - 21 是粒度相同形状不同的粉末颗粒的松装密度,球形粉末颗粒的松装密度较大。随着颗粒的长径比增大,松装密度降低。图 4 - 2 - 22 是松装密度与长径比的关系,具有等轴形状的颗粒松装密度最大。显然,具有光滑表面、等轴形状的粉末有较好的堆积性能。

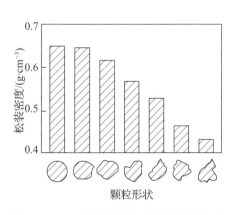

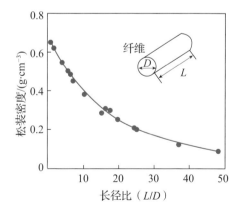

图 4 - 2 - 21　松装密度与颗粒形状的关系　　图 4 - 2 - 22　松装密度与长径比的关系

炸药晶体颗粒形状对压制过程及药柱质量都有影响,具体反映在可压制性和成型密度等方面。颗粒形状不规则时,堆积密度小,当需要提高成型密度时,需要更高的压制压力使颗粒破碎，颗粒间才能较紧密排列。由于压制压力不能无限制增大，所以影响了最终成型密度。另外，增大压制压力，在某些情况下压制过程中即会使药柱断裂，难以形成完好药柱。

(3)造型粉颗粒及松装密度的影响。

造型粉的粒度及粒度组成不同时，在压制过程中的行为是不一致的。

一般来说，造型粉呈细粉状，颗粒不密实，流动性差，松装密度低，在充填狭窄而深长的模腔时，容易形成搭桥，在压模中的充填容积大，必然增加模腔高度尺寸，在压制过程中模冲的运动距离和粉末之间的内摩擦力都会增加，压制压力损失随之加大，影响药柱密度的均匀分布。

但粒度太大的颗粒未必有较高的松装密度，而且会带来额外的塑性和弹性形变阻力。较为密实的造型粉颗粒，且粗细搭配或形成一定程度的级配，才能形成较好的松装密度和较好的流动性，从而提高压制性能和压制便利性。

5)压制工艺的影响

(1)加压方式的影响。

如前所述，在压制过程中由于存在压力损失，压坯中各处的受力不同导致密度分布出现不均匀现象。为了减少这种现象，可以采取双向压制及多向压制(等静压压制)或者改变压模结构等措施，压制过程中采用的加压类型对压制过程有重要的影响。特别是当压坯的高度与直径的比值较大时，单向压制会造成压坯一端的密度较高，并沿压制方向形成一定的密度梯度。双向压制可提供相对均匀的压力分布，获得压坯密度分布均匀的样品。对于高径比较小的样品，单向压制可以满足要求。但在压坯高径比较大的情况下，采用单向压制不能保证产品的密度要求，上下密度差往往达到 $0.1\sim0.5\mathrm{g/cm^3}$ 甚至更大。对于形状比较复杂(如带有台阶)的零件，压制成型时可采用组合模冲。

在造型粉压制过程中，药柱高度由造型粉的装填量和压制压力的大小确定，药柱高度和装填量决定了药柱密度。压药操作中一般采用定压压制和定高(位)压制，定压压制可以得到密度分布相对较均匀的药柱，而定位压制则能得到整体密度或者高度尺寸较为准确的药柱。

(2)加压保持时间的影响。

造型粉在压制过程中，如果在某一特定压力下保持一定时间，往往可得到很好的效果，这对于形状较复杂或体积较大的制品来说尤其重要。

由于高聚物的蠕变特性，保压有利于链段的力学松弛。此外保压还有以下作用：①使压力传递得充分，有利于药柱中各部分的密度均匀分布；②使造型粉颗粒间孔隙中的空气有足够的时间从模壁和模冲之间的缝隙逸出；③为造型粉和单质炸药晶体颗粒之间的黏合、破碎、机械啮合和变形提供时间，有利于应变弛豫的进行。

（3）润滑作用与脱模。

对压药模具进行适当润滑，可以在加压和脱模过程中减小炸药造型粉与模壁之间的摩擦力，提高成型质量，同时降低模具的损耗。

具有较高密度的药柱，一般具有较好的压制性能。但随着压制压力的增加，炸药药柱与模壁之间的自锁效应不断增强，其脱模压力也随之增加。润滑剂的加入可以有效地降低脱模压力和摩擦力，提高安全性，减小对模具的磨损，延长模具的使用寿命。虽然如此，在脱模过程中产生的应力松弛现象会造成药柱的整体反弹，使药柱的实际尺寸大于模壁、模腔的设计尺寸，这种弹性膨胀所造成的药柱尺寸变化量通常低于模具设计尺寸的 0.3%。另外，在脱模过程中，药柱中存在不同的应力-应变差异，极易造成药柱的破损，产生断裂和掉边、掉角等现象。为避免脱模过程中这些现象的发生，可以在脱模时以较低的脱模压力进行缓慢的脱模运动。

（4）加压速率的影响。

加压速率对压制成型质量有很大影响。压制加压过程中，分散在炸药粉末之间的空气需要通过模套与冲头之间的间隙逐渐排除，缓慢下压有利于空气的排除。而且，缓慢压制有利于弹性应力松弛，减少裂纹，提高压制密度。所以，在条件许可的情况下，炸药的压制应尽可能缓慢，以利于提高装药质量和压制安全性。

（5）压制温度的影响。

在高于室温温度下压制能够明显提高压制密度，降低压制压力。图 4-2-23

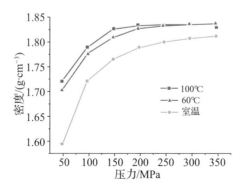

图 4-2-23　JO-6 炸药的压制曲线

是 JO‑6 炸药的压制曲线。可以看出，高温时在 200MPa 压力下，药柱密度已开始接近最大密度；但室温时在 350MPa 压力时仍然离最大密度差距很远。

5. 模具设计

为了获得一定密度、强度和形状的药柱，应根据产品图规定的药剂种类、药柱尺寸、形状和密度要求进行模具设计。

模具设计时，首先要熟悉产品零件图、部件图和总装图，了解产品的结构特征、具体尺寸和各项技术要求（如药量、压药压力和药柱高度等）；其次应了解产品装配过程、设备性能、加工方式和有关参数（如压力机的公称吨位、最大行程、压药方法是定压法还是定位法等）。

下面主要介绍一种经验性模具设计方法，如需精确计算可参阅相关文献。

1）模具设计的一般原则

（1）材料的选择。

模具设计时所用的材料要有足够的强度、不易产生静电、与药剂接触相容性好。一般应采用碳素工具钢（如 T8、T8A、T10A 等）或其他合金钢（如 3CrW8V 等）。另外，有些模具也可选用强度足够的非金属材料（如酚醛层压布板）等。

（2）模具的硬度。

模具应具有一定硬度，以保证耐磨性。根据压药模具的结构和使用要求，一般与药剂接触的受压部分，其硬度为 HRC56~64，其余部分为 HRC50~55。模冲硬度可比模套硬度低一些。

（3）模具的粗糙度。

为了减少药剂与模具的摩擦，模具必须有较高的粗糙度。凡是与药剂接触的部分，表面粗糙度应为 0.4~0.8；其余部分，粗糙度一般以不低于 3.2 为好。

（4）模具的锥度。

为了防止退模时药柱产生裂纹，要采用适当大小的锥度，一般在 1∶80~1∶800，原则上取大些为好。

（5）间隙。

模冲与模套采用间隙配合，精度为 8~9 级（H8/f8、H9/f9）。间隙太大时，模冲易歪斜，药柱有"飞边"；间隙太小时容易卡模，不利排气。

（6）模具加工要求。

模具加工时，应尽量避免尖锐的棱角，一般口部倒角为 2×45 或 $R2$。

2）压制参量的选择

压制炸药药柱常用的压机有液压机和机械压力机两类。在选择压机时，应注意下面几个问题：

（1）压制压力。

压制压力是选择压机的重要参数。在选择压机时，必须使压机的额定压力大于所需要的压制压力。一般来说，压制压力为压机额定压力的 $60\% \sim 85\%$ 较为合适。使用压力过低，不能充分发挥设备的潜力，压力控制的准确性也降低；使用压力过大，对延长压机的寿命不利。

压制压力可按下式计算：

$$F_{\text{压}} = PS \text{ 或 } F_{\text{压}} = PS_1 n \qquad (4-2-17)$$

式中：P 为压力（Pa）；S 为受压横截面总面积（m^2）；S_1 为每个药柱受压面积（m^2）；n 为每次压制药柱的个数。

（2）退模压力。

药柱退模压力的计算见 4.2.3 节的内容。如果压制和退模不是同一台压机，在选用退模压机时，必须使下压力大于药柱所需要的退模压力。将机械压力机改为自动压机时，亦需要计算或核算退模压力。对于润滑剂少的高密度和侧面积大的药柱，尤其要注意退模压力的问题。

（3）工作台尺寸和行程。

选用压机时，必须考虑工作台面的尺寸，以便安装模具。工作台面和活动横梁的结构，关系到模具与压机的连接和固定。

压机的压制行程和退模行程也是需要关注的参数。压机的行程必须大于装药模具的压缩行程（约为药柱高度的 1.8 倍），还必须有足够的空间来安装有关辅助零件和满足操作上的需要。

退模行程必须大于松装炸药高度，以保证退模要求。松装炸药高度 h_0 与药柱高度 H 有以下关系：

$$h_0 = \varepsilon_k H \qquad (4-2-18)$$

式中：ε_k 为压缩比，一般为 $1.8 \sim 2.7$，高密度时可达 3。

松装高度与压制密度、松装密度有以下关系：

$$\rho_G = \rho_A H_0 / (H_0 - \Delta H) \qquad (4-2-19)$$

式中：ρ_G 为压坯密度；ρ_A 为松装密度；H_0 为填充高度；ΔH 为高度变量。

可以通过药粉松装密度、装填高度和高度变化量，大致计算出药柱密度。

退模行程 $S_退$ 要满足下式要求：

$$S_退 = (2.7 \sim 3)H \qquad (4-2-20)$$

换言之，药柱高度 H 只允许为下缸行程（即退模行程）的 1/3 左右。

（4）其他因素。

①压制方式：药柱的压制方式有单向压制、双向压制等。可根据药柱的形状特点来选用。对于选定的压制方式，要结合压机特点来设计模具。如有的压机带有可调节压力的浮动机构，有的是下拉式结构，有的可双向压制等，这样可以简化模具设计。

②退模方式：选用下拉式或顶出式；药柱上有压退模或无压退模。

③加工效率：一般机械压力机比液压机的加工效率高，但安全性差。在两种压机都能选择的情况下，液压机更合适些。

3）模具主要零件的尺寸计算

根据药柱的尺寸精度、形状和性能要求，确定加工工艺过程。不同的工艺过程有不同的尺寸计算方法。根据工艺过程确定尺寸计算方法之后，计算公式中有关参数的选择很关键。这些参数的影响因素很多，如炸药的成分、密度、压药工艺和设备等。因此，实际所采用的参数与计算时选择的参数有一些出入是难免的。

当实际参数与计算时选择的数值有出入时，在不降低药柱性能的前提下，可调节工艺规程使模具仍然适用。

（1）模套尺寸。

模套是模具中最重要的组成部分，其主要参数包括高度、内外径。

模套高度 h 一般由三个部分组成，见图 4-2-24。计算公式为

$$h = h_0 + h_1 + h_2 \qquad (4-2-21)$$

式中：h_0 为松装高度；h_1 为下模冲定位高度（一般为 10~15mm）；h_2 为导向部高度。

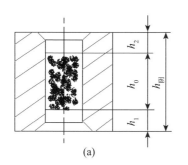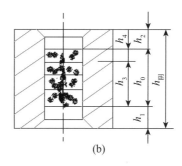

图 4-2-24　模套高度计算示意图

在压药时，导向部对压药模冲起稳定和导向作用。在最后一次压药时还应保证模冲进入导向孔为模套内径的 1~1.5 倍，否则，不能保证起到稳定和导向作用。

松装高度（h_0）按下式计算：

$$h_0 = \frac{\rho_k H}{\rho_0} \qquad (4-2-22)$$

式中：ρ_k 为要求的药柱密度；ρ_0 为松装炸药密度；H 为药柱高度。

如果是分次压药，松装高度（h_0）按下式计算：

$$h_0 = h_3 + h_4 \qquad (4-2-23)$$

$$h_4 = \frac{\rho_k(H - h_3)}{\rho_0} \qquad (4-2-24)$$

式中：h_3 为已压药柱高度；h_4 为最后一次松装炸药高度。

模套外径尺寸一般按 $D_外 = (1.5~2.0)d_内$ 确定，在保证模套强度条件下，还可以稍小一些，因为侧壁压力不大。其中，模套内径（$d_内$）尺寸可由下式确定：

$$d_内 = D + \frac{\delta_n}{2} - c - f_m \qquad (4-2-25)$$

式中：D 为药柱直径的公称尺寸；δ_n 为药柱直径公差；c 为压制后药柱尺寸的胀大量；f_m 为浸蜡层厚度（通常采用 0.15mm）。

由于存在药柱胀大现象，在设计模具时，模套内径应适当缩小，其数值可参考下列经验数据：药柱直径小于 30mm 时，模套内径要小 0.05mm；药柱直径等于 30~35mm 时，模套内径要小 0.08~0.1mm。

另外，为了方便退模，模套往往设计得带有一定锥度，一般锥度在 1/80~1/800 范围内。由于模套有锥度，随着退模的进行，退模应力逐渐降低。

（2）模冲尺寸。

模冲是用来传递压力，使药剂压实的工具。为了便于固定在压机上或手工操作，将上端外径适当加大或做成凸缘。下端面一般磨成平面。为了满足特殊要求，可制成各种形状（如锥形、球面形等）。模冲高度的尺寸可由下式确定：

$$h_{冲} = h + h_5 \qquad (4-2-26)$$

式中：h 为模套高度；h_5 为模冲凸缘高度，一般取 10～20mm，视模冲直径大小而定。

在计算模冲（上下模冲）高度时，要考虑压药时有足够的压缩行程，足够的退模行程，适当的定位高度以及连接所需要的高度。特别是应根据具体结构来确定模冲的高度，但模冲的芯杆部分长度不能超过压机的最大行程。

模冲外径可按下式确定：

$$D_{冲} = d_{cp} - e_{平均} \qquad (4-2-27)$$

式中：d_{cp} 为模套内径平均值；$e_{平均}$ 为配合间隙的平均值。

（3）底座尺寸。

底座高度由底板厚及凸台高度组成，即

$$h_{底} = h_{底板厚} + h_7 \qquad (4-2-28)$$

式中：$h_{底}$ 为底座高度；$h_{底板厚}$ 为底板厚度，一般取 10～20mm；h_7 为凸台高度。

单向压药时，$h_7 = 10～15mm$；双向压药时，$h_7 =$ 夹箍高 + 导向部高 h_2，其中夹箍高为模套松装高度 h_0 与药柱高度 H 差的一半。

（4）退模座尺寸。

退模座有效高度为

$$h_8 = (1.5～2)d \qquad (4-2-29)$$

退模座实际高度在其有效高度基础上增加 5～10mm。退模座内径在模套内径基础上增加 5～20mm，退模座外径在模套外径基础上增加 10mm。

4.2.4　等静压成型技术

1. 等静压压制的基本原理

等静压压制是伴随现代粉末冶金技术兴起而发展起来的一种新的成型方法，图 4-2-25 为某型号典型等静压装置。通常，等静压成型按其特性分为冷等静压和热等静压。前者常用水或油作为压力介质，故有液静压、水静压或油静压之称，当对水、油介质加热时称为温等静压；后者常用气体(如氩气)作为压力介质，故有气体热等静压之称。

等静压压制过程如下：借助高压泵的作用把流体介质(气体或液体)压入耐高压的钢质密封容器内，如图 4 - 2 - 26 所示，高压流体的静压力直接作用在弹性模套内的粉末上，在同一时间内，粉末在各个方向上均衡地受压而获得密度分布均匀和强度较高的压坯。

图 4 - 2 - 25　等静压装置

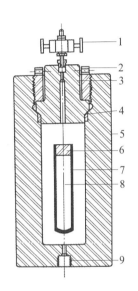

图 4 - 2 - 26　等静压制原理图

1—排气阀；2—压紧螺母；3—盖顶；4—密封圈；
5—高压容器；6—橡皮塞；7—模套；8—压制料；
9—压力介质入口。

根据流体力学原理，压力泵压入钢筒密闭容器内的流体介质，压力大小不变并均匀地向各个方向传递，在该密闭容器各个方向是一致的。在钢模压制过程中，无论是单向压制还是双向压制都会出现压块密度分布不均的现象。

等静压压制工艺与一般的钢模压制工艺相比有以下优点：①能够压制具有凹形、空心等复杂形状的压坯；②压制时，粉末体与弹性模具的相对移动很小，摩擦损耗也很小，单位压制压力比钢模压制工艺低；③压制坯件密度分布均匀；④压坯强度较高；⑤模具材料是橡胶和塑料，模具成本较低廉；⑥能在较低温度下制得接近完全致密的产品。

但等静压压制工艺也有一些缺点：①对压坯尺寸精度的控制和压坯表面的光洁程度都比钢模压制工艺低；②加工效率低于自动钢模压制工艺；③橡胶或塑料模具的使用寿命比金属模具短得多。

2. 冷等静压压制方法

冷等静压压制工艺按粉料装模及其受压形式可分为湿袋式模具压制和干袋式模具压制两种工艺方法。

1）湿袋式模具压制

湿袋式模具压制工艺的压制装置如图 4-2-27 所示。将无须外力支持也能保持一定形状的薄壁软模装入粉末料，用橡皮塞塞紧密封口，套装入穿孔金属套后一起放入高压容器中，使模袋浸泡在液体压力介质中，经高压泵注入的高压液体压制。湿袋式模具压制的优点是能在同一压力容器内同时压制各种形状的压件、模具寿命长、成本低；主要缺点是装袋脱模过程中消耗时间较多、难以实现装袋脱模过程的自动化。

除图 4-2-27 所示的湿袋式模具压制装置外，还有一种液压钢模等静压装置（图 4-2-28）也能进行湿袋模具压制。将高压容器放置在大吨位压力机的工作台面上，压力机的上冲头将压力施加到高压容器的盖板，通过密封圈与活塞传递给容器内的液体介质，借以产生较大的静压力压缩模袋，将压力均匀地传递给模袋中的粉末料使其成型。活塞与容器之间靠压盖与活塞之间的弹性密封垫圈（塑料或软金属）受压膨胀而密封。

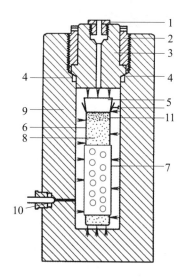

图 4-2-27　湿袋式模具压制

1—排气塞；2—压紧螺母；3—压力塞；
4—金属密封圈；5—橡皮塞；6—软模；
7—穿孔金属套；8—粉末料；9—高压容器；
10—高压液体；11—棉花。

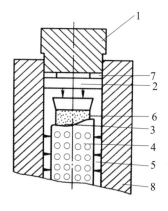

图 4-2-28　液压钢模湿袋式模具压制

1—压盖；2—活塞；3—粉末料；
4—穿孔金属套；5—液压介质；6—模袋；
7—密封圈；8—高压容器。

2）干袋式模具压制

干袋式模具压制工艺如图 4-2-29 所示。干袋固定在筒体内，模具外层衬上穿孔金属护套板，粉末装入模袋内靠上层封盖密封；高压泵将液体介质输入容器内产生压力使软模内粉末均匀受压；压力去除后从模袋中取出压坯，模袋仍然留在容器内供下次装料用。

干袋式模具压制的特点是工艺效率高、易于实现自动化、模具寿命较长。

软模压制是在液压机上进行的特殊式压制，如图 4-2-30 所示。根据等静压压制原理，采用一种像流体一样的软质材料作模具。压制时，将粉料装入塑料软模内，再将它装入钢模筒内，按一般钢模压制那样在普通压力机上压制。压制压力由压力机冲头施加到钢模上冲，压缩装袋软模传递给粉末。由于软模具材料具有流体般的特性，能使模内粉末均匀受压缩成型。受压完毕，卸去压力即可从钢模中的软模袋内取出压块。

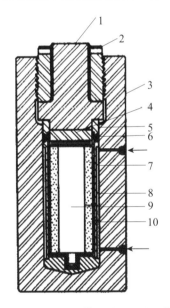

图 4-2-29 干袋式模具压制工艺

1—上顶盖；2—螺栓；3—筒体；4—上垫；5—密封垫；6—密封圈；7—套板；8—干袋；9—模芯；10—粉末。

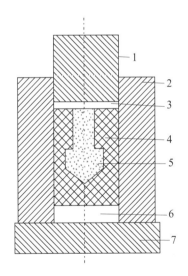

图 4-2-30 软模压制成型工艺

1—钢模冲头；2—钢模筒；3—塑料垫片；4—塑料软模；5—粉料；6—下塑料垫片；7—钢模下垫。

软模成型工艺过程的原理实质上与干袋式模具等静压工艺过程的原理一样，不同的是软模起到了模具和液体介质传压的作用。压坯形状和尺寸的准确性取决于软模的结构和质量。通常采用聚氯乙烯塑料作为软模材料。加工模具所采用的弹性材料有天然橡胶或合成橡胶（如氯丁橡胶、硅氯丁橡胶、聚氯乙烯、聚丙烯、聚氨基甲酸酯等）。这些材料中，天然橡胶和氯丁橡胶广泛用于加工成湿袋式压制模具，聚氨基甲酸酯、聚氯乙烯适于加工成干袋式压制模具。

3. 冷等静压成型工艺

冷等静压工艺采用柔性模具装填粉末，用水或油作为压力传递介质，对模具施加各向均等的压力，其压力值可高达 1400MPa，但通常使用的压制压力不高于 350MPa。橡胶包套模可以设计成各种复杂的形状，考虑到压坯和软包套的收缩，包套模的设计多采用盈余尺寸设计。在图 4-2-31 所示的湿袋工艺中，装满粉末并密封的包套模被浸泡于充满液体的压室中，封闭压室后通过外部的液压装置对包套施加压力，压制完成后，将包套从压室中取出，解除包套密封后可获得均匀压制的压坯。干袋压制工艺的操作速度要比湿袋工艺快得多，原因是干袋工艺的包套是直接在压室中，装粉、压制、出模等过程都不需要移动包套。干袋工艺通过上模冲直接插入包套内部来实现密封，经过液压装置施加压力即可完成干袋等静压压制过程。

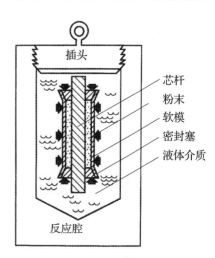

插头

芯杆
粉末
软模
密封塞
液体介质

反应腔

图 4-2-31   冷等静压湿袋工艺

采用等静压压制工艺可以制备出外形尺寸较大、密度分布均匀的压坯。与钢模压制相比，可以在相同的压力条件下获得具有更高压坯密度的样品。同时，等静压压制还允许制品具有较为复杂的外形结构，但其尺寸精度和制造效率较低。由于等静压制工艺使用软包套模盛装粉末，为了保持软包套不变形，可采用多孔硬质套筒来固定软包套。此外，良好的密封可以防止压制过程中漏油。根据等静压压制工艺的特点，对模压工艺难以加工的具有较大长径比的管状结构件，完全可以采用等静压压制工艺压制成型。

以 TATB 为基的含铝炸药的压制成型实验，药柱尺寸为 $\phi200mm \times 100mm$，按图 4-2-32 进行药柱密度实验取样，结果

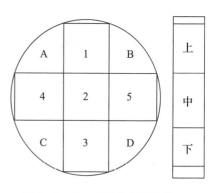

A	1	B
4	2	5
C	3	D

上
中
下

图 4-2-32   密度分布取样图

显示，等静压成型样品密度差为：

同层：$\Delta\rho_{上} = 0.002\text{g/cm}^3$；$\Delta\rho_{下} = 0.001\text{g/cm}^3$；$\Delta\rho_{中} = 0.001\text{g/cm}^3$；整体：$\Delta\rho = 0.003\text{g/cm}^3$。

相同情况下，模压成型件密度分布差为：

同层：$\Delta\rho_{上} = 0.007\text{g/cm}^3$；$\Delta\rho_{下} = 0.010\text{g/cm}^3$；$\Delta\rho_{中} = 0.010\text{g/cm}^3$；整体：$\Delta\rho = 0.015\text{g/cm}^3$。

可以看出，等静压成型件的密度均匀性远高于模压成型。

温茂萍等研究了静压、模压 JOB - 9003 炸药件不同方向的力学性能（图 4 - 2 - 33），结果显示等静压样品相互垂直两个方向的力学性能无差异，而钢模模压样品则有明显差异。张伟斌由 CT 图像（图 4 - 2 - 34）研究，发现 TATB 基 PBX 炸药造型粉颗粒经温等静压成型后压实颗粒仍保留完整形态并致密堆积，压实颗粒内部及其之间未发现残余孔隙、细小裂纹，压实颗粒尺寸大小轴向随机分布，压实颗粒堆积形态轴向 CT 切片与径向 CT 切片大部分呈多边形，压实颗粒无明显取向。

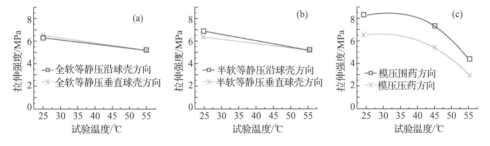

图 4 - 2 - 33　等静压和模压成型药件不同方向的力学性能

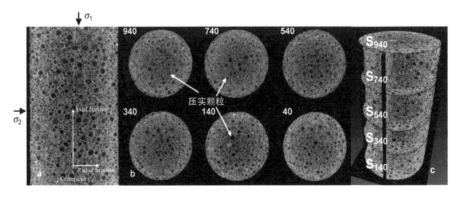

图 4 - 2 - 34　TATB 基 PBX 炸药成型样品截面微细结构 CT 图像

4.3 特殊压装装药成型加工工艺

4.3.1 分次压装装药工艺

在弹药厂，通过压装工艺进行弹丸装药有两种方法：模压压制药柱装填法和直接分次压装法。药柱装填法是将造型粉用前述的模压压制工艺压制成药柱，再将药柱装入弹壳中，用蜡或其他填缝剂填充药柱与壳体之间的间隙，并将药柱固定。直接分次压装药也称为分次冲压装药，是将总装药量分多次通过可伸入壳体中的冲头压实。工厂一般根据弹壳内腔形状、口部尺寸、壳体壁厚以及实际条件综合考虑选用哪种压装方法。

分次压装装药的工艺特点包括：

(1)在弹体内腔直接分次压装，方便、快捷，提高了压装装药效率。同时与压好药柱后再装入弹体的方法相比，省去了药柱黏接或弹体灌缝，可有效增大弹丸药室炸药的装填系数，提高炸药装填量，有利于提高弹丸爆炸威力。

(2)在弹体分次压装中，每一冲之间往往会产生界面，在进行环境试验时能够发现界面脱开、形成裂纹。产生裂纹，会影响弹丸发射安全性，所以是装药工艺应尽量避免的。

1. 工艺流程

直接分次压装工艺过程主要流程如图4-3-1所示。

炸药准备：预热(必要时)，每份称量。

弹体准备：内表面喷漆处理，工作台上定位。

循环分次压药：根据弹体尺寸设计压装药次数，每次压药包括装药粉、加压、保压、泄压拔冲操作步骤，根据压药次数循环这一过程。

检验：外观及无损检验。

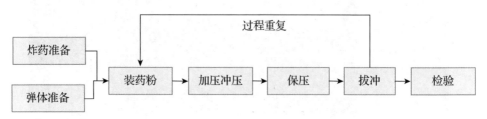

图4-3-1　直接分次压装工艺过程主要流程

2．工艺过程

对于内腔结构是直筒或接近于直筒的弹体，如果直径与口部直径接近，可以将弹体用作模筒，将压药冲头伸入弹壳体中直接压药。

但弹体为枣核形状时，当采用直接分次压装时，可能导致弹体最大直径处的径向密度分布严重不均，也有可能由于造型粉的流动性，药粉上翻，甚至导致无法进行压药操作；当弹体口部直径远小于弹体内部直径时，伸入弹体内的冲头直径会小于腔体直径，同样的原因导致无法进行压药。冲头直径与弹腔内径的相对适宜比例，不同的炸药造型粉、弹体尺寸和结构有不同的最佳比例，但一般对于炮弹弹丸装药，冲头直径比弹腔直径小 1～3cm 时，也能够正常装药。

1）界面形成的原因

当造型粉颗粒在弹腔中受冲头施加的压力被压实时，冲头拔出后，刚受压的炸药粉形成了光滑的密实表面。当进行下一冲压药时，上一冲形成的光滑表面会相当于新进药粉压制时的刚性模具壁面，炸药造型粉不可能与这样的"刚性"表面相互渗透、融合，而是借助于此光滑表面形成了新表面，从而在两次压药或两冲之间形成了界面。当界面之间的黏结性较小时，在一定的条件下则产生裂纹。界面的黏结性与炸药类型，上一冲表面形状、光洁度、密度，以及下一冲的压力等有关。黏结性强界面不易脱开，不易形成裂纹，否则易形成裂纹。

2）减少与消除冲间裂纹

影响冲间裂纹的因素主要与冲头形状和装药工艺有关，减少与消除冲间裂纹的措施也主要从上述两个因素入手。

（1）冲头形状。

当冲头形状为球缺与圆锥台体时，虽然可增加侧压力，但形成的光滑接触面比较大，而平冲头时可降低表面积，实践证明平冲头形状较为有利。

（2）装药工艺。

装药工艺参数对裂纹影响较大，这些参数包括药温、冲压次数、成型密度、冲压压力、药量分配等，具体合理的工艺参数需要最终试验确定。但在工艺上，前一冲成型形成的装药密度稍低于紧接着的后一冲的密度，后一冲的压力大于前一冲的压力，这样有利于两冲界面的融合、黏结，形成裂纹的概率相对小一些。

4.3.2 螺旋装药成型工艺

螺杆挤压成型，在弹药的炸药装药行业称为"螺旋装药"，是第一次世界大战中发展起来的一种装药工艺，主要用于具有较低熔点、一定塑性、低机械感度的颗粒状炸药的挤压装填。螺旋装药大约 1956 年前后引入我国弹药行业。

与压装工艺相比，螺旋装药工艺可以装填口大肚小的异型战斗部，提高压装工艺的应用效率。但由于螺杆转动时与炸药产生剧烈的摩擦，对感度较高的RDX、HMX 等脆性晶体炸药为主要成分的混合炸药，不适宜用该工艺装药。另外，螺旋装药工艺成型的药柱径向密度差较大，药柱靠近螺杆位置的地方还有局部熔化的现象，因而造成明显的分层，使药柱的密度均匀性较压装法差且平均密度低，直接影响了弹药的威力。螺旋装药工艺存在的诸多问题，使该技术的应用受到了一定限制。

尽管如此，由于螺旋装药工艺能解决压装工艺不能解决的弧形弹体的装药问题，而且生产能力高，易于大批量的机械化流水线生产，因此至今仍在我国和东欧一些国家广泛用于 TNT 炸药装填炮弹的装药生产。适用螺旋装药工艺的弹种主要有 82～160mm 迫击炮弹、76～152mm 榴弹、100kg 以下航弹等，使用的炸药主要有 TNT、阿玛托和梯萘炸药。

1. 工艺流程

螺旋装药的工艺流程如图 4 - 3 - 2 所示。

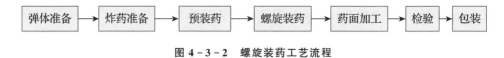

图 4 - 3 - 2 螺旋装药工艺流程

弹体准备：检查内外表面完整性，弹体称重、测量容积，弹体内表面涂防护漆；按工艺要求对弹体预热。

炸药准备：过筛除去药块、杂质以及炸药细粉，根据工艺需要对炸药进行预热。

预装药：螺旋装药前，将准备好的炸药自由装入弹体腔室中，一般预装入总装药量的一半左右，目的在于缩短输药时间；同时在装药漏斗中装入足量的炸药。

螺旋装药：开动装药机，螺杆开始反转进入弹体内，将预装药向边部排挤，螺杆到位后开始正转，将漏斗内的炸药通过输药段输入弹体，挤压炸药，并最终完成装药。

药面加工：口部药面钻孔、刮平，清理药面及口部螺纹，对掉漆处进行补漆。

检验：X 射线无损检测裂纹、疏松等疵病以及金属异物，称重、通过装药前壳体重量和容积计算总体装药密度。

包装：按要求入箱包装。

2．工艺过程

1）成型过程

螺旋装药工艺由螺旋装药机来实现，根据螺杆的方向，螺旋装药机分立式和卧式两种。立式装药机主要用于装填榴弹，卧式装药机主要用于装填迫击炮弹以及航弹装药。

（1）立式螺旋装药过程。

当螺杆伸入弹底至一定距离时开始转动，炸药被螺杆带入药室，在弹口部由于重力和离心力的作用而离开螺杆掉入弹底部，随着炸药的不断输送，使底部炸药越积越多而上翻，直到整个弹体内充满炸药。随侧压力的增加，螺杆周围的炸药逐渐形成了炸药壁，此时，炸药还在继续进入弹体，使炸药与炸药壁之间的摩擦力逐渐加大，炸药上翻的可能性不断减小，底部炸药量逐渐增多并被压紧，在螺杆的最后一扣形成药楔。在整个压药过程中，螺杆不断重复着上述过程，直到螺杆完全退出弹体为止，至此装药过程结束。

在实际生产中，一般先进行弹体的预装药，然后将螺杆伸入弹体中压药，这样可大幅提高生产效率。图 4 - 3 - 3 为典型立式螺旋装药机的装药原理示意图。

（2）卧式螺旋装药过程。

先将螺杆伸入弹体中，在离弹底一定距离时开始转动，将炸药送进弹体。在离心力和重力的作用下，炸药在弹体口部积累成一个槽后继续送入弹体的中部和底部，直到整个弹体下半部充满炸药。随着继续送药，弹底炸药越积越多，在整个弹体充满后，弹体底部炸药开始压紧。螺杆外围的炸药与弹壁的摩擦力不断增大，炸药往送药方向翻转的可能性逐渐减小。另外，由于炸药不断地送入弹体，炸药的密度越来越大，直到炸药不能在药室和螺纹内往回翻时，才能在螺杆的最后一扣形成药楔而将药压紧。随后过程与立式螺旋装药相同。图 4 - 3 - 4

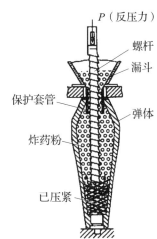

图 4 - 3 - 3　典型立式螺旋装药原理

为典型卧式螺旋装药机的装药原理示意图。

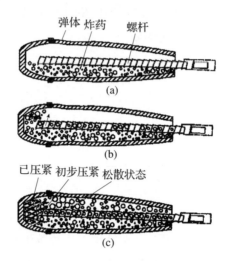

图 4 - 3 - 4   典型卧式螺旋装药原理

2)螺杆及其受力分析

螺杆由送药段、过渡段和压药段三部分组成,其形状和结构如图 4 - 3 - 5 所示。

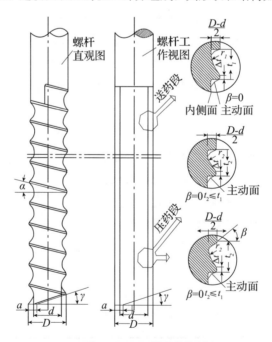

图 4 - 3 - 5   螺杆结构图

D—螺杆外径;d—螺杆内径;t—螺距;Δt—螺牙尖宽(齿厚);α—上升角;a—剩余平面宽度;

β—螺面角(螺面母线与螺杆横截面的夹角);γ—端面角(螺杆端面与螺杆横截面的夹角);r—齿形半径。

影响螺杆性能乃至装药质量和效率的因素主要有：①螺杆外径 D、内径 d 以及两者之比 D/d；②螺杆螺距 t 和螺面角等。螺距和 D/d 比值越大，螺杆旋转一周的进药量越多，炸药压紧得越快；螺杆外径越大，装药密度越均匀，但不能大于弹体进药口的直径；螺杆内径的大小取决于螺杆材质的强度、变形性等，应保证螺杆的强度和刚性，以抵抗的螺杆长度较大时的颤抖。

随着螺距的增大，螺杆旋转一周的进药量也增大，但螺距的大小取决于炸药的物理状态及其物理性质——碾碎程度（碾得很细及粉状的炸药很难进行螺装）、摩擦系数、可塑性等。

在送药段，螺面角 $\beta = 0$ 时为正螺面，螺距 t_1 较大，送药能力强。在送药段和压药段之间为过渡段，炸药在此段由松散状态逐渐变为压紧状态，此时螺面角可以为 0 或有一定角度，即斜螺面，但螺距 $t_2 < t_1$。压药段的作用是将炸药压实，按螺面角 β 可分为等于 0 和不等于 0；按螺距变化来分有正端面（$\gamma = 0$）和斜端面（$\gamma \neq 0$）；按内径分类有有内锥和无内锥。在实际生产中应根据不同的弹种和技术要求来设计和选择螺杆。

在送药段，炸药被送到螺杆前端时，被先送入的炸药阻挡，使弹底的容积越来越少，而后面的炸药又不断送进来，当药量达到足够多时，炸药被逐渐压紧，在最后一扣螺面上压成楔形药块，此时被压紧的药块足以克服反压并迫使螺杆后退。

螺杆旋转时，螺杆作用在散粒炸药上的力主要是摩擦力和挤压力，沿水平方向的合力使炸药作旋转运动，沿垂直方向的合力使炸药向下运动。由于此段内螺距的长度是一定的，在螺杆外形成炸药壁后其送药量不变，即炸药密度不变，此段的炸药并未被压紧。

在过渡段，由于 β 角的增加且螺距减小，使侧压力增大且螺距间体积略有减小，故炸药密度稍有增加。

在压药段，当炸药被送到螺杆前端时，被先送入的炸药阻挡，使弹底的容积越来越少，而后面的炸药又不断送进来，当药量达到足够多时，炸药被逐渐压紧，在最后一扣螺面上压成楔形药块，此时被压紧的药块足以克服反压并迫使螺杆后退。

炸药经螺杆输运到螺杆前端时，并不是在最后一扣螺纹处突然由自由状态转为压紧状态。当开始压药时，最后一扣螺面压楔，炸药沿螺纹与送药的相反方向压紧，直到足以产生反作用力时，楔才能被压紧。因此，在螺杆最前端处，炸药所受的压力最大，密度也最大；反之，离螺杆端部越远，炸药所受的压力越小，密度越低。

在相同压力下采用螺旋装药工艺比压装工艺得到的药柱密度高。主要原因是压力在最后一扣螺纹上并不是均匀分布的,而药柱的密度又是由螺纹末端处的最大压力来决定的。根据苏联萨依切夫的研究,当平均压力为15.9MPa时,最大压力可达78.4MPa,可见端部压力大大超过平均压力。另外,由于装药过程中螺杆与炸药的激烈摩擦,使螺杆末端处的炸药温度较高,且大大超过在压装工艺中的炸药预热温度,从而使炸药的塑性增强,同时还出现局部熔化现象,这是螺旋装药用较低的压力就可得到较高装药密度的原因。

在螺面以外炸药所受的压力比螺杆外径处所受的压力小,这是由于离螺杆越远,炸药受力的侧面积增加得越多,在总压力不变的情况下,单位面积上炸药所受的压力相对减小,越靠近弹壁,压力降得越多。

3. 装药特点

1)螺旋装药成型药柱

螺旋装药成型药柱的中间部分由被压紧的螺旋扇形盘组成,药柱中心部位及螺杆外径部位的炸药有熔化后凝固的现象,周围是由预装药压紧而成。其径向密度差比压装和注装药柱都大,这与螺杆挤压的方式有关。

在装药过程中,炸药与螺杆、炸药与炸药之间都发生着较强烈的摩擦,特别是螺杆经摩擦后可达到较高的温度,在螺杆最后一扣的温度明显高于TNT的熔点。虽然在螺杆最后一扣的TNT炸药温度明显高于其熔点,但直接位于螺面下方的炸药并不熔化,原因是其从固相转为液相时体积膨胀,即压力增大时熔点升高。炸药熔点温度随压力升高而升高,因此螺面下方的炸药不熔化。在螺杆实心部分的下面和螺杆周围,压力相对于螺面下方要低,该处的炸药处于熔化或接近熔化状态,大幅度提高了炸药的可塑性,其密度并不一定低于螺面下方的炸药密度。密度分布如图4-3-6所示。

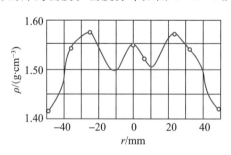
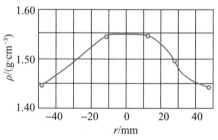

(a)$P=0.37$MPa 时密度分布   (b)$P=0.51$MPa 时密度分布

图4-3-6 螺旋挤压成型药柱密度的径向分布

螺旋装药工艺方法成型药柱的密度沿径向分布较大。研究发现，影响药柱径向密度差的因素主要包括压药压力、温度及炸药本身的塑性等。为减小径向密度差，在装药时可采取增加反压力、增加炸药的可塑性、提高炸药预热温度、弹体温度和室温等措施。增加螺杆直径 D、上升角 α、螺面角 β 等，可使侧向压力增大，有利于提高药柱的均匀性。

2)装药过程中的"卡壳"现象

"卡壳"是螺旋装药过程中由于某种原因造成突然终止输送炸药和挤压炸药的现象。此时，螺杆外径之内的炸药随螺杆一同旋转，螺杆与螺杆凹槽内的炸药不作相对运动，与弹体也不作相对轴向运动，使螺旋装药中断。

产生卡壳是螺杆任一扣螺纹内的炸药由于某种原因随螺杆转动起来，而上部的炸药仍继续往下输送，使该处炸药越积越多，该段螺杆塞满了炸药时送药过程被破坏。

在送药段，由于炸药为散粒体，若流散性不好或粉末过多，炸药颗粒之间摩擦力较大，且炸药粉末易粘附于螺杆壁面导致炸药与螺杆的摩擦增大，使炸药有可能会随螺杆转动而引起卡壳。但在一般情况下炸药在送药段不被压紧，因此不易产生卡壳现象。卡壳主要发生在压药段。卡壳现象的出现，不仅影响药柱的质量，还会使生产能力下降，同时严重影响安全生产。发生卡壳的原因主要与以下因素有关。

(1)反压力的影响。

反压力加大时，螺面对炸药的总压力也增大，总摩擦力随之增加，摩擦升温导致炸药温度升高，而温度升高与压力增大有利于 TNT 中低熔点物质渗出而起到润滑作用，使炸药与螺杆之间的摩擦系数减小，已形成的炸药壁和已被压实的炸药层变得更紧密和光滑，从而导致出现卡壳现象。

(2)螺杆结构的影响。

螺杆设计不合理，导致送药能力不足；当螺杆强度不够、螺杆加工精度或安装精度不高时可能产生扰动而带动楔块，并使底面与侧面的炸药连接松动，降低了药柱的极限剪切应力，容易产生卡壳现象。

(3)炸药塑性的影响。

炸药在温度较低时塑性较差，在相同压力下得到的药柱密度较低。为得到有较高密度的药柱，就需要增加螺杆转速。另外，炸药塑性较差时，摩擦系数也较大，这些都会导致卡壳。可选择塑性较好的炸药或适当提高药温，以增加其塑性。

(4)炸药过度熔化的影响。

在装药过程中，由于螺杆端部的炸药在螺杆剧烈转动过程中产生局部熔化，且熔化的炸药被螺杆挤压并向上翻，在遇到温度较低的炸药或螺杆时，重新凝固并有可能粘附在螺杆上，从而堵塞螺纹而发生卡壳。

（5）炸药输送中断的影响。

若装药机漏斗中没有炸药且又没有及时补充、漏斗中不搅拌或搅拌过度，使输送的炸药量减少，这些都会使螺杆较长时间停留在某处转动，剧烈的摩擦产生大量的热，使药温升高。另外由于不输送或少输送了炸药，药室中的炸药得不到及时补充，使反压力降低，TNT 的熔点降低而导致卡壳。

（6）炸药流散性的影响。

炸药的流散性不好或细粉过多，一方面使炸药的内摩擦增加，另一方面细粉容易粘附在螺杆上，增加螺杆转动时的摩擦力，这也是引起卡壳的原因。所以在装药前，应筛去过大或过细的颗粒。

在实际生产中，可能引起卡壳的原因很多，需要根据具体情况加以分析，才能找出解决问题的办法，避免卡壳的发生，以保证螺旋装药的正常进行。

3）螺旋装药中易出现的疵病

（1）裂纹。

螺旋装药过程中药柱的受力是不均匀的，另外由于温度不均匀而产生的热应力，使药柱容易产生裂纹。在成型药柱中，较为明显的是口部环形裂纹。这种裂纹有时存放一段时间后才显现出来，且比横向和纵向裂纹严重。这是由于药温和弹温均比室温高，且在输送炸药的过程中螺杆外径与炸药有剧烈的摩擦，使炸药处于熔化和半熔化状态，冷却时易出现应力集中，产生较大的内应力，且口部的冷却速度比药柱中部的快，受力不均匀。另外，由于口部反压力过大，周围炸药压得较紧，表面光滑，与中间炸药结合不牢；或由于反压力较低，使周围炸药密度较低，与螺面下炸药相比有较明显的分层，使炸药交界处结合不牢，而在热应力作用下裂纹往往出现在结合薄弱的地方。要防止裂纹，除了控制冷却速度外，还要控制适当的反压力。

（2）药柱的长大和松动。

螺旋装药成型药柱受轴向应力不是很大，部分炸药为弹性变形，当压力取消后，药柱的长大是不可避免的，但长大的程度要小于压装药柱。解决的途径是提高炸药的塑性，使其产生塑性变形。另外，在钻引信孔时应取公差的下限，在药柱长大不明显时仍为合格。

药柱松动主要是与弹壁结合不牢，药柱在弹体内松动会给发射带来严重的不安全隐患，松动的原因主要是由于温度变化而引起的收缩，但其程度要小于药柱长大的程度。

这种现象在榴弹中不易出现，有时在迫击炮弹中存在，主要是由于弹温和药温过低及边部密度较低造成的。因此，在装药时应控制适当的弹温和药温，最好选择塑性好的炸药。另外，需要尽可能提高药柱密度的均匀性。

（3）药柱中的局部熔化和缩孔。

由于装药过程中炸药与螺杆发生摩擦，在螺杆中心下方和螺杆外径周围区域内的炸药呈熔化或半熔化状态。另外，由于炸药在某处停留下来或停止输送，导致炸药长时间与螺杆摩擦，也可能熔化。总之，导致卡壳的原因都有可能使炸药局部熔化。炸药的熔化可导致缩孔和粗结晶的产生，影响药柱的质量。可通过提高螺杆光洁度、降低反压力和转速来解决，但会影响生产效率。

综上所述，螺旋装药过程中存在的主要问题是药柱的平均密度较低且分布不均匀、卡壳及口部常出现的环形裂纹等，导致药柱质量不合格、报废率高，并给安全生产带来困难。

螺旋装药工艺的出现与 TNT 等一类炸药具有一定可压塑性的性质特点密切相关。从发展趋势看，炮弹装药逐渐向应用 RDX、HMX 基等高能炸药方向发展，可以预见，随着 RDX、HMX 基炸药在炮弹中的应用不断增多，螺旋装药会逐渐减少，甚至逐渐退出弹药装药行业。

4.3.3　分步压装装药成型工艺

分步压装，也称捣装，是一种连续化炸药装药成型工艺，主要用于炮弹装药。分步压装药工艺技术由苏联发明并最先在炮弹装药中使用，大约 2000 年前后引入我国，是将螺旋装药和油压机压装技术结合而成的一种装药成型工艺技术。

1. 工艺流程

分步压装的工艺流程如图 4-3-7 所示。

图 4-3-7　分步压装工艺流程

弹体准备：检查内外表面完整性，弹体称重、测量容积，弹体内表面涂防护漆。

炸药准备：过筛除去药块、杂质以及炸药细粉，必要时对炸药进行预热处理。

捣装装药：在装药漏斗中加入足量炸药，设置装药参数（包括反压力、预装药量、拨料量等），开动装药机，装药自动完成。

口部补药：测量分步压装后药面深度，根据装药设计要求计算补药量，在油压机上通过补药工装完成口部补药压制。

检验：X射线无损检测裂纹、疏松、底隙等疵病，称重，通过装药前壳体重量和容积计算总体装药密度。

包装：按要求入箱包装。

2. 工艺过程

1）成型工艺原理

分步压装工艺利用分步压装机对炸药药粉自动分次装填和捣压，通过螺杆式冲头（直径稍小于壳体装药口部直径）的旋转作用，将炸药药粉输送到壳体内，紧接着通过螺杆式冲头往下冲压的动作将壳体内的药粉捣实。随装随压，重复进行"装-压-装-压"的机械动作。

在螺杆冲头运动过程中，不压药时（向上运动）螺杆冲头旋转送药，压药时（向下运动）螺杆冲锤停转压药。

分步压装机工作时，主电机通过齿轮减速器，曲轴、导向机构和压头带动螺杆冲头上下往复运动，当螺杆冲头进入弹体药室后，螺杆冲头开始旋转，将盛药漏斗内的炸药输入弹体内，炸药在离心力和重力的作用下进入药室内部，并逐步充满整个药室底部，充满后螺杆冲头继续旋转，炸药沿着螺杆冲头送药槽向底部输送炸药，形成螺旋状的输药带，螺杆冲头输入的炸药经螺杆冲头向下压药（停转），将炸药向底部及侧面挤压，使底部及侧部的炸药被压紧，形成一定的密度，当密度达到一定值后，压紧的炸药对螺杆冲头产生反压，反压力大于主轴油缸上的反压溢流阀的设定值时，螺杆冲头被提升，使炸药在弹体内由底部向上逐层被压紧，达到工艺要求的密度。

分步压装机的主要装药机构如图4-3-8所示，关键机械部分螺杆及料斗机构如图4-3-9所示。

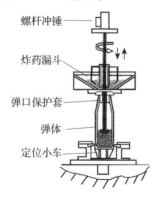

螺杆冲锤
炸药漏斗
弹口保护套
弹体
定位小车

图4-3-8　分步压装机的主要装药机构　　　图4-3-9　分步压装机螺杆及料斗机构

在分步压装过程中，螺杆冲头不断进行上下和旋转的复合运动，一边送药，一边压药。压药时有摩擦，离合器控制螺杆冲头停止转动，确保压药过程安全可靠。螺杆冲头在送药、压药的连续动作过程中，逐渐将炸药压入药室，螺杆冲头逐渐退出药室。

3．工艺特点

分步压装具有以下工艺特点：

1）装药密度及密度分布

分步压装通过螺杆输送炸药和压药，与螺旋装药有相似之处，这种相似性使其装药的密度分布有相似性。图 4-3-10 是分步压装成型药柱的密度分布。可以看出分步压装成型装药的密度呈中间高、边上低的特点，而且在所用螺杆相同的情况下，装药直径（装药腔室尺寸）越大，装药密度越低。这与螺杆尺寸，以及螺杆与装药腔室尺寸的相对比例有关。

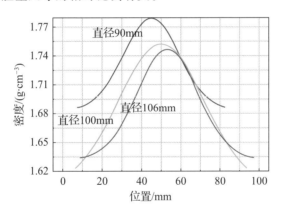

图 4-3-10　分步压装装药的密度分布

因此，尽量利用直径较大的螺杆进行装药，可以一定程度上提高装药密度和密度均匀性。另外，装药过程中提高压力，提高冲压次数（减小每次进药量），也有利于提高装药密度，但达到一定值后，密度增加趋势缓和。因此，在满足弹药装药密度的前提下，考虑到压药过程的安全性，应综合考虑压药参数设定。

2）适应"肚大口小"等复杂形状壳体的装药

分步压装机的进料方式与螺压相近，对于形状复杂的壳体，如"肚大口小"形壳体可进行高密度装药，这是普通压机无法实现的，而其装药的高密度和装药过程的安全性又是螺压工艺无法实现的。

3）容易实现一机多种弹药的压装，具备柔性加工能力

分步压装工艺较为复杂，压机工作过程动作较多，但其专用压机自动化程

度较高，从上料到分步压装全过程，均不需要人工干预。该设备压力可调、螺杆式冲头可更换，以适应不同口径和形状装药的要求，因此，特别适合装药柔性生产线的需要。

与螺旋装药相比，分步压装有以下优势：

(1)安全性提高，扩大了适用范围。

螺旋装药依靠炸药的塑性和摩擦作用将炸药挤压压实，所以仅仅适应于像TNT、阿马托等低熔点、有一定塑性、低感度的炸药颗粒。而分步压装工艺中螺杆接触炸药时停止旋转，最大程度地减小了螺杆与炸药之间的摩擦作用，提高了装药安全性，可以应用于RDX、HMX等高能、高敏感性炸药。

(2)装药密实，疵病少。

分步压装工艺中炸药无熔化，不会出现螺旋装药那样由于熔化而造成的缩孔、松动等现象，提高了弹药在发射过程的安全性，可避免膛炸的发生。

4.4 固化反应型炸药成型加工工艺

4.4.1 概述

20世纪60年代，为了获得质量优良的炸药成型药柱，国外发展了一类新型混合炸药——热固性炸药。它主要由高能炸药和热固性高分子组成，主要是利用液态的可聚合的单体或高分子预聚体作黏结剂与高能炸药RDX、HMX等混合，在一定温度下浇铸或加压浇铸到弹体中，然后在一定条件下固化，形成机械强度较高、尺寸稳定性好、化学安定性优良的药柱，且与弹体结合力强，便于机械加工。这类炸药由于采用高分子聚合物作黏结剂，故也称作热固型高聚物黏结炸药(热固PBX炸药)。

在这类炸药中，高能炸药占70%～90%，黏结剂、固化剂、催化剂及引发剂等组成占10%～30%，近年来为追求高能量，一些新研制的配方中固含量超过了90%。在热固性炸药中，黏结剂应满足下列要求：①力学性能良好，保证产品有足够强度；②固化反应温度较低或在室温下即可固化，固化速度适中，固化时不产生副产物；③成型工艺简便，产品无疵病，附加组分少，无毒。符合这些要求的黏结剂并不多，主要有聚酯、聚氨酯、丙烯酸酯、环氧树脂、聚硅酮树脂、聚丁二烯等。目前，大量使用的黏结剂是端羟基聚丁二烯(HTPB)高聚物预聚体，采用甲苯二异氰酸酯(TDI)(或采用其他异氰酸酯)固化剂，可以得到力学性能优良、环境适应性好的浇铸PBX炸药。

由于热固性炸药在固化前的黏结剂是液态物质，黏结剂容易和炸药混合均匀,可以将混合物直接装填在弹体内进行固化。但由于某些黏结剂的适用期较短,混合后要求立即成型,有时可能来不及成型就发生固化,需要采取后加固化剂和催化剂或将它们装入微型胶囊中,采取连续化生产工艺等。热固性炸药大多需要经过捏合、装填及固化三个阶段成型。常用的成型方法有真空浇铸或真空振动浇铸工艺、挤压成型工艺和压力浇铸工艺。可依据混合药浆的黏度,选择适宜的成型工艺方式,工艺范围如图 4-4-1 所示。

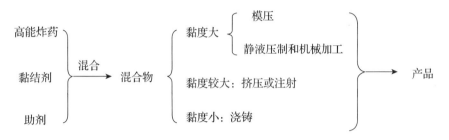

图 4-4-1　热固性炸药成型工艺适用范围

黏度相对较小的热固炸药,通过浇铸工艺成型,故常称作浇铸型高聚物黏结炸药(或浇铸 PBX 炸药)。浇铸 PBX 炸药是目前用量最大的一类炸药,主要用作各类战斗部主装药。其他药浆黏度较大的热固炸药,由于制备及装填工艺的复杂,一般用量都很小,主要用于传爆、爆破、切割等装置或场合。浇铸 PBX 炸药的配方组成与复合推进剂相似,因此制备及成型工艺与复合推进剂基本相同,对其成型工艺的更详细了解可参阅第 3 章 3.2.3 节"固化反应浇铸成型工艺"的有关内容。

4.4.2　成型制造工艺

1. 浇铸成型工艺

该工艺是应用最广泛的一种热固炸药的成型工艺,主要用于航弹、鱼(水)雷、大中口径炮弹以及各种导弹战斗部的主装药浇铸成型。目前浇铸成型工艺主要有真空振动浇铸工艺和双组分混合浇铸工艺两种,前者是一种间断装药工艺,后者用于大批量装药的连续装药工艺。

1)真空振动浇铸成型工艺

前面介绍了熔铸工艺的真空振动浇铸成型,根据改善成型质量的机理,真空振动同样适用于浇铸 PBX 炸药的浇铸成型。真空减压有利于气泡上浮排除,振动剪切变稀有利于物料流动流平。所以对于黏稠的浇铸固化 PBX 炸药浆料,真空振动在提高物料流动性的同时减少了气泡的生成。图 4-4-2 是一般真空

振动浇铸装置的示意图，弹体固定在振动台
上，整体置于真空箱中，浇铸料斗在真空箱
外，药浆在负压下浇铸。

（1）主要工艺过程。

将液态黏结剂及其他添加剂与高能炸药混
合均匀，得到一种黏度不大的黏浆液，然后浇
铸到弹体中，抽真空或加振动，既去掉气泡又
可使炸药混合物填满到各个角落，最后进行固
化得到产品。

（2）工艺流程。

热固性炸药真空振动浇铸工艺流程如
图 4 - 4 - 3 所示。

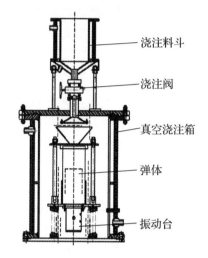

浇注料斗

浇注阀

真空浇注箱

弹体

振动台

图 4 - 4 - 2   真空振动浇铸装置

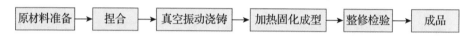

原材料准备 → 捏合 → 真空振动浇铸 → 加热固化成型 → 整修检验 → 成品

图 4 - 4 - 3   热固性炸药真空振动浇铸工艺流程

主要工序：

①原材料准备。包括主体炸药 RDX 或 HMX、高氯酸铵（AP）、Al 粉、液
态预聚物、增塑剂、固化剂等准备。

②捏合。先将液态预聚物、增塑剂加入捏合机中捏合混合几分钟后，依次
分批加入主体炸药、Al 粉等原材料，并加入催化剂和工艺附加剂，捏合一定时
间后，加入固化剂，捏合 10～20min，获得均匀的黏稠物料。

③真空振动浇铸。将被浇铸的弹体或模具放入真空浇铸缸内，并置于机械
振动台上以一定振幅进行振动。启动真空泵，将捏合好的黏塑性物料倒入真空
浇铸缸的盛料漏斗中，进行真空振动浇铸，当物料充满弹体时停止浇铸，继续
抽真空和振动，最后取出弹体或模具。

④加热固化成型。加入弹体或模具的黏稠物料，在固化缸内通过加热到一
定温度，黏结剂在催化剂作用下聚合交联，形成炸药装药或炸药药柱。

⑤整修和检验。修整药面达到产品质量要求，检查外观质量，剔除不合格
产品。

⑥成品包装。即合格品包装。

（3）工艺举例。

①捏合。开启加热系统，将立式捏合机温度升至 55℃，在立式捏合机中，

加入 4.40 份 HTPB，6.65 份增塑剂己二酸二辛酯防老剂、固化促进剂、表面活性剂共 0.5 份，混合 5min 后，加入 25 份 RDX，混合 10min 后，加入 30 份 AP，混合 10min 后，再加入 33 份 Al 粉，开启真空泵，在 55℃、0.1bar 压力下真空捏合混合 60min，最后加入 0.45 份固化剂 TDI，捏合 15min 后，出料。

②浇铸。将混合物转移至浇铸料斗（预热温度 55℃）中，将弹体固定在振动台上，开启真空，当真空度达到 0.1bar 以下时，开启振动，打开放料阀进行真空振动浇铸，当达到装填量时，关闭放料阀，停止振动，卸真空，取出装药。

③固化。在 50℃ 左右条件下固化 5 天。

2）双组分混合浇铸工艺

双组分混合浇铸最初是由欧洲含能材料公司，在 20 世纪末建立的浇铸 PBX 炸药装填大口径榴弹生产线上使用的一项混合浇铸技术。双组分工艺可实现浇铸 PBX 的连续化装药生产，解决了传统间断工艺存在的适用期短、固化时间长和成本高等不足。双组分混合工艺将浇铸 PBX 炸药配方整体分为两大组分 A 和 B，其中 A 组分主要含有高分子预聚物（如 HTPB 预聚物），B 组分主要含有固化剂（如 TDI）。在装药时，A 和 B 在短时间内经过静态混合器混合后，浇铸到弹体中固化成型。其中组分 A 和组分 B 分别是在捏合机中混合后的预混物。静态混合主要通过液流在交叉通道的多次分流来实现，通道外壳往往是各种大小圆管，里面混合单元有多种结构。

静态混合器能耗低、传动部件少、结构简单、能连续生产。好的静态混合器可在很短的管道内完成混合，流量和黏度改变均不影响效果。事实上，静态混合器不仅可混合液体，也可混合气体、气液两相物料等，正得到越来越广泛的应用。图 4 - 4 - 4 是典型的静态混合器的结构示意图。

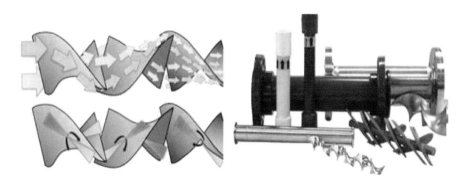

图 4 - 4 - 4　典型静态混合器的结构示意图

双组分混合浇铸工艺尚处于应用初期，有待进一步完善和推广应用。

2. 挤压或注射成型工艺

20世纪70年代，美国利弗莫尔国家实验室发展了一类挤注型高聚物黏结炸药（extrusion cast explosive，ECX），挤注炸药由单质主体炸药、液体聚合物黏结剂、含能液体增塑剂和固化交联剂，采用挤压浇铸（或注射）工艺，直接挤注到任何形状的容器（或弹体）中并就地固化，装药内部致密、无气孔、收缩量很小。高性能的挤注炸药，其爆轰能量明显高于普通浇铸固化炸药而与压装PBX接近，而感度低得多。ECX的爆轰能量很高，但感度较一般高能炸药低得多，尤其对机械冲击作用不敏感，这与装药内部密实无气孔和缺陷密切相关。ECX是一种能量和安全性兼优的新型混合炸药，它填补了浇铸炸药与压装PBX之间的空白，是现代先进武器的理想装药。

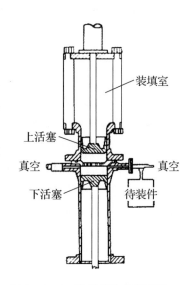

ECX炸药的成功主要来自其挤注装药成型工艺。挤注装药是一种高性能精密装药方法，采用低压液压系统对药浆施压，将其通过筛板挤入真空排气室，除气之后在压力作用下注射到弹体中，实现了弹体装药的高质量装填。图4-4-5是其研制的挤注工艺装置。

通过挤注工艺制备的RX-08炸药，是ECX及其工艺的典型代表，其药柱无气孔、不收缩、质地均匀，具有不敏感性，该炸药最大理论密度为1.804g/cm³，实际装填密度可达1.797～1.800g/cm³。其能量密度类似或高于LX-14造型粉压装炸药，具有独特的平滑爆轰波和高能量，又兼具低感度和容易制造的特点。

图4-4-5 活塞挤注工艺装置

为了提高炸药能量，能浇铸装填更大黏度的浇铸PBX炸药，在美国研制的ECX及其工艺之后，我国也开展了类似的挤注炸药及挤注工艺研究，取得了一些进展，出现了类似活塞和螺杆加压挤出的挤注浇铸工艺方法。

1）主要工艺过程

首先将液态黏结剂、引发剂、固化剂和增塑剂与炸药混合均匀，得到具有中等黏度的悬浮液，然后在活塞加压下将其挤压或注射装入弹内，最后进行固化或聚合得到产品。

2）工艺流程

热固性炸药挤压或注射成型工艺流程如图 4-4-6 所示。

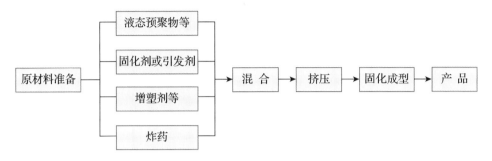

图 4-4-6　热固性炸药挤压或注射工艺流程图

3）工艺举例

（1）混合。

开启加热系统，将立式捏合机温度升至 55℃，在立式捏合机中，加入混制均匀的含端羟基聚丁二烯（HTPB）、己二酸二辛酯（DOA）及表面活性剂的黏结剂混合液 7.5 份（质量份数，下同）、92 份 HMX、20 份石油醚（工艺助剂），捏合混合 1h，加入 0.5 份甲苯二异氰酯（TDI），捏合混合 15min，出料。

（2）挤压。

将药浆置于真空挤注系统加料筒（预热温度 55℃）中，在约 15MPa 挤压压力、真空室真空度（压力）0.1bar 下，将药浆挤注到模具中。

（3）固化。

在 55℃ 固化 1~2 天。

4）工艺特点

该工艺的设备简单、操作简便、易于控制。适用的黏结剂有液态端羟聚丁二烯、液态聚氨酯、不饱和聚酯树酯、环氧酚醛树脂、硅树脂等。为改善塑性，适当添加增塑剂；为防止交联过快，可最后加入固化剂或催化剂。主体炸药进行颗粒级配可提高产品密度。

3. 压力成型工艺

1）主要工艺过程

首先将液态黏结剂、增塑剂、固化剂、引发剂和炸药混合均匀，得到一种黏稠或较松散的混合物，然后进行模压或静液压制，最后进行固化或聚合，得到产品。

2）主要工艺流程

热固性炸药压力成型工艺流程如图 4 - 4 - 7 所示。

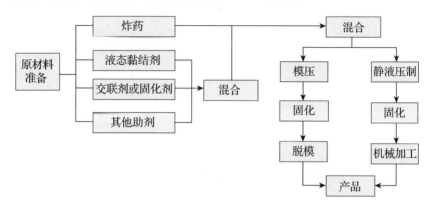

图 4 - 4 - 7　热固性炸药压力成型工艺流程

3）工艺举例

将 6.8 份不饱和聚酯树脂、苯乙烯、有机过氧化物固化剂和适当的催化剂混合，再与 93.2 份的 RDX 在混合机中混合 10min；将混合物装入橡皮管，并立即抽真空 40min，然后将橡皮管密封；将橡皮管放在承压室的油内，在 98MPa 压力下压制 60min，得到固化的药块。

4）工艺特点

该工艺的优点是可以制造主体炸药含量高达 95%～99% 的混合炸药，这是真空振动浇铸工艺和挤压或注射成型工艺两种方法不能达到的，尤其是静液压制，其药柱密度及其均匀性都比其他工艺高出一筹，只是设备较贵，不适合大量生产需要。

4.5 特种炸药制造与成型加工工艺

4.5.1 低密度炸药制造工艺

1. 概述

低密度炸药，顾名思义就是密度低。泡沫炸药、爆炸性泡沫塑料、低爆压炸药及多孔性低密度炸药都属于低密度炸药。低密度炸药通常有四种物理状态：粉状、塑性、挠性和硬质产品。通过改变配比和加工方法即可控制密度。

早期的低密度炸药是一种机械混合物，具有成本低和生产简便等优点。但是产品容易吸潮并且不抗水，贮存性能差。当时采用聚苯乙烯、聚甲基丙烯酸甲酯和苯乙烯-异丁烯共聚物加工微球后与炸药混配，制成密度 0.4g/cm³ 的低密度炸药，适当控制发泡度，使微球变小些，可以调整低密度炸药的密度。

后来出现的泡沫炸药，外观与泡沫塑料相似，密度在 0.08～0.8g/cm³ 范围内。主体炸药有 RDX、PETN、TNT、硝酸铵（AN）和 NC 等。适用于泡沫炸药的黏结剂有不饱和聚酯树脂、聚氨酯、环氧树脂、油溶性或水溶性三聚氰胺树脂和水溶性尿素树脂等热固性树脂；聚酰胺、聚酯、聚苯乙烯、聚甲基丙烯酸甲酯和聚醋乙烯的共聚物等热塑性高分子，常用的发泡剂有戊烷、三氯氟甲烷等低沸点溶剂；亚硝酸钠、硝酸铵、碳酸铵、叠氮化钙等无机化合物；重氮氨基苯、重氮乙酰胺等重氮化合物以及偶氮羧酸乙酯、4,4'一氧代双苯磺酰肼、甲苯二异氰酸酯等，有时还采取鼓入空气或水作为发泡剂。这类泡沫炸药，具有较好的殉爆性能和贮存性能，力学性能较好、成型方便。

在工业和科研中常需用爆压低的炸药，美国人将太安沉淀到多孔材料中，如醋酸纤维素泡沫塑料、聚氨酯泡沫塑料、毛毡、脱脂棉等可得到硬质的或挠性的低密度低爆压炸药，其爆压仅为 3MPa。

20 世纪 60 年代，布鲁如（Bluhm）公布了一类可爆炸的泡沫塑料。这种泡沫塑料采用多异氰酸酯和多元醇不完全酯化的硝酸酯进行反应，用水作发泡剂，经固化，体积膨胀约 10 倍，可以燃烧和爆炸。在固化前加一些爆炸组分，则可得到泡沫状的低密度炸药。

国外还研究一种多孔性低密度炸药，采用高能炸药作为爆炸组分，用天然橡胶作黏结剂，再加入一些水溶性盐类，经过混合、成型和硫化，得到一种密度较高的挠性炸药，将它浸于水中，组分中的水溶性盐逐渐被水溶解，得到低密度炸药。适当控制水溶性盐的粒度和用量，可以调整产品的密度和能量。

低密度炸药的特点是具有适宜的爆速、爆压，机械感度较低，耐水性、耐老化性和耐腐蚀性好，并且具有良好的安全性和贮存性。

低密度炸药在制造工艺上有混合法、浸渍-沉淀法、热膨胀法和溶液沉淀法等四种物理方法，鼓气固化法、化学发泡法、化学发泡-固化法、浸溶法和蒸发法等化学方法。在上述九种制造方法中，前七种是先形成高黏度混合物，然后用适当方法在高黏度混合物中产生气泡；后两种方法是先制造一种密度较高的炸药，然后去掉其中的工艺组分，形成多孔低密度炸药。

下面介绍三种工艺方法，一是应用最为广泛的混合法；二是操作简便、工艺上与泡沫塑料制造很相似的热膨胀法；三是制成高密度炸药后，再将其盐类去掉而获得低密度炸药的浸溶法。

2. 制造工艺

1）混合法

选好爆炸组分与低密度材料在适当的混合机中混合均匀，制成粉末状低密度炸药。例如将 74.1%的超细 PETN 与 25.9%低密度材料（胶体二氧化硅）装入混合机中以 40r/min 转速混合 20min，因胶态二氧化硅颗粒小、密度低（0.035g/cm³）、流动性好，很易混合均匀，制成粉末状的低密度炸药。

工艺流程如图 4-5-1 所示。

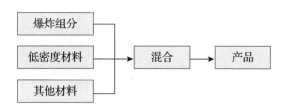

图 4-5-1 混合法制造低密度炸药工艺流程

该工艺简单、应用较多，但产品均匀性不够理想，使用时装填密度不易控制。

2）热膨胀法

工艺方法与塑料工业上的泡沫塑料制造相似。首先将可发泡的热塑性高分子小球加热，使其部分膨胀；然后将已部分膨胀的小球与炸药混合均匀；最后将混合物装入模具，经过加热，高分子小球进一步膨胀并且充满整个模腔，冷却后得到产品。例如，将直径约 0.25mm 的可发泡聚苯乙烯小球 12.5g 放入烘箱中，经过加热小球膨胀到 1.6~3.2mm，然后将它们同 6g 超细 PETN 混合，装入 60cm³ 的模具，经过加热小球再次膨胀并充满整个模腔。冷却后得到低密度泡沫炸药。

适用的可发泡热塑料高分子小球主要有聚苯乙烯小球等，其中含有低佛点溶剂，受热就可以膨胀和软化。

热膨胀法的工艺流程如图 4-5-2 所示。

该方法制造的产品密度和能量可以在较大范围内变化，工艺操作简便，适合于大量生产。适当控制模具容积及配料比，可以得到不同密度的产品。为了控制加热温度不致过高，一般最后加热时放入沸水中进行，否则塑料会包覆炸药，使炸药难以起爆。

图 4 - 5 - 2   热膨胀法制造低密度炸药工艺流程

3)浸溶法

首先将天然橡胶塑化,加入硫化剂等混合后再与炸药混合均匀;然后加入球形水溶性盐,经过混合和压延成型,进行硫化得到较密实的片状炸药;最后浸入水中将球形水溶性盐溶解,得到带有孔洞的挠性片状炸药。

浸溶法的工艺流程如图 4 - 5 - 3 所示。

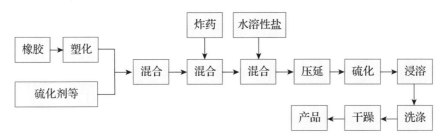

图 4 - 5 - 3   浸溶法制造低密度炸药工艺流程

在上述工艺过程中,若是固体橡胶,则采用加入溶剂或增塑剂将橡胶溶解,再将橡胶进行塑炼使其塑化。如果橡胶是液态的则不用塑化。水溶性盐可以在混合或压延成型阶段加入,产品的能量和密度可通过改变炸药含量和球形水溶性盐的含量进行调节。该工艺制备产品的形状尺寸不能太厚。

4.5.2   挠性炸药成型工艺

1. 概述

挠性炸药是在 20 世纪 60 年代研制成功、70 年代广泛使用的一种高分子黏结炸药(PBX),也称自持性炸药。它由单质高能炸药和高聚物黏结剂混合组成,在一定温度范围保持曲挠性、自持性和弹性,可以用普通雷管起爆,可承受一定的压力,在水下能保持稳定爆轰,能抗水耐潮,有一定的延展性,可制成箔片、带状、棒状、索状、管状和块状以及其他各种所需形状。据报道挠性炸药延伸率达 200%～1000%,曲挠性 50°～120°,可折叠 90°。

挠性炸药用于军事目的时,主要用于高速分离的特殊爆炸装置,如人造卫星、远程导弹发动机的切割分离和自毁装置，军事爆破工程、工兵扫雷、排除路障、开避通路等。此外，还制成薄片(厚 0.5mm)装订成册，或制成带、索、球、玩具和装饰品用于特殊应用场合。

挠性炸药在民用方面主要用于金属加工方面，像高强度金属的铆接、爆炸成型和焊接、金属切割和表面硬化、金属板的压合、爆炸合成人造金刚石，以及作为地质勘探的大面积爆破等高速激波发生器的能源等。

由于挠性炸药可按要求设计物理化学性能不同的配方，制造多种形状的产品，制品又无须外壳，因而使用方便安全。常用的 RDX、HMX 等单质炸药均可应用于挠性性炸药，含量 60%～80%。采用的黏结剂有天然橡胶、合成橡胶、聚苯乙烯、聚异丁烯、聚苯乙烯嵌段共聚物、氟塑料等热塑性弹性体，黏结剂含量占 10%～20%。使用橡胶黏结剂，成型之后可以硫化，如果使用耐热炸药和聚四氟乙烯黏结剂，成型后可以进行烧结，以提高机械强度。

2. 成型工艺方法

挠性炸药的成型一般包括以下几个制造步骤：

1)制备均匀混合物

均匀混合物包括造型粉和块状混合物，前者的制备方法见前述的造型粉水悬浮工艺，后者的制备方法包括以下几种。

(1)混合法：使用捏合机把各个组分混合均匀。

(2)湿混合法：使用溶剂帮助混合，也可先把黏结剂配成溶液再混合，炸药可用少量水润湿以保证安全。

(3)乳液法：即把橡胶乳液同炸药一起混合均匀，再加以干燥。

2)机械成型

将上述混合物用压伸、压延和模压等方法制成片、板、薄膜、绳、带、索、条、管、棒、圆柱和锥孔等形状。

3)硫化和烧结

如果使用橡胶黏结剂，成型之后可以硫化；如果使用耐热炸药和聚四氟乙烯黏结剂，成型后可以进行烧结，能提高机械强度。

4)切割和涂胶

为了便于应用，产品可以切割成所需形状。有时在产品上涂一层胶，胶上贴锡纸，使用前剥下锡纸，把炸药粘在使用之处。

4.5.3 塑性炸药

1. 概述

塑性炸药是在一定的温度范围内具有可塑性的特种混合炸药。它具有可以用手工任意成型的特点，也可以压制成一定规格的药柱、药块，还可以染色伪装。它感度低，耐撞击，具有一定的抗水性能，使用方便、安全，可按现场要求临时改变装药形状，以更好地贴附在爆炸物表面，因而可以增大爆破效果，提高能量利用率。最早使用的一种简单的塑性炸药是代那迈特和胶质代那迈特（NG91%，NC 7.9%，安定剂 1%），它的感度高，稳定性差，使用贮存不安全。

第一次世界大战期间，英国制造出可用手捏成型，在 0～40℃ 温度范围保持塑性的炸药，该炸药由 88.3% RDX 和 11.7% 非爆炸油状增塑剂组成，是首先使用 RDX 等高能炸药制备的塑性炸药，定名为 C 炸药，后又进行改进并使其标准化。

20 世纪 60 年代后，随着 PBX 的出现，塑性炸药主要由 RDX 等高能单质炸药和高分子黏结剂、增塑剂制备而成，比较典型的是 C-4 炸药（高能炸药 RDX 91%，黏结剂聚异丁烯（PIB）2.1%，增塑剂癸二酸二辛酯（DOS）5.3%，润滑油 1.6%）。

2. 制造成型工艺方法

1）造型粉捏合或塑化法

先按前述方法制备造型粉，如造型粉的塑性好，可直接捏合和揉搓成块状产品，如造型粉的塑性差，可以再加一些增塑剂，进行升温胶化，或者把塑性差的造型粉同增塑剂一起混合，使增塑剂同造型粉中的高分子互溶。

2）捏合法

首先选用或配制黏结剂的凝胶，然后把它同炸药在捏合机内混合均匀。为了改善安全性，也可先用少量水或增塑剂润湿。为了保证混合均匀，可以加入少量溶剂。

3）其他方法

（1）湿混合法：将炸药和液态凝胶在水中进行混合，然后去掉水。

（2）蒸发法：将炸药同黏结剂的溶液混合均匀，再蒸掉溶剂。

（3）混合胶化法：将炸药、粉末高分子和增塑剂一起混合，黏结剂和增塑剂逐渐胶化。可以加入少量水和溶剂，可保证产品均匀和安全。

4.6　车削加工简介

车削工艺是上述几种成型加工工艺的补充，是在上述工艺加工的产品在尺寸、形状、精度等不能满足要求的情况下，实施的二次成型加工。

目前炸药件的车削成型主要是用机床加工，同时水切割技术在一些场合也得到了应用。

4.6.1　机床车削加工

1. 机床加工的发展过程

火炸药件车削成型加工技术，经历了以下发展阶段：

(1)手加工阶段。在缺乏机械加工手段的情况下，为了做出设计要求的部件，只能采用手工加工的方法，如手锯、手工刮研等。手加工潜藏着巨大的危险，使用的工具需要精心选择。

(2)普通机床加工。实现了规则型面的车、铣和切割等。

(3)机械靠模和专用曲面车床加工。实现了对曲面部件的机械加工。机械靠模加工，控制精度比较困难，工件装配时容易出现"卡脖子"现象。

(4)简易数控机床加工。有效提高了曲面加工精度，克服了装配时出现的"卡脖子"现象。

(5)全功能数控机床和数控加工中心的应用。实现了各种复杂型面的精密切削加工，进一步提高了加工精度和表面质量，克服了简易数控机床存在的"爬行"现象。

(6)引入柔性加工，研究一体化加工技术，开展计算机辅助制造应用。

2. 机床加工的特点

(1)燃爆危险性。炸药有爆炸性，在剧烈摩擦、撞击、静电等条件下可能发生爆炸事故，所以车削加工安全防护尤为重要。

(2)炸药属于非金属脆性材料，影响其加工及测量精度的因素较多。切削力、切削深度、进给速度、刀具形状、刀具相对于工件运动的线速度、装夹方式、夹紧力、冷却液及其温度、环境温度等，都会从不同的方面影响产品质量。

(3)微观上，车削纹中刀尖划过的区域和未划过的区域区别明显。刀尖划过区域显得格外平整，完全看不到炸药颗粒。车削表面的形成包括切屑的断裂脱落，也包括工件刀具的相互作用；刀尖未划过区域可以清晰地看到切屑脱落后残留的微裂纹和破碎的炸药颗粒，以及少数沿晶断裂后的完整颗粒，区域整体显得极不平整。这种微观几何形状的高低不平所形成的峰谷高低程度形成了表面粗糙度。

(4)机床一般具备多种加工功能，一次装夹就能实现车、铣、钻等加工。

4.6.2 水射流切割技术

水射流切割(图4-6-1)是近30年发展起来的新技术，由于将高压水转换成高速射流的高能束流，对材料具有极强的冷态冲蚀作用，适合于切割各种压敏、热敏材料和易燃、易爆材料等。从20世纪90年代开始，高压水射流已应用于废旧炸药的处理，如果加上磨料形成磨料水射流，在合适工艺参数条件下，可进行弹药切割。利用水射流切割炸药，是一个新的加工方法。

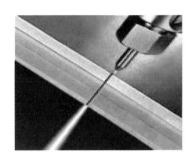

图4-6-1　水射流切割

1. 水射流切割原理

高压水射流基本原理：运用液体增压原理，通过特定的装置(增压口或高压泵)，将动力源(电动机)的机械能转换成压力能，具有巨大压力能的水通过小孔喷嘴(又一换能装置)，再将压力能转变成动能，从而形成高速射流，因而又常叫高速水射流。高压水射流系统主要由增压系统、供水系统、增压恒压系统、喷嘴管路系统、数控工作台系统、集水系统及水循环处理系统等构成。

2. 影响水射流切割的因素

1)水压

水射流的水压是影响水射流切割能力最重要的因素。大量试验证明，水射流冲击物料时，存在一个使物料产生破环的最小喷射压力，称为门限压力。对每种切割材料及厚度都有一个门限压力，水压只有超过这个压力值，才能进行有效切割，一般认为最佳压力为门限压力的3倍左右。

高速的水射流刚性较大，为了使水射流达到切割炸药的目的，必须使水射流具有一定的刚性，水射流的刚性最终随水压的增大而增大，且由计算知水射流在最大压力条件下(420MPa)水刀的弹性模量为56.7MPa，利用水射流切割炸药必须要具有较大的水压，才能达到切割的效果。水压越大，速度越大，在较小压力条件下(140MPa)速度为524m/s，在最大压力条件下(420MPa)速度为

908m/s，在这样大的冲击速度下，水射流"水刀"有非常大的刚性，在同炸药相接触时，会摩擦生热，炸药温度升高，如果其温度高于炸药起爆温度，将有发生爆炸的危险。

2）水流量

水流量取决于喷嘴直径和水压，水流量越大，切割效率越高，要求总功率也更高，选定喷嘴直径后，水流量的大小取决于水压，控制水压可以有效控制水流量所引起的爆炸危险。

3）喷嘴直径

喷嘴直径大小，影响水射流最大冲击力，在使用水射流切割时，从安全的角度考虑尽量选用直径小的喷嘴，一般选用0.010英寸（约0.25mm）直径的喷嘴即可。

4）靶距

靶距是指工件表面与喷嘴口之间的距离，靶距的大小对炸药的安全性切割没有影响。但靶距的大小影响其他切割性能，靶距过大，切割能力弱，工作噪声也大；靶距过小，切割能力反而会降低，还有可能防碍工件与喷嘴的相对移动，因而每个加工场合都有其最佳靶距，靶距一般不大于25mm，在对炸药模拟材料的切割试验中已得出其切割的最佳靶距范围（8～20mm），在试验、使用中尽量取最大靶距。

5）相对移动速度

对不同场合相对移动速度 v 相差甚大，移动速度越高，加工槽的侧面积越大，效率越高，但去除重量少；反之，效率低，质量较好，槽更宽，材料浪费。移动速度过慢，虽然切深增大，但由于速度过慢可能产生热量聚集，所以应合理选择相对移动速度。

05 第 5 章
火炸药成型加工工艺技术发展方向

火炸药是各类武器系统必不可少的动力能源和威力能源，是关系到国家安全的战略性基础材料。虽然电子信息对抗等高科技手段的发展和应用使战争模式发生了很大变化，但作为发射动力能源和毁伤威力能源的火炸药仍是决定战争胜负的关键要素。打赢一场现代化的局部战争，既需要先进的火炸药技术作支撑，也需要有足够的火炸药物资储备和快速生产供应能力。因此，研究和发展火炸药先进加工工艺技术是保障国家安全的重要举措。

火炸药易燃易爆的本质特性在很大程度上影响了其创新发展的速度，与其他工业领域相比，火炸药成型加工工艺的研发创新不足、新技术发展缓慢，最主要的原因也与其安全性有关，工艺改造和工艺升级难度极大，一些新材料、新工艺、新设备、新技术的应用都受到相关安全标准规范的限制。特别是随着武器装备的更新换代，火炸药产品也越来越多，老产品生产能力过剩、新产品生产能力不足的问题越来越突出。

长期以来，火炸药生产制造过程中存在的主要问题有：①安全问题。火炸药加工制造过程的危险性大，安全事故的风险率高，人员伤亡和财产损失的后果十分严重。②环境污染问题。由于火炸药组成与加工工艺的特殊性，工业生产过程中对环境的污染十分严重。③工艺适应性问题。火炸药成型加工工艺装备的专用性强，难以适应多品种生产制造的需要，并且基本属于间断式工艺，生产制造效率较低。

针对上述问题，火炸药加工工艺技术的发展方向主要是研究应用连续化、自动化工艺技术，解决生产制造的安全性问题和提高工艺效率，研究发展减少环境污染的绿色制造工艺技术、适应多品种生产制造的柔性工艺技术等。

5.1 连续化工艺技术

传统火炸药加工工艺基本都属于间断式工艺，工序多、物料或半成品的转运环节多、人工操作强度大、生产效率低、产品质量控制难度大、成品率低、生产成本高。为实现火炸药加工工艺的连续化，人们进行了大量的相关研究，但火炸药易燃易爆的本质特性制约了其加工工艺连续化的发展进程。目前，火炸药加工工艺仅在部分工序实现了连续化，实现全过程工艺连续化的任务还相当艰巨。

研究发展的连续化工艺技术主要有连续加料与计量、双螺旋剪切式连续压延塑化工艺、连续式混合浇铸工艺、连续干燥工艺等。

5.1.1 连续加料与计量

火药组分在线连续加料与计量是实现火药制造工艺连续化、自动化的基础，国内研究了火药加工工艺中吸收药制造过程组分硝化棉（NC）、硝化甘油（NG）以及黑索今（RDX）的在线连续计量技术。

1. 硝化棉在线连续计量

在火药吸收药制造过程中，NC 以浆料形式经管道输送加入吸收工序时对其绝干量（NC 干量）进行精确测量。NC 在线计量系统由浓度测量系统、流量测量系统、绝干量测量系统组成。浓度仪测量出 NC 浆料质量分数，流量计测量出 NC 浆料流量，绝干量计算是根据 NC 浆料质量分数和 NC 浆料流量值，经逻辑控制器（PLC）运算，直接显示 NC 绝干量的瞬时值和一定时间内的累计值。

1）NC 浓度测量

NC 浆料属于非牛顿两相悬浮液，通常测量该类悬浮液浓度的仪表有利用剪切力原理的传感器（内旋浓度仪）、利用介质介电常数原理测量浓度的微波浓度仪、利用溶液折射率和浓度关系测量浓度的光通量浓度计、利用光通量原理改良的光纤浓度传感器以及利用超声波衰减原理进行浓度测量的超声波浓度计等。考虑到仪器稳定性和可靠性，对棉浆浓度的测量目前主要采用微波浓度仪。

微波浓度仪是利用 NC 和水的介电常数相差较大引起微波在这两种介质中传播时间不同的原理来测量棉浆质量分数的，测量结果与棉浆的纤维长度、游离度、亮度及颜色无关，而且不受流速变化的影响，可直接测得棉浆的质量分数。

（1）微波浓度仪的工作原理。

微波的传播速度是由介质的介电常数决定的。传播速度可以由下式计算：

$$v = \frac{c}{\sqrt{\varepsilon_r}} \qquad (5-1-1)$$

式中：v 为微波在介质中传播速度；c 为光在真空中传播速度；ε_r 为介质相对介电常数。

微波传播时间可以由下式计算：

$$t = \frac{D}{v} \qquad (5-1-2)$$

式中：t 为微波通过管道中介质（浆料）的传播时间；D 为管道直径；v 为微波在介质中的传播速度。

NC 浆料浓度测量是根据微波通过浆料所用的时间，计算出浆料的质量分数。浆料的主要成分是水和 NC。其中水的介电常数为 80，NC 纤维的介电常数为 3。微波在浆料中的传播时间，等于微波分别在纤维、水中通过时间的累加。浆料浓度越高，微波传播时间越短；浓度越低，传播时间越长。微波的传播时间与 NC 浆的浓度呈线性关系。图 5-1-1 为基于传播时间的微波浓度测量原理示意图。

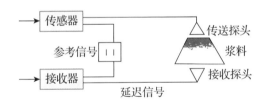

图 5-1-1　基于传播时间的微波浓度测量原理示意图

浓度传感器系统包括一个传感器单元和一个显示控制单元的用户界面。传感器本体有一根管子，在安装时替换一根相同长度的工艺管道。内嵌式天线安装在传感器本体的另一面，测量在输送管道内进行。传感器电子装置匣使用连接管安装在传感器本体上。用来测量工艺温度的传感器安装在连接管内。

微波浓度仪的优点包括：

①测量精度较高。与传统的刀式或内旋式浓度仪相比，微波浓度仪可直接测量棉浆的质量分数，而不是通过测量纤维的剪切力再经非线性转换得出浆料质量分数，因而提高了测量结果的精确性。

②测量范围大。测量结果与浆料的纤维长度、制浆方法、游离度、棉浆亮

度及颜色无关，而且不受流速变化影响，可直接测得 NC 浆的质量分数，这对定量控制非常重要。

③操作方便。传统机械式浓度计对棉浆的原料、流速、打浆度等因素的变化较敏感，这些因素若有较大变化，必须对其重新标定，并且接触式传感器的设备维护工作量较大；微波式浓度变送器不受这些敏感因素的影响，同时其非接触式结构的维护相对容易些。

（2）NC 浆料浓度测量误差。

配制不同浓度的 NC 浆料样品，采用微波浓度变送器测量 NC 的质量分数，其结果见表 5-1-1。结果表明，微波浓度仪对 NC 浆料质量分数的测量误差小于 1%，能满足火药生产工艺要求。

表 5-1-1　微波浓度仪对 NC 浆料质量分数测量结果

批号	实际值/%	测量值/%	误差/%
1	9.40	9.35	0.53
2	9.88	9.93	0.51
3	10.26	10.20	0.58
4	10.74	10.67	0.65

2）NC 浆流量测量

流量计的种类较多，主要有压差式流量计、涡轮式流量计、电磁流量计、质量流量计等。根据工作稳定性、可靠性和经济实用性，NC 浆料的流量测量选用了电磁流量计。

（1）电磁流量计的工作原理。

图 5-1-2 为电磁流量计的工作原理示意图。电磁流量计由流量传感器和转换器两大部分组成。传感器测量管的上部和下部装有激磁线圈，激磁电流产生磁场穿过测量管，安装在测量管内壁的一对电极与液体相接触，引出感应电势，

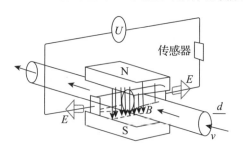

图 5-1-2　电磁流量计原理示意图

送到转换器。其转换原理即法拉第电磁感应定律，导体在磁场中切割磁力线运动时在其两端产生感应电动势。在电磁流量计中，当有导电介质流过时会产生感应电压，管道内部的两个电极测量产生的感应电压，其数值大小与通过的流体流量成正比，继而可测量其流体的流量。测量管道流体和测量电极的电磁隔离可通过橡胶、聚四氟乙烯等不导电的内衬实现。

电磁流量计的优点包括：

①测得的体积流量不受流体密度、黏度、温度、压力和电导率变化的影响，电磁流量计的流量范围大，口径范围宽。

②测量管道内无阻流件，没有附加压力损失，不产生流量检测所形成的压力损失，仪表的阻力仅是同一长度管道的沿程阻力，节能效果显著，对于要求低阻力损失的大管径供水管道最为适合。

③测量通道是一段无阻流检测件的光滑直管，不易阻塞，适用于测量含有固体颗粒或纤维的液固二相流体，如纸浆、棉浆、矿浆、泥浆和污水等。

④易于选择与流体接触件的材料品种，可应用于腐蚀性流体。

（2）NC 浆料流量测量误差。

采用电磁流量计对不同流量的 NC 浆料进行测量，结果见表 5 - 1 - 2。表中实际流量值来自电子秤称量值。结果表明，电磁流量计测量 NC 浆料流量的误差在 1% 左右。

表 5 - 1 - 2　电磁流量计对 NC 浆料流量的测量结果

批号	实际值/%	测量值/%	误差/%
1	30.2	29.9	0.99
2	34.1	34.5	1.17
3	40.3	39.9	0.99
4	46.8	46.3	1.07

3）NC 在线连续计量

（1）计量系统。

NC 在线连续计量系统如图 5 - 1 - 3 所示。浓度测量仪表是微波浓度变送器（即微波浓度仪），流量测量的流量计是电磁流量计。

根据火药吸收药加工工艺，在贮槽中配制一定质量分数的 NC 浆料。经粉碎机粉碎后使其分散，全部打入 NC 浆料计量槽中。NC 浆料从计量槽底部放出，启动 NC 浆料泵，让 NC 浆料流经微波浓度仪和电磁流量计，打入 NC 浆料贮槽中。

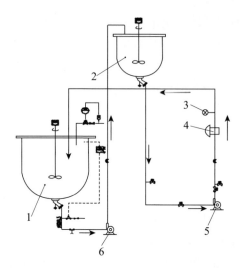

图 5 - 1 - 3　NC 在线连续计量系统示意图

1—棉浆贮槽；2—棉浆计量槽；3—电磁流量计；4—微波浓度仪；5—棉浆泵；6—流能粉碎机。

数据处理器将来自电磁流量计和微波浓度仪的两路信号分别进行处理，根据管道中 NC 浆的实时流量和质量分数，经运算得到管道中 NC 浆料的瞬时干量和一定时间内的累计干量：

NC 瞬时干量 = 流量 × 质量分数；

NC 累计干量 = NC 瞬时干量 × 时间

（2）NC 干量测量误差。

取 10 袋 NC，每袋 25kg，总量 250kg，水的质量分数 36.1%，NC 的质量分数 63.9%。NC 干量为 159.75kg。将 NC 倒入 NC 浆料贮槽，加入一定量水，配制 NC 质量分数为 10% 左右，充分搅拌。将 NC 浆料从贮槽全部打入 NC 浆料计量槽，再将 NC 浆料从计量槽打入贮槽，记录质量分数、流量及计算机显示的干量。

利用 NC 在线连续计量系统对 NC 干量进行测量，重复 2 次（共 3 批），其结果见表 5 - 1 - 3。结果表明，NC 在线连续计量系统对 NC 浆干量进行测量，其测量误差在 1.2% 以内，能满足火药生产工艺要求。

表 5 - 1 - 3 NC 在线连续计量系统对 NC 干量测量结果

批号	计量槽液位/m³	NC 实际干量/kg	NC 测量干量/kg	误差/%
1	1.55	159.75	160.52	0.48
2	1.55	159.75	159.58	0.11
3	1.60	159.75	161.46	1.06

2. 硝化甘油在线连续计量

硝化甘油（NG）与 NC 进行混合吸收制成吸收药，是火药成型加工工艺的基础工序。由于 NG 的感度很高，所以输送过程的危险性大。传统的 NG 计量方法是采用人工称量、通过橡皮桶人工加料或通过电子秤称量、利用高压水输送加入到吸收槽中，工艺过程不连续，生产效率低，安全性差。

为了实现对 NG 的安全输送，避免在输送过程中发生爆炸事故，我国学者进行了大量的研究，将 NG 与水进行乳化混合后输送，可有效地降低 NG 的感度，确保输送过程的安全性。当 NG 与水 1：2 均匀混合后，NG 不能起爆，在管道中输送 40m 后分层；与水 1：3 混合后，NG 既不能起爆，也不能传爆，且在管道中输送 50m 内不分层。研究结果为实现对 NG 与水的乳化安全输送提供了理论基础。

硝化甘油在线连续计量的难点主要有两方面：一方面由于 NG 与水的物理性质差异较大，与水形成乳化混合输送液不稳定，易分离，导致计量结果不准确；另一方面 NG 的感度很大，除了考虑计量的准确性外，还需要充分保障计量过程的安全性，给仪表的选型及计量工艺参数的确定带来极大的困难。

1）NG 喷射安全输送系统

选用喷射器作为 NG 的安全输送设备，实现 NG 与水的混合乳化输送，在连续安全输送的基础上通过建立计量系统来实现对 NG 的在线精确计量。

喷射器内部结构如图 5-1-4 所示。主要由喉管、喷嘴、吸入室、扩散管四个关键部分组成。喷射器的工作原理是：高速的工作流体通过喷嘴以一定的速度射出，随着速度的增加，流体的部分静压能转化为流动动能；在这一过程中，随着静压的降低，在喷射器内部逐渐形成一个负压区域，吸入流体在负压

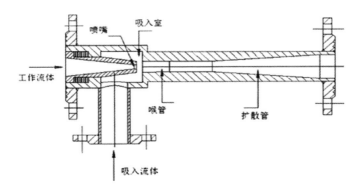

图 5-1-4　喷射器内部结构示意图

的作用下进入吸入室；工作流体与吸入流体在喉管中发生混合和能量交换；随着混合的进行，工作流体的速度逐渐减小，吸入流体的速度逐渐增大，喷射器内压力逐渐增加，最终在出口处两股流体完成混合；当混合液体通过扩散管时，速度随着管径的增大逐渐降低，动能转换为静压力能，混合流体增压后输出。

喷射器本身没有运动部件，所以密封性好、结构简单、工作可靠，能够适应在真空、放射、高温、高压等工况恶劣条件下工作。在 NG 与水进行快速混合喷射输送的过程中，没有传统的输送机械力作用，提高了输送过程的安全性。采用喷射器作为实现 NG 与水的快速混合输送设备，相对于其他输送方式具有如下优点：

(1)输送方式连续化，且喷射器结构简单，方便后续清洗工作。

(2)使用高压水作为输送的动力，在整个过程中不存在机械作用力，安全性好。

(3)混合效率高、能量损失小，能快速形成 NG 与水混合的稳定乳化混合液，为后续的精确计量提供合适的检测环境。

2)NG 在线连续计量系统

选取喷射器作为实现 NG 与水进行乳化混合输送的基础设备，在此基础上采用直管质量流量计对输送过程的 NG 乳化液进行瞬时与累计质量流量检测，经 PLC 对流量计的测量信号进行采集与运算，可得到 NG 的瞬时质量流量与累计质量流量。NG 在线精确计量工艺流程图如图 5-1-5 所示。

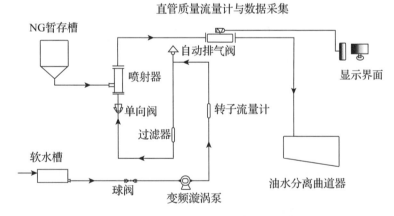

图 5-1-5　NG 在线精确计量工艺流程图

水从软水槽中经过球阀进入高压水输送管道，变频漩涡泵为其提供动力，可根据需要调节工作水的流量大小，经过转子流量计与过滤器进入喷射器中。为防止水中含有气体，在管道中添加了自动排气阀。水在喷射器中形成负压，将 NG 卷吸进入喷射器中，实现 NG 与水的乳化混合输送。在喷射器的工作流体入口处安装有单向阀，防止 NG 倒吸进入高压水系统。形成稳定的乳化液经过直管质量流量计，最终流入曲道器中，实现油水分离。为了保证 NG 在输送过程中不分层，确保输送过程的安全，从喷射器出口至油水分离曲道器入口的管道长度应不超过 50m。其中直管质量流量计对 NG 乳化液进行流量和密度的检测，PLC 将来自质量流量计的信号进行采集、传输给计算机，经数据处理可计算出 NG 的瞬时质量流量和累计质量流量，并将计量的结果直接显示在显示界面上。

（1）直管质量流量计及其工作原理。

由于 NG 与水形成的乳化液是一个二组分的混合物，为了防止 NG 在管道中滞留，选取直管质量流量计对 NG 的质量流量进行精确计量。直管质量流量计的结构如图 5-1-6 所示。

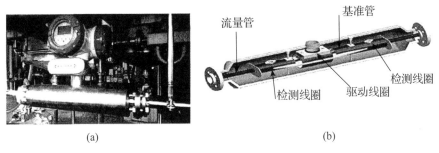

（a）
（b）

图 5-1-6　直管质量流量计结构
（a）实体图；（b）结构图。

直管质量流量计工作原理：当介质流经振动管时会感应产生科里奥利力，使流量管相对基准管进行扭曲振动，流量管和基准管的机械耦合运动使流量管的扭曲运动传递到基准管上。流量管入口端产生的科里奥利力会约束管的振动，而流量管出口端产生的科里奥利力则会加强管的振动。流量管入口和出口端的科里奥利力方向相反，导致液体流动时发生扭曲运动。由于扭曲运动，入口端的运动滞后于出口端的运动，此时传感组件上产生的正弦波便出现不同步的现象。两个正弦波间的时间差称为相位差，单位为微秒。相位差与质量流量成正比，质量流量越大，相位差也就越大。通过相位差即可得出介质的质量流量。密度和流量管振动周期之间满足良好的函数关系，在测量之前可以通过实验进行标定，通过标定曲线即可通过振动频率得出介质的密度。由于流体和管外的温度影响管壁的刚性，质量流量计内置温度传感器测量管壁的温度变化，可对温度变化引起的误差进行补偿。

（2）数据处理。

NG 与水混合流体流经直管质量流量计时，产生混合液的瞬时质量流量、瞬时密度与温度信号，通过 PLC 进行采集，可得到 NG 乳化液的质量流量 Q_m、密度 ρ 及输送过程中温度 T 的数据。为了得到 NG 的瞬时质量流量与累计质量流量，需要对这些数据进行如下处理：

NG 的瞬时质量流量：

$$Q_{NG}(t) = \frac{Q_m(\rho\rho_{NG} - \rho_{NG}\rho_{水})}{(\rho\rho_{NG} - \rho_{水}\rho)} \qquad (5-1-3)$$

通过对 NG 的瞬时质量流量的时间积分可获得 NG 的累计质量流量：

$$Q_{NG} = \int_0^t Q_{NG}(t)\mathrm{d}t \qquad (5-1-4)$$

式中：Q_m 为质量流量计测得的乳化液质量流量；ρ 为质量流量计测得的乳化液流体密度；ρ_{NG} 为 NG 的密度；$\rho_{水}$ 为水的密度。

在实际测量中，由于受到温度等因素的影响，水和 NG 的密度是随温度变化的。考虑温度对密度的补偿，可通过实验得出 NG 的温度-密度曲线，由于 NG 混合液实际工况下的温度变化范围较小，可近似认为密度与温度是一元函数关系

$$Q_{NG}(T) = KT + \rho_{NG}T_0 \qquad (5-1-5)$$

式中：K 为通过数据计算得到的常数。

在生产过程中，水的温度一般在 30～50℃ 范围内，将 15～70℃ 范围内的密度采用一元二次线性回归后，得出其温度-密度函数为

$$\rho_{水}(T) = -4\mathrm{e}^{-0.6T^2} - 7\mathrm{e}^{-0.5T} + 1.0007 \qquad (5-1-6)$$

（3）直管型质量流量计特点。

直管型质量流量计相对于其他检测器的优点：

①能够精确获得流体的质量流量和密度，不受浓度变化等其他因素的影响，满足精确测量的要求。

②不易堵塞，确保输送过程中流体流动的流畅。

③计量过程除壁面外无其他机械作用，安全性高。

上述 NG 计量系统的误差小于 1.0%，可实现对 NG 的安全输送与精确计量，满足火药连续生产工艺对 NG 计量的精确度要求。

3. 黑索今在线连续计量

在传统的火炸药制造工艺过程中，RDX 等固体组分采用人工称量、人工加料的工艺方式，研究应用 RDX 等固体物料的连续、安全、精确计量技术是迫切需要的。但由于 RDX 粉料的粒度较小（通常在几微米至几百微米），易团聚，流动性差，如果料仓设计不合理，在计量输送过程中容易结拱堵塞下料口，不能连续均匀地向下供料，造成"架桥断料"，影响计量过程的准确。另外，RDX 物料具有易燃易爆特性，在计量过程中需要防止静电、摩擦和冲击等引起爆炸。

1）防静电电子皮带秤装置的结构设计

首先，通过对 RDX 粉体流动性能（可用"休止角"表示）的测试，设计了一种防静电电子皮带秤装置，进行 RDX 粉体的在线连续、安全、准确计量加料研究。

采用固定漏斗法测定 RDX 粉料的休止角为 50.2°，参照自然安息角与物料流动性的对应关系表可知 RDX 的休止角偏大，属于流散性差、不能自由流动、会粘着的物料。为了有效防止架桥断料现象的出现，防静电电子皮带秤装置的料仓倾斜角的设计值应大于 RDX 的休止角（50.2°）。

防静电电子皮带秤装置主要由底座、传感器、皮带机、软料仓、料仓支架、软料仓连接件、硬料仓、防静电袋、软料仓动圈组、气动执行器、限位圈、外罩、防静电皮带传动装置等构成。图 5 - 1 - 7 为防静电电子皮带秤装置的样机。

图 5 - 1 - 7　防静电电子皮带秤装置样机

硬料仓固定在料仓支架上，防静电布袋固定在硬料仓内，软料仓分别与硬料仓和软料仓连接件相连，软料仓内装有三组软料仓动圈组，气动执行器分别与软料仓动圈组连接，另一端与压缩气源连接，限位圈固定在软料仓连接件上。传感器安装在传感器支座上，传感器支座与底座相连接。外罩分别与硬料仓锥体法兰和底座连接，防静电皮带装在皮带机上，皮带机由传动装置带动运转。

高精度称重传感器安装在设备底座上，皮带机连接在传感器上部，由防爆电机减速机驱动。软料仓上安装的软料仓动圈组，分别由气缸活塞带动，依次作直线运动和往复运动，料仓中的粉料可经过软料仓限位圈直接均匀地落到运行的皮带上，有效地防止粉料的结拱与堆积，使其始终处于良好的流散状态。而且针对 RDX 等易燃易爆粉料，该装置的皮带采用防静电材料，输送机上方的料仓采用软、硬结合的材料，料仓的上部采用金属不锈钢材料，内部设有防静电布袋，并将锥体分为三段，中下段设置为软锥体，该软锥体分别与上、下两锥体相连接，且无运转的硬动件，含能粉料在加料及输送过程中不存在硬摩擦、撞击及火花，安全系数大大增加。另外，料仓倾斜角是根据 RDX 粉料的休止角大小设计的，倾斜角(壁面与水平面的夹角)约为 70°，明显大于 RDX 粉料的休止角，可以消除加料过程中出现架桥断料现象。

2)防静电电子皮带秤装置的工作原理

防静电电子皮带秤装置采用的是失重计量原理，控制器通过高精度称重传感器对料仓总质量进行高速取样和运算，计算出料仓每一瞬间 Δt 的质量减少值 Δm，该质量减少值就是皮带机的瞬时加料量，皮带机的瞬时加料速度 $v = \dfrac{\Delta m}{\Delta t}$，然后对各瞬时加料速度进行积分就可以准确计算出某一段时间内的累计加料总质量 M。

$$M = \int_0^t v \mathrm{d}t \qquad (5-1-7)$$

在计量之前，首先通过升降机将 RDX 粉料加入上方硬料仓，经防静电布袋掉落到软料仓。设定好合适的加料速度后启动，开启限位圈和皮带机，粉料从软料仓洒落到运动的皮带机上，通过防静电皮带的输送加入吸收槽中，完成计量加料过程。软硬料仓与皮带机相互垂直，粉料在限位圈开启后直接洒落在防静电皮带上，整个加料及输送过程不存在硬摩擦、撞击与火花。料仓被防护罩所包围，防止粉尘飞扬，能够保证加料过程的安全。料仓容积可达数百升，不需要另外设补料仓，可使加料过程连续进行。

3)RDX 粉料在线计量误差

(1)不同加料量的计量。

采用电子秤称取 40kg 的 RDX 粉料，加入防静电电子皮带秤的料仓内，设置皮带秤加料速度为 300kg/h，打开空气压缩机，启动皮带秤开始向吸收槽送料，仔细观察送料情况并记录加料时间。另外分别称取 70kg、120kg、150kg 的 RDX 粉料，按照上述工艺过程，以同样的加料速度进行计量。RDX 粉料输送过程中没有出现架桥断料等现象，加料过程连续、均匀、稳定。在线计量结果如表 5-1-4 所示。

表 5 - 1 - 4　不同 RDX 粉料加料量的计量结果

批号	加料速度/ (kg·h⁻¹)	实际重量/kg	加料时间/min	计量结果/kg	计量误差/%
1	300	40.0	7.9	39.725	0.69
2	300	70.0	13.9	69.552	0.64
3	300	120.0	23.9	119.424	0.48
4	300	150.0	29.9	149.689	0.21

四组实验理论计算的加料时间分别为 8min、14min、24min、30min，与实际加料时间基本相同。皮带秤计量误差均小于 1.0%。结果表明，在加料速度一定的情况下计量不同量的 RDX 粉料，防静电电子皮带秤的计量结果准确，重现性好。

（2）不同加料速度的计量。

采用电子秤称取 50kg 的 RDX 粉料，加入防静电电子皮带秤的料仓内，设置皮带秤加料速度为 80kg/h，打开空气压缩机，启动皮带秤开始向吸收槽送料，仔细观察送料情况并记录加料时间。另外分别设置皮带秤加料速度为 100kg/h、140kg/h、260kg/h，按照上述工艺过程重复计量三批 50kg 的 RDX 粉料。RDX 粉料输送过程中没有出现架桥断料等现象，加料过程连续、均匀、稳定。计量结果见表 5 - 1 - 5。

表 5 - 1 - 5　不同 RDX 粉料加料速度的计量结果

批号	加料速度/ (kg·h⁻¹)	实际重量/kg	加料时间/min	计量结果/kg	计量误差/%
1	80	50.0	37.2	49.565	0.87
2	100	50.0	29.9	49.775	0.45
3	140	50.0	21.3	49.635	0.73
4	260	50.0	11.5	49.840	0.32

四组实验理论计算的加料时间分别为 37.5min、30.0min、21.4min、11.5min，与实际加料时间基本相同。皮带秤计量误差均小于 1.0%。结果表明，在不同加料速度情况下计量 RDX 粉料，防静电电子皮带秤的计量结果准确，重现性好。

5.1.2　双螺旋剪切式连续压延塑化技术

在双基推进剂（含改性双基推进剂）与发射药的传统加工制造过程中，吸收药的驱水、干燥、压延塑化及造粒等工序不连续，存在能耗高、工房占地面积大、现场操作工人多、手工操作劳动强度大、本质安全性差等问题。21 世纪初，南京理工大学李凤生教授团队联合兵器工业集团某厂研发出了双螺旋剪切式连续压延塑化技术，集吸收药的驱水、干燥、混合、压延塑化及造粒诸多工序于同一台设备，能连续自动地完成上述全部过程，并实现了人机隔离和远程控制操作。

1. 工艺设备

双螺旋剪切式连续压延塑化设备主要由加料系统、双螺旋槽辊、造粒装置、传动系统和控制系统组成。

1）加料装置

加料系统由搓筛机、螺旋输送器及振动加料器组成，目的是实现连续、均匀、定量、准确地向两辊间供（喂）料。

2）双螺旋槽辊

双螺旋槽辊的结构与现有火药（推进剂与发射药）和橡塑行业的压延机完全不同。一是表面结构不同，其中工作辊（固定辊）上开有右旋 35°～45°螺旋角的 U 形沟槽，如图 5-1-8(a)所示，移动辊上开有左旋 30°～40°螺旋型的 V 形沟槽，如图 5-1-8(b)所示；二是突破了螺旋槽辊的大长径比关键技术，由传统的 3.5～4 加大至 7.5 以上；三是槽辊加热方式不同，槽辊中心采用耐高温阻燃导热液加热，并采用三段式温度分布结构，如图 5-1-9 所示，既提高了驱水效率，又能确保工艺过程的安全性；四是采用液压推拉与微型传感器相结合的方法取代传统的机械螺杆推拉移动辊的方法，实现了槽辊间距和挤压力的精确控制。

(a)右旋 U 形槽辊　　　　　　　　　　(b)左旋 V 形槽辊

图 5-1-8　双螺旋剪切式连续压延塑化设备的槽辊结构

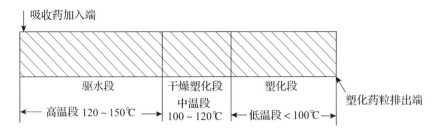

图 5-1-9 双螺旋剪切式连续压延塑化设备的槽辊温度分布

3）造粒装置

造粒装置由安装于 U 形槽辊出料端外缘表面的一组环形通孔和旋转切割刀组成。借助 U 形槽对药料向出料端的轴向推动力，使药料通过环形通孔挤出，由紧贴着的旋转切割刀切断。可根据需要控制药粒的长度。

4）传动系统

传动系统由安置在另一工房的两台调速防爆电机提供动力，电机与辊筒之间采用整体叉头十字轴式万向联轴器连接摆线针轮减速机的连接传动方式。U 形槽辊筒和 V 形槽辊筒各由一台调速防爆电机驱动，其转速可根据设计要求调节。

5）控制系统

控制系统主要包括加料装置工艺控制、双螺旋槽辊工艺（双辊间距、挤压力、温度）与安全（冷水雾气喷洒、自动退辊）监控、造粒工艺控制、传动控制等，在隔墙操作间远距离操作和调控。

2．工艺原理

1）V 形槽辊工作原理

V 形槽辊的表面开有左旋 30°～40°螺旋角形的 V 形槽（根据药料性质不同而异），通过微型传感器与液压系统联用，可以作前后（径向）平移，调节两辊间的距离和压力，使两辊间的药料受到所需的挤压力并控制所需的辊距，出现紧急情况或两辊间压力超过警戒值时，可快速退辊，拉开两辊间的距离泄压。V 形螺旋槽向两辊间的药料施加强剪切作用力，使两辊间的药料快速混合与塑化，同时，在两辊相对转动时左旋 V 形槽可向两辊间的药料施加向前（轴向）推动力，推动药料向前运动。

2）U 形槽辊工作原理

U 形槽辊的表面开有右旋 35°～45°螺旋角的 U 形槽（根据药料性质不同而

异），该辊为固定辊，工作过程中只能转动不能作前后（径向）平移。当两辊相对转动时，右旋 U 形槽可携带并推动两辊间的药料向前（轴向）运动，起到输送药料及混合药料的作用，如同螺旋输送混合器的作用。

但此处 U 形槽辊的工作状态与普通螺旋输送混合器不同，普通的螺旋输送混合器外缘全部（或下半部）有筒壁，对物料有挤压限制作用，有利于对其螺旋槽内物料的输送。而此处的 U 形槽辊只有在靠近 V 形槽辊处两辊间药料才受到挤压限制力，将物料挤压向 U 形槽内和表面，当转动离开 V 形槽辊时，U 形槽内及表面上的药料没有任何挤压限制力，只有靠药料对 U 形槽表面的黏附力使药料粘附于 U 形槽辊表面，这时 U 形槽辊才能起到输送与混合其表面上药料的作用，否则 U 形槽辊表面的药料就会脱离 U 形槽辊的表面而掉落，无法起到输送混合两辊间药料的作用。

对于高溶剂比的双基推进剂或发射药的吸收药，其中水分含量较低时（约＜25%），在高温高压下药料极易塑化，药料的黏附性较大，药料可包粘于 U 形槽辊表面；但对于水分含量较高（25%～50%）的吸收药，尤其是固体炸药含量很高（18.5%～62%）的高固含量高能改性双基推进剂与发射药的吸收药，如同含有大量沙粒的"豆渣"，由于其中溶剂含量很少，即使是在高温、高压、强剪切的作用下，也很难快速塑化，此时药料的黏附性很差，当药料转离两辊间时，不能继续牢牢地包粘于 U 形槽辊表面，会迅速散落掉离 U 形槽辊表面。这也是高固含量高能硝胺改性双基推进剂（或发射药）压延塑化过程中的关键难题。通过对 U 形槽的结构、形状及角度对辊面药料包粘力的影响进行大量计算和试验验证，设计出了特定结构形状与尺寸的 U 形槽和 V 形槽及其角度，选用特定的金属材料制作 U 形槽辊和 V 形槽辊，成功地解决了对含水量大、固体含量高的改性双基推进剂（或发射药）驱水干燥压延塑化过程中药料易散渣掉片脱离 U 形槽辊筒的难题，使药料自始至终牢牢地包粘于 U 形槽辊的表面，并对药料有良好的混合、输送与剪切塑化作用。

3. 工艺控制

1）辊筒加压与退辊系统

要实现快速驱水、混合与塑化，必须向两辊间的药料施加挤压力。传统压延机都是采用手动或电动转动机械螺杆推拉式推挤移动辊向固定辊平行推移，对两辊间的药料施加挤压力。这种方式的优点是结构简单，便于手工或电机带动操作；缺点是两辊间药料受到的挤压力大小不能准确随时显示与控制，特别是当压力或温度超过允许值时可能引起燃烧或爆炸事故，一旦燃爆事故发生，由于速度极快，无法使两辊及时自动退开，两辊筒间无法及时泄压导致辊筒被炸裂，这种事故国内外都发生过。

此处摒弃了传统的机械螺杆推拉移动辊的方法，而是采用液压推拉与微型传感器相结合的方法。即通过液压活塞来推动移动辊对两辊间药料施加压力，并装有微型传感器在线实时检测两辊间的压力大小及两辊间的距离，使两辊间距离和对药料施加的挤压力大小精确可控，提高了工艺控制水平和本质安全性。更重要的是，一旦发生燃爆事故，或两辊间压力超过设定安全压力时，微型传感器立即指令液压系统自动泄压使两辊快速自动退开，两辊间距离增大，恢复到正常安全状态；若两辊间药料燃爆，能使燃爆产生的压力及时快速泄压，不致压力积聚而使两辊爆裂。为了防止微型传感器工作失灵，液压系统（液压缸）内还装有泄压保险阀，一旦两辊间压力超过设定值时，泄压保险阀将自动打开（或破裂），使顶紧移动辊的液压系统（液压缸）立即自动泄压，也可快速有效地防止两辊间由于药料燃爆引起的压力剧升。该系统经多年的反复试验与生产考验，证明效果良好，能在瞬间快速使两辊拉开 20～50mm，确保及时泄压的需要，从未出现过不能及时泄压或卡死现象，大大提高了生产过程中的安全性。

2）辊筒表面药料温度的调控

要实现快速驱水与塑化，必须向两辊间药料施加较高的温度，但推进剂与发射药对高温十分敏感，极易引发剧烈分解和燃爆，尤其是当药料中的水分含量低于一定值时，将更加敏感和危险。因此，需要对辊筒表面药料的实际温度进行全程监控，一旦发现某处药料温度超过设定警戒值时，必须立即采取措施使该处的药料温度降低或增湿。

传统的方法是在燃爆事故发生后靠火焰光电转换信号启动雨淋系统，减小或控制燃爆事故发生后的毁伤程度，是燃爆事故发生后再进行的一种补救措施。

本系统采取的是事先防范措施，即采用非接触式远红外测温技术实时连续检测跟踪两辊间药料的温度，通过计算机监控系统控制冷水雾气喷洒系统，当药料达到开始剧烈分解温度时，立即向两辊间的药料表面喷洒冷水雾气（强增湿降温），抑制药料的进一步快速分解和继续升温，阻止燃爆事故的发生。该措施经济简便、可靠易行，冷水雾气在随后的药料加工过程中可完全挥发，不影响推进剂或发射药的组成成分及产品质量。

3）加料（喂料）与计量装置

在同一台双螺旋槽辊筒压延机上对含水吸收药连续进行驱水干燥、混合、压延塑化与造粒，保证准确、均匀、连续地向两辊间定量喂料十分重要。如果不能按设计要求准确、连续、均匀定量地向两辊间供料，将会出现两辊间药料过剩堆积，无法正常驱水干燥与塑化；或两辊间药料太少或断料，出现局部药料中水分含量太少，温度过高，导致燃烧或爆炸。采用搓筛机均匀分散药料并一次定量连续供料，螺旋输送器二次定量连续供料和振动加料器三次定量连续供料，通过调节搓筛机的转速与孔径、螺旋输送器的螺槽数及转速、振动加料器的振动频率三重组合的协调，实现了连续、均匀、定量、准确地向两辊间供(喂)料。

4. 工艺过程与工艺条件

1)工艺过程

(1)加料。

将含水吸收药料加入搓筛机料斗内，开动搓筛机，以设定好的转速搓挤料斗内的吸收药，通过搓筛机下部的小筛网孔将吸收药以良好的分散状态定量挤入其下部螺旋输送器的接料槽内；开动螺旋输送器，以设定的转速连续向振动加料器料斗内输送吸收药料；开动振动加料器，以设定的振动频率向双螺旋槽辊的高温端连续均匀地加入含水吸收药。

(2)驱水塑化。

开动双螺旋槽辊，使其按设定速度作相对转动，吸收药料进入相对转动的双螺旋槽辊高温端后，在两辊间挤压力及右旋 U 形螺槽的推动下，使药料以薄层的形式紧紧地包粘于 U 形槽辊表面，先后通过 U 形槽辊筒的高温段、中温段和低温段。在辊筒表面高温的作用下，将药料中的水分快速汽化蒸发驱除，在两辊间的挤压力及 V 形槽辊转动的剪切力作用下，两辊间的药料被高效剪切混合塑化。最后被塑化的药料在 U 形槽辊的推动下挤入造粒环的圆孔挤出，随后紧靠造粒环出药端面的旋转切割刀将药条切断。

含水吸收药的驱水、干燥、混合、塑化及造粒全过程在一台设备上全部连续、自动、快速完成，全过程需要 6～8min。

2)关键工艺条件

双螺旋连续驱水干燥、混合、压延塑化与造粒的工艺条件，最主要的有两辊的转速及转速比、辊距及温度与温度分布和加料速度等。对于双基推进剂、含硝胺的改性双基推进剂及发射药，采用 ϕ210mm×1575mm 双螺旋设备时，其最佳工艺条件范围如下：

加料速度：含水 30% 左右吸收药 85～110kg/h，含水 50% 左右吸收药 120～150kg/h。

两辊筒转速及转速比：70：60～30：25。

U 形槽辊表面温度及分布：高温段(入料端)120～135℃，中温段 100～

120℃，低温段(出料端)90～100℃。

产量(干量)：60～75kg/h，国外同类机型在相同条件下产量(干量)35～50kg/h。

3)应用情况

已建成中试生产线(300～400t/年)，对双基推进剂、含RDX的高能硝胺改性双基推进剂、双基发射药、含RDX的高能硝胺发射药及硝基胍发射药等(五大系列，十多个品种，300多个批次)进行实际应用考核，结果表明该技术成熟可靠，具有工艺简单，生产效率高，产品质量高，生产成本低，人机隔离、程序控制，连续自动操作，在制量小，本质安全性高。将传统工艺中间断的一次驱水、二次驱水、干燥、混合、塑化与造粒等多工序全部集中在一台设备上连续自动完成，生产效率提高30%～40%，工房面积节省30%～50%，设备从十多台减为1台(套)，操作工人减少约50%，节能20%～30%，生产成本降低20%～40%。图5-1-10为双螺旋剪切式连续压延塑化中试工艺设备。

图 5-1-10 双螺旋剪切式连续压延塑化中试工艺设备

在中试考核基础上，该技术与设备也已进行了工业化放大，采用φ310mm×2325mm双螺旋剪切压延设备，建立了年产1000t以上的高固含量改性双基推进剂的连续压延塑化生产线。

5.1.3 连续式混合浇铸工艺技术

在固体火箭发动机用复合推进剂的生产过程中，物料混合是关键工序之一，传统工艺中普遍采用立式混合机批次混合工艺(早期采用卧式混合工艺)。随着固体火箭发动机装药量的持续增加，立式混合机单台容积越来越大。目前，世界上最大的立式混合机是美国阿连特技术系统(ATK)公司和法属圭亚那库鲁航天中心雷古勒斯工厂使用的容积为6813L的立式混合机，每台混制量最大已达到 1.5t 以上，每批次可生产 12t 固体推进剂。这类混合机容积可能已接近单批次生产技术设备的上限，若再进一步增大容积，混合锅内传热效率与料浆脱气效率会难以满足要求。随着大型固体火箭发动机装药量的不断增加，复合推进剂的能量不断提高，立式混合机在混制高能固体推进剂的过程中存在的安全隐患也凸显出来，一旦发生爆炸事故，破坏性很大。全自动连续混合工艺设备，单位时间在制量小，工作人员基本不需要进入混合设备工房，即使发生爆炸事故，因在制量小，破坏威力也会大大降低。

美国和欧洲早在 20 世纪 60 年代就开始探索用连续混合工艺生产固体推进剂，欧洲已确定在其新一代运载火箭"阿里安-6"和"织女星"后续改进型上采用双螺杆连续混合工艺。

1. 连续式混合浇铸工艺简介

连续式混合是相对于间歇式混合而言的。在间歇式混合工艺中，推进剂所有组分都是预先称量，再加入混合机内进行混合；而在连续式混合工艺中，称量和添加在线完成，输送与混合同时进行，边进料、边出料，使间歇式出料变为了连续出料。虽然使用的混合设备容量较小，但通过连续工艺仍可满足大批量加工的需求，同时改善了混合均匀度，降低了危险系数。连续混合的工艺流程如图 5-1-11 所示。

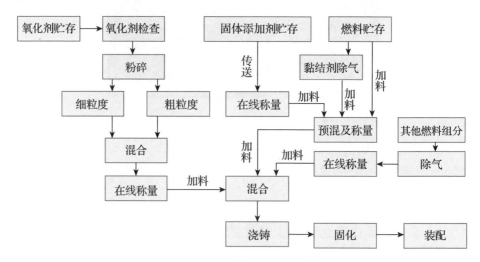

图 5-1-11   连续混合工艺流程

连续混合工艺的原理是采用连续式双螺杆机器混合各种组分，并以高质量流速将药浆直接浇铸到绝热壳体中。当采用双螺杆工艺加工推进剂时，要求准确地调整每种组分的机器进料率，确保配方的正确。为了便于控制，应最大程度地减少进料器的数量。一般来说，将推进剂组分预先混合，可以只用三个进料器就将全部原材料加入双螺杆混合机中，如表 5-1-6 所示。

表 5-1-6 加入双螺杆混合机中的三种原材料

进样器	样品类型
进样器 1	粗 AP 和细 AP
进样器 2	聚合物 + 增塑剂 + 添加剂 + 铝粉
进样器 3	固化剂

原材料进入双螺杆机器后，被螺杆传输和混合。通过调整螺杆的外形，推进剂的各种组分可以得到最优化的混合，并使推进剂药浆除气。双螺杆外形结构如图 5-1-12 所示。

图 5-1-12 双螺杆外形结构

连续式双螺杆混合浇铸工艺用于大型发动机复合推进剂的主要关键技术：

(1)采用双螺杆混合工艺时推进剂组分的调整。

(2)在连续混合操作过程中物料的再填充。

(3)精确在线计量供料监控技术。

(4)推进剂物料的均匀混合并除气。

(5)从双螺杆出料口直接浇铸推进剂药柱。

(6)两次浇铸之间设备的清理。

2. 连续式混合浇铸工艺研究进展

20 世纪 60 年代，美国开发了连续混合工艺，代替传统立式混合机的间歇式混合工艺，进行复合推进剂药浆的生产，建立了两条生产线用于"北极星"战略导弹发动机固体推进剂的生产。20 世纪 70 年代，导弹计划完成后，生产线关闭。1993 年，美国航空喷气发动机公司成功地在航天飞机助推发动机（ASRM）推进剂生产中采取了连续混合工艺。这是工业界首次采用配有傅里叶转换红外因子分析的连续检测方法，为大型固体发动机连续生产推进剂，并对混合工艺过程进行联机修正，混合机采用的是单螺杆结构。

该工艺与传统的分批混合工艺相比，经济性和安全性大大提高。单台设备暴露在危险操作中的时间从 387h 减少到约 48h。在混合过程中，任何时刻都只有 680kg 推进剂受到机械作用；而分批混合时，每批有 2.7～12.7t 推进剂受到机械作用。试车试验数据的鉴定结果表明，ASRM 连续混合工艺的研制是成功的，在质量和数量上能够生产出满足发动机要求的推进剂。

20 世纪 90 年代初，新兴的汽车安全气囊市场为推进剂制造商提供了很好的发展机会。在高质量、低成本固体推进剂需求的推动下，1995—2010 年，法国火炸药集团(SNPE)公司建立了三条双螺杆混合机连续生产线，用于汽车安全气囊挤出复合推进剂药柱的连续生产。迄今为止，SNPE 公司采用这种工艺已经生产了超过 3000t 的推进剂。批生产实践证明，连续生产线设备性能稳定，与立式混合机相比，投资大幅降低，生产时间大幅缩短，生产安全性进一步提高。

1998—2000 年，法国 SNPE 公司开始研发和验证用双螺杆连续生产工艺加工高能推进剂，得到了较好的试验结果。2001 年，SNPE 公司与法国国防采购局(DGA)共同出资，在波尔多建成用于先进高能 NEPE 推进剂连续生产的双螺杆设备试验厂，以提高连续生产工艺生产含 1.1 级组分高能推进剂的技术成熟度(TRL，见图 5 - 1 - 13)。在试验厂制造了一个质量为 70kg、比例为 1/15 的"阿里安 5"MPS 实体模型，在试验双螺杆设备中进行推进剂物料的混合和浇铸，并于 2010 年 7 月在法国航空航天研究院(ONERA)进行了首次点火试验，发动机装药的力学性能与采用立式混合工艺生产的发动机装药性能相当。目前，正在将现有的试验性双螺杆设备(生产能力为 100kg/h)扩大到全尺寸双螺杆设备

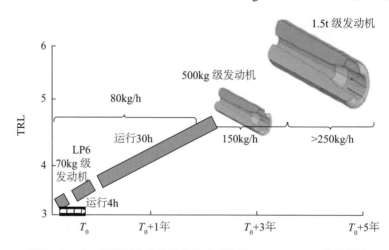

图 5 - 1 - 13　连续混合浇铸工艺技术成熟度 TRL3～TRL6 的里程碑

（生产能力为 3～5t/h），2015 年双螺杆连续混合工艺的技术成熟度已达到 TRL6。图 5-1-14 为双螺杆混合设备功能图，图 5-1-15 为法国 SNPE 公司的试验缩比双螺杆混合设备。

目前，尽管由"阿里安-5""联盟"和"织女星"组成的运载火箭族是欧洲商业发射重型、中型和轻型有效载荷任务的主力，但法国已经考虑在 2020—2025 年更换新型运载火箭。法国国家空间研究中心（CNES）汇聚了固体推进工业伙伴为未来运载火箭进行新技术的准备工作。其中，采用双螺杆连续混合工艺替代批次混合工艺是混合工艺的技术突破。

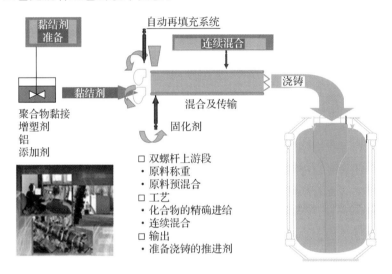

图 5-1-14　双螺杆混合设备功能图

图 5-1-15　SNPE 公司的试验缩比双螺杆混合设备

2013 年 7 月，法国和欧洲航天局批准了下一代"阿里安-6"运载火箭的最终设计方案，预计"阿里安-6"将于 2020 年年初替代现役的"阿里安-5"重型运载火箭和俄罗斯的联盟中型运载火箭。"阿里安-6"运载火箭的第一级由三个 P135 固体发动机组成，每个发动机装填 135t 固体燃料，第二级使用一个 P135 固体发动机，低温上面级采用法国赛峰集团研制的芬奇发动机。

目前，"阿里安-5"运载火箭的固体助推器 P230 发动机是在法国库鲁发射场内由雷古勒斯（Regulus）厂使用两台 12t 立式混合机采用分批工艺生产。如果将当前的分批工艺用于 P135 发动机药柱的混合（大约需要 13 个"锅"），将会出现一系列问题。在各种可能的技术解决方案中，创新的连续混合和浇铸的双螺杆工艺具有特别的优势，既可以满足推进剂药柱尺寸增大的需求，又可以降低续生成本。

3. 连续混合工艺的优势

1）安全性

与传统的批次混合工艺相比，连续混合工艺最大的特点是安全性好。连续混合设备在任何一段时间内在线混合的推进剂物料量很少，最多有几千克的含能材料，而立式混合机混合时有数百千克含能材料。因此，采用连续混合设备生产高能推进剂时，危险性大大降低。此外，如果发生意外也可在很大程度上减少对周围环境的影响。

2）推进剂性能

各种试验和研究都验证了采用连续双螺杆混合工艺生产复合固体推进剂的可行性。2010 年 7 月，法国 SNPE 公司采用双螺杆混合工艺生产的"阿里安-5"缩比发动机在法国航空航天研究院（ONERA）进行了首次点火试验。结果表明，采用连续双螺杆混合工艺生产的推进剂与采用立式混合机批次混合的推进剂性能相当。

3）成本

在大型固体火箭发动机中采用连续浇铸工艺的一个决定性因素是，该工艺能够大幅降低连续生产成本。对传统立式混合机（VM1800G）与双螺杆工艺在一个生产周期模拟比较的初步分析表明，从黏结剂的准备到浇铸工艺结束这一生产阶段大约可节约工时 50%，如图 5-1-16 所示。因为双螺杆混合工艺连续生产线性能稳定，与大型立式混合机相比，尽管推进剂药浆停留时间短，但双螺杆的混合效率与立式混合机相当，而且热交换效率优于立式混合机。采用连续混合浇铸工艺能够显著缩短推进剂生产时间，提高生产率，从而大幅降低推进剂的生产成本，使运载火箭在当前竞争激烈的发射市场中保持很强的竞争力。欧空局(ESA)已确定其主要运载火箭改进型号的所有发动机都将在雷古勒斯厂采用这一工艺生产。

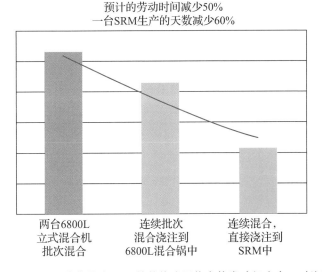

图 5-1-16　装药量达 180t 的整体式固体火箭发动机生产工时比较

5.1.4　连续干燥工艺

干燥是发射药溶剂法工艺加工制造过程中的重要工艺环节，也是发射药生产过程中最危险的工序之一。干燥的目的是驱除发射药制造过程中药体中的挥发性工艺溶剂和水分，使其达到规定的含量。由于发射药具有易燃易爆的本质特性，干燥过程的设备和工艺过程要求必须具备严格的安全性，这也导致发射药干燥技术发展相当缓慢。目前我国发射药厂仍大量使用 20 世纪五六十年代的烘盆式、干燥柜等干燥技术，以间断工艺为主，干燥过程都存在周期长、劳动强度大、操作人员多、动力消耗大、危险性大等缺点。20 世纪初国家投入专门经费开始连续干燥工艺设备和工艺技术的相关研究，并获得良好进展。

1. 连续干燥原理

1)干燥机理

干燥是利用热能使湿物料中的湿分(水分或其他溶剂)汽化，并利用气流或真空带走已汽化的湿分，从而获得干燥产品的操作。脱除湿分一般采用加热的方法，在干燥过程中要保证热量有效地传递给物料，利用这些热量使湿分挥发，并让挥发的湿分有效地离开物料。

发射药干燥过程中,药粒中挥发分通过外扩散和内扩散向外运动。发射药表层的挥发分首先从外界吸收热量,开始汽化,在发射药表面形成一个气体薄层。此薄层的蒸气压高于空气中水汽和溶剂蒸气的分压,在压力梯度的推动下,薄层气体扩散到空气中去,使蒸气压降低,发射药表层的挥发分继续汽化,这个过程为外扩散。表层挥发分汽化后,发射药内、外层的挥发分浓度产生了梯度,使内层挥发分向表层扩散,这个过程为内扩散。内外扩散相互联系、相互影响,图 5 - 1 - 17 为内外层挥发分扩散示意图。干燥过程同时存在着传热、汽化、扩散三种运动。

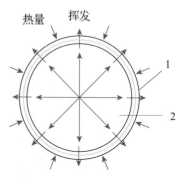

图 5 - 1 - 17　内外层挥发分扩散示意图
1—边界层;2—药体内部。

2)干燥动力学

根据干燥动力学研究,发射药的干燥过程(通常称为烘干)可分为升速干燥、恒速干燥、降速干燥、平衡四个阶段。

热空气与冷药粒接触后,首先通过传热使药粒温度迅速升高,挥发分驱除速率较快,这段时间为短暂的升速干燥阶段。

干燥开始一段时间后,内部挥发分在浓度差的作用下不断向表面迁移,使药体表面的挥发分始终保持在一个恒定的范围内,再加之热空气参数(温度、湿度、流速)保持不变,因此干燥速率基本保持恒定,这个阶段称为恒速干燥阶段。在恒速干燥阶段,药体吸收的热量几乎全部用于挥发分的汽化,药体温度几乎不变,干燥速率取决于表面挥发分的汽化速度。

随着干燥的进行,药粒内部的挥发分减少,挥发分自药体内部向表面扩散的速度小于其从药体表面的汽化速度,干燥过程受药体内部传热传质作用的制约,烘干进入了降速阶段。在降速干燥阶段,挥发分在药体内部完成汽化过程,再以蒸气的形态扩散至药体表面,干燥速率完全取决于挥发分和蒸气在药体内部的扩散速率。

经过降速阶段后,药体中的挥发发分基本除去,但无法完全除尽,后期的干燥速度非常缓慢,进入平衡阶段。为了缩短发射药生产周期,通常在到达平衡阶段前就停止烘干操作。

2. 连续干燥设备

针对发射药药粒形状、结构、化学组成及干燥特性的不同,在满足防爆、安全的要求下，结合民用产业的现有设备开发应用了平面热板旋振式烘干机、气动失重式给料机、导静电连续供料装置等。

1）平面热板旋振式烘干机

平面热板旋振式烘干机主要由加料斗、热板干燥盘、振动机构等组成，设备主体为敞开式框架结构，其基本结构如图 5-1-18 所示。振动机构由振动防爆电机和阻尼减振器构成，安装在机架上；若干个热板干燥盘按层叠方式置于振动机构上方，各热板干燥盘上设有一个下料口和用于在振动机构工作时使药粒螺旋式位移的挡板，相邻两层热板干燥盘的下料口错开分布；加料斗设于热板干燥盘上方的顶层，加料斗出口与顶层热板干燥盘上的落料口错开分布，确保药粒能在各层热板干燥盘上停留较长的时间，根据产品工艺条件的不同选取不同的机内烘干停留时间。

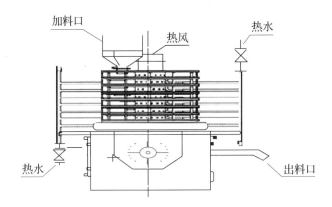

图 5-1-18　平面热板旋振式烘干机

设备特点：

（1）采用平面旋振烘干技术，传热面积大，热交换充分，热效率高，节能效果显著，结构紧凑，占地面积小，可拆卸清理。

（2）药粒在干燥机内停留时间可通过振幅、盘层等调节，工艺适应性好，操作方便。

（3）药粒全部覆盖加热盘，并呈圆周运动和跳跃运动，上下热传导的热效率高，与热风的接触面积大，干燥效率高。

（4）连续的进出料方式适合于连续化生产。

（5）加热盘采用循环热水供热方式，温度控制稳定，安全、节能。

（6）敞开式框架结构可避免极端情况下发射药出现燃烧后引起爆炸的可能。

2）气动失重式给料机

针对发射药易燃易爆的特性，对传统的失重式给料机进行工艺创新，将电动式改为气动式，成为集均匀布料与自动加料为一体的设备。其基本原理为气动马达通气后旋转，与之相连接的偏心块对出料斗产生振动，使料斗中的药粒自动加料。若实际布料量与设定量有出入，则通过控制模块对气动马达的转速进行自动调节，实现均匀布料。采用压缩空气为动力源的本质安全性提高。气动失重式给料机的工作原理如图 5 - 1 - 19 所示。

3）导静电连续供料装置

静电是发射药干燥过程中最危险的因素之一，在发射药粒进入烘干设备前需预先进行导静电处理，以提高工艺过程的安全性。设备由加料斗、定量螺杆石墨加料机和混合搅拌器组成。在加料斗中，发射药粒与定量螺杆石墨加料机提供一定量的石墨均匀混合，导除发射药在输送过程中因摩擦而产生的静电。混合搅拌器和调节器可有效解决物料在真空输送过程中的搭桥堵塞问题，其结构如图 5 - 1 - 20 所示。

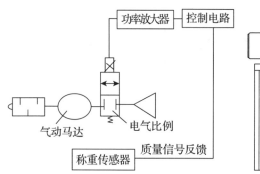

图 5 - 1 - 19　气动失重式给料机工作原理图　　图 5 - 1 - 20　导静电连续供料装置

4）自控与安全系统

控制系统采用中控系统，主要由控制软件、检控系统和通信网络组成，可对干燥过程中影响产品质量、安全性的一些参数与设备进行在线检测与控制。主要包括：烘干机及主要设备的风温、水温的检测与控制；加热源水蒸气流量、温度的监测与控制；工房湿度在线检测与控制；干燥过程中物料静电的监测与控制；危险事故自动预警及安全雨淋。通过干燥过程的在线检测与自动控制，为发射药干燥过程的自动化、人机隔离、提高本质安全性创造了条件。

5）发射药连续化干燥工艺集成

发射药连续化干燥工艺技术集成了平面热板旋振式烘干机等主体烘干设备、

发射药导静电预处理设备、气动失重式给料机及真空输送机等输送设备、静电与挥发分在线检测系统、声光报警及安全雨淋等自动控制系统，实现了发射药烘干过程的连续化与自动化，提高了工艺过程的安全性。

从安全、适用性考虑，干燥过程采用真空输送机来取代传统的机械输送或正压输送。真空输送设备以压缩空气为动力，通过射流式真空泵产生真空来输送物料。真空输送机采用气动控制器，整机无须用电，属于本质安全型设备，满足防爆要求。真空输送管道采用金属导管并可靠接地，可有效消除药粒输送过程中因摩擦等产生的静电。

与现有的盆式烘干工艺比较，连续化工艺集成技术实现了整个干燥过程隔离操作，解决了劳动强度大、操作人员多、危险等级高等不安全因素，大幅提高了发射药干燥工艺的本质安全性。

工程样机达到了 50kg/h 以上连续化烘干量的规模，满足相关军用标准的产品质量要求。按照新的连续化干燥工艺，采用平面热板旋振式干燥机为主体设备，验证其连续化干燥效果，并与传统盆式干燥相对比。验证结果：

烘干能力：连续化工艺对大药粒和小药粒的烘干能力分别为 67.5kg/h 和 55kg/h。

烘干时间：连续化工艺对大药粒和小药粒的烘干时间分别比传统工艺缩短 20% 和 25%。

烘干热效率：连续化工艺对大药粒和小药粒的烘干热效率分别提高 30% 和 37%。

5.2 安全制造工艺技术

火炸药易燃易爆，加工制造过程经常处于高温、高压环境中，危险性大，事故风险率高，安全生产问题显得尤为重要。自 20 世纪 70 年代以来，以美国为代表的技术发达国家大力开发本质安全的生产工艺技术，使火炸药生产由间断工艺为主向连续化、自动化和遥控化方向推进。

当前，美国等通过制造工艺技术创新与改进已建成了多条先进的火炸药安全生产线，实现了火炸药生产过程的连续化、自动化和遥控化；成功开发出适合多品种、小批量、多批次生产的、一线多用的柔性制造线，使用双螺杆成型工艺可以在一条生产线上轮换加工单基发射药、双基发射药、三基发射药或双基推进剂、复合推进剂和混合炸药。在安全生产新技术研究方面，技术发达国家积极开发火炸药新产品的人机隔离和自动化安全制备工艺。安全监测技术与报警系统、防爆泄压技术也是保证火炸药生产安全性的重要技术，这些技术的研究也受到各国关注，并越来越多地应用于火炸药安全生产。

5.2.1 自动化与遥控技术

火炸药加工制造过程的"自动化"和"遥控化"是在"连续化"的基础上实现的，是"连续化"的延伸与扩展。生产的连续化可减少半成品、中间产品、副产物的存放时间，避免这些不安定物质因分解、氧化或遭受意外刺激而引起爆燃、爆炸事故，从而保证生产的安全性。生产的自动化水平越高，生产现场需要的员工越少，甚至操作人员总数可减少70%～80%，为人机隔离及遥控化操作创造条件，进而提升本质安全程度。

在火炸药安全生产中，国外一方面通过解决接口技术，采用先进的连接设备完成单元设备的集成；另一方面通过自动化技术与设备、电视摄像头的"可视化"监测、计算机高速信息处理技术等的广泛应用，实现火炸药生产过程的"连续化""自动化"和"遥控化"。

奥地利博瓦斯（BOWAS）公司拥有自动化程度高、本质安全的火炸药生产工艺设计技术，并在各国多家工厂成功建线。经过不断改进，自动控制系统、自动监测系统、在线自动检测技术等自动化技术与设备已获得大量的应用。

1. 自动化控制技术

数字计算机控制系统是实现火炸药生产自动控制最为常用的一种技术。在火炸药生产自动化控制方面，国外主要通过中央控制室并借助计算机 PCL 控制系统、传感器、计量装置、输送管线等技术与设备来完成。其中，西门子公司研制的 PCS7 自动化控制系统在火炸药生产中的应用最为广泛，在硝化棉（NC）生产线、高效柔性 TNT 新生产线、PAX 熔铸炸药装药生产线上均已获得了应用。

例如，奥地利 BOWAS 公司在多个国家设计建造的 NC 生产线，将开棉、硝化、煮洗、细断、精洗、混同、脱水和包装八个工序集中布置在一个工房内，整个 NC 生产线的中央控制室位于工房的三层，中央控制室的玻璃墙能分别监视硝化驱酸、煮洗和精洗脱水，主要工序均与计算机 PCL 控制系统连接，计算机显示屏上能清晰地展示各工序、各设备的运行情况。该 NC 生产线的自动化程度很高，特别是硝化驱酸和煮洗工序，整个生产线的操作人员每班只需几个人。

开棉工序中的木纤维切片机和精制棉梳解机两台设备共用一套输送管线和

计量装置，棉包打开后由悬臂吊车吊到供料台上(吊臂上带夹紧装置，以方便打开的棉包吊运)。生产开始时用轨道(链条)自动输送到梳棉机加料带上，再由皮带输送进入开包机中，通过料位检测信号自动进料和停料。采用一个由下向上旋转的带齿钉的带状装置，将压缩的棉短绒梳松，并通过定量喂料机调节流量后用输棉风机风力输送至硝化工序的旋风分离器。在硝化工序上，硝化混酸从酸库用泵输送到预硝化器上方的高位槽中，再通过流量控制后进入预硝化器中，并自动控制硝化系统。煮洗时，用泵将 NC 从棉浆转手槽输送到压力煮洗锅，采用 PLC 程序控制开始以下循环操作：边进料边排水，加热水、升温、保温煮洗、再升温、再保温煮洗、出料，上述煮洗的循环过程由一个独立程序循环控制器控制，生产期间不需要人工监控，周期短，预安定效果好，质量均匀。

再如，2008 年美国阿连特技术系统(ATK)公司在雷德福陆军弹药厂建成并投产的一条高效柔性 TNT 新生产线，整个工艺流程采用西门子公司开发的 PCS7 系统进行控制，光纤网络连接所有的制造工序和支撑点，该系统对完整的数据采集和生产过程实现自动控制。硝化和精制、废酸脱硝和酸雾处理检测和控制分别由两个控制室控制；现代化、自动化的 TNT 包装控制也与 PCS7 系统连接。PCS7 自动化控制系统的应用大大提高了 TNT 生产过程的安全性。

2007 年，美国建了一条 PAX 熔铸炸药自动化生产线。该生产线采用了多种自动化系统及设备，除了采用西门子公司研制的 PCS7 自动化控制系统之外，还增加了熔铸装药工艺所需的安全监测设备和仪器。新建的熔铸炸药生产线在反应器、加铸头、搅拌器等设备上均增加了相应的传感器、摄像头和监视仪，并与 PCS7 自动化控制系统相连接。

此外，在德国弗劳恩霍费尔化学研究院(ICT)和 Wemer&Pfleiderer 公司等支持与帮助下，巴西弹药筒(CBC)公司于 20 世纪 80 年代末新建了西半球第一条连续化、自动化的单基药生产线，其驱水工序由控制系统对离心力、NC 层的厚度、NC 在离心机中的停留时间、在各循环阶段酒精的浓度等各种工艺参数进行编程并加以严格控制，并对驱水工序的各个阶段进行监视，从调整措施到紧急情况处理的整个过程全部实现自动化，离心机中的 NC 在制品量不到几千克，而且有安全报警装置，根据紧急情况自动采取相应的安全处理措施，停止工作和给料，不需要任何操作人员。混合、胶化、压伸和造粒是在多功能处理设备(同向旋转双螺杆挤出机)中完成的，在整个运行过程中，由控制系统控制挤压机的运行、NC 的给料、溶剂的喷射、其他组分的添加，以及药团在挤压机中的压力与温度，带有气动传输系统。

2. 自动化检测与安全监测技术

在线自动检测技术是火炸药生产安全的基础技术，其应用包括硝化反应、聚合反应等化学制造过程以及浇铸装药、压装装药、压伸成型、挤压装药等物理加工过程的自动检测。在线自动检测技术采用先进的分析仪器和监视仪器与计算机连接，安装在连续化生产线上对重要的工艺参数进行自动采样和测量，并发出信号，自动反馈、调节和修正工艺参数至规定范围，实行实时质量控制。

以美国为例，为实现火炸药自动化生产和满足特殊的安全要求，早在20世纪70年代初，美国匹克汀尼兵工厂就开始研制TNT生产和装药的在线自动检测分析仪和控制器，现已成功开发出三种TNT生产线自动检测分析仪应用于雷德福陆军弹药厂，并采用数字计算机控制系统实现工艺条件的最佳化配置。熔铸炸药送料泵故障检测控制器是自动熔铸TNT炸药装药线上送料泵的检测控制仪器，带有两个光电传感器，由可见的放射光源、分叉的光导纤维和连接成桥式的电路构成，光导纤维带有一个反射传感头。另外，美国研究人员还成功研制出一种熔铸炸药泵的故障检测分析器和控制器，并已安装在匹克汀尼兵工厂的熔铸炸药自动浇铸中试线上。试验表明，如泵发生泄漏，液压油中有0.5%的TNT存在，泵便自动停止。

当前，美国仍在继续开发其他在线自动检测仪器。例如，以获取成分的数据作为设计依据，使在线自动检测分析器具有自动采样、测量和控制能力；再利用光电传感器和仪器，研制试制型的分析器和控制器，并安装在雷德福弹药厂进行调试和评价。在评价完成之后，将正式安装在雷德福弹药厂和沃伦捷尔陆军弹药厂的TNT生产线上。这类传感器是专门为遥控化自动化炸药生产线而研制的一种特种传感器，其光度计和电子仪器具有长期的稳定性和再现性。

除了在线自动检测技术之外，安全监测技术与报警系统也是实现火炸药安全生产的重要保证，这些技术的研究也同样受到各国关注，并在自动化生产线上获得了应用。

在奥地利BOWAS公司设计的NC生产线上，开棉工序中的梳棉机设置了完善的自动监测系统，包括料位检测、金属探测等，一旦出现异常情况则自动报警，操作人员可迅速赶到现场进行人工清理，几分钟内可恢复正常。在硝化工序上，驱酸用设备P80双级推料离心机，也装有振动传感器、水流量计、液位、火焰和电流探测、空气温度探测等一系列完备的自动监测系统，并与加料阀和电机转子联锁。当监测到错误状态时，整个装置自动关闭，在停车的同时，离心机将被水淹没，将 NC 分解的影响减至最小，并保障设备安全，即使发生分解后也能在 30min 内恢复生产。在煮洗工序上，压力煮洗锅上设有一系列安全装置(排压阀、安全阀、防爆片)和监测控制装置。

美国的 TNT 新生产线上配有 PLC 控制和报警系统。PLC 通过监视器监控硝化和精制的全过程，包括原材料的物流、速度、压力和温度。一旦出现异常情况就会激发相应的报警器发出警报，该警报器安装在工艺流程中的某一部位上。出现紧急情况发出警报并在 PLC 监视屏上出现一个报警信号。多级警报系统由自动闭锁的排放系统构成：一级情况停止原材料的供应；二级情况增加反应釜夹套的冷却水供应；三级情况出现就会立即将物料排放掉。

同样，美国霍斯顿陆军弹药厂 2007 年建成的 RDX 连续化生产线上也安装了具有紧急处置能力的压力控制装置——安全阀(或称"泄压阀")，该装置是炸药硝化过程中的典型安全预防装置。一旦超过预定压力，泄压阀可以迅速将过大的压力排往系统外的泄压装置；当超过一定压力时，安全阀可以自动减少设备内的物料流入量。

在巴西 CBC 公司单基药生产线上，配有内嵌报警系统和自动修正措施，每道工序之间有安全锁。

3. 自动包装技术

包装是火炸药生产过程中的最后一道工序，也是生产自动化必不可少的关键环节。自动包装技术是利用自动化装置控制和管理包装过程，使其按照预先规定的程序自动进行。在火炸药生产过程中，传统工艺主要采取人工包装，操作繁琐、单调、重复，工人劳动强度大、危险性高，包装质量不高，有些产品长期与人接触还会影响人体健康。包装工序也是长期以来连续化生产过程中的薄弱环节。

近些年来，美、法等国大力开发火炸药生产自动包装技术，并采用连续化的包装工艺、自动化的包装控制技术和防爆型包装电器，成功建成了 TNT、模块发射装药系统等火炸药生产自动包装线。其中，TNT 自动包装线实现了从药卷输送、药卷堆码、药卷喷蜡、包中包、开箱、装箱、放合格证和说明书、封箱、纸箱打码、捆扎或药箱堆码等工艺过程的连续化，显著减少了炸药在线停留时间和在线药量，相应增加了炸药包装的安全性。自动包装线实现了炸药包装过程的全自动控制，自动控制替代了人工操作，最大程度地减少了在线操作人员。自动包装线采用的主要控制技术有光电检测监控、气动液压、PLC 集中管理和分散控制等先进技术。

2007 年，欧洲含能材料公司(法国)建成了一条全自动化、连续化模块发射装药系统生产线，实现了从可燃药筒批量生产到产品装填、装配和包装整个过程的自动化，该生产线于 2008 年正式投产，年生产能力为 10 万个模块，总投资约为 900 万欧元。在包装线上，采用药筒自动传输设备、发射药自动给料机、中心点火管自动装配装置和自动封口设备等，实现了模块发射装药系统的自动化包装和流水线作业。

在自动包装设备开发中，印度推出了一种发射药自动包装机。该包装机带有高、低速振动器，通常先设定每包的重量，发射药经振动器振动沿着药斗自动流往称量盘上的包装袋，发射药的重量达到设定值后自动停止供药，包装袋自动缩口。

由于自动包装线实现了机电一体化，并在关键部位都设置了安全防护与检测控制点，同时经过优化设计的系统自动控制替代了繁重的人工手动操作，降低了工人的劳动强度。若自动包装线出现温度值超限，或发生设备故障、火灾等突发性事故时，全线实现自动紧急报警，可及时、方便地实施手动紧急停机，有的还能实现安全连锁、自动停机，将事故及时消灭在萌芽状态，或紧急制止事故的进一步扩大，把风险降到最低，因此大大提高了火炸药生产全线的安全水平。

4. 自动化设备及配套装置

火炸药的自动化生产，需要有相应的自动化设备及配套装置，如自动加注装药机、大型浇铸设备、混合机、固化炉、反应器、螺杆挤出机、连续切药辊、机器人、输送带等。近些年来，美、英、德等国成功开发出多种新设备，满足火炸药自动化生产的需要。

1）炸药生产工艺自动化设备及配套装置

（1）自动加注机。

2006 年新建的大容量 PBX 炸药装药生产线上，英国 BAE 系统公司采用带有 4 个加注头的自动化加注装药机（图 5 - 2 - 1），实现了装药加注的自动化。美国 ATK 公司也开发了一种自动加注装药机。采用自动加注机，装药速度比常规浇铸工艺要快得多，自动化程度也高于常规真空浇铸技术，而且能够加工出固体含量更高的浇铸药柱，为制备空心装药战斗部带来更大的灵活性。

图 5 - 2 - 1　英国 BAE 系统公司的
自动加注机

（2）大型高效混合机。

为了 PBX 炸药在浇铸装药过程中能够连续不断地加注到弹体之中，英国 BAE 系统公司采用大型混合机为自动加注装药机提供大量的悬浮态炸药原料。在连续浇铸装药生产线上采用了一台 500kg 混合机，如图 5-2-2 所示；在预混合预固化过程中则使用了 HKV5 高效混合机，如图 5-2-3 所示。

图 5-2-2　英国连续化生产 500kg 混合机　　图 5-2-3　英国新型 HKV5 高效混合机

（3）大型自动固化炉。

除了自动加注装药机和大型混合机外，还需要可连续化作业的大型固化炉、机器人、弹药输送带等。例如，在英国 BAE 系统公司新建的 PBX 装药生产线上，采用了大型自动固化炉，如图 5-2-4 所示。弹体在转移、转动及加注过程中采用了机器人操作系统，悬浮液态炸药从混合机到加注口之间采用了管道系统连接，由过去的人工或升降机架锅浇铸的操作方式改为通过管道输送并加注；采用了传送弹药的输送带，由传统装药车改成弹药输送带从弹体的准备开始到固化结束送出车间，全部通过计算机控制并由机器操作。

图 5-2-4　英国敷设输送带的自动固化炉

由于上述自动化设备及配套装置的应用，使该生产线 PBX 炸药年生产能力达到了 800～900t，每年可处理 27.5 万发 105mm 榴弹或 10.4 万发 M107 155mm 榴弹（或 6.5 万发 Ll5 榴弹，每发装填的炸药量为 11kg）。其工艺流程为：先在车间外进行各种原材料的预混合和预固化，再送到车间内的大型搅拌机上混合，以防止催化剂与其他组分分离，最后加入固化剂进行浇铸，浇铸悬浮液通过输送系统和自动加注机进行加注。

欧洲含能材料公司于 2006 年在 Sorgues 工厂采用法国 SNPE 公司获得专利权的双组分工艺安装了一条 PBX 浇铸固化炸药新生产线，该生产线也采用了自动加注装药机、机器手和自动固化炉等自动化设备及配套装置，如图 5-2-5 所示。该生产线实现了炮弹预备、浇铸、固化、装配、检测、控制和包装等工序在同一个车间内完成的目标，年生产能力为 5 万枚 155mm 炮弹或 10 万枚 120mm 炮弹。其工艺流程如图 5-2-6 所示，先独立制造 A、B 两种组分，再在装药厂装弹。其中 A 组分由聚合物、添加剂和高能炸药组成，B 组分由增塑剂和固化剂组成，A、B 两种组分通过静态混合釜混合，再在真空条件下实施装填。这种双组分工艺的优点是没有反应釜生命周期的限制，固化时间大大缩短（在 24h 之内完成）。装药工序包括弹体准备、浇铸、固化、装配、检测、控制和包装，这些工序都在同一个车间内完成。

图 5-2-5　法国双组分装药工艺新车间外貌及装药设备和设施
（图中：上列为装药机、厂房和机器手；下列为 X 射线控制仪、X 射线控制装置、固化炉、双组分装药机）

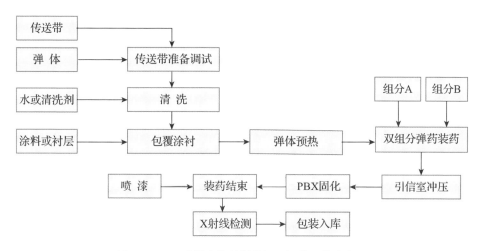

图 5 - 2 - 6　欧洲含能材料公司双组分工艺流程图

美国 2007 年建成的 PAX 熔铸炸药装药自动化生产线上，也采用了反应器、加注头、搅拌器等多种自动化设备和操作系统，还带有传感器、摄像头和监视仪。如图 5 - 2 - 7 所示，左图是带有温控传感器的 50 加仑混合器，右图是隔壁的安全管线屏蔽系统。图 5 - 2 - 8 是该熔铸装药生产线的温控炉、带有温控传感器的混合器和带温控系统的 4 头加注机。

图 5 - 2 - 7　带有温控传感器的 50 加仑混合器、HMI 监控屏幕和监视器

图 5 - 2 - 8　带有温控传感器的温控炉、混合器和加注机

2）发射药生产自动化设备及配套装置

在发射药生产线上，目前国外采用的安全生产设备主要包括配有安全控制器和在线检测仪的双螺杆挤出机，以及带有远程监控的自动化生产设备。近些年来，双螺杆挤出工艺已成为世界范围内的研究热点。各种可视化技术、在线和离线检测技术不断出现，极大地推动了双螺杆挤出机在火药生产线上的应用，同时使全线的本质安全性得到大幅度提高。如：利用激光多普勒测速仪（LDA）直接测定挤出机中聚合物熔体的流速；用液压控制的双螺杆挤出机实现危险状况的泄压，等等。德、法、美、英、澳大利亚、瑞典等国已经采用组合式双螺杆挤出机完成输送、混合、捏合和挤压等工序生产火药，通过在线检测和控制生产过程，实现连续化、自动化和智能化，提高了发射药制造本质安全生产的生产率和产品质量，降低劳动强度，产品质量一致性好且安全事故少。

20 世纪 60 年代，瑞典博福斯公司开始研制双基药的现代化生产工艺，目的是减少现场人员，尽可能避免人与 NG 接触。1978 年，该公司启动了新工艺（博福斯螺旋挤出工艺）制造双基药的生产线。通过两次单螺杆挤出工艺压制成型，其工艺流程如图 5－2－9 所示。其中，螺旋挤出机是该生产线的关键设备，博福斯公司采用自行设计的、直径约为 100mm 的单螺杆挤出机，生产能力为 40～70kg/h。该工艺避免了着火率高的压延工序，具有远程控制、在岗人员少、工作区内无空气污染且安全性好等优势。

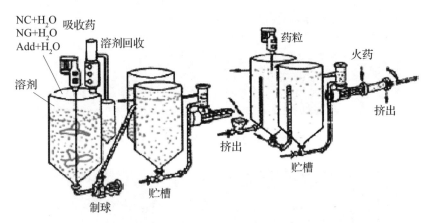

图 5－2－9　瑞典博福斯公司螺旋挤出工艺制造双基药的生产线工艺流程示意图

在三基药制造过程中，德、美等国率先采用双螺杆挤压工艺实现了连续化、自动化生产。早在 20 世纪 70 年代，德国 Dynamit Nobel 公司就采用圆盘状捏合机和螺杆挤出机联合作业的连续化工艺制造三基药，从预混料到最终成品的整个过程实现连续化生产和自动化控制，消除了手工操作对产品质量的影响且大大减少了现场人员数量。20 世纪 70 年代初，美国研究人员考虑采用现代化的挤出技术和成熟的电子控制技术制造火药，提出运用德国 W&P 公司制造的模块化设计的 ZSK 同向旋转自洁双螺杆挤出机进行三基药的连续化生产，其工艺流程如图 5 - 2 - 10 所示。

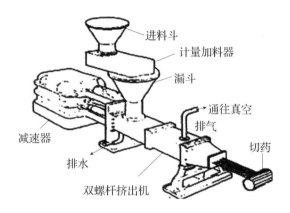

进料斗
计量加料器
漏斗
通往真空
排气
切药
减速器
排水
双螺杆挤出机

图 5 - 2 - 10　美国三基药制造工艺流程示意图

在硝胺发射药生产线上，美国连续化、自动化双螺杆挤压工艺技术的应用比较成熟，采用双螺杆挤出机完成硝胺发射药的挤压造粒等工序；德国 ICT 研究院开发的 DNDA 发射药生产工艺，主要工艺设备也是双螺杆挤压机。20 世纪 80 年代，美国海军水面武器中心首先采用同向旋转双螺杆挤压机，安全、连续地制造出 19 孔 XM39 硝胺发射药药粒，顺利地将捏合、排气、制坯和挤压等五个工序综合为一个工序。20 世纪 90 年代初，瑞典博福斯公司开发的沉淀工艺用于制造硝胺发射药，进行多组分单一给料，连接到双螺杆挤压（TSE）工艺实现挤压造粒；美国海军水面武器中心与瑞典博福斯炸药公司合作对该工艺进行改进，推出了降低挥发性有机物的闭合含能材料制造工艺（CLEVER），采用双螺杆挤压机对硝胺发射药进行挤压和切药。CLEVER 工艺中涉及的主要设备为给料机、双螺杆挤压机、切药机和自动控制设备。CLEVER 制造工艺使用的双螺杆挤压机为 W&P 40mm 分段螺杆。双螺杆挤出工艺在控制室中进行监控和遥控，如图 5 - 2 - 11 所示。双螺杆挤压工艺采用全自动化操作，控制室距离挤压机设备和切药设备约 300 英尺（1 英尺 = 30.48cm），操作人员只需在控制室内对双螺杆挤压机进行操作控制和监视，实现了人机分离，安全性能得到了提高。

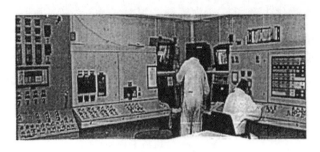

图 5 - 2 - 11　双螺杆挤压机设备控制室

德国 ICT 研究院开发的 DNDA 发射药双螺杆挤压工艺，其流程如图 5 - 2 - 12 所示。主要设备包括双层混合机、连续切药辊、双螺杆挤压机。

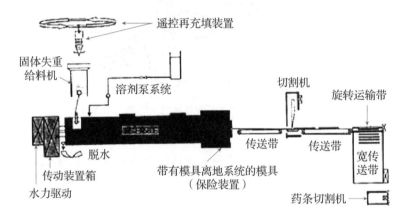

图 5 - 2 - 12　德国 ICT 研究院 DNDA 发射药双螺杆挤压工艺流程

3）固体推进剂生产自动化设备及配套装置

在固体推进剂生产自动化工艺与设备方面，从 1994 年开始，在美、法两国合作的复合推进剂连续化加工计划（为期 3 年）支持下，美国海军水面武器中心印第安岬分部采用 40mm 双螺杆混合/挤出机进行了连续化生产工艺的开发，选用了法国 CLEXTRAL 公司设计的一种螺杆（悬臂）直径 85mm、长径比 16 的同向旋转双螺杆挤出机，该挤出机由液压驱动，转速从 0 到 50r/min 可调，在真空下工作，有 2 个不同的固体进料口和 5 个不同的液体进料口。复合推进剂生产能力 60kg/h，能够连续工作 8h，在挤压过程中可以定时取出推进剂试样进行火箭发动机的浇铸。

在另一项研究中，美国海军水面战中心印第安岬分部采用德国 W&P 公司 ZSK - 40 型挤出机，螺杆为分段、悬臂式结构，长径比为 28。该挤压机上装备了一种特有的安全装置——液压驱动冲模固定器，在冲模压力超过固定模压力时，固定器会自动开启，压力瞬时得到释放，从而避免事故的发生。

2000 年，英国研究人员发明了一种高氯酸铵（AP）基端羟基聚丁二烯（HTPB）复合推进剂的连续混合制造工艺。采用的主要设备是连续混合机，结构如图 5 - 2 - 13 所示。制造工艺流程：首先将 HTPB 预聚物与高纯度（98%）的异佛尔酮二异氰酸酯（IPDI）混合，加热到 60℃ 后倒入带有搅拌器的混合器中，然后将密闭的混合器抽真空至 200mmHg，除去混合过程中产生的气泡；搅拌 1h 后将搅拌器中的糊状物转移到另一容器中，将其加热到 80℃，然后置于卧式捏合机中搅拌，缓慢加入氧化剂等固体组分，进一步捏合 2h 左右，直到非黏结剂组分完全被润湿，即药浆完全混匀后，再从捏合机上转移至连续混合-挤出机中进行挤压浇铸。

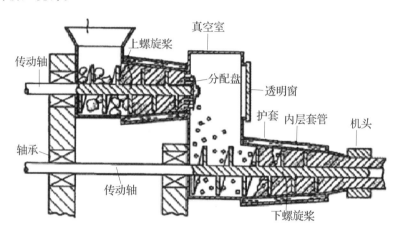

图 5 - 2 - 13　英国连续混合机结构及复合推进剂浇铸示意图

5．遥控技术

遥控技术是减少火炸药生产现场操作人员数量、实现人机隔离和远程化操作控制的基础。火炸药生产的遥控化主要通过计算机远程监测、远程控制和相应的远程操作设备来实现。美、英等国在火炸药生产线上采用的遥控技术与设备主要包括计算机远程监控技术、传感器、闭路电视、计量装置、远程输送装置等。

据 2007 年资料报道，为了满足不敏感（IM）发射药生产工艺需要，英国 BAE 系统公司在沃尔斯厂重新建立了一条发射药远程监控自动化生产线。生产线在投料之后禁止任何人进入车间，事先设定最大压力、扭矩和温度，由首次警告和软件来调控程序；在车间和屏幕操作台上均设置"紧急制动"按钮。该生产线由传统的工艺技术和设备组装而成，通过计算机技术进行远程监控，可供多基热塑性弹性体(TPE)发射药的遥控化生产。

该生产线的工艺流程包括混料、压伸、切药、烘干除湿等，遥控技术涉及控制系统、联锁界面、软件构建、数据采集和检测试验等。其中，混料过程通过重量计量和金属探测仪进行监测，3 台现有设备可以完成 2～20kg 的批量生产，流变仪用于监测每一批产品的黏度。压伸过程由压伸机、成条处理系统、造粒切割机组成。采用 3 英寸(1 英寸＝2.54cm)的压延机，每次可生产 1kg 的发射药；采用 8 英寸压延机，每次可制造 20kg 的发射药。在发射药成型之后，垂挂成条后再进行切割。就数据采集而言，软件系统监控整个生产流程和数据采集点，所有设备均安装有数据记录器，将混料的整个过程全部保存下来以确保各批次产品的一致性，同时记录压伸全过程，整个生产流程通过闭路电视监控。图 5-2-14 为英国 BAE 系统公司远程监控自动化发射药生产线的部分设备。

图 5-2-14　英国 BAE 系统公司远程监控自动化发射药生产线部分设备

为了克服浇铸工艺制造交联双基推进剂存在消耗大、劳动力成本高和现场人员多等不足，美国 Henderson 等人发明了交联双基推进剂的挤压法制造工艺。该工艺过程为半连续化、远距离控制操作，现场人员的减少提高了生产的本质安全性。其制造过程：将推进剂与交联催化剂混合均匀，在温和加热条件(120～140℉)下将推进剂部分固化，直至含能黏结剂塑化但不发生交联；最后采用活塞式挤压机在 110～150℉的温度下以 0.5～6 英寸/min 的速率挤压成型。

美国海军水面战中心采用无溶剂连续化生产工艺制造固体推进剂时，利用带安全监测装置的双螺杆挤出机，使整个生产过程也实现了远程控制，通过 Allen Bradley 可编程逻辑控制器实时控制工艺条件、多种警报和系统联锁，并且有基于计算机的数据采集系统来获取工艺参数。

5.2.2 防爆防燃技术

防爆防燃技术是提高火炸药生产安全的关键技术之一，与本质安全生产工艺同等重要。目前，国外积极研究的火炸药生产防爆防燃技术，主要包括温度或火焰安全监测技术、易燃易爆粉尘控制技术、泄爆技术、水雾抑爆技术、超高速灭火技术、防冲击波技术。其核心宗旨，首先是采取主动探测预警措施，防范爆炸事故于未然；其次是采用压力释放、抑爆灭火措施，快速、高效地控制爆炸冲击波或火焰的强度和范围，将对人员和财产的损害降到最小程度。

1. 温度或火焰安全监测技术

目前国外火炸药生产单位普遍采用温度或火焰探测器对温度或火焰进行实时监测，并发出风险警报或启动应急措施，预防事故的发生。温度或火焰探测器主要有三种：紫外探测器、红外探测器、紫外-红外联合探测器。这些探测器都是借助射线进行探测，信号传递时间极短，当探测到温度或火焰超过设定标准时，能快速做出响应并启动相应的抑爆或灭火系统。

但是，红外、紫外探测器都存在虚警问题，特别是红外探测器，由日光和环境光造成的虚警问题比较突出，而且难以确定火灾的真实规模、起火点甚至起火方向。为此，国外近些年来开始研究适应性更强、通用性更好的基于计算机视觉分析的火焰监测器。

计算机视觉火焰监测器可以直接利用标准的视频照相机、摄像机实现场景图像的实时采集和在线监视，不需接触性的采样或变化检测就可触发报警，可通过相机自动地远程监视燃烧的发生和发展，具有主动可控的遥测能力；可通过获取丰富的可视信息和先进的图像分析手段，应付场景光照、空气流动和监测距离的变化，并抑制其他非燃烧烟雾等现象的干扰，虚警率显著降低；在燃烧生成的热或烟等发展到足以触发常规检测器之前，通过计算机视觉处理方法尽早地探测潜在火源的位置和距离，以便选择合适的灭火系统，降低财产和人员损害。

目前，加拿大 Donmar 有限责任公司已经研制出了一种计算机视觉火灾探测系统（MVFDS），进行火灾探测时，捕获器可以捕获数字彩色图像，以标准存储速度存储到计算机内存中，由数字处理器对图像进行分析，适用于火炸药、烟火剂的火灾探测，只需数秒就能获得结果。该系统已用于美国空军机库和庇护所，进行弹药火灾或爆炸监测；美国陆军也计划采用该系统进行火炸药、烟火剂的火焰或温度监测。

2.易燃易爆粉尘控制技术

火炸药生产过程中不可避免地存在易燃易爆粉尘，特别是随着含铝火炸药、微米或纳米火炸药等新型火炸药产品的发展和普及，铝粉、纳米火炸药等粉尘问题将更加严重，一旦粉尘积聚到一定浓度，将会引发爆炸，存在很大的安全隐患。

国外目前广泛采用气动粉尘收集法降低火炸药生产车间和药柱周围的粉尘浓度，显著提高了生产安全性。除此之外，美国、法国等还积极尝试一种经济实惠的控制易燃易爆粉尘浓度的方法——水雾抑爆法，即在火炸药药柱上方一定距离处喷射水雾，能快速高效降低粉尘浓度。但不正确的、重复的、过量的水雾喷洒会造成药柱破坏，影响火炸药产品性能。目前美、法两国正在研究根据粉尘浓度和火炸药产品性能精确定量地把握水雾喷射量，使水雾在有效抑尘的同时，不影响火炸药产品，特别是生产过程中对湿度有一定要求的火炸药产品的性能。

单种抑尘方法只能在一定程度上降低粉尘浓度，国外越来越倾向于采用多种方法的系统整合，包括工房卫生，减少处理过程中的药柱破损量，采用液体添加剂和更加柔和的处理技术，采用一种或多种抑尘或除尘方法，及时清理地板、墙壁、仪器缝隙中的粉尘等，以期全面控制粉尘浓度，降低爆炸危险。

3.泄爆控制技术

泄爆控制技术是将火炸药生产过程中累积的过高压力释放出去，是基于泄爆装置的应用而提高安全性的技术。美、德等国均开发了基于此原理的新型泄爆装置，如美国压力控制装置和开孔排气泄爆装置、德国火炸药混合安全装置等。这些装置显著提高了火炸药生产环节的安全性。

1)压力控制装置

压力控制装置主要包括可实现紧急控制的安全阀或泄压阀，是火炸药加工过程中的典型安全预防装置。若反应器内压力超过预定压力值，泄压阀可以迅速将过压排出系统外，安全阀则可以自动减少设备内的物料流入量来控制压力。这种具有紧急处置能力的装置已经成功应用于美国霍斯顿陆军弹药厂新建的RDX连续硝化生产线上，安装在硝化系统的底部和顶部。

德国发明了一种提高火炸药双螺杆挤出工艺中混合过程安全性的新装置，该装置可实时检测混合室中螺杆轴的扭矩、火炸药物料的压力和温度，一旦这三个参数中的一个超出了预设的极限值，驱动双螺杆轴的液压装置会自动停止，螺杆轴从混合室中抽出，同时将混合室集合在一起的夹具也会松开，避免过压导致的爆炸事件，提高了混合装置的安全性。此外，德国改进型水压机上也安装了一种安全装置，可以自行泄压，显著提高了发射药压伸工艺的安全性。

2）开孔排气泄爆装置

开孔排气泄爆装置可利用开孔面积排出火药在密闭容器内燃烧产生的高压，使容器内压力不致过高，从而保持火药以正常速度燃烧，避免由燃烧转为爆炸。美国研制的 204kg 发射药大型贮药斗（图 5 - 2 - 15）就是一种大型开孔排气泄爆装置，已成功用于发射药自动生产线上。

该贮药斗由上下两个贮仓重叠在一起组成。为了排气，在贮药斗四壁上开有许多孔，使发射药燃烧时产生的气体能通过

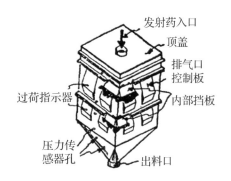

图 5 - 2 - 15　美国发射药大型
贮药斗立体图

这些开口向外排出。排气口控制板用氯丁橡胶制成，外贴钢板，以便加强牢固性与密封性。盖子用氯丁橡胶铰链连接，与控制板连为一个整体，可以消除机械连接失灵的可能性。当贮药斗内无燃烧气体生成时，排气口控制板排气孔关闭；当有燃烧气体时，排气控制板可被气体压力推开而排气。此外，在贮药斗内还安装了内部挡板，可防止发射药流出侧壁的排气口控制板，并在着火后有助于从贮药斗内部引导燃烧气体与发射药从出气孔排出。贮药斗顶盖上开设有进料口、底部有出料口，出料口下方紧挨着输送器。贮药斗还设有检测装置，用于测定内部各部位的压力和压力增长率；在排气口控制板外部安装有过荷指示器，以确定排气口控制板对发射药燃烧气体压力增长率的动力学特性曲线。

4. 水雾抑爆控制技术

抑爆控制技术是当系统侦测到燃烧或爆炸的初期即启动抑爆剂来避免爆炸的技术。水雾抑爆技术是国外近些年广泛研究的一种抑爆控制技术，是在火炸药生产车间或厂房发生燃烧或爆炸时，火焰发出的信号触发预先放置的抑爆系统，使之快速形成大面积水雾，水雾与燃烧面前端的冲击波反应，阻止火焰加速，封闭整个火焰传播通道，并将易燃易爆混合物惰性化，达到抑爆效果。它具有灵敏度高、对人员安全、经济性好等优点。俄罗斯、美国均开展了此方面的研究。

据俄罗斯研究人员声称，水雾能抑制 90% 的凝聚相爆炸超压，这个结果十分诱人。美国海军已将水雾抑爆技术成功用于舰船灭火，目前正在尝试用该技

术降低火炸药生产场所的爆炸概率，已经进行了一系列大尺寸试验。一是用水雾抑制 0.9～3.2kg 的 TNT 在 65m³ 防弹室中的爆炸，结果显示，水雾能抑制 30%～40%的爆炸超压；二是用水雾抑制 22kg 的 TNT 和 Destex 炸药在 180m³ 防弹室内的爆炸，结果显示，细水雾能在爆轰波前端喷洒 60s 后，成功将两种炸药的比冲、起始冲击波、准静态超压分别降低 40%、36%、35% 和 43%、25%、33%。试验结果还表明，浓度 80mg/m³、粒径 50μm 水雾的抑爆效果较为理想；液滴在爆炸前端附近破裂可使能量吸收效果提高 100 倍以上，同时冷却冲击波与热量前端之间的气体。

水雾抑爆技术已表现出了良好的抑爆效果，但仍有很多后续问题需要解决，如液滴大小、水雾用量和水雾浓度对抑爆效果的影响及其机理等。

5. 超高速灭火技术

国内外火炸药生产单位采用的灭火系统主要是高速或超高速雨淋灭火系统，可以在着火的初始阶段将火焰熄灭，迅速消除火灾隐患，阻止火焰沿着火炸药生产线或输送线传播下去。该类灭火系统通常由灵敏度很高的探测器和快速驱动的安全水系统组成。美国在此方面的研究走在世界前列，一方面研制出了响应非常快速的先进雨淋灭火系统，能满足连续作业大型火炸药生产线的灭火需求；另一方面研制出了适用于短时、少量火炸药加工场所的便携式喷水灭火系统和加压球形雨淋系统。

1）先进雨淋灭火系统（AFPDS）

美国空军研究实验室（AFRL）开发的先进雨淋灭火系统由 2.5 加仑和 8 加仑（11L 和 35L）球形水箱、紫外/红外或红外/红外双重火焰探测器、881～1762L 压力装置（使球形后备水箱压力达到 1MPa）以及一个控制器组成，总响应时间 6～8ms（4～6ms 探测时间和 2ms 启动时间），远小于美国国家消防和保护协会标准中规定的 100ms 响应时间。该系统能将水从 0.9m 远的水箱以约 52m/s 的速度喷射到火焰上，目前已安装在海军、陆军的多条火炸药生产线上。为了进一步提高系统的可靠性，降低虚警率，美国对先进雨淋灭火系统进行了改进，首先采用一种新型晶体管电路照相火焰监测器，将探测时间从 4～6ms 缩短到不足 1ms；其次通过一个罩子限制探测器的视野以减少错误的警报。但该雨淋灭火系统仍存在两个致命缺陷：一是没有任何一个制造商能单独制造系统中的所有关键部件；二是没有合适的商业防火设备安装厂家能对该系统进行安装与维护。

2007 年，美国空军研究实验室评估了 Fike 公司超高速防爆系统和多频谱

(紫外、红外)探测器集成系统,旨在开发替代先进雨淋灭火系统的高速灭火系统。在评估试验中,除火焰探测器外,其他试验部件,如抑爆容器、动力单元、防爆控制器均由 Fike 公司提供,彻底解决了先进雨淋灭火系统主要部件无法由一个制造商提供的难题。采用 M6 发射药和 M206MTV 烟火剂的燃烧火焰进行评估试验,Fike 公司的系统能在检测到火焰的 2～3ms 内喷出灭火剂,并在 35ms 内熄灭 0.9kg 燃烧的烟火剂,灭火效果可以与先进雨淋灭火系统相媲美。目前,美国正在相关的含能材料生产单位进行后续试验,确定该系统是否有降低人员伤害、减少财产损伤的潜能。

2)可移动式喷水灭火系统

该系统是一种可移动的独立超高速雨淋系统,特别适用于小规模火炸药加工的安全防护。采用多个光学火灾探测器、多个喷嘴和加压水箱(至少含有 440L 水),响应时间小于 100ms。在使用可移动式雨淋系统之前,需要对危险品进行分析,配备相应的备用消防保护系统或备用水。当系统装配后用于新的作业时,要试验确认响应时间满足要求后才能投入实际应用。

3)加压球形雨淋系统

加压球形雨淋系统也是一种小型独立系统,特别适用于少量含能材料的灭火作业。采用多个光学火灾探测器和至少一个安装有保险片和内爆装置的高压水球(通常为 10～30L),响应时间不超过 100ms。高压水球在保险片弹开时开始喷洒,其中的筛盘将水流分散成雾化颗粒进行灭火。球体底部距离工作人员的头顶至少为 0.9m。

6. 冲击波抑制技术

在降低火炸药生产过程中意外爆炸时的冲击波危害方面,美国采取的措施是以修筑或改进防爆工事为主、以冲击波抑制屏为辅的模式,利用防爆工事提高大面积厂房的抗冲击能力,通过抑制屏将小型爆炸冲击波危害降到最小程度。

火炸药生产厂房内的新型防爆工事,主要包括抗冲击能力更强的防爆墙、防爆门、防爆窗等。美国新建防爆墙主要是钢筋混凝土防爆墙,2011 年 5 月颁布的《弹药与爆炸物安全标准》规定,防爆墙和防爆门的强度要足以抵御 0.7MPa 的爆炸超压,同时要求尽量少用或不用标准玻璃窗,推荐采用具有防弹效果和减少破片数量的聚碳酸酯玻璃窗和夹层玻璃窗,将冲击波损伤降到最低程度。

除防爆工事外,美国还研制了一种抑制局部区域爆炸冲击波的抑制屏,可以将某些危险区域整个包在抑制屏内,在减弱爆炸冲击波的同时可控制爆炸碎片和火球的扩散。

冲击波抑制屏是一种钢制复合结构，由框架和抑制栅板两个主要部件构成。抑制栅板又由组装角钢、多孔钢板和金属丝网组成，组装的角钢形成百叶窗结构。图 5-2-16 是冲击波抑制屏工作原理示意图。当抑制屏内发生爆炸时，冲击波、碎片和火球穿过抑制屏的栅板向外扩散冲击波，每通过一层多孔钢板时，使各层多孔钢板产生形变，消耗了冲击波能量，使压力降低。当冲击波通过外层组装角钢到达抑制屏壁外时，能量被进一步消耗，压力也降至安全级别。抑制屏内爆炸产生的碎片和燃烧木料，被内层组装角钢和多孔钢板挡住。而火球则通过各层金属丝网，散逸爆炸产生的热量，基本被控制在抑制屏内。

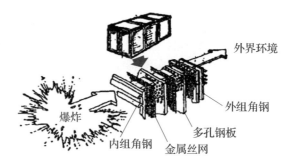

图 5-2-16   冲击波抑制屏工作原理示意图

美国国防部火炸药安全局批准的可适用于火炸药生产的抑制屏共有四类，分别是第 3 类抑制屏、第 4 类抑制屏、第 5 类抑制屏和第 6 类抑制屏。

第 3 类抑制屏是由一系列交错排列的工字钢制成的圆筒形笼子，圆筒的四周用扁钢加固，以承受产生的径向应力，底部和顶部为加固混凝土结构。该类屏的内部尺寸为：直径 3.4m，高 3.05m，主要用于爆炸压力高（1.4～3.5MPa）、碎片适当的场合，可控制 18.7kg TNT 当量爆炸产生的危险，爆炸冲击波和碎片屏蔽率达到 70%～92%。

第 4 类抑制屏由工字钢框架、组装角钢和多孔钢板组成的栅板构成，外形为长方体结构，内部尺寸为 2.80m×4.0m×2.84m，适用于爆炸压力中等（0.4～1.4MPa）但碎片危害严重的场合，可抑制 4.5kg TNT 当量爆炸所产生的冲击波。

第 5 类抑制屏由钢框架及栅板构成。栅板由组装角钢、多孔板和金属丝网组成，外观为方形六面体，内部尺寸为 3.17m×3.17m×2.59m，适用于发射药、烟火药、点火药浆料混合操作等爆炸压力较低（0.35MPa）、碎片危害轻微的场合，可抑制 0.84kg C-4 炸药爆炸所产生的冲击波或 13.62kg 烟火剂燃烧所产生的火球。

第 6 类抑制屏分为 A、B 两型，分别为低碳钢和不锈钢制成的未开孔球形结构。球体内部直径 0.6m，适用于爆炸时冲击波压力很高（3.5～13.8MPa）、碎片危害轻微的场合。该类抑制屏主要用于起爆药的生产和装药车间少量炸药的安全运送。例如，用人工运走少量非常危险的起爆药，可将起爆药放在抑制屏内，抑制屏固定在手推车上后，人将手推车推走。这种输送少量起爆药的方法非常安全，即使起爆药发生爆炸，也不会影响操作人员的安全。

7. 混同与包装工艺中的防静电技术

火炸药发生意外燃爆事故的起因是多样的，其中以热作用、机械作用、静电作用为主。静电是火炸药发生意外燃爆的重要因素之一。据统计，有10%～20%的火炸药意外燃爆事故是由静电引起的。火炸药的静电性能主要包括静电积累和静电（火花）感度，它们是评估火炸药在静电环境中安全性的重要参数。

火炸药混同与包装是最容易引起静电燃爆事故的工序，也是防静电的关键工序。在火炸药混同与包装过程中，火炸药与管道、容器内壁、筛网、滑槽之间不断发生摩擦、分离、挤压、碰撞等运动，从而导致静电的产生。另外，压电效应和感应起电等因素的存在也会导致静电的产生。

火炸药混同与包装工艺过程中的静电防护方法主要包括接地法、设备及工艺控制、增加环境湿度等。

1）接地法

静电接地，是通过接地提供一条静电荷泄露的通道，达到消除静电的目的。防静电规范中最常用的防静电方法就是接地法，接地法也是目前工业生产应用最为广泛且效果明显的方法。应用时将导体一头接入大地，另一头接到带电载体上，把设备、人体和原料上的静电导入大地从而消除静电，通常泄放静电的接地电阻小于$10^6\Omega$便可满足需要。根据接地方式的不同，静电接地可分为直接接地、间接接地、移动设备工具接地和跨接。图 5-2-17 为跨接和直接接地示意图。

（1）直接接地。

直接接地又称硬接地，是采用金属导线将带电体直接和接地干线连接。我国规定直接静电接地电阻不大于100Ω。直接接地对消除静电的作用，要根据具体情况区别对待，在火炸药包装过程中，需要反复试验论证，最后确定行之有效的接地方法。

（2）间接接地。

间接接地又称软接地，是指用金属以外的导电材料或防静电材料进行静电接地。在火炸药生产工艺过程中，与其接触的工装，如果接地电阻很小，则在工装与火炸药之间易产生放电火花。由此，火炸药加工操作装置的静电接地，宜采取间接接地，加大接地电阻值。我国规定间接静电接地电阻不大于106Ω。

（3）移动式设备工具接地。

对于移动式设备如手推车、滚筒、料盘、槽、桶和工装等不能采用固定式接地方式，应根据实际情况采取与之相符的接地方式，比如采用鳄式夹钳、专用链接接头等与接地干线或支线相连接。对于运输工具的车轮应采用导电轮胎或者导电胶条拖地的方式。

（4）跨接。

多个相距较近的小金属物体存在于静电危险场所中时，将这些小金属物体串联起来，再把其中一个物体直接接地，这种接地方式称为跨接。跨接的目的是保持导体与导体之间、导体与大地之间不存在电位差。跨接与直接接地的区别见图5-2-17，用导线将管道上的法兰盘连接起来的方式属于跨接，将其中一个法兰盘用导线与大地相连属于直接接地。

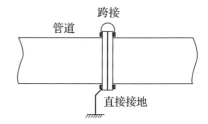

图5-2-17　跨接和直接接地示意图

2）设备及工艺控制

（1）设备选型。

火炸药包装过程中设备、用具材料的选择，应以降低静电产生数量为原则。为降低设备自身带电，应该选用导电材料，或选用能使物料先后与两种不同材料摩擦，产生异种电荷的材料，使产生的静电互相抵消。

（2）减少摩擦。

理论和实践表明，静电起电量与摩擦条件（摩擦力、摩擦速度、摩擦次数和摩擦方式等）有密切关系。在传动装置中，应减少或杜绝皮带与其他传动件的打滑现象。皮带松紧要适当，保持一定压力，避免过载运行。选用的皮带应采用导电胶带或传动效率较高的导电三角带，定期检查皮带电阻，并保持皮带清洁。

（3）提高静电消散速度。

静电产生与静电消散是同时存在的，增加物体的静电消散可减少物体的静电电荷积累，自然可以消除静电危害。静电消散有两种方式来实现：一种是静电放电；另一种是静电泄漏。静电放电会给火炸药包装过程造成严重的安全威胁，所以如何加速静电泄漏是提高包装工艺安全性的重要环节。将静电产生占优势的区段称为静电产生区，将静电泄漏占优势的区段称为静电逸散区。火炸药包装过程中的料斗、料仓等是静电逸散区，加大火炸药在静电逸散区的静置时间，如降低火炸药的包装速率有利于静电逸散。

（4）配置静电消除器。

静电消除器是一种可以使空气电离并产生消除静电所必需的离子的装置，又称消电器。它是利用空气电离发生器使空气电离产生正负离子对，中和带电体上的电荷。静电消除器发展至今已有几十年的历史，静电消除器分为无源自感应式、外接高压电源式和放射源式等三大类。无源自感应式消电器是一种简单的静电消除器，应用比较广泛，它的工作原理如图 5 - 2 - 18 所示。

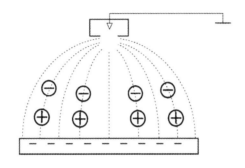

图 5 - 2 - 18　无源自感应式静电消除器的工作原理

在靠近带电体的上方安装一个接地的针电极，由于静电感应，针尖上会感应出密度很大的异号电荷，从而在针尖附近形成很强的电场。当静电消除器周围电场达到或超过起晕电场，针尖周围空气被电离，电晕区产生大量正负粒子，与带电体极性相反的带电粒子向带电体方向运动，中和带电体上的电荷，与其极性相反的粒子向放电针方向流动。带电体上有连续静电产生，则电晕放电持续进行，从而不断地中和带电体上的静电荷，达到消除静电的目的。

3）增加环境湿度

增加空气中的相对湿度有利于消除静电，这也是消除静电最简单有效的方法之一。一方面，增加湿度可以有效抑制静电的产生；另一方面，通过物体表面吸收或吸附一定的水分，可降低物体表面的电阻系数，有利于静电电荷导入大地。但有的产品对环境湿度有限制，该方法应在不影响产品性能的前提下使用。

5.2.3　本质安全生产新技术

火炸药生产工艺的发展趋势朝着提高质量和本质安全程度方向发展。各国在积极进行火炸药生产线安全改造的同时，还在不断开发本质安全的各类新技术，如数字化智能化工艺技术、水替代流体技术、微化工反应技术等。

1. 数字化智能化工艺技术

火炸药数字化智能化工艺主要通过计算机建模与仿真技术来实现。当前，国外越来越多地将计算机技术应用于火炸药行业，美国早就有利用计算机技术进行新型含能材料分子设计、性能预测和评估的报道，在火炸药生产线上及其工艺改进研究中应用计算机模拟技术等。计算机软件已成为火炸药生产的有效控制工具。

在 TNT 连续硝化和精制过程模拟研究中，美国匹克汀尼兵工厂生产技术指挥部采用机理模型，对 TNT 连续硝化和精制过程进行了计算机模拟，研制出了硝化和精制过程操作的计算机程序。对 TNT 生产过程进行的计算机模拟有静态模拟和动态模拟两种。采用静态模拟找出了硝化过程中一组最优工艺条件，可使发烟硫酸用量减少 1/3，从而使 TNT 原材料成本降低 20%；同时找出了精制过程中的最优 pH 值，使精制 TNT 损失减至最少，并模拟成功了亚硫酸钠洗涤器的数量由两个增至三个，可制备高得率的优质 TNT，已应用在雷德福陆军弹药厂的 TNT 生产线上。采用动态模拟研究了 TNT 连续生产过程中的监视、控制方案。总之，计算机模拟揭示了 TNT 生产过程全部的物理和化学现象，通过对生产过程相互作用的定量化，获得了最优工艺条件，建立监视、控制方案。美国还采用计算机模拟改进 TNT 和 RDX 的生产工艺，使实验室试验容易顺利地转为工业化生产，并快速进行工艺优化。

在推进剂扩大生产模拟方面，美国陆军武器研发与工程中心开发了一个将 NASA 推进剂的混合过程扩大生产模型。通过将混合器的啮合图和流变学数据输入 POLYFLOW 软件中，建立了一个与实际实验室数据相关的动力学模型。该模型能显示混合器内的速度变化和压力，并跟踪颗粒运动，观测容器内的混合过程和粒子运动。最终，该模型用于模拟 600 加仑垂直混合器的混合情况以预测边界工艺条件。美国 ATK 聚硫橡胶推进剂公司计划采用生产规模的混合器研究混合过程来验证该模型。

在发射药加工与环境成本预测技术开发中，美国 Concurrent 技术公司设计了一种用于发射药制备的"加工与环境成本分析模型"，该模型是溶剂法和无溶剂法生产热塑性弹性体（TPE）层状发射药的压伸工序专用模型。基于此模型，Concurrent 技术公司成功开发出一种可重复利用的工具——Extend™（4.0 版）软件，并应用该软件对热塑性弹性体（TPE）层状发射药现有中试制造工艺的数据进行模拟设计。经与实际生产数据比较与评估后确认，该公司设计的 Extend™软件是评估发射药制造相关的环境与成本的一种有用工具，可在几分钟内计算出工艺变化对成本的影响，大大降低研制成本。

美国陆军武器研发与工程中心、美国匹克汀尼兵工厂联合 Purdue 大学开发出可模拟生产熔铸炸药的模型，该模型基于 ANSYS 和 Fluent 软件，并与测试设备连接提供装填信息。研究人员采用该模型模拟了 TNT、PAX‐196Ⅱ炸药的生产。通过模型对冷却过程进行优化，降低了内应力的发展，制得内部间隙更小、裂缝和空隙更少、感度得到改善的熔铸炸药。据 2011 年报道，上述单位又联合开发出了 2,4‐二硝基苯甲醚（DNAN）基熔铸炸药浇铸过程的固化模型，通过 ANSYS 和 Fluent 软件模拟含能材料熔铸过程中的传热、传质过程，以及引起的热诱导应力，优化含能材料在浇铸过程中的固化条件。采用该新型数字模型对熔铸过程进行了系统研究，并对包含的物理机理进行了深入分析。通过该模型的应用，获得了 IMX‐101 浇铸过程固化条件的影响因素，准确地预测最佳装填量和冷却方法，可制得高质量的熔铸弹药。通过计算机模拟，可避免反复试验、节省费用，还能通过较少的人力、物力得到性能更好的产品，并能获得安全操作的各种条件。

在层状发射药设计及其同步挤出工艺研究中，荷兰应用科学技术研究院采用计算机模拟方法辅助设计复杂药形的成型模具，大大缩短了模具开发周期，降低了制造成本，还利用 Virtual Extrusion Laboratory™（V6.1）软件平台进行挤出过程模拟。该软件运用有限元方法，可以建立样品的二维和三维模型，以及"可视"样品挤出成型过程，准确地模拟出样品的层间分布，对于工艺参数调整造成的样品流变性能的变化，也可以用数量关系准确地表示出来。该软件还可以对整个工艺流程进行模拟，进行虚拟的工艺条件优化实验，从而获得温度、压力等关键工艺参数（误差在 10% 以内），量化物料流量（两种物料的不同流量）对成品质量的影响程度。到 2007 年为止，该研究院通过 Virtual Extrusion Laboratory™软件的辅助设计，已成功将 19mm 和 45mm 双螺杆挤出机应用到同步挤出工艺的放大实验。

2. 水替代流体技术

含铝炸药采用传统水浆混合工艺进行加工制造时，存在水与铝粉发生反应的问题，给大规模工业化生产实现工艺变量与工艺参数的控制带来难度。多年来，法、德等国致力于解决这一问题并开展了各种新工艺研究，但有些新工艺在实际中却未能得到应用。例如，20 世纪 60 年代法国研究以水为介质的水悬浮法包覆技术，以防止铝水反应，但因产生的盐类影响炸药的安全性而难以获得实际应用；德国采用乙基纤维素、聚氨酯等新材料黏结制取粒状含铝炸药，但存在工艺复杂、钝感效果不理想等问题而发展缓慢。然而，含铝炸药的连续化工艺技术研究最近在美国取得了新进展，有望获得应用。

水替代流体(water replacement fluid)是一种具有与水类似的流动性和沸点、与金属粉不发生反应的无色、不燃烧液体，水替代流体的利用可以在不需要水的状态下进行常规造型粉的溶剂/反溶剂包覆，避免了铝粉与水发生氧化反应，大大提高温压炸药生产过程的安全性，该技术解决了含铝炸药造型粉生产的安全性问题。美国霍斯顿陆军弹药厂利用现有 PBX 炸药生产基础设施，研制开发采用水替代流体技术生产 PBXIH-18 温压炸药的新工艺，该工艺应用于大型温压弹的生产，可将实验室规模的 PBX 工艺发展成为小批量生产(136kg)乃至 227～2718kg 的大规模生产能力。2005 年，该工艺完成实验室规模的开发和实验设计，并开始试制。

3. 微化工反应技术

微化工反应技术是指以微米级结构部件(微反应器)为核心的反应、混合、分离设备，以及由这些设备构建的工艺系统，是火炸药制备中的一种本质安全新技术，近年来备受德国关注。2010 年，德国 ICT 研究院采用微化工反应技术成功合成出新型含能增塑剂 DNDA57，并开发了一种逆流微型反应装置，解决了反应过程中反应速率下降的问题。2012 年，该研究院对含能增塑剂 DNDA57 的合成工艺进行了改进，将新开发的连续液-液相分离器与段塞流毛细管微反应器联合使用，实现了 DNDA57 的连续合成，并具有混合均匀有效、反应可控、产品重现性好等优势。与此同时，采用远程控制的微化工反应技术实现千克级火炸药的制备，建成了以玻璃制微反应器为核心的全自动、远程控制多用途微化工反应车间，并实现了液态硝酸酯等火炸药的安全合成和后期纯化，制备能力达到 150g/min。

除了用于火炸药的合成与制备之外，德国 ICT 研究院还将微化工反应技术引入火炸药的造粒工艺中，并开发了连续化的二硝酰胺铵(ADN)造粒新工艺。与传统的间断生产工艺相比，微反应器造粒工艺具有安全性高、操作条件温和、参数设置灵活、粒径分布窄、颗粒外观形貌可控等突出优点。

微化工反应技术是一种全新的过程强化技术，该技术的工业化应用将对火炸药的传统生产形式产生颠覆性的影响，可使许多反应过程变得更经济、快速、安全和环保。

5.3 绿色制造工艺技术

长期以来，火炸药制造工业一直是严重的污染源之一，给环境造成巨大压力。随着人们对环境保护和生态文明建设要求的日益严格，火炸药科研生产中的环保问题显得十分突出，能耗高、污染严重、环境事故频发已成为制约火炸药技术发展的瓶颈因素之一。

目前，以健康、节能、环保和生态安全为核心的"绿色"理念日益受到各国重视，并相继出台了一系列严格的环保法规和"绿色"制造计划。美、英等国采取积极举措大力发展火炸药绿色制造技术。

5.3.1 绿色设计技术

火炸药绿色制造技术的发展思路是从源头上防止污染物的产生，积极发展绿色、清洁生产工艺和绿色合成技术，减少"三废"生成量。一方面是从分子设计入手，开发本身绿色或生产过程无污染的绿色含能化合物；另一方面是优化设计火炸药配方，选用绿色组分和原材料，确保火炸药产品的绿色特性。

1. 绿色含能化合物设计技术

火炸药产品中大量使用的 TNT、RDX、AP 等组分是造成"红水"、卤化物等危害环境物质的根源。美、俄等国遵循从含能化合物分子设计入手的绿色化改造理念，优先设计、开发绿色或低毒的新型熔铸介质，用以取代 TNT；大力开发反应产物无污染的各种绿色高能富氮化合物，从本质上实现绿色化。

1）新型绿色熔铸介质

TNT 作为传统的熔铸介质，已获得广泛而大量的应用，但其本身的毒性及传统精制过程中的"红水"等问题也造成了严重的环境污染。为此，美、俄等国从分子设计入手，开发绿色或低毒的新型熔铸介质以替代 TNT，如含能离子液体炸药、1，3，3-三硝基氮杂环丁烷（TNAZ）等。尤其是，TNAZ 的绿色化合成工艺将废物量减少 90%，推动了绿色熔铸介质的应用进程。

含能离子液体炸药是由有机阳离子与无机（或有机）阴离子组成的盐类，在100℃以下呈液体状态，本质上没有蒸气压，在液体状态时毒性可忽略不计，不会影响臭氧层及"绿色温室"效应；作为反应介质可以再利用，离子液体密度高、冲击波感度低，可进一步改善炸药的综合性能。采用绿色含能离子液体替代TNT，加工成本和危险性将大大降低。美国新发明了 1-氨基-3-甲基-1,2,3-三唑硝酸盐（1-AMTN）和 1-甲基-4-氨基-1,2,4-三唑高氯酸盐（MATP）两种含能离子液体炸药，爆速均高于 TNT，熔点适中（85～88℃），可作为熔铸介质；德国合成出新型含能离子液体——4-氨基-1-(氰甲基)-1,2,4-三唑二硝酰胺盐，熔点为 70℃，具有良好的爆轰性能和不敏感特性；俄罗斯也基于1,2,3-三唑、1,2,4-三唑以及氨基三唑、四唑的衍生物成功合成出了一系列高能离子液体炸药。

TNAZ 在 100℃ 下熔化，在熔融液相中稳定存在，不吸湿，可用水蒸气加工，能熔铸且易于重复利用，是国外研究最活跃的一种 TNT 的绿色替代物。而且，美国洛斯·阿拉莫斯国家实验室（LANL）还开发出了废物量较少的 TNAZ 绿色合成工艺，其各种反应都在含水介质中进行，不使用卤化溶剂或试剂。即使在没有循环利用溶剂或试剂的情况下，生产 1kgTNAZ 产生的废水量可减少到 120kg，仅为原 Fluorechem 合成法的 10%；如果溶剂和乙酸/乙酸酐试剂得到循环利用，合成 1kg TNAZ 产生的废水量可降至 15.7kg；如果电解氧化硝化法能实现工业化规模生产，同时使 2-丙基偶氮乙二酸酯和三苯膦得到循环利用，则化学废物量将减少到 3.7kg。

2）高能富氮化合物

富氮化合物的氮含量达 50% 以上，分子构造中的 N-N、N＝N、C-N 具有较高的正生成焓，以及高氮低碳低氢的结构特征，容易达到氧平衡，在应用方面具有潜在的绿色优势，是替代 RDX、HMX 等有毒且致癌的传统炸药的一类绿色高能化合物。

国外开发的富氮化合物主要有四嗪、高氮呋咱和三唑、四唑等，如俄罗斯的 4,4'-二硝基-3,3'-偶氮氧化呋咱（DNAF）和 3,4-二硝基呋咱基氧化呋咱（DNTF）、3,4-二硝基呋咱（DNF）、3-氨基-4-硝基呋咱（ANF）、二氨基偶氮二呋咱（DAAF）、3,3'-二氨基氧化偶氮呋咱（DAOAF）、3,3'-二硝基氧化偶氮呋咱（DNOAF）。其中，DNTF 在俄罗斯已实现了批量生产，并已应用于巡航导弹战斗部、特种起爆装置、熔铸炸药等。德国开发了水合肼联四唑（HBT）和偶氮四唑（GZT），不仅具有较高的爆炸威力、较低的感度，爆炸或燃烧时不会产生危害环境的有毒物质，而且合成过程中采用的溶剂对环境污染小。

2. 绿色火炸药配方设计技术

绿色火炸药配方设计的主要途径是：选用可回收再利用、易水解或降解、分解产物无污染的新型绿色组分；不使用有毒有害物质及挥发性溶剂等。

1）传统火炸药配方的绿色化改进

对传统火炸药产品的绿色化改进，是在保持原有产品大部分组分不变的情况下，重点对高污染、剧毒组分进行替代或淘汰，在保持原有综合性能的前提下，缩短研制周期并降低研发成本。

美国 PAP8386 发射药和德国挤出复合不敏感发射药（ECL），就是在传统配方基础上绿色化改进的典型代表。PAP8386 发射药配方中不再使用硝酸钡、二苯胺(DPA)、邻苯二甲酸二丁酯(DBP)等有毒、致癌组分,改用了硝酸酯和硝氧乙基硝胺(NENA),并采用了不产生挥发性有机物(VOC)的无溶剂制造工艺,极大地降低了对人员和环境的危害,适用于中口径训练炮弹的发射装药。

德国挤出复合不敏感发射药(ECL)则是在传统双基发射药基础上进行改进,不使用 DNT、DPA 等致癌物质。

2)热塑性弹性体基配方

热塑性弹性体(TPE)可实现无溶剂法连续加工,提高生产效率并实现边角料的再利用,具有可再利用、可回收、可循环(3R)的"绿色"特征。尤其是,含能热塑性弹性体(ETPE)黏结剂的应用,还可减少 TNT、HMX 等高能组分的水溶解,便于对泄漏或废弃火炸药的物理清除,降低 TNT、HMX 渗漏到地下水中的风险。因此,使用 ETPE 成为可再利用绿色火炸药配方设计的首选方案。

当前,火炸药配方中采用的 ETPE 主要有:聚叠氮缩水甘油醚(GAP)、3,3-双叠氮甲基氧杂环丁烷/3-叠氮甲基-3-氧杂环丁烷共聚物(BAMO-AMMO)、3,3-双叠氮甲基氧杂环丁烷/3-硝酸酯基甲基-3-甲基氧环丁烷共聚物(BAMO-NMMO)等。

ETPE 引入固体推进剂配方,可提高 RDX、HMX 等高能组分的回收率,降低产品的次品率,具有绿色环保特性。例如,美国 ATK 聚硫橡胶公司研制的以 BAMO-AMMO 为黏结剂的 ETPE 推进剂,生产过程所产生的废料减少了 85% 以上。该推进剂的所有组分几乎都可回收再利用,AP 的回收率达到 98.9%,回收的 ETPE 再利用价值也较高。再如,印度以 Irostic 热塑性聚氨酯弹性体(MDI 固化的线性热塑性聚酯聚氨酯)为黏结剂的挤压成型复合固体推进剂,具有加工时间相对较短、ETPE 可以回收、成本低、环境污染小的优点,且密度大、能量高,力学性能、安全性能优于常规 HTPB 基浇铸复合推进剂。

在发射药配方中采用 ETPE 作黏结剂,可少用或不用二苯胺、硝酸钡等非环保组分。美国 ATK 聚硫橡胶公司新研制的高能绿色 ETPE 层状发射药,能量水平高(火药力达到 1300J/g 以上)且环境友好,可满足未来高性能坦克炮(如发射 M829E3 穿甲弹)对更高初速绿色发射装药的需求。

3)可水解黏结剂绿色火炸药

可水解的黏结剂可在特定溶液中发生水解,配方中的高能固体组分可通过沉淀、过滤等手段几乎实现全部回收和再利用,是可再利用火炸药配方设计的又一优选组分,美国已将可水解黏结剂成功用于含铝复合固体推进剂配方中。

在可水解含铝复合固体推进剂中,选用聚乙二醇己二酸酯(PEGA)为黏结剂,其密度比冲与含 Al/HTPB 推进剂相当,而 Al 粉含量可高达 22%。该推进剂在温热稀碱水溶液中浸泡数小时即水解生成无毒的赖氨酸,HMX 和 Al 粉可以过滤回收用于工业炸药。溶解的 AP 可重结晶,酸或碱水溶液可循环使用,剩余含无毒化合物的水解液很容易处理,致使推进剂成本下降,也减少对空气及环境的污染。

4)无卤氧化剂绿色固体推进剂

AP 是复合固体推进剂配方中最普遍、最重要的氧化剂,极易溶于水,会大量累积在地下水、土壤等自然环境中,而且高氯酸阴离子(ClO_4^-)在水环境中很稳定,是一种可能的致畸剂,且对甲状腺功能有负面影响,存在潜在的长久健康威胁。此外,AP 推进剂燃烧产生大量 HCl 气体,会破坏臭氧层,导致酸雨,还会对火箭发动机制导信号等产生不利影响。

美、俄等国在绿色固体推进剂配方设计时,普遍的做法是采用绿色无卤氧化剂替代 AP。可取代 AP 的无卤氧化剂主要有二硝酰胺铵(ADN)、硝酸铵、二(硝酰基)胺铵(ADNA)、1,3,5,5-四硝基六氢嘧啶(DNNC)等。环境影响试验结果显示,二(硝酰基)胺铵(ADNA)和 1,3,5,5-四硝基六氢嘧啶(DNNC)只具有低亲脂特性,不会聚集于水生生物的体内,对水生生物的直接毒性极低;在水中的溶解度均低于 AP,不易被土壤吸附,在光解作用下可被降解。

5.3.2　绿色制造技术

火炸药绿色制造技术的发展重点:一是含能材料绿色合成技术;二是单质炸药绿色制造技术;三是火炸药清洁敏捷绿色生产工艺技术。

含能材料和单质炸药作为火炸药的主要组分,在合成与制造过程中的"三废"排放是火炸药工业的重要污染源,也是国外绿色制造技术的重点发展方向,取得的成效也最显著。但该内容不属于火炸药加工成型工艺范畴,故此处不作详细叙述。

1. 减少挥发性排放物的闭路制造技术

美国和瑞典联合开发了减少挥发性排放物的闭路制造技术(CLEVER)。该技术是对制造炮用发射药常规方法(通常每生产 3 磅(1 磅 = 0.4536kg)发射药就有 1 磅溶剂直接损失到大气中)的根本变革。2002 年,美国海军水面战中心印第安岬分部与瑞典博福斯公司联合研究组公布了 CLEVER 工艺研究情况。该工艺是在传统制造工艺基础上进行改进的方法,核心是沉淀工艺和双螺杆挤压(TSE)工艺。其中,沉淀工艺是由瑞典博福斯公司发明的专利来替代传统的成分制备和混合。这种闭合工艺使发射药成分充分溶解到溶剂中，然后经蒸气沉淀器处理溶液，蒸发掉溶剂而析出发射药；接着对蒸发溶剂进行回收与再利用；再用双螺杆挤压机对干燥后的发射药物料进行挤压成型。

采用 CLEVER 工艺，生产 1 磅低敏感（LOVA）发射药的挥发性有机物总排放量仅为 0.257 磅；根据 EX99 发射药配方测试显示，该工艺在降低成本 42% 的同时，减少了 47% 的挥发性有机物排放量和 50% 的危险固体废料。与常规工艺相比，双螺杆挤压机排出的溶剂减少了 95%，整个 CLEVER 工艺生产线可将溶剂排放量减少 75%。

2. 无溶剂法制造工艺技术

近些年来，国外在发射药加工制造工艺中采用无溶剂法工艺取代溶剂法工艺。

2006 年，美国陆军坦克机动车辆司令部武器研究发展与工程中心与陆军研究实验室采用不产生挥发性有机物的无溶剂制造工艺，合作开发了一种环境友好的"绿色"发射药（PAP8363）供中口径训练弹使用。

2007 年，美国、奥地利两国合作对多基发射药的无溶剂制造工艺进行了改进。主要是：在塑化工序中引入了先进的剪切压延机（图 5-3-1），可同时完成传统工艺中的驱水、压延、造粒等工序；采用一种等压成型新方法替代传统的卷制工艺制取药坯，其工艺流程如图 5-3-2 所示。该新工艺不仅提高了生产效率，降低了操作人员的危险性，还大大提高了产品质量的稳定性，有望用来替代传统的无溶剂工艺。

图 5-3-1　美-奥无溶剂法工艺中的剪切压延机

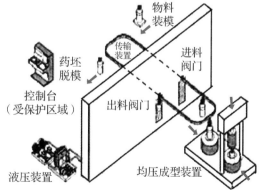

图 5-3-2　美-奥无溶剂法多基药的药坯制造流程

5.3.3 "三废"处理技术

火炸药工业生产的"三废"问题是世界性的环境污染问题。废酸处理多作为火炸药工业生产中的配套技术，通过净化、浓缩，使酸循环利用；废气处理通常采取生产工艺终端控制方式，采用分子筛和催化技术等，使废气中 NO_x 浓度降到最低程度；火炸药废水处理的方法则很多(如美国研究过的、被认为可行的废水处理技术就有 18 种)，包括物理方法(如重力分离法)、化学方法、物理化学方法(如吸附法)、生物方法(如生物过滤法)等。其中，火炸药废水处理技术是目前国外最为热门的研究课题。

当前，火炸药"三废"处理技术主要包括物理处理技术、化学处理技术、生物处理技术以及各类技术的综合应用。其中，物理处理技术主要用于处理废水或废气，该方法操作简单、反应快速，但材料成本高、二次污染严重；化学处理技术主要用于处理废水或废渣，该方法处理速率快、耐受污染浓度高，但能源消耗大、工业化难度大；生物处理技术操作安全、运行成本低，而且能实现污染物的完全矿化，但耗时长、能耗高，占地面积大，尤其是在冬季运行困难，较难达标排放。

归纳起来，"三废"处理技术的发展重点主要包括三大类：一是物理处理技术，其中吸附法的效果稳定可靠，但对吸附了火炸药的吸附剂的处理问题尚未完全解决，仍有待进一步研究；二是化学处理技术，如何提高高级氧化技术(AOPs)处理炸药废水的效果及工艺的经济性，或采用多种组合技术避免生成毒性大、性质稳定的副产物是研究的重点；三是生物处理技术，研究用于降解TNT 废水的专用微生物菌群，并建立经济实用的微生物处理组合工艺是各国致力研究的课题，GAC 活性炭耐热(生物)工艺作为一种最可行的处理工艺亦是重点发展的技术之一。

1. "三废"物理处理技术

火炸药"三废"物理处理技术主要有物理吸附法、萃取法、蒸馏法、浮选法、反渗透法等。当前应用较多的是物理吸附法和萃取法。上述物理方法可暂时去除废水中的有害物质，但这些有害成分并未得到根本治理，会带来二次污染。

活性炭对废水中浓度较高的 TNT、RDX 具有较强的吸附能力，美国依阿华(Iowa)陆军弹药厂等已成功应用活性炭吸附法处理 TNT、RDX 混合废水。印度也进行了粒状活性炭吸附 TNT 和 DNT 的实验研究，找到了能使出水达到排放标准的最佳条件。

萃取法是利用硝基化合物在不同溶剂（萃取剂）中的溶解性不同加以分离和萃取，常用的萃取剂有苯、汽油、醋酸丁酯等。此法对浓度较高的 TNT 废水比较有效，当原水中硝基化合物浓度为 1000mg/L 时选择合适的萃取剂，污物去除率可达 90%。该法处理周期短、耗费低，但对高浓度硝基苯的彻底处理较难，需辅以它工艺。其中，膜萃取是操作较为简单的一种新型分离技术，它是在固定膜的界面上进行萃取，实际上是液-液萃取与膜相结合的处理过程。

此外，处理 TNT 废水的物理方法还包括蒸馏法、浮选法、反渗透法等。

2. "三废"化学处理技术

火炸药"三废"化学处理技术较多，主要有高级氧化法（AOP）、电化学法、超临界水氧化法、超声波氧化法等。

1）高级氧化法

根据所用氧化剂与催化条件的不同主要分为 Fenton 法及类 Fenton 法、臭氧法及组合臭氧法、半导体光催化法三类。

（1）Fenton 法及类 Fenton 法。该方法的实质是利用 Fe^{2+} 或紫外光（UV）、氧气等在酸性条件下与 H_2O_2 之间发生链式反应，催化生成·OH，利用·OH 进攻有机物分子内的化学键使有机物分解，达到氧化分解水中污染物的目的。美国 Seok 等人在适宜的条件下用铁元素进行预处理后再利用 Fenton 法对含 TNT 和 RDX 的混合废水进行了处理，取得了较好的效果；美国 Zoh 等人对 Fenton 法处理炸药废水进行研究发现，在 pH=3.0、温度为 $20\sim50℃$ 的条件下，H_2O_2、Fe^{2+} 与 RDX 或 HMX 的摩尔比为 5 时，RDX（10mg/L）与 HMX（4.5mg/L）迅速分解，反应在 $1\sim2h$ 内可使污染物完全降解。美国 Bier 等人研究利用 Fenton 法处理含 RDX 的废水，并借助 ^{14}C 同位素技术发现，当 Fenton 反应持续 12h 时，RDX 中有 76% 的碳被氧化，其中 68% 转变为 CO_2，另一部分转化为甲酸、亚甲基二硝胺等；反应进行 24h 后 RDX 完全降解。

（2）臭氧法及组合臭氧法。臭氧氧化处理 TNT 等废水，反应速度快，可有效降解 TNT，不存在二次污染，目前已有许多应用实例，但实践与研究发现，仅用臭氧法处理后的废水不易达标排放，而且臭氧气体有毒，利用率不高。采用此法耗电量大、成本较高。因此，寻找提高臭氧处理效率的途径是研究的重点之一。研究表明，采用光氧化法可有效处理 TNT 废水。另外，美国 Bose 等人选用 $UV+O_3$ 和 $H_2O_2+O_3$ 研究了 AOP 法处理 RDX 废水，$UV+O_3$ 反应 25min 使 RDX 全部降解，而 $H_2O_2+O_3$ 反应仅 12min 即可实现。

（3）半导体光催化法。根据半导体在反应器中的存在形式，该法有悬浮式与固定膜式两种类型。美国 Hess 等人在低电耗(15W、波长 300～400nm)与充氮条件下，采用 TiO_2 光催化作用可使浓度为 100mg/L 的 TNT 降解。将光催化法作为预先处理，与其他方法联合使用也可以处理 TNT 废水。

2)电化学法

电化学法是高浓度、难降解废水处理的常用技术。美国 Rajesh 等人以玻璃碳杆为阴极、金属铀为阳极开展了 TNT 和 RDX 混合废水降解的实验研究，考察了电解电压、搅拌速度、溶解氧等条件对电解效果的影响。结果表明，在缺氧条件下(溶解氧浓度为 0.2mg/L)的降解效率远远高于好氧情况(溶解氧浓度为 8.4mg/L)下的降解效率。

3)超临界水氧化法

超临界水是指当温度和压力达到一定值时，因高温而膨胀的水密度与因高压而被压缩的水蒸气密度相等时的气-液临界状态的水(临界温度 374℃、临界压力 22.1MPa)，具有很强的反应活性，是有机组分的良性溶剂，且与氧具有完全可混性。在超临界水中，以空气、氧或 H_2O_2 作氧化剂，可使 NC、NG、DNT、TNT、RDX、HMX 等水解氧化。但采用超临界水氧化法的处理成本较高。

4)超声波氧化法

美国采用超声波空气氧化法处理 TNT 废水，反应终产物是短链有机酸、二氧化碳和无机离子，反应机理是利用声波涡蚀(acoustic cavitation)形成瞬时超临界水，快速完全降解有机成分。

3. "三废"生物处理技术

采用生化法治理有机废水，不仅安全、建设费及维修费低，而且无二次污染，处理效果也较好，但也存在微生物耐受污染浓度低、降解速率慢、特效菌种的筛选培养难度大等问题。当前，国外火炸药"三废"的生物处理方法主要有氧化池法、厌氧生化法、白腐菌生化法三类。

1)氧化池法

氧化池法与天然水体的自净过程很相近，污水在塘内经长时间缓慢流动和停留，通过微生物的代谢活动使有机物降解，污水得到净化。美国 Sangchul 等人采用不断搅拌的连续流反应池处理 TNT 废水，在 pH＝11～12，TNT 含量为 5～25mg/L，水停留时间为 48h 的系统中，TNT 去除率达到 74%。

2)厌氧生化法

厌氧生化法主要依靠水解产酸细菌、产氢产乙酸细菌和产甲烷细菌共同完成。目前，国外处理粉红水的最先进技术是粒状活性炭（GAC）吸附技术，但其使用成本高且产生危险的副产物（废 GAC）。采用厌氧 GAC、流化床反应器（GAC－FBR）技术生物处理含 TNT 和 RDX 的混合废水，可达标排放，并降低操作成本和消除危险副产物的产生。

厌氧生物 GAC－FBR 是利用粒状活性炭（GAC）作为细菌得以附着和生长的载体的一种固定膜生物处理系统。主要优点是消除了处理过度吸附了副产物危险废物的 GAC 的必要性；其成本预计比目前的处理方法低。利用生物降解而不是吸附作为去除机制，该活性炭不会慢慢积累污染物。此外，可以利用 GAC－FBR 处理不容易吸附却能被生物降解的化合物，如黄色 D 炸药（苦味酸铵）等。GAC－FBR 的主要局限性在于：需要对来自弹药废水处理的污水进行二次处理。

3）白腐菌生化法

白腐菌是破坏木材的真菌，在有木质素存在条件下，白腐菌能降解多种有机废水。TNT 废水的生物毒性常抑制水中微生物的生命活动，一般的微生物对 TNT 废水的处理效果不很明显。但白腐菌在分解木质素时产生的木质素过氧化酶能降解许多有机污染物，白腐菌生化法治理 TNT 废水则既保留了生物法的优点，又加速了 TNT 的降解进程。20 世纪 90 年代国外用白腐菌降解 TNT 取得了较大的进展。在初始浓度为 83mg/L 的 TNT 溶液中，用白腐菌降解 TNT 可达到 1.9mg/L，大多在 3 天内降解。

4. 多种组合处理技术

国外有关火炸药"三废"处理技术的研究很多，但各有优缺点，很难有一种高效经济的单一方案将其治理达标，多种技术联合应用是火炸药废水处理技术的发展方向。

美国国家国防环境监测中心已批量规模检测了大规模水处理工厂（生物破坏）、GAC 活性炭耐热工艺（生物破坏）、FENTONs 化学（化学破坏）、电解系统（电解氧化）、流化床生物反应器（生物破坏）五种潜在的废水处理技术，演示了最可行的工艺。最后确定了 18 种可行的技术工艺。其中 GAC 活性炭耐热工艺（TBP）是物理吸附与生物处理相结合的综合方法，被确定为最可行的处理工艺，可以将红水中超过 99% 的炸药、毒性物质去除，并具有经济性。该技术已经在沃瓦兵工厂进行验证后推广到其他兵工厂。

5.3.4 废弃火炸药处理与回收再利用技术

废弃火炸药是一种危害极大的污染源，不仅自身具有危险性，而且会对外界环境造成污染。传统的处理废弃火炸药的方法有深海倾倒法、深土掩埋法和露天焚烧法，这些方法不仅存在潜在的危险性，而且也会对环境造成二次污染。发展方向是开发废弃火炸药的绿色环保处理技术和各种回收再利用技术。

1. 绿色销毁技术

1）焚烧炉焚烧法

焚烧炉焚烧法污染小，是当前销毁废弃火炸药的常用方法之一。该方法通过控制焚烧炉的燃烧温度、燃烧时间、燃烧压力及燃烧气体的流动状态等条件，保证被焚烧的废弃火炸药能够充分地分解和燃烧，并使燃烧产物中的氮氧化物减少至最低限度，同时对排入大气之前的燃烧尾气进行洗涤，并用活性炭等过滤处理后可达标排放。

2001 年，美国建立了一套废弃火箭发动机装药的间歇进料焚烧系统。该系统由两个单元组成：第一单元由高压水枪将火箭发动机装药切割成块状物料，分离出可溶性的氧化剂，如 AP，使推进剂钝感并回收氧化铝，同时在浸泡池中提取黏结剂组分；第二单元是一套带洗涤设备的焚烧炉，由于氧化剂已在第一单元除去，需向焚烧炉供给空气，故称为充气式焚烧炉。该系统中的焚烧炉是复式结构，初级燃烧室和二级燃烧室仅一墙之隔，燃烧气体经初级燃烧室末端的通道进入二级燃烧室，两个燃烧室温度由水冷却装置控制，初级燃烧室操作温度约 1283K，二级燃烧室温度约 1422K，由二级燃烧室进入洗涤塔的气体温度由另一个水冷却装置控制，气体经过两个文丘里洗涤塔后温度降为 811K。两个文丘里洗涤塔串联起来组成气体污染控制设备，在洗涤液中加入苛性碱以除去酸性气体。第一阶段文丘里洗涤塔安装连续排放物分析器，连续检测到的排放物主要有氧气、一氧化碳、所有的碳氢化合物、二氧化硫及氮氧化物等，该工艺污染物排放达到了美国燃烧执行标准。

2003 年，美国印第安岬设计出一种气相和液相处理技术相结合的灵活封闭燃烧设备（CBF），用于处理各种废弃含能材料。该封闭燃烧设备有 5 个燃烧室，经配有洗涤和碎火喷头的导管与中心废气贮存器相连，每个燃烧室可容纳高达 1200 磅的爆炸废弃物，该封闭燃烧设备每批焚烧的含能材料可高达 6000 磅。

2）紫外线氧化破坏法

紫外线可以激发某些化学反应，并用这类反应破坏废弃火炸药。紫外线氧化破坏法的实质是分子在吸收紫外线能量之后，成为激活态。激活态经不同的方式达到稳定态，在此过程中物质可能发生状态变化或化学变化，与外界进行能量交换。该方法采用紫外线–臭氧和紫外线–过氧化物使废弃火炸药氧化分解。

3）超临界水氧化法

超临界水氧化法利用超临界水良好的溶剂性能和传递性能，将呈溶液状态的废弃火炸药在超临界水中迅速、有效地氧化降解。该方法可将99.9%的废弃火炸药氧化破坏，而且有较强的通用性，能处理绝大多数硝化芳烃（DNT、TNT）、硝酸酯类（NG、NC）和硝胺类炸药（RDX、HMX），对环境污染较小。但缺点是工艺复杂，设备投资大，且处理废弃火炸药的量有限，也不能充分利用其能量。

2. 回收与再利用技术

废弃火炸药回收再利用技术的开发，不仅能解决废弃火炸药对外界环境的污染，而且能回收有效组分，带来良好的经济效益。

1）微生物降解法

该方法是将废弃火炸药粉碎后作为底物，与活性土壤混合后在合适的温度、湿度下引入某些特定的微生物，经微生物的发酵作用后，将含能物质的底物转化为非含能肥料。有些微生物可以将火炸药彻底分解成水和二氧化碳，有些微生物可以将火炸药分解成糖类，并将其中的氮组分固定在土壤中，为植物的生长提供足够的养分。生物降解法单批处理量大，安全可靠，对环境几乎没有任何负面影响。经处理过的产物可促进植物生长，有利于绿化。但该方法存在微生物的选择性差，对环境条件依赖性强且微生物分解火炸药的过程缓慢等不足。

2）熔融法和熔融盐法

熔融法：利用废弃火炸药中各组分的熔点不同，将各组分分离。典型的应用例子是分离含有 TNT 和 RDX 的混合炸药，采用适当的加热方法使混合炸药中熔点较低的 TNT 熔融，然后将其与固态的 RDX 分离。

熔融盐法：将融熔池加热至超过火炸药的分解温度，然后将碱金属或碱土金属的碳酸盐、卤化物和废弃火炸药按一定的安全比例混合后导入融熔池，大多数废弃火炸药可以被分解为 CO_2、N_2、H_2O 等无公害物质。该方法中熔融盐既是热传递物质和反应介质，又对火炸药的氧化反应起催化作用，还可中和掉反应产生的酸性气体，形成稳定的盐。熔融盐在反应结束后与被处理过的火炸药残渣分离，可以被循环再利用。

3）溶剂萃取法

采用适当的溶剂处理废弃火炸药，使其中的各个组分分离，再通过进一步的精制处理，回收其中一些成本较高的组分重新作为军品或民品原材料使用。

早在 20 世纪 50 年代，美国奥林公司就采用该方法从单基发射药中回收 NC，即采用适当的溶剂萃取单基发射药中 NC 之外的其他组分，回收的 NC 的纯度达到 98%～99.5%。另外，该方法还可用于回收多组分废弃火炸药，如回收复合推进剂中的 Al 粉，回收混合炸药中的 Al 粉、TNT 和 RDX。该方法技术成熟、易于实现工业化。

20 世纪 90 年代后期，美国陆军导弹司令部成功开发出在固体火箭发动机非军事化和推进剂成分回收中应用近临界流体（NCL）和超临界流体（SCF）技术，用氨气、二氧化碳、二氧化氮等作为非传统的萃取溶剂，根据相似相容原理，利用"气→液"和"液→气"相变，对复合固体推进剂进行超临界液体萃取。由于 AP、RDX、HMX 在液氨中有良好的溶解性，采用高压喷射的方法，使推进剂从发动机内部被侵蚀下来并溶解，无机氧化剂能溶于氨而其他不溶性推进剂成分保持污泥形式，可通过过滤方式被除去，在整个操作过程中氨必须要保持液态，发动机内部的工作压力必须大于氨的蒸气压，溶解了大量氧化剂的液氨经过滤和降压，使氧化剂分离并沉淀出来，氨气可以升压循环使用。液氨向气相转变过程中可使用标准工业化学成分处理设备回收 AP 等氧化剂，使其各项指标达到推进剂原料的使用标准。

2008—2009 年，美国 Arcuri 等人提出从废弃的 B 炸药中回收 TNT 和 RDX。首先将 B 炸药混合物引入装有甲苯和水混合液的第一个容器（混合釜）中，甲苯作为溶剂可溶解 TNT，而 RDX 不能溶解其中，形成相互分离的上下两层，上层为甲苯/TNT 相，下层为 RDX/H_2O 相。将甲苯/TNT 相转移到分离区分离后得到固体 TNT，回收的甲苯溶剂经过循环重新回到混合釜中；RDX/H_2O 混合浆料则转移到第二个容器（回收釜）中，连续通入异丙醇置换 RDX/H_2O 相中的 H_2O，使 RDX 与 H_2O 分离，上层是异丙醇/H_2O 相，下层是 RDX/异丙醇相，收集 RDX/异丙醇相得到 RDX，将水/异丙醇相进行分离，回收的异丙醇可循环使用。该工艺是一种连续化工艺，混合釜中的温度控制在 25～50℃。但由于黏结剂（如石蜡）不溶于甲苯，会对回收 RDX 的纯度产生影响。在回收工艺中加入正己烷溶解石蜡，再将溶解的石蜡/正己烷溶液与 RDX 分离，可回收得到纯度较高的 RDX。

4）化学降解法

废弃火炸药用酸或碱降解，生成小分子有机化合物，然后经过溶剂分离，提取出可再利用的组分。例如，采用硝酸溶解火炸药，将两相分离后回收硝胺类化合物（RDX、HMX 等）。美国陆军在 2011 财年投资 2.6 亿美元在 Tooele 陆军军械库新建酸溶解生产线，并演示其处理能力，涉及火炸药、高爆弹药、引信、化学弹药、导弹、导弹部件、大尺寸火箭发动机等多种弹药及组件的处理。该工艺所用的酸溶液能溶解整个弹药，可实现弹药中 100% 炸药的回收再利用或再处理能力，还能回收金属，处理后的酸溶液也能回收和再利用，属于环境友好的一种处理方法。

5）超声粉碎法

该方法基于超声空化原理，声能通过超声波流传到固体材料表面，使固体材料发生破裂。在美国陆军研发与工程司令部武器装备研发与工程中心发起的小企业创新研究基金支持下，TPL 公司开发出了一种用于回收浇铸火炸药的超声粉碎工艺。该工艺可从废弃的迫击炮弹中回收 TNT 和 B 炸药，相对于传统的高压釜法更安全，而且不会产生红水。该工艺可应用于其他没有有效方法回收再利用的废弃火炸药。

6）制造民用炸药

将从废弃火炸药中分离出来的火炸药组分或经过粉碎的废弃火炸药与氧化剂、其他添加剂按一定比例混合制造民用炸药（如粉状炸药、浆状炸药和灌装炸药等）。其中，用来制备粉状炸药和浆状炸药的废弃火炸药需要预先粉碎，而用来制备灌装炸药的废弃火炸药不需要粉碎，直接向其中灌注含氧化剂的高分子混合液即可。

5.4 柔性加工工艺技术

柔性制造（flexible manufacturing）的思路在 1967 年起源于英国。由于社会对产品多样化的需求日益增长，导致产品品种越来越多，更新换代速度加快，中小批量生产的比例明显增加，需要寻求一种新的能满足多品种、中小批量生产要求的新技术，即柔性制造技术。柔性制造技术在各个国家、各个行业越来越受到重视。

"柔性"一般表现为生产设备能迅速转换产品种类、品种的能力，具有迅速而有效地吸收新技术的能力，对需求能快速做出反应的能力。从广义上讲，柔性生产线除了具备"多功能"特点外，还应是连续化、自动化的生产线，采用先进的计算机监控系统，实现全线生产过程的控制和管理自动化。

例如：在机械行业中，一台由计算机控制的车床，一次装卡即可完成车、铣、钻等多道工序，改变计算机程序，即可加工完全不同的零件，这样的几台机床连在一起，由中央计算机控制，并配以自动传输系统，即可完成中小批量、多品种的加工制造。

5.4.1　柔性加工制造核心技术——双螺杆挤出工艺

单螺杆挤出工艺用于火药制造已历时半个世纪，采用这种工艺制造的火药质量可靠性高、重现性好，可实现连续化生产，在火药生产史上跨进了一大步。但随着火药技术的发展，单螺杆挤出工艺也逐渐暴露出一些问题，主要表现在：

(1)适用范围窄。对于表观黏度过高或过低的火药均不能适用。表观黏度过高时制品塑化不好；表观黏度过低时容易产生"打滑"，严重时药料与螺杆一起旋转而不能向前输送，长时间与机体的摩擦会导致安全事故的发生。

(2)不能适用于高固含量火药配方。为了提高火药的能量，常常加入较多的固体炸药，如 RDX 含量可增加到 70% 以上，这类火药物料在加工过程中也容易"打滑"。

(3)温升高。火药物料在成型过程中受到摩擦挤压而温度升高。在单螺杆挤出过程中，药料温升常在 20~30℃，甚至更高，温升过高也会引发事故。

为克服单螺杆挤出工艺的不足，世界各国致力于研究发展火炸药加工成型的双螺杆挤出工艺，并获得了良好的效果。与单螺杆挤出工艺相比，双螺杆挤出工艺具有明显的技术优点，主要有下面几个方面：

(1)适用范围广。在双螺杆挤出机中，类似浆糊状或黏度较大的物料均能适用，可以满足多品种火炸药产品采用同一设备加工成型的需要，实现柔性化工业生产。

(2)工艺效率高。一是挤出工艺的混合效率高，双螺杆挤出机具有高剪切作用，可以打破超细材料的团聚势能并达到均匀分散的效果，经过双螺杆机混合一遍即可达到捏合机混合几个小时的效果；二是挤出工艺的生产效率高，双螺杆挤出机集捏合、塑化、干燥、成型等功能于一体，与传统火炸药制备工艺的单机设备相比，效率可提高数十倍。

(3)成本低。双螺杆挤出工艺可以取代传统工艺中的许多工序，减少工艺设备、工房及操作人员等资源的占用量，减少物料和半成品的转运过程，缩短加工周期，并且连续加工过程的成品率明显提高，最终的加工成本大幅度降低。

(4)工艺安全环保。双螺杆挤出工艺制备火炸药过程中大幅度减少了加工工序，加工过程的连续化、自动化程度提高，物料与制品的在线量也进一步减少，生产过程的本质安全性好；生产制造过程中废液、废气排放量大幅度减少，降低了环境污染。

1. 双螺杆挤出机的结构

双螺杆挤出机由机筒、螺杆、加热器、机头连接器、传动装置（包括电动机、减速箱和止推轴承）、加料装置（包括料斗、加料器和加料器传动装置）和机座等部件组成，其中最关键的部件是机筒和两根螺杆。

机筒内包容着两根螺杆。螺杆由杆芯、螺旋套、捏合块和螺纹件组成，螺旋套、捏合块和螺纹件均可由键滑入杆芯中。扭矩可通过杆芯传递到螺旋套、捏合块和螺纹件上。螺旋套主要提供物料的输送和剪切；捏合块提供强剪切作用，使组分塑化、混合均匀；螺纹件将塑化、混合均匀的物料加工成型。两根螺杆由专用分配箱两根输出轴驱动，分配箱内通过齿轮传动由一个输入轴变为两个输出轴，电机与输入轴连接，电机转速可调。

2. 双螺杆挤出机的分类

双螺杆挤出机的类型很多，分类方式也不统一。大体上可以按螺杆的啮合方式、螺杆的旋转方向、两根螺杆轴线之间的夹角、螺杆的结构形式进行分类。

1）按螺杆啮合方式分类

按螺杆啮合方式，双螺杆挤出机可分为啮合型双螺杆挤出机与非啮合型双螺杆挤出机。

（1）啮合型双螺杆挤出机。

啮合型双螺杆挤出机的两根螺杆类似齿轮那样彼此啮合，两根螺杆轴线分开的距离小于两根螺杆外半径之和。根据啮合程度（即一根螺杆的螺棱插到另一根螺杆螺槽中的深浅程度），又分为全啮合型和部分啮合型（或不完全啮合型）。所谓全啮合型，是指在一根螺杆的螺棱顶部与另一根螺杆的螺槽根部之间不留间隙，如图 5 - 4 - 1（a）所示；所谓部分啮合（或不完全啮合）型，是指一根螺杆的螺棱顶部与另一根螺杆的螺槽根部之间留有间隙（或通道），如图 5 - 4 - 1（b）所示。

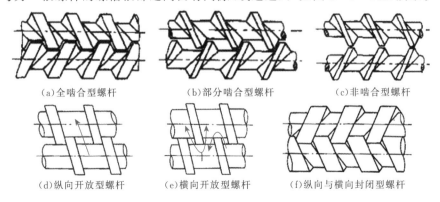

(a)全啮合型螺杆   (b)部分啮合型螺杆   (c)非啮合型螺杆

(d)纵向开放型螺杆   (e)横向开放型螺杆   (f)纵向与横向封闭型螺杆

图 5 - 4 - 1 双螺杆挤出机的螺杆啮合方式

（2）非啮合型双螺杆挤出机。

非啮合型双螺杆挤出机的两根螺杆各自独立，一根螺杆的螺棱游离于另一螺杆的螺槽，看上去如同两根单螺杆并排安放，两根螺杆轴线分开的距离至少等于两根螺杆的外半径之和，也称为外径接触式或外径相切式双螺杆挤出机，如图 5-4-1（c）所示。

在啮合型双螺杆挤出机中，如果物料自螺杆加入端到螺杆末端有通道，物料可由一根螺杆流到另一根螺杆（即沿螺槽有流动），则为纵向开放型螺杆，如图 5-4-1（d）所示；若横过螺棱物料有通道，即物料可以从同一根螺杆的一个螺槽流向相邻的另一个螺槽，或一根螺杆螺槽中的物料可以流到另一根螺杆的相邻螺槽中，则为横向开放型螺杆，如图 5-4-1（e）所示。图 5-4-1（f）为纵向与横向封闭型螺杆。

2）按螺杆旋转方向分类

按螺杆旋转方向，双螺杆挤出机可分为同向旋转双螺杆挤出机与异向旋转双螺杆挤出机。

（1）同向旋转双螺杆挤出机。

同向旋转双螺杆挤出机的两根螺杆的旋转方向相同，如图 5-4-2 所示。两根螺杆的外形相同，螺纹方向一致。目前流行的多为螺纹右旋螺杆。

图 5-4-2   双螺杆挤出机的同向旋转螺杆

（2）异向旋转双螺杆挤出机。

异向旋转双螺杆挤出机的两根螺杆旋转方向相反，如图 5-4-3 所示。啮合异向旋转双螺杆挤出机主要是向外旋转，物料落到螺杆上后可很快向两边分开，充满螺槽并向前输送，而且很快与机筒接触，有利于将物料加热、熔融；非啮合异向旋转双螺杆挤出机的两螺杆则主要是向内旋转。从外形上看，异向旋转的两根螺杆螺纹方向相反，一为左旋，一为右旋，两者对称。

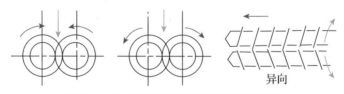

图 5-4-3   双螺杆挤出机的异向旋转螺杆

3)按两根螺杆轴线之间的夹角分类

按两根螺杆轴线的平行与否,双螺杆挤出机可分为平行(也称为圆柱体)双螺杆挤出机和锥形双螺杆挤出机。

(1)平行双螺杆挤出机。

平行双螺杆挤出机的两根螺杆的轴线平行,螺杆外形呈圆柱型,螺杆的螺纹分布在圆柱面上。前述双螺杆挤出机都属于平行双螺杆挤出机。

(2)锥形双螺杆挤出机。

锥形双螺杆挤出机的两根螺杆的轴线呈一定角度,螺杆外形也呈圆锥形,螺杆的螺纹分布在锥面上,如图 5-4-4 所示。一般属于向外旋转的异向旋转双螺杆型,两根螺杆对称分布。

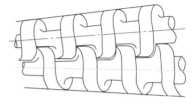

图 5-4-4　锥形双螺杆

4)按结构形式分类

按结构形式,双螺杆挤出机可分为整体式双螺杆挤出机和组合式双螺杆挤出机。整体式是指螺杆及壳体均为整体结构;组合式是指壳体由一节一节组成,壳体总长度可以任意组合,螺杆由心轴和套在心轴上的多种螺纹块和捏合块组成,螺纹块和捏合块也可以任意组合,以适应不同需要。

常用双螺杆挤出机有以下两种形式:

一是组合式平行同向旋转双螺杆挤出机,如图 5-4-5 所示。两杆螺杆彼此啮合,特点是剪切速率高,混合效果好。

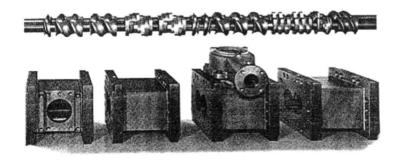

图 5-4-5　组合式平行同向旋转双螺杆挤出机结构示意图

二是锥形异向旋转双螺杆挤出机,如图 5-4-6 所示。两根螺杆轴向呈一定角度,安置推力轴承的部位有较大空间,可承受较高的机头压强,适用于物料表观黏度高、机头压强高的场合。由于它的螺杆直径沿轴向逐渐减小,故具有加料性能好、压缩比大、熔融塑化快、可降低挤出温度和用于挤出热敏性物料等优点。其缺点是锥形筒孔和螺杆的加工较困难，成本较高。随着现代制造技术的进步，这类双螺杆的应用领域在不断扩展。

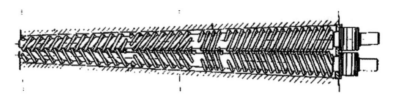

图 5 - 4 - 6　锥形异向旋转双螺杆挤出机结构示意图

3．双螺杆挤出机的主要技术参数

1）螺杆直径

对于平行双螺杆挤出机，螺杆直径系指螺杆外径，用 D 表示，单位为 mm；对锥形双螺杆挤出机，螺杆直径有大端直径和小端直径之分，在表示锥形双螺杆挤出机规格大小时，一般用小端直径。

与单螺杆挤出机一样，双螺杆挤出机的螺杆直径是一个重要技术参数，其大小在一定程度上反映双螺杆挤出机生产能力的大小。螺杆直径越大，生产能力越大。

2）螺杆长径比

螺杆长径比系指螺杆上有螺纹部分的长度（即螺杆有效长度）与螺杆直径之比，用 L/D 表示，其中 L 为螺杆有效长度，D 为螺杆直径。对于啮合同向组合式双螺杆挤出机，其螺杆长径比可以变化，长径比是指最大可能的长径比。对于啮合异向旋转锥形双螺杆挤出机，螺杆直径是变化的，其长径比规定为螺杆的有效长度和螺杆的平均直径之比，螺杆的平均直径是其大端直径和小端直径的平均值。

螺杆长径比也是一个重要技术参数，在一定程度上反映双螺杆挤出机完成特定生产任务和功能的能力。但并不像单螺杆挤出机那样，长径比越长其生产能力越大，双螺杆挤出机的生产能力更多地取决于螺杆直径、螺杆转速、螺杆构型和加料量。

3）螺纹参数

双螺杆挤出机两根螺杆的螺纹参数主要是螺棱与螺槽的构型、宽度和深度（或高度），也反映其对物料的输送能力、混合与塑化能力。

4）螺杆转速范围

双螺杆挤出机的螺杆速度一般都可以无级调节，其螺杆有一个最低转速和最高转速，即有一个转速范围。不同类型双螺杆挤出机的螺杆转速范围是不同的。

5）生产能力

双螺杆挤出机的生产能力指单位时间里的最大挤出量，一般用 Q 表示，单位为 kg/h。与单螺杆挤出机一样，其生产能力也与所装机头（或挤出制品）有关，故在标明此参数时，应相应表示出生产制品的种类和物料的种类。

6）机筒加热功率和加热段数

机筒加热功率指机筒加热总功率，加热段数指有几个加热区。

5.4.2 双螺杆挤出机的功效

加工物料在双螺杆挤出机中作用可分解为输送、塑化、混合，并达到一定的机头压力后从模具中挤出成型。在挤出过程中也可以排气，并驱除物料中的水分或挥发分。

1. 输送功效

双螺杆挤出机的输送机理与单螺杆输送机理不同，单螺杆输送主要依靠摩擦，即依靠物料与螺杆之间和物料与机筒之间摩擦系数的差值所形成的推力来输送物料，而双螺杆输送是正位移输送。其中一根螺杆的螺槽被另一根螺杆的螺棱所封闭。如果两螺杆之间的间隙为零，则是完全的正位移。事实上总会有一定的间隙，因而总会有一部分逆流，但所占比例很小，因此，双螺杆的输送效率远高于单螺杆。

2. 塑化功效

药料被螺杆向前推进，其压力和温度逐渐升高，逐渐达到黏流态。在较高的压力和较高的温度下，低分子的溶剂进一步向 NC 中扩散，使药料逐渐塑化完全。

3. 混合功效

物料在双螺杆挤出机内向前运动时，每经过一对啮合的螺纹槽即进行一次分流、混合，受到一次挤压力和剪切力的捏合作用，塑化的物料不与未塑化的物料掺合，使塑化物料的塑化程度、混合效果随螺杆转动前进过程中不断加强，效率大大加快,其混合效果为 2^n 次(n 为螺杆的螺槽数),一般均有千次以上甚至几万次以上的混合。

药料在双螺杆挤出机中的运动极其复杂,具有很强烈的剪切作用,而剪切作用是混合的最有效的措施,双螺杆挤出机是较为理想的连续混合设备。

4. 自洁功效

双螺杆挤出机加工过程中,粘附在螺槽上的物料,如果滞留时间太长,将引起物料的降解变质,严重损害制品的质量,尤其对火炸药类热敏性材料更为重要,它关系到加工过程的安全性,必须及时清除。

对于异向旋转的双螺杆挤出机,两根螺杆啮合处的螺纹和螺槽之间存在速度差,在相互擦离的过程中,相互剥离粘附在螺杆上的物料,可以使螺杆得到自洁。

对于同向旋转的双螺杆挤出机,两根螺杆啮合处的螺纹和螺槽的速度方向相反,相对速度很大,具有相当高的剪切速度,能够刮去各种积料,其自洁作用比异向旋转的双螺杆挤出机更加有效。

5. 排气功效

对于单螺杆挤出机,药料在挤出过程中受到摩擦挤压而温度升高,药料中残存的水分或挥发分气化,有可能会带入制品中形成气孔,影响制品质量。因此,药料在进入挤出机之前需要烘干,烘干一般需要 $30\sim60\mathrm{min}$,能耗高、工时长。

在双螺杆挤出机中,药料经过第一段压缩后,药温升高,水分和挥发分气化,此时螺纹容积突然放大,并在壳体上设置排气口,与真空系统连接,使气体在减压状态下很容易逸出,不需要达到水分或挥发分在常压下的沸点。除此而外,药料表面不断更新,药料内部的挥发分不断地转移到表面,很容易挥发掉。因而,双螺杆挤出机具有良好的排气效能,仅需几分钟即可达到要求,比传统的烘干工序节能省时。采用调节真空度的方法,即可调节制品中挥发分的含量。

6. 挤出成型

药料经排气后,继续被双螺杆驱动升高压力,并通过模具挤出成型。由于双螺杆挤出机混合效果远好于单螺杆挤出机,因而可在较低的压力下成型。

5.4.3　柔性加工工艺在火炸药制造中的应用研究

火炸药易燃易爆、危险性大,加工成型工艺特殊,现有生产线专用性很强。

在和平时期，火炸药生产任务少，大量生产线闲置或开工不足，属化工类的火炸药生产设备及其管线容易锈蚀、腐蚀，而战时又难以紧急动员。因此，火炸药更需要发展柔性制造技术，以适应和平时期火炸药多品种、中小批量的生产模式，并使火炸药生产过程实现连续化、自动化，提高生产效率和本质安全程度。

1. 国外情况

国外军事强国早在 20 世纪 70 年代就开始了双螺杆挤出工艺在火炸药加工成型中的应用研究，双螺杆挤出工艺最早应用于发射药、推进剂的自动化绿色柔性制备工艺中。德、美、法等国采用双螺杆挤出机开发火炸药柔性制造的研究起步较早，技术发展较为成熟，现已有多条生产线建成并投产。

1）德国

德国代拿买诺贝尔公司将几台双螺杆挤出机联合，分别完成双基药制备过程中的造粒和成型工艺，使双基药的制备实现了连续化。随后德国 W&P 公司研制出了组合式双螺杆挤出机。德国 WNC 硝基化学公司也研制了由剪切压延机与双螺杆挤出机联合组成的双螺杆挤出工艺，并建成试验线应用于加工制造单基药、双基药和三基药。

2）美国

美国于 20 世纪 70 年代后期开始投巨资改造火药生产线，雷德福兵工厂采用双螺杆挤出工艺建成了单、双、三基药生产线。

1989 年，美国聚硫橡胶公司与德国 W&P 公司利用联合设计的 ZSK 同向旋转双螺杆挤出机开始进行多种含能材料的生产加工。美国聚硫橡胶推进公司在陆军弹药厂（LAAP）58mm 和 M56 19mm 双螺杆挤出机生产线的基础上，通过改进在 Utah 厂建成了一条 19mm 双螺杆挤出小型生产线（M241），并已成功用于炸药、发射药、推进剂和烟火药剂等各种含能材料的加工。主要改进措施：一是将加料系统与挤出机分隔开，避免挤出机着火传向加料器，提高了生产的安全性；二是采用基于计算机的新型控制系统，安装传输数据用的实时网络进行远距离控制和数据采集；三是改进仪器设备，如增加红外热电偶测定挤出药的温度、直接将扭矩和转速测试仪器与驱动轴相连；四是选用远距离的掩体控制室。该生产线配有四个独立的温控区、分段螺杆、失重加料系统和真空室，数据监控能力包括熔融温度与压力、扭矩、旋转速度和各个控制区的温度。M241 生产线最长运行时间为 64h，初始批产量为 113kg。所加工的热塑性弹性体（TPE）发射药产品密度高（≥98%TMD）、表面也很光滑。

在 1992 财政年度，美国国防部制定的"关键技术计划"中将柔性制造列为 5 大类 21 项关键技术中的一项。1994 年，美国陆军军械研究、发展与工程中心开发出了以双螺杆挤出机为核心的发射药柔性制造设备，可适用于溶剂法、无溶剂法生产各种发射药、复合推进剂、某些混合炸药和烟火剂等。工艺中试过程表明，该柔性制造设备可以安全、高效地生产发射药，并采用环境可接受的方法进行三废处理。

美国海军水面战中心与瑞典博福斯公司共同开发了基于双螺杆挤压机的降低挥发性有机物的封闭式含能材料制造工艺（CLEVER），2002 年开始生产 EX99 等 LOVA 发射药。2004 年前后，美国海军地面武器研究中心与德国火炸药研究院联合攻关将在线监测仪器应用到了 37mm 双螺杆挤出机上，实现了温度、压力等参数的在线检测，显著提高了双螺杆挤出机生产安全性，并成功制备了海军用的两种塑料黏结炸药 PBXN-106 和 PBXN-109。

20 世纪 90 年代末，美国陆军匹克汀尼兵工厂采用双螺杆挤出技术制备了 PAX-2 炸药（85%HMX，9%BDNPA-F，6%CAB）；随后又采用 40mm 双螺杆挤压机，并使用少量绿色有机溶剂连续加工制造含铝温压炸药 PAX-3（64% HMX，20%Al，9.5%BDNPA-F，6.5%CAB），该工艺溶剂使用量较传统工艺减少 50%，减少了溶剂对环境的污染，并且柔性化程度高，很容易拓展到其他火炸药的生产，可制造一系列不同性能的炸药产品，包括美国陆军的 PAX-2、PAX-2A、PAX-3、PAX-4、PAX-5、PAX-30 和美国海军的 PAX-9、PAX-11、PAX-18 等炸药。

3）法国

法国火炸药公司 1971 年制造了双螺杆挤出原理样机，1982 年采用单螺杆和双螺杆挤出机组成的联合生产线实现了工业化生产。1994 年，法国和美国联合实施了一项火炸药柔性制造计划，目标是研制出既适合于挤压又适合于浇铸的发射药、固体推进剂和混合炸药加工制造的柔性生产线。其核心设备是法国火炸药公司研制的 ϕ85mm 双螺杆挤出机和德国 W&P 公司的 ZSK-40 型同向旋转全啮合双螺杆混合/挤出机。

4）其他国家

2007—2008 年，荷兰应用科学技术研究院将 45mm 双螺杆挤出机成功应用到无孔和 7 孔层状发射药的制造，产能为 5～15kg/h，不久后还启用了一台类似的 30mm 挤出机（产能为 5kg/h）。目前采用 25～35mm 双螺杆挤出机实现了不同品种、结构复杂的多孔层状发射药的柔性加工。

英国、巴西、瑞士、埃及和意大利也发展了以双螺杆挤出工艺为核心的火炸药柔性制造技术。例如：英国皇家军械公司采用模块化设计的同向旋转双螺杆挤出机成功设计并安装了一条柔性试验线。

近年来，国外采用共挤出工艺研制出的多层发射药，是通过多台挤压机挤出不同熔融流体，然后经共挤出模具得到制品。在发射药生产方面，德、法、美、英、澳大利亚、瑞典等国已经采用组合式双螺杆挤出机完成输送、混合、捏合、压延和挤压等工序生产，实现了连续化、自动化和智能化。国外生产线通过远程控制、泄爆控制及高速或超高速雨淋灭火系统，火情快速探测系统，在线检测装置的应用等，实现了安全生产，保证了产品质量。国外还开展了含有纳米材料的火炸药双螺杆混合效果研究，美国史蒂文斯科技学院的 S. Ozkan采用螺矩为 7.5mm 双螺杆挤出机研究纳米铝基火炸药模拟物，证实其混合均匀效果优于传统设备。

2. 国内情况

国内对双螺杆的研究工作开始于 20 世纪 90 年代，开始主要是研究分析双螺杆工艺制备发射药和推进剂的安全性问题，对发射药和推进剂的双螺杆挤出成型工艺也进行了初步的研究，但对军用炸药的双螺杆挤出工艺研究很少。

20 世纪 90 年代初，国内设计制造了第一台压制火药的螺杆直径为 62mm的平行同向组合式双螺杆挤压样机。20 世纪 90 年代末，国内建成首条火药双螺杆柔性生产线，成功压制了溶剂法单、双、三基火药及无溶剂法双基火药。结果表明，火药的力学性能和燃烧性能得到明显改善。例如，用双螺杆挤压机生产的三基药药粒塑化良好，硝基胍分布均匀，与传统工艺相比，能使火药的低温抗冲强度提高约 25%。压制的部分双基药 SF - 3 及 SQ - 2 样品分别见图 5 - 4 - 7 和图 5 - 4 - 8。

图 5 - 4 - 7　双螺杆压制的 SF - 3 样品　　　图 5 - 4 - 8　双螺杆压制的 SQ - 2 样品

20 世纪末至 21 世纪初，国内先后进行了以 NC、NG、硝化三乙二醇（TEGDN）为主要能量成分的酯太发射药（ZT - 11A，ZT - 12A），以 NC、NG、硝基胍（NQ）为主要能量成分的三基发射药研制生产。通过适当的工艺控制，可使挤出药条塑化良好，表面光滑无瑕疵。

"十五"以来，国内以产品研制为导向，进行了双螺杆挤出技术的相关研究。利用 ϕ35mm 开启式双螺杆塑化造粒机组，进行可再利用固体推进剂工程化研究，通过改变螺纹元件组合方式，实现不同物料的塑化造粒，人机隔离，在制量小，壳体达到设定工艺参数预警值时迅速开启泄爆。研制采用 ϕ58mm 双螺杆塑化造粒试验线，开展热塑性弹性体（TPE）/含能热塑性弹性体（ETPE）发射药挤出成型工艺研究。研制 ϕ95mm 开启式双螺杆塑化造粒机，用于双基及改性双基物料的造粒。该机组具备在危险状态下壳体迅速开启的功能，本质安全程度高。

针对发射药的双螺杆挤出工艺过程，研究了溶剂比、模具结构、螺杆组合方式、模具水温、螺杆水温等各种工艺参数与发射药成型性能的关系，其中：对发射药制品密度影响最大的是模具结构，对机头压力影响最大的是溶剂比，对主机扭矩影响最显著的是螺杆组合方式，各种工艺参数之间彼此影响，机头压力随着螺杆转速的增加而变大，扭矩随着加料频率的增加而增大。针对固体推进剂的双螺杆挤出工艺过程，研究结果表明：对推进剂药料温度影响显著性由强到弱的排列顺序为机筒温度、螺杆转速、螺杆结构、药料自身的性质，而对推进剂药料混合优度影响显著的因素主要是第一段机筒温度、螺杆转速和螺杆混合元件及组合结构。

虽然国内火炸药双螺杆挤出技术经过近三十年的发展，建立了自动化火药柔性生产试验线，试验手段不断丰富和完善，对双螺杆设计、在线测控系统、工艺过程模拟、设备结构和控制系统及安全加工等方面进行了不少改进或研究，取得了一定的进展，但与国外先进的火炸药双螺杆挤出工艺技术相比，在安全控制、连续化、智能化、在线测控及基础研究等方面的差距还很大。国内双螺杆挤出工艺技术尚不能完全适应不断出现的新型火炸药产品的研制生产，工程化应用水平还很低。

5.5 增材制造技术

采用传统成型工艺制备的制品形状相对比较简单，一般为柱状、管状、片状等形状，无法实现复杂形状或者微小化的火炸药样品的制备。同时，采用传统工艺制备的火炸药制品一般不能直接应用于武器系统，需要经过后处理过程对制品进行去除、车削、表面处理或组装等。显然，传统成型方式过程冗繁、制品形状简单、柔性化和适应性差的问题，越来越不能满足新型弹药武器系统对火炸药产品复杂结构、高制备效率、微型化、能量释放可控等提出的要求。

增材制造(即 3D 打印)技术是基于分层制造原理发展而来的先进制造技术，是信息技术、新材料技术与制造技术多学科融合发展的产物，是当今世界各制造强国竞相发展的热点技术。增材制造技术以数字模型文件为基础，通过软件与数控系统将专用材料按照挤出、熔融、光固化、喷射或烧结等方式逐层堆积，最终制造出实体物品。基于增材制造材料逐点累积的成型过程，提出了宏微结构一体化制造的学术观点。该方法在金属、陶瓷与高分子材料的成型制造中有着其他制造方法难以替代的优势，并推动大批量制造模式向个性化制造模式发展，被誉为"21 世纪最具潜力的技术"。

增材制造技术十分适合于国防军工领域众多装备的特殊零部件与结构的制造，将最优设计从理想变为现实，减轻质量，提升功能，使产品更加精密，达到传统工艺无法实现的功能与效果。但是目前对应用 3D 打印技术加工制造含能材料的报道还比较少，主要集中在含能材料油墨的配制，含能芯片与传爆网络的打印等方面。目前，在美国材料与试验协会(ASTM)增材制造技术委员会 F42 制定的标准——增材制造技术标准术语中，根据增材制造技术的成型特点，将其分为材料挤出、光聚合固化技术、材料喷射、黏结剂注射、粉末床熔合、薄片层叠和指向性能量沉积技术七类。

5.5.1 增材制造主要工艺方法

1. 熔融沉积制造(FDM)

FDM 法是材料挤出成型中应用较为广泛的技术，制造的材料一般是热塑性材料，如蜡、ABS、尼龙等，以丝状供料。材料在喷头内被加热熔化，喷头沿零件截面轮廓和填充轨迹运动，同时将熔化的材料挤出，材料迅速凝固，并与周围的材料凝结。FDM 法制造工艺原理如图 5-5-1 所示。这一技术又称为熔化堆积法、熔融挤出成模等。FDM 成型件的表面有较明显的条纹，表面光洁度较差，并且制件存在各向异性，沿成型轴垂直方向的强度比较弱，并且需要对整个截面进行扫描涂覆，成型时间长。随着精度和分辨率的提高，喷口直径降低，打印速度也降低。

火炸药常用配方并不适用于采用高温加热熔融。在目前已经报道的文献中，可以熔融打印材料主要为 TNT 及 TNT

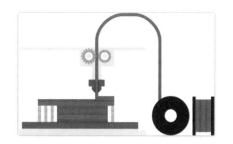

图 5-5-1　FDM 制造工艺原理图

基的熔铸炸药。2013 年，NTO 开展 TNT 熔融沉积成型（FDM）概念验证试验，成功建立了近 300 层 TNT 三维形状。2018 年，我国学者采用自主研发的熔铸炸药 3D 打印成型原理样机，通过筛选熔铸炸药配方、优化工艺参数，成功打印出含纳米 HMX 和 TNT 的熔铸炸药药柱。

对于材料挤出成型技术而言，打印材料的黏度是决定打印性能的重要因素。由于火炸药产品（如 PBX 炸药、复合固体推进剂、低易损发射药等）的固含量高达 75% 以上，物料为假塑性流体，物料黏度较常用塑料的黏度要大几个数量级，同时物料的黏度受到分子量、固含量、固体粒度、温度及剪切速率等众多条件的影响。传统的熔融沉积快速成型根据对熔融物料的挤出方式而不同，喷头的结构一般可分为柱塞式喷头与锥形螺杆式喷头两种。为实现材料挤出成型设备和火炸药材料之间的匹配，需要根据火炸药材料的流变性对喷头进行重新设计或改造，目前主要采用的是气压式柱塞型喷头。

为实现材料挤出成型设备和火炸药材料之间的匹配，另一种方法是对火炸药配方体系进行优化调整。NC 作为火炸药的常用黏结剂，其原材料来源广泛、技术成熟，在发射药和推进剂等领域应用广泛。如果按照正常的熔融堆积成型原理方法，将原材料高温加热至熔融态，对于 NC 基火炸药的成型工艺是非常危险的。因此，如要将增材制造工艺中的熔融沉积成型法应用于火炸药的增材制造成型，必须考虑在不过于影响火炸药配方能量特性、力学特性等性能的前提下，适当改变其具有流动性的最低温度。因此，通常做法是在火炸药物料中添加辅助溶剂对火炸药材料进行塑化，以提高其流动性。图 5-5-2 为 HMX/TNT 熔铸炸药 3D 打印成型样品。

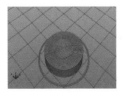   

（a）切片　　　　　（b）打印初期　　　　（c）打印后期　　　　（d）成品

图 5-5-2　HMX/TNT 熔铸炸药 3D 打印成型样品

2. 3DP 工艺

采用粉末材料成型，如陶瓷粉末、金属粉末通过喷头用黏结剂（如硅胶）将零件的截面"印刷"在材料粉末上面。用黏结剂黏结的零件强度较低，还须后处理。具体工艺过程：上一层黏结完毕后，成型缸下降一个距离（等于层厚：0.013~0.1mm），供粉缸上升一定高度，推出若干粉末，并被铺粉辊推到成型缸，铺平并被压实。喷头在计算机控制下，按建造截面的成型数据有选择地喷射黏结剂建造层面。铺粉辊铺粉时多余的粉末被集粉装置收集。如此周而复始地送粉、铺粉和喷射黏结剂，最终完成一个三维粉体的黏结。未被喷射黏结剂的地方为干粉，在成型过程中起支撑作用，且成型结束后比较容易去除。3DP制造工艺原理如图 5 - 5 - 3 所示。

3. 立体光刻成型(SLA)

SLA 是"stereo lithography apparatus"的缩写，即立体光固化成型法的英文简写形式，是 3D 打印成型工艺中非常重要的一种工艺技术。光聚合固化技术与熔融材料 3DP 打印相比，熔融材料 3DP 打印对试验条件要求比较高，要具有较高的试验温度，通过冷却进行固化，其固化速度也比光聚合固化技术慢，光聚合固化技术的试验温度较低。SLA 工艺技术主要是利用特定强度的紫外光聚焦照射在光固化材料的表面(材料主要为光敏树脂)，使之点到线、线到面地完成一个层上的打印工作，一层完成之后进行下一层，依此方式循环往复，直至最终成品的完成，该技术由 Charles Hul 于 1984 年获美国专利。1988 年美国 3D System 公司推出商品化样机 SLA - 1，这是世界上第一台快速原型技术成型机。SLA 各型成型机占据着 RP 设备市场的较大份额。SLA 技术可打印材料范围较窄，目前仅适用于固体含量较低的发射药配方体系。SLA 制造工艺原理如图 5 - 5 - 4 所示。

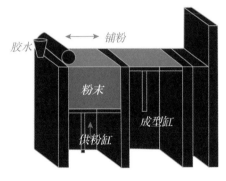

图 5 - 5 - 3 　3DP 制造工艺原理图

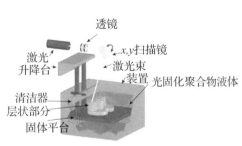

图 5 - 5 - 4 　SLA 制造工艺原理图

SLA 技术在火炸药中的应用方面，TNO 公司于 2013 年开展火炸药的 3D 打印技术，并在 2014 年结合火炸药的应用背景重新审视 3D 打印技术在火炸药中的应用，并将重点放在发射药的 3D 打印成型，因为发射药物料中固含量相对较低、流动性好，采用 SLA 打印材料与发射药中固体炸药 + 黏结剂的 LOVA 配方非常相似。TNO 采用黑索今 + 丙烯酸酯类光固化树脂的发射药配方，制备了含 RDX50%、惰性黏结剂 50% 的 19 孔梅花形的发射药样品；在 2015 年，增加 RDX 含量至 75%，同时选用了含能增塑剂，发射药样品的火药力达到900J/g，同时制备了高装填密度的七孔小粒药，使装填密度提高 18%。图 5-5-5 为 TNO 公司采用 SLA 打印的发射药样品。

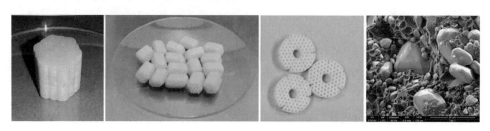

图 5-5-5　TNO 公司的 SLA 打印发射药样品

我国也有相关单位开展了发射药光聚合固化成型的工作，研究了组分相容性、工艺适配性、配方设计等工作，并利用光聚合固化技术制备了固含量为 70% 的新型 LOVA 发射药，完成了相关性能研究，图 5-5-6 为我国某单位的 SLA 打印发射药样品。

4. DLP 工艺

DLP(digital light processing)设备中包含一个可以容纳树脂的液槽，用于盛放可被特定波长紫外光照射后固化的树脂，DLP 成像系统置于液槽下方，其成像面正好位于液槽底部，通过能量及图形控制，每次可固化一定厚度及形状的薄层树脂(该层树脂与前面切分所得的截面外形完全相同)。液槽上方设置一个提拉机构，每次截面曝光完成后向上提拉一定高度(高度与分层厚度一致)，使当前固化完成的固态树脂与液槽底面分离并黏结在提拉板或上一次成型的树脂层上，通过逐层曝光并提升来生成三维实体。DLP 制造工艺原理如图 5-5-7所示。

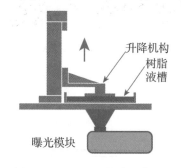

升降机构
树脂
液槽

曝光模块

图 5-5-6　我国某单位的 SLA
打印发射药样品

图 5-5-7　DLP 制造工艺原理

5. 喷墨打印技术

喷墨打印技术是一种最常用的材料喷射成型技术，被认为是最具有应用潜力的图案化方法之一，具有高效、低成本、柔性加工、高精度等特点，通过打印油墨，可以简单、高效地实现打印材料在大面积基底上的薄膜沉积和图案化。因此，喷墨打印技术已经在有机发光显示器（OLED）、薄膜晶体管等现代工业应用中显示出巨大的潜力。其优势是可以采用多喷建模（MJM）技术实现多种材料组成的构件一次打印成型而不需要再组装。该技术的缺点是对打印材料流变性和表面张力的要求较高，并且由于需要大量的支撑材料导致其经济性较差。

喷墨打印在火炸药的一个重要应用方向是火工品的爆炸序列、微装药和集成芯片（MEMS）直写入技术方面。此类技术将喷墨打印技术与传统火工品相结合，主要手段是将火工品（如起爆药、猛炸药）制成油墨后将其装入喷墨打印机中，将油墨以液滴的形式打印到基片/基底所需的位置，完成任意形状表面和材料上按需 3D 打印，然后通过溶剂挥发或光固化直接形成所需要的图案化火工品，以便更好地解决固有装药成型工艺因生产过程过长、装填密度和药条接触不可靠等因素造成的熄爆问题。R. A. Fletcher 等已于 2008 年采用含高能炸药（HMX、TNT）/聚乳酸–羟基乙酸共聚物（PLGA）/二氯乙烷溶剂进行喷墨打印研究，论证了火炸药喷墨打印的可行性。

喷墨打印油墨的可打印性受到油墨的物理性能（黏度和表面张力）和成型工艺参数的影响。对于某种特定的打印机，对打印油墨的黏度和表面张力有较为严格的要求，需要两者相匹配以保证微滴良好的球形度。根据已见的报道，影响火工品喷墨打印的主要因素有黏结剂种类、基板温度、微滴间距。例如将 PETN 晶体分散到聚乙烯醋酸酯（PVAc）或者氯化石蜡的乙酸乙酯溶液，由于表面张力的作用，干燥后的微滴形态有明显不同。当基板温度较低时，油墨内溶剂挥发慢，微滴融合在一起，并且形成明显的"咖啡环"效应。对于平板打印，在基板上的油墨微滴会形成"咖啡环"效应而无法实现颗粒的均匀沉积，并且这种效应会随着打印层数的增加而加剧。根据"咖啡环"效应形成原理，可以通过控制颗粒的形状或者改变微滴的蒸发曲线消除"咖啡环"效应，实现均匀沉积固体颗粒层，如图 5-5-8 所示。

为实现火工品爆炸序列（如传爆序列和传火序列）的打印，需要利用微滴融合和覆盖，实现一维线打印、二维面打印、三维立体打印，如图 5-5-9 所示。不同的微滴排列间隙和覆盖方式，会影响晶体形貌和打印质量。如 A. C. Ihnen 利用微滴融合过程微滴间距对 PETN 晶体形貌和堆积状态的影响，提出了利用控制微滴间距来控制纳米含能材料复合物的形态。

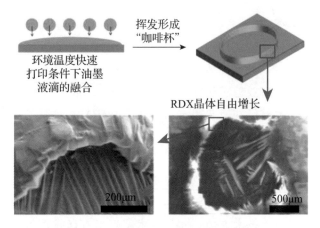

图 5 - 5 - 8   喷墨打印"咖啡环"效应

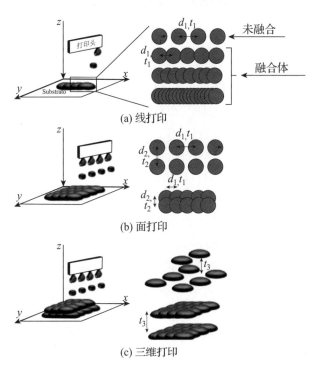

(a) 线打印

(b) 面打印

(c) 三维打印

图 5 - 5 - 9   多维喷墨打印技术

6. 基于液态光敏树脂的喷墨打印技术

基于液态光敏树脂喷墨打印技术，结合了光固化成型精度高和表面质量好的优点与材料注射成型高速度和大体积的优势，具有很高的成型精度及成型效率。在成型过程中，喷头同时打印实体材料与支撑材料，同时用紫外光固化形成层面。喷头含有几百个喷嘴,沿 x 轴喷出微小液滴。在一层沉积之后,UV 光照射固化,新一层重复上述动作。基于液态光敏树脂的材料成型技术需要打印材料和支撑材料在打印温度下有足够低的黏度。为降低黏度,打印材料可采用稀释剂进行稀释。为了满足长时间打印工作(5h 以上)的要求,喷墨打印的树脂必须有足够的热稳定性,并且暴露在光源下时能够快速固化。因此环氧树脂虽然在 SLA 中常用,但在喷墨打印中并不常见。

紫外光固化油墨打印技术在火炸药加工成型中的应用仍然是在火工品的微装药和集成芯片(MEMS)直写入技术方面。以液态光敏树脂为黏结剂,可以加速含能油墨的固化速度,保持打印材料的均匀性,但有时为了降低树脂的黏度通常加入少量溶剂或惰性稀释剂对油墨进行稀释,在打印完成后仍需要烘干除去。虽然添加光敏树脂可以提高打印材料的均匀性,但由于目前光敏树脂是非含能组分,在一定程度上会降低火工品的起爆性能。

7. 其他增材制造技术

表 5-5-1 为目前增材制造技术的分类和在火炸药成型中的研究情况概述。一些增材制造技术在火炸药中尚未应用,其中主要包括黏结剂喷射、层叠、颗粒床熔融、直接能量沉积。这些方法大多用于高温、激光等强刺激条件下成型,或打印原材料要求苛刻(如颗粒床熔融),有的仅适用于金属成型(如直接能量沉积)。

表 5-5-1 增材制造技术在火炸药成型中的研究情况概述

大类名称	技术分类	应用情况
光聚合固化技术 (photopolymerization)	立体光刻(stereolithography,SLA)	LOVA 发射药
	数字光加工(digital light processing,DLP)	
	连续液面生产(CLIP)	
材料喷射技术 (material jetting)	喷墨打印(inkjet printing)	火工品、爆炸序列、微装药、集成芯片
	多喷建模(multi-jet modeling,MJM)	
材料挤出技术 (material extrustion)	融沉积成型(FDM)	TNT 及 TNT 基熔铸炸药、NC 基火药、复合固体推进剂
	熔丝制造(简称 FFF,类 FDM)fused filament fabrication	
	三维点胶(3D dispensing)	
	3D 生物打印(3D bioplotting)	

（续）

大类名称	技术分类	应用情况
粉末床熔合技术 （powder bed fusion）	电子束熔炼（electron beam melting，EBM）	暂无研究报道
	选区激光烧结（selective laser sintering，SLS）	
	选择性热烧结（selective heat sintering，SHS）	
	直接金属激光烧结（direct metal laser sintering，DMLS）	
黏结剂注射技术 （binder jetting）	粉末层喷头 3D 打印（powder bed and inkjet head 3D printing，PBIH）	理论可行，暂无研究报道
	石膏 3D 打印（plaster-based 3D printing，PP）	
薄片层叠技术 （sheet lamination）	分层实体制造（laminated object manufacturing，LOM）	暂无研究报道
	超声固结（ultrasonic consolidation，UC）	

5.5.2 增材制造工艺在含能材料加工中的应用研究

1. 国外研究情况

由于 3D 打印技术的独特性能，美国等先进制造国家开始将 3D 打印技术应用于含能材料，如双基推进剂、发射药、包覆材料等领域。美国国防高级研究计划局（DARPA）在 1999 年投资 4000 万美元推动直接写入技术的发展，尤其是直写入引信（direct write fuzing）预先研究项目，主要应用的是 3DP 成型方式。将火工品中所需的不同组分和其他黏结剂与有机溶剂捏合后作为含能油墨，根据 3DP 成型原理，将含能油墨打印到基片上所设置的位置，通过烘干或者紫外光固化，从而成为引信上的传火传爆序列。图 5 - 5 - 10 为带安保机构的微电子引信。

2008 年，美国学者研究出一种通过生物降解含能炸药或拟高能炸药等聚合物进行喷墨打印制造聚合物微球体的方法。2011 年 Anne Petrock 等研究了将纳米 RDX 混以有机溶剂液化制成含能材料油墨，并将其用于直写入引信的研究。所得 RDX 油墨适合于喷墨打印系统，得到了用混有纳米 RDX 的含能材料油墨打印的图形，且具有较高的分辨率。但由于喷头的打印速度较低，并没有制得具有一定尺寸适用于性能检验的成型件。所配置的 RDX 油墨虽然能够点燃，但在成型厚度为 $500\mu m$ 时并不能被起爆。图 5 - 5 - 11 为其所用纳米 RDX 油墨打印示意图。

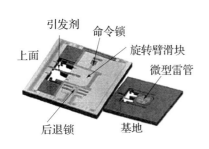
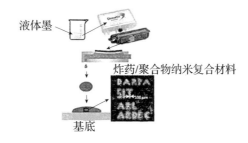

图 5 - 5 - 10　带安保机构的微电子引信　　图 5 - 5 - 11　纳米 RDX 油墨打印示意图

　　美国 J. L. Zunino，D. P. Schmidt 等人介绍了喷墨打印装置对新一代美军装备小型化、轻便化的重要性。随着用新型材料和纳米墨水材料堆积技术的重大发展，为实现通过按需喷墨和直写入系统加工具有特殊作用的装置提供了切实有效的机会。打印材料技术通过快速成型和装配极大地减少了时间、环境影响和成本。其主要研究了基底准备、油墨类型、热退火步骤和封装技术对打印工艺的影响。

　　2013 年，美国宾夕法尼亚州立大学的 Derrick Armold 和 Matthew J. Degges 等人对快速成型技术在混合火箭发动机制造领域的应用进行研究，并就快速成型技术制造的三种不同组分的混合火箭燃料颗粒进行了性能测试，实验结果证明快速成型技术在未来混合火箭燃料制备领域有着很广阔的应用前景。

　　2018 年，澳大利亚国防科学技术（DST）集团开始与工业部门和高校合作研发用于含能材料的先进 3D 打印技术。3D 打印将有助于提高火炸药在该国国防工业中的安全性和质量。澳大利亚国防工业部长指出，该项研究可能会促进性能独特和用途定制的先进武器系统的诞生。到目前为止，2 年内通过合作研究中心项目共投资 260 万美元。未来的成果产出对于民用和国防具有深远的影响，并将促进澳大利亚工业含能制造技术的发展。

　　2018 年，印度科学研究院采用单喷嘴挤注增材制造技术制得复杂药型结构的高氯酸铵/端羟基聚丁二烯/铝粉高能固体推进剂药柱。通过依次打印不同能量密度的推进剂浆料，或调整孔隙内填充物的种类和密度，可使固体推进剂药柱能量沿轴向递变，实现燃速可控或燃速渐变，如图 5 - 5 - 12 所示。未来发展方向，通过优化固体推进剂浆料流变性能和挤出喷嘴尺寸，选用合适支撑结构，将浆料直接打印到发动机壳体内并进行原位固化，可以制备更复杂、更多类孔隙、更大尺寸的推进剂药柱，使推进剂实现精确可控燃烧，产生可控推力，满足新型弹药对特定或可控推进的需求。

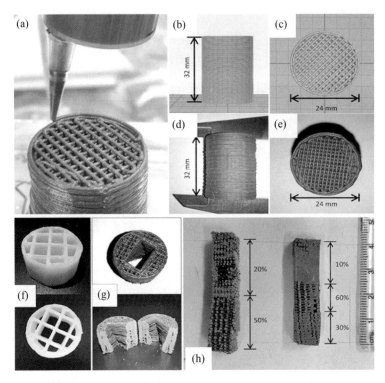

图 5 - 5 - 12 印度科学研究院打印高能固体推进剂药柱

(a)打印过程；(b)、(c)CAD模型；(d)、(e)、(f)、(g)、(h)复合固体推进剂。

2018 年，美国普渡大学发明了适于制备高黏度或超高黏度固体推进剂的超声振动打印方法。该方法是在挤出喷嘴处加以高振幅超声振动，利用超声振动加快高黏度材料的流动，可解决传统 3D 打印方法中存在喷嘴易堵塞的问题，降低打印浆料与喷嘴壁的摩擦，精确控制打印浆料的流量与流速，可在较低温度下打印黏度高于 1000Pa·s 的固体推进剂。

2. 国内研究情况

随着 3D 打印技术的发展，国内也开始将 3D 打印技术应用于含能材料的加工制造。

2003 年南京理工大学研究了化学芯片的快速成型技术，对化学芯片快速成型系统进行了设计和大量试验研究，试验结果表明整个系统能够完成简单图形的快速成型制造，并且运行稳定可靠，但试验材料只限于光固化树脂，并未完成对含能材料的成型加工试验。2005 年朱锦珍对化学芯片快速成型系统控制软件各子模块进行了优化，并对不同基底上固化膜剥离强度进行了测试，测试表明在陶瓷基底上固化膜的附着力最好，但其打印材料仍为光敏树脂，未完成对含能材料进行打印。宋健康对快速成型技术在引信领域的应用进行了深入探讨，并分别运用 3D 打印黏结成型工艺和选择性激光烧结工艺，对引信零件模型及引信本体进行了制作。2006 年王建对化学芯片喷墨快速成型的喷头进行了优化设计，对其成型工艺参数进行选择，研究了影响油墨固化的因素，并初步将成型工艺与含能材料近似物相结合进行试验。

2012 年邢宗仁在原有基础上，利用含能材料油墨进行了 MEMS 微孔自动化装药并对简单模型进行了三维成型试验，其中微孔填充装药效果较好，但三维成型试验仅进行到第 4 层面，并未得到完整的成型件。2013 年汝承博等人对含能油墨的制备进行了研究，并利用溶胶凝胶法配制出纳米铝热剂含能油墨。

同年，西南科技大学朱自强等用球磨方法细化了六硝基六氮杂异伍兹烷（CL-20）炸药，结合聚乙烯醇（PVA）/乙基纤维素（EC）/异丙醇（IPA）的复合黏结剂体系，获得了一种书写性能良好的炸药油墨复合物 CL-20/PVA/H_2O/EC/IPA。2015 年钱力在对溶胶凝胶法改进的基础上，制备出更适宜喷墨打印的含能油墨，并对其打印特性进行了研究。李静对光固化含能材料油墨进行了进一步的研究，并利用喷墨打印工艺制备了含能材料薄膜。

中北大学王景龙在 3DP 快速成型工艺原理的基础上，利用细化 RDX 及树脂制成的含能材料油墨进行了喷墨打印和微孔自动装药试验。沈龙生等人则通过结合喷墨打印和湿法压装两种装药方法，使打印制品的装药密度及均一性都得到了提升。张洪林等根据 3D 打印技术可制造特殊形状物体的原理和发射药平行层燃烧定律，设计了具有多列环形空槽管形结构的高燃烧增面的整体发射药。结果表明，设计的整体发射药具有较高的燃烧增面性，可用于 155mm 火炮的整体发射药，燃烧结束时相对燃面比 19 孔粒状发射药的相对燃面大 3.1 倍。整体发射药在燃烧过程中，燃气生成速率呈现前低后高的状态，75.6% 的燃气生成量在整体发射药燃烧的后半程产生，比 19 孔粒状发射药高 27.6%。

另外，兵器工业第二〇四研究所利用 SLA 技术成型光固化剂与 Al 粉的混合物料，利用代料体系模拟 HTPB 推进剂配方体系，并采用活塞挤出式增材制造技术进行成型试验等，论证了增材制造技术在推进剂药柱成型领域应用的可行性。

美国 1999 年就在含能材料的增材制造领域投入了巨大的研究经费，而我国

2003 年才开始重视此类研究且专项经费投入不多。美国的研究内容主要在微电子引信、MEMS 等火工品和纳米 RDX 打印并已成功运用于多种微电子引信，而我国初期研究领域是化学芯片和 MEMS。

综上所述，国内外对含能材料 3D 打印技术的研究都有了一定的成果，但多数均处于起步阶段。其中，在含能材料打印原理方面，国内外学者多是基于挤出喷口或 3DP 喷墨打印的成型原理，而对于采用其他类 3D 打印成型工艺来制备含能材料制品的研究还属空白。在应用方面，国内外仍多处于实验室论证阶段，且应用主要限制于微电子引信、MEMS 等火工品，其成型本质仍多是含能材料油墨在药室孔内的填充装药，而对于含能材料药柱的三维成型研究仍进展缓慢。

随着增材制造技术工艺、材料、设备研发的技术革新，加之火炸药行业在产品质量、工艺自动化与安全性上的现实需求，未来火炸药增材制造技术将向纵深发展。探索增材制造技术在战斗部精密制造、发动机推进剂药柱柔性制造与精密装药、战斗部与发动机一体化制造、弹体装药与包覆层一体化成型、多层复合药柱一体化制造、传爆起爆药柱 3D 打印制造、微型特种装备 3D 打印制造加工等方面的研究，将是火炸药增材制造技术今后若干年发展的重点领域。

5.6　其他制造工艺

5.6.1　共振声混合工艺

共振声混合技术是近年来兴起的一种基于振动宏观混合和声场微观混合耦合作用的混合技术，依托于共振声混合设备的低频（30～100Hz）、大加速度（100g）往复振动实现物料的无桨混合。在低频、大加速度振动条件下，被混物料发生流化，产生宏观振动混合涡；同时，大加速度振动在混合容器底部激励出声场（压力波），声场在物料内部传播时形成力偶，产生尺度为 $50\mu m$ 的微混合。目前，共振声混合已经形成多种型号设备，如针对实验室应用和药学应用的 PharmaRAM、LabRAM 系列设备等。相比捏合机、搅拌等传统混合方式，共振声混合技术具有没有介入式桨叶刺激、混合速度快、容器易清理、能够实现原位混合等优点，特别适合于火炸药等具有易燃易爆危险属性材料的领域，被认为在火炸药领域应用具有工艺变革的潜力。图 5-6-1 为共振声混合设备示意图和实物图。

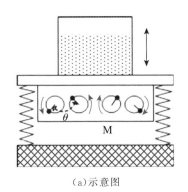 

（a）示意图　　　　　　　（b）实物图

图 5 - 6 - 1　共振声混合设备示意图和实物图

在火炸药领域，共振声混合技术已经过广泛的探索应用，其技术先进性得到了充分证明。如兵器工业 204 研究所将共振声混合技术用于 B 炸药、PBX 炸药的实验室制备，效率较传统混合方式分别提升了 36% 和 114%；航天工业 42 研究所将共振声混合技术应用于 LN106 推进剂衬层的混合，加速度为 80g 条件下可在 10min 左右实现 1kg 级推进剂衬层的均匀混合；英国航空航天公司（BEAS）将共振声混合技术用于 PBX 炸药的制备，在加速度大于 55g 时，可在 20min 内实现 PBX 炸药的均匀混合。

共振声混合技术应用于实验室级别火炸药制备，或者应用于食品、医药、生物行业的混合已经得到国内外研究机构和学者的广泛认同。然而，目前共振声混合技术的应用验证大多还停留在千克级别，其工程化应用仅有美国得以实现，其最大混合量级已可达 200～400kg，且用于火箭发动机的工业化生产。

究其原因，共振声混合技术工程化应用的难点之一是设备放大和工艺放大。我国虽然掌握了共振声混合设备的原理和设计方法，但工艺放大尚缺乏充分的研究，没有建立工艺放大模型，共振声混合技术应用还缺乏设备设计和工艺控制的有效指导。

5.6.2　超临界流体技术在火炸药工艺中的应用

浓缩气体或超临界流体作为一种溶剂所具有的神奇性质，科学家们已经发现一百多年了。最近，人们已经证实超临界流体（SCF）或是处于浓缩气体状态的物质有许多有利的或非同寻常的热物理性质：如与液体近似的密度，较高的压缩性，近似气体的扩散性，很低的表面张力等。除此之外，超临界流体技术还表现出环境友好、低能耗、高效率的先进生产工艺等特点。正是基于此特点，超临界流体技术在含能材料细化、回收与利用及其包覆等方面的应用越来越受到人们的关注。

5.3 节已经对超临界流体在火炸药的回收利用方面进行了介绍。下面将对超临界流体在含能材料的改性细化、包覆中的应用进行介绍。

1. RESS 法

RESS 过程最早是由 Krukonis 于 1984 年在旧金山召开的美国化学工程师会议上提出的，主要用来处理难以粉碎的固体，从此，有关 RESS 过程的研究广为展开。

采用 RESS 法改性细化的原理是溶有待处理物质的超临界流体通过一特制的喷嘴进入反应器后，快速减压膨胀，密度减小，超临界流体对待处理物的溶解度急剧下降，从而形成过饱和度，瞬间析出晶核并快速完成生长，最终形成大量粒径细小且分布较窄的超细颗粒。运用 RESS 法进行改性细化研究的报告较少，主要原因是大多数含能材料在超临界流体中的溶解度较低。TNT 是一种烈性炸药，在军事、民用各领域均有重要应用。它在超临界流体 CO_2 中有较好的溶解性，Ulrich Teipei 等首先进行了 RESS 法细化 TNT 的研究，并在压力为 22MPa、温度为 348K 的条件下，制备了平均粒径为 $10\mu m$ 的超细 TNT 微粒。

采用 RESS 法进行包覆的原理是将包覆剂溶于超临界流体中，在降压膨胀的过程中，包覆剂微粒会沉积到待处理固体颗粒上从而达到包覆的目的。常用包覆剂是含氟聚合物、聚丙烯酸类树脂等高分子材料，以及蜡和硬脂酸类物质。HMX、RDX 均是综合性能较好的高能硝胺炸药，但机械感度高，对其进行表面包覆可有效降低其机械感度，可明显提高其在火炸药中应用的成型工艺性能。

图 5-6-2 为 RESS 过程示意图。

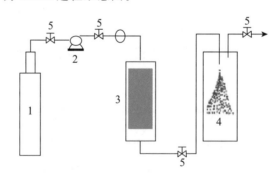

图 5-6-2　RESS 过程示意图

1—CO_2 钢瓶；2—高压阀；3—萃取釜；4—包覆釜；5—高压阀。

2. SAS 法

采用 SAS 法细化的原理是以超临界流体作为反溶剂，在溶有待处理物质的溶液中，其溶剂能够与超临界流体互溶，而待处理物质一般不能与超临界流体互溶。超临界流体使溶液体积急剧增大，导致密度减小，溶剂溶解能力下降，从而形成过饱和度，溶质析出成晶核并完成生长，形成粒径较小的颗粒。

采用 SAS 法包覆的原理是将包覆剂也溶解在溶剂中，超临界流体与溶剂互溶时，包覆剂形成微小颗粒，并在待处理物上生长完成包覆。

图 5 - 6 - 3 为沉淀釜内 SAS - EM 装置示意图。

3. SEDS 法

采用 SEDS 法进行细化时，首先设定温度，通入超临界流体改变系统压强。待系统的温度与压强稳定后，通过特制的喷嘴使超临界流体和溶有待处理物质的溶液能够同时进入结晶釜中，这样既充分利用了超临界流体所具备的溶解性能使两者高度混合，又发挥了喷嘴的"机械效应"，使喷出的液滴极细，从而获得粒径较小的晶粒。在重结晶细化过程中，溶剂的选择对最后获得的晶型具有重要的影响，不仅涉及溶剂的偶极矩，也有溶液对溶质的溶剂化影响，从而决定所产生的晶型。

采用 SEDS 法进行包覆的原理是将包覆剂溶解于溶液中，在减压膨胀时达到包覆待处理物的目的。该方法充分利用超临界流体的溶解性和喷嘴的机械效应，包覆膜更细致均匀。

图 5 - 6 - 4 为 SEDS 过程示意图。

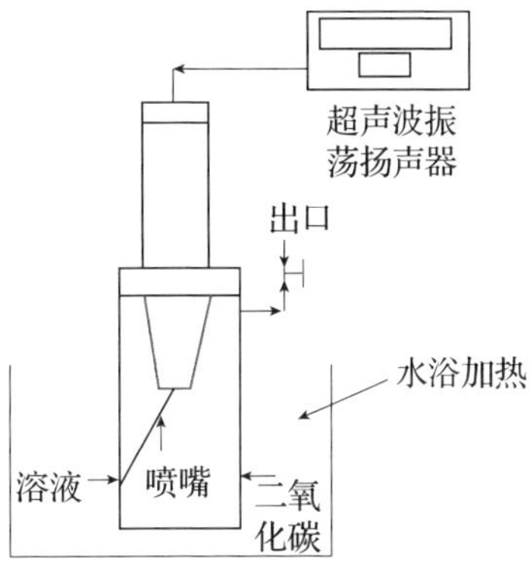

图 5 - 6 - 3 沉淀釜内 SAS - EM 装置示意图

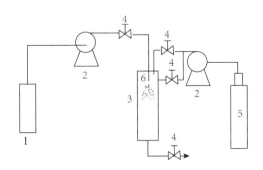

图 5 - 6 - 4 SEDS 过程示意图

1—结晶溶液；2—高压泵；3—结晶釜；4—高压阀；5—CO_2钢瓶；6—多相喷嘴。

4. GAS 法

　　GAS 法是对 SAS 法进行优化的方法，两者对含能材料的细化原理相似，不同点是 GAS 法的反应过程可以是超临界区，也可以是近临界区，且反溶剂一般从反应器底部通入。超临界流体法不仅可以达到细化含能材料的目的，而且通过条件的控制可实现合成理想晶粒类型的目的。常温常压下，HMX 具有 α、β、γ 和 δ 四种晶型，其中 β 型因密度和能量最高且最钝感，被视为理想晶型。图 5-6-5 为 GAS 过程示意图。

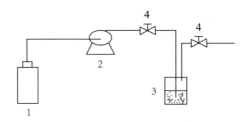

图 5-6-5　GAS 过程示意图

1—CO_2钢瓶；2—高压泵；3—结晶釜；4—高压阀。

附录　常用缩略词名称对照表

缩略词	名称
Al	铝粉
AP	高氯酸铵
BAMO	3,3-双(叠氮甲基)环氧丁烷
BTTN	1,2,4-丁三醇三硝酸酯
CE	三硝基苯甲硝胺(特屈儿)
CL-20	六硝基六氮杂异戊兹烷
CTPB	端羧基聚丁二烯
DBP	邻苯二甲酸二丁酯
DEGDN	二乙二醇二硝酸酯(硝化二乙二醇)
DIANP	1,5-二叠氮基-3-硝基-3-氮杂戊烷
DNAN	2,4-二硝基苯甲醚
DNT	二硝基甲苯
DNTF	3,4-二硝基呋咱基氧化呋咱
DPA	二苯胺
EGDN	硝化乙二醇
$Fe(AA)_3$	乙酰丙酮铁
GAP	聚叠氮缩水甘油醚
HMX	环四亚甲基四硝胺(奥克托今)
HTPB	端羟基聚丁二烯
IPDI	异佛尔酮二异氰酸酯
NC	硝化纤维素(硝化棉)
NEPE	高能硝酸酯增塑聚醚
NG	丙三醇三硝酸酯(硝化甘油)
NQ	硝基胍
PBX	高聚物黏结炸药
PETN	季戊四醇四硝酸酯(太安)
RDX	环三亚甲基三硝胺(黑索今)

（续）

缩略词	名称
T-12	二月桂酸二丁基锡
TATB	三氨基三硝基苯
TBF	叔丁基二茂铁
TDI	甲苯二异氰酸酯
TEGDN	三乙二醇二硝酸酯（硝化三乙二醇）
TEPB	三乙氧基苯基铋
TNAZ	三硝基氮杂环丁烷
TNT	三硝基甲苯（梯恩梯）
TPB	三苯基铋

注：此表仅涉及书中单独出现过的缩略词

参考文献

[1] 任务正,王泽山. 火炸药理论与实践[M]. 北京:中国北方化学工业总公司, 2000.

[2] 张续柱. 双基火药[M]. 北京:中国北方化学工业总公司,1994.

[3] 张炜,鲍桐,周星. 火箭推进剂[M]. 北京:国防工业出版社,2014.

[4] 谭惠民,罗运军. 固体推进剂化学与技术[M]. 北京:北京理工大学出版社, 2015.

[5] 陈熙蓉. 炸药性能与装药工艺[M]. 北京:兵器工业出版社,1988.

[6] 陈国光. 弹药制造工艺学[M]. 北京:北京理工大学出版社,2004.

[7] 孙荣康,等. 猛炸药的化学与工艺学(下)[M]. 北京:国防工业出版社,1983.

[8] 徐祖耀. 材料相变[M]. 北京:高等教育出版社,2013.

[9] Kurz W,Fisher D J. 凝固原理[M]. 李建国,胡侨丹,译. 北京:高等教育出版社, 2010.

[10] 孙业斌,惠君明,曹欣茂. 军用混合炸药[M]. 北京:兵器工业出版社,1995.

[11] 阮建明,黄培云. 粉末冶金原理[M]. 北京:机械工业出版社,2012.

[12] 付华,张光磊. 材料科学基础[M]. 北京:北京大学出版社,2018.

[13] 崔庆忠,刘德润,徐军培. 高能炸药与装药设计[M]. 北京:国防工业出版社, 2016.

[14] 中国兵器工业集团210研究所. 国外火炸药安全生产技术发展研究[R]. 2012.

[15] 中国兵器工业集团210研究所. 国内火炸药绿色制造技术发展分析[R]. 2011.

[16] 徐宇. 振动技术在推进剂装药中的应用[J]. 飞航导弹,2004,5:45-47.

[17] 李大方. 复合固体推进剂振动浇铸实验研究及应用[J]. 固体火箭技术,1997, 20(4):28-33.

[18] 郭锁喜. 表征固体推进剂药浆流动性的方法探讨[J]. 军民两用技术与产品, 2017,5:151-152.

[19] 尹必文,鲁国林,吴京汉. 复合固体推进剂药浆工艺性能概述[J]. 化学推进剂 与高分子材料,2015,13(3):8-14.

[20] 潘新洲,郑剑,郭翔,等. RDX/PEG悬浮液的流变性能[J]. 火炸药学报,2007, 30(2):5-7.

[21] 詹发禄,马文斌,冀占慧,等. GAP及GAP推进剂研究进展[J]. 化学推进剂与 高分子材料. 2017,15(5):1-6.

[22] 周克. 单螺杆螺压过程推进剂流变参数及物料混合特性的数值模拟研究[D]. 南京：南京理工大学，2015.

[23] 雷宁，闫大庆. 国外复合固体推进剂连续混合装药工艺的研发及应用前景[J]. 飞行导弹，2015,9:91-94.

[24] 张守华，黎智，刘兴海，等. 火炸药包装工艺中的防静电研究进展[J]. 包装工程，2014,35(13):155-160.

[25] 韩民园，张洁. 双螺杆挤出技术在火炸药加工中的应用[J]. 化学推进剂与高分子材料，2019,17(03):41-46.

[26] 王洁，彭林，曹昉，等. 火炸药废水处理技术研究进展[J]. 工业用水与废水，2013,44(05):1-4.

[27] 田轩，王晓峰，黄亚峰，等. 国内外废旧火炸药绿色处理技术进展[J]. 兵工自动化，2015,34(04):81-84.

[28] 彭翠枝，范夕萍，任晓雪，等. 国外火炸药技术发展新动向分析[J]. 火炸药学报，2013,36(03):1-5.

[29] 范夕萍，郑斌，彭翠枝，等. 国外固体推进剂增材制造技术发展综述[J]. 飞航导弹，2020(01):92-96.

[30] 王仕辰，蔡华强，居佳，等. 超临界CO_2技术在含能材料超细化和包覆中的应用[C]. 第六届含能材料与钝感弹药技术学术研讨会，2014:99-102.

[31] 尚菲菲. 超临界SEDS法制备超细CL-20的研究[D]. 太原：中北大学，2013.

[32] 董朝阳，赵国祯，赵其林. 发射药连续干燥设备及工艺技术研究[J]. 化学工程与装备，2017(10):187-190.

[33] 寇波. 分层多气孔球形药的制备、表征及性能研究[D]. 南京：南京理工大学，2007.

[34] 朱陈森. 火药制备中NG的安全输送与计量技术研究[D]. 南京：南京理工大学，2016.

[35] 吕飞. 火药组份在线连续计量加料及生产工艺研究[D]. 南京：南京理工大学，2013.

[36] 陈松，马宁，杨斐，等. 共振声混合工艺用于火炸药实验室制备的优越性评估[J]. 爆破器材，2019,48(04):23-26.

[37] 黄勇，郑保辉，谢志毅，等. 熔铸炸药加压凝固过程研究[J]. 含能材料，2013,21(1):25-29.

[38] SHTUKENBERG A G, et al. Spherulites[J]. Chemical Reviews,2012，112:1805-1838.

[39] GRÁN ÁSY L,et al. Growth and form of spherulites[J]. Physical Review, E72,

011605(2005).

[40] LEE Y L,et al. Modified cycle - cast of TNT based explosives[J]. Propellants, Explosives, Pyrotechnics, 1990, 15: 22 - 25.

[41] CHICK M C ,CONNICK W,THORPE B W. Microscope Observations of TNT Crystallisation [J]. Journal of Crystal Growth, 1970(7): 317 - 326.

[42] MCKENNEY R L, FLOYD T G,STEVENS W E. Binary phase diagram series: 1,3,3 - Trinitroazetidine(TNAZ)/2,4,6 - Trinitrotoluene(TNT) [R]. Wright Laboratory, Armament Directorate Report, WL - TR - 1997 - 7001,1997.

[43] SHARMA B L,et al. Microstructural parameters affirm eutectic composites terminal nature[J]. Archives of Applied Science Research, 2014, 6(2): 48 - 60.

[44] CHAPMAN R D. A Convenient correlation for prediction of binary eutectics involving organic explosives[J]. Propellants, Explosives, Pyrotechnics, 1998(23): 50 - 55.

[45] 李敬明, 田勇, 张伟斌, 等. 炸药熔铸过程缩孔和缩松的形成与预测[J]. 火炸药学报, 2011, 34(2): 17 - 20, 55.

[46] 陈熙蓉. 悬浮炸药的流变特性与提高注装质量的关系[J]. 火炸药, 1980(5): 36 - 45.

[47] 金大勇, 王亲会, 牛国涛, 等. DNAN 基熔铸炸药的预整形同步块铸技术研究 [J]. 爆破器材, 2015, 44(2): 48 - 52.

[48] 张伟斌, 田勇, 杨仍才, 等. RDX 晶体颗粒压制密度分布的 μCT 试验研究[J]. 含能材料, 2012, 20(5): 565 - 570.

[49] 谭武军, 李明, 黄辉. RDX 和 HMX 晶体压制方程的对比研究[J]. 火炸药学报, 2007, 30(5): 8 - 11.

[50] SKIDMORE C B, et al. The evolution of microstructural changes in pressed HMX explosives [C]//The Eleventh International Detonation Symposium Snowmass Colorado, 31 August - 4 September 1998: 556 - 563.

[51] 梁华琼, 周旭辉, 唐常良, 等. HMX 钢模压制的微观结构演变研究[J]. 含能材料, 2008, 16(2): 188 - 190.

[52] 张锋, 韩超, 周旭辉, 等. TATB 基含铝 PBX 炸药成型性能: 2014 年第六届含能材料与钝感弹药技术学术研讨会论文集[C]. 成都: 2014, 11: 20 - 23.

[53] 温茂萍, 李明, 李敬明. 等静压、模压 JOB - 9003 炸药件力学性能各向同异性[J]. 中国工程物理研究院科技年报, 2005: 8 - 58.

[54] 张伟斌, 田勇, 雍炼, 等. TATB 造型颗粒温等静压成型 X 射线微层析成像[J]. 含能材料, 2018, 26(9): 779 - 785.

[55] 马增祥, 惠智, 闫雷, 等. 浅论弹药分次压药分层缺陷及解决方法[J]. 国防技术

基础,2010(5):45-50.

[56] 董月红.某分步压装机的设计[J].机电产品开发与创新,2009,22(3):26-27.

[57] 陈松,等.共振声混合工艺用于火炸药实验室制备的优越性评估[J].爆破器材,2019,48(4):23-26.

[58] 孙国祥.高分子混合炸药及其发展[J].火炸药,1981(6):32-44.

[59] 郑世宗.特种混合炸药的简介[J].爆破器材,1983(3):37-41.

[60] 黄尚诚,张国文.含能材料切削加工自动化技术[J].兵工自动化,2000(3):27-30.

[61] 钟树良,等.水射流切割炸药的安全性及试验研究[J].理论与探索,2006(3):44-46.

[62] 李金俊,张博,史慧芳,等.发射药自动混同设备及工艺技术[J].兵工自动化,2020,39(2):73-77.